5.1.3 案例名称 花店类店招设计与详解
视频位置 视频 \ 第 5 章 \5.1.3 花店类店招设计与详解 .mp4
技术掌握 店招的制作方法

5.2.2 案例名称 儿童玩具店铺导航条设计与详解
视频位置 视频 \ 第 5 章 \5.2.2 儿童玩具店铺导航条设计与详解 .mp4
技术掌握 店铺导航条的制作方法

5.3.2 案例名称 店铺收藏区设计与详解
视频位置 视频 \ 第 5 章 \5.3.2 店铺收藏区设计与详解 .mp4
技术掌握 店铺收藏区的制作方法

5.4.2 案例名称 奶粉店铺客服区设计与详解
视频位置 视频 \ 第 5 章 \5.4.2 奶粉店铺客服区设计与详解 .mp4
技术掌握 店铺客服区的制作方法

5.5.2 案例名称　店铺公告栏设计与详解
视频位置　视频\第5章\5.5.2　店铺公告栏设计与详解.mp4
技术掌握　店铺公告栏的制作方法

6.2
案例名称　女装网店首页设计
视频位置　视频\第6章\6.2　女装网店首页设计.mp4
技术掌握　女装网店首页的制作方法

6.3
案例名称　农产品微店首页设计
视频位置　视频\第6章\6.3　农产品微店首页设计.mp4
技术掌握　农产品微店首页的制作方法

7.2 案例名称 电脑网店主图优化
视频位置 视频\第7章\7.2 电脑网店主图优化.mp4
技术掌握 电脑网店主图的制作方法

7.3 案例名称 玩具微店主图优化
视频位置 视频\第7章\7.3 玩具微店主图优化.mp4
技术掌握 玩具微店主图的制作方法

8.2
案例名称 首饰网店广告海报
视频位置 视频\第8章\8.2 首饰网店广告海报.mp4
技术掌握 首饰网店广告海报的制作方法

8.3
案例名称 化妆品微店广告海报
视频位置 视频\第8章\8.3 化妆品微店广告海报.mp4
技术掌握 化妆品微店广告海报的制作方法

9.2 案例名称 时尚女包产品详页
视频位置 视频\第9章\9.2 时尚女包产品详页.mp4
技术掌握 时尚女包产品详页的制作方法

9.3 案例名称 电动车产品详页
视频位置 视频\第9章\9.3 电动车产品详页.mp4
技术掌握 电动车产品详页的制作方法

10.2 案例名称 汽车用品促销方案
视频位置 视频\第10章\10.2 汽车用品促销方案.mp4
技术掌握 汽车用品促销方案的制作方法

10.3 案例名称 化妆品促销方案
视频位置 视频\第10章\10.3 化妆品促销方案.mp4
技术掌握 化妆品促销方案的制作方法

BOOKMARK
点击收藏

FASHION SHOW COLLECTION
斜挎包系列
weclome to our online shopping happing to shop.

RMB 39.90 原价¥368

RMB 59.00 原价¥398

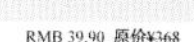

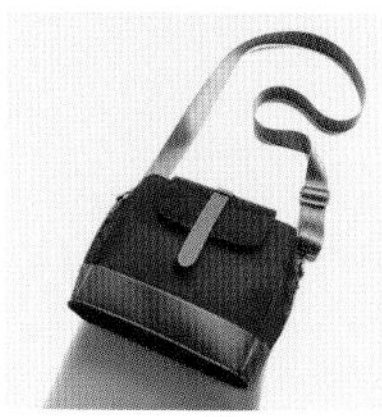

RMB 59.00 原价¥559

RMB 49.00 原价¥398

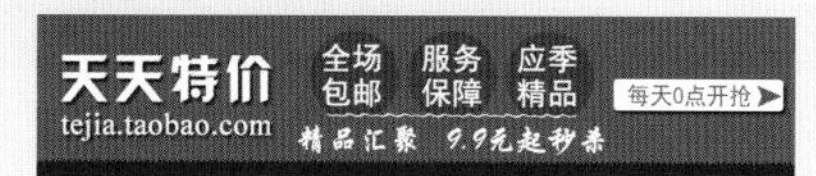

BOOKMARK
点击收藏

FASHION SHOW COLLECTION
斜挎包系列
weclome to our online shopping happing to shop.

RMB 39.90 原价¥368

RMB 59.00 原价¥398

RMB 59.00 原价¥559

RMB 49.00 原价¥398

第11章 案例名称 女包店铺装修实践
视频位置 视频\第11章\11.2 女包店铺装修实战步骤详解.mp4
技术掌握 女包店铺装修方法

镇店之宝

GOOD PRODUCTS▼

重磅推荐！植物能量滋润补水组合

更适合秋冬的补水套装

赠送：精美化妆包＋达人面膜3片

重磅推荐！植物能量滋润补水组合

深层补水 持久水润

¥137 马上抢

赠送：精美化妆包＋达人面膜3片

当季热销

PROMOTIONAL PRODUCTS▼

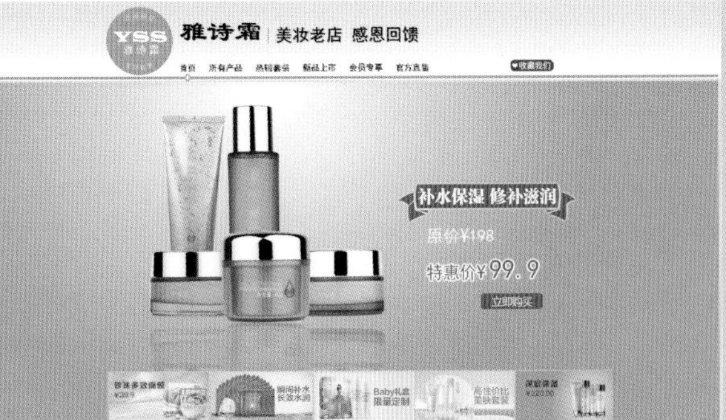

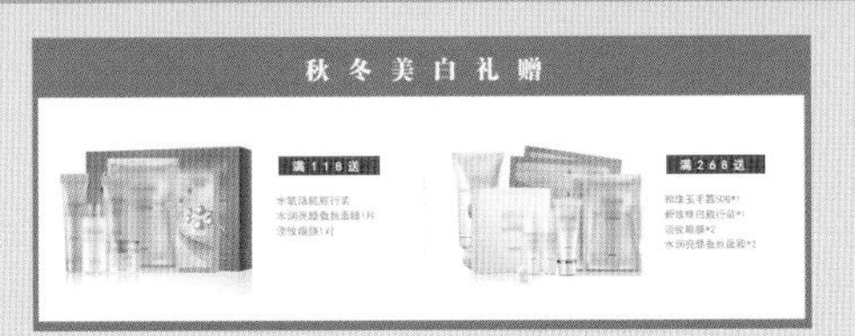

镇店之宝

GOOD PRODUCTS▼

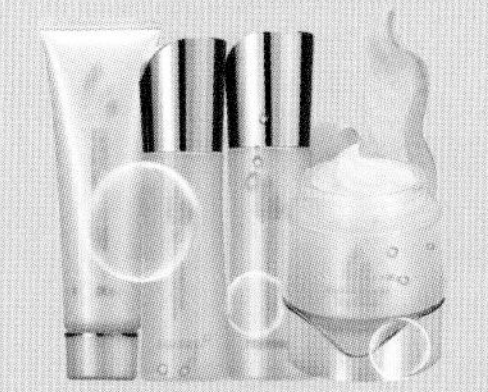

重磅推荐！植物能量滋润补水组合

更适合秋冬的补水套装

赠送：精美化妆包＋达人面膜3片

重磅推荐！植物能量滋润补水组合

深层补水 持久水润

¥137 马上抢

赠送：精美化妆包＋达人面膜3片

当季热销

PROMOTIONAL PRODUCTS▼

第12章

案例名称 美妆店铺装修实战

视频位置 视频\第12章\12.2 美妆店铺装修实战步骤详解.mp4

技术掌握 美妆店铺装修方法

第13章 案例名称 手机店铺装修实践

视频位置 视频\第13章\13.2 手机店铺装修实战步骤详解.mp4

技术掌握 手机店铺装修方法

第14章

案例名称　家居店铺装修实战

视频位置　视频 \ 第 14 章 \14.2　家居店铺装修实战步骤详解 .mp4

技术掌握　家居店铺装修方法

第15章

案例名称　家具店铺装修实战

视频位置　视频\第15章\15.2　家具店铺装修实战步骤详解.mp4

技术掌握　家具店铺装修方法

第16章 案例名称 饰品店铺装修实战
视频位置 视频 \ 第 16 章 \16.2 饰品店铺装修实战步骤详解 .mp4
技术掌握 饰品店铺装修方法

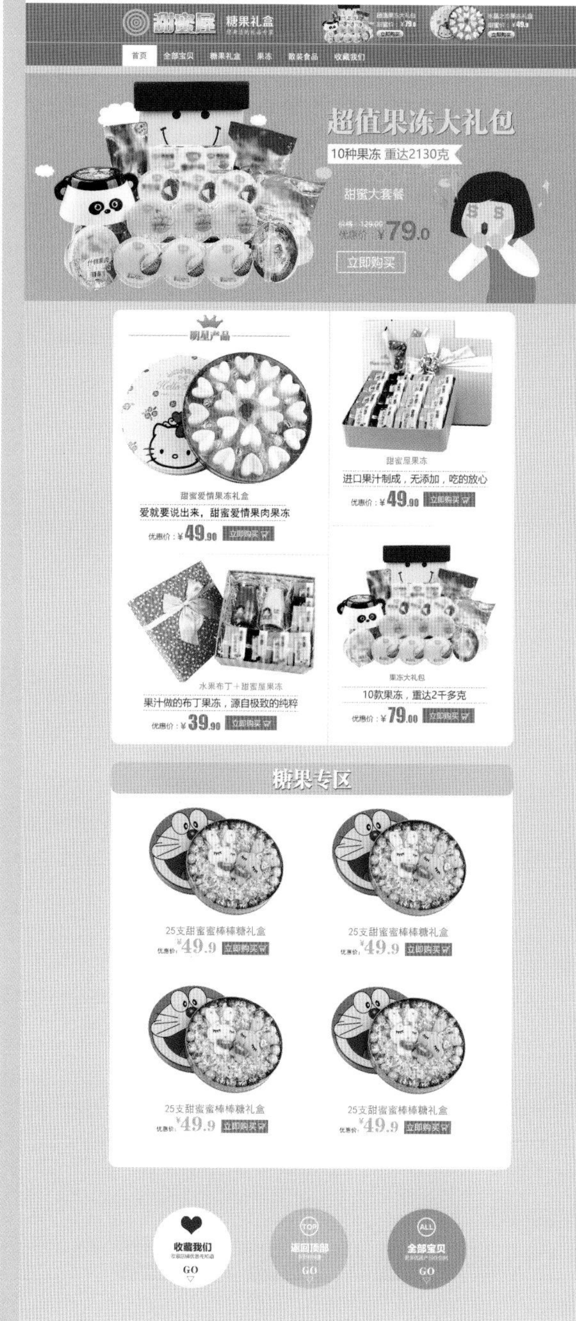

第17章
案例名称 美食店铺装修实战
视频位置 视频\第17章\17.2 美食店铺装修实战步骤详解.mp4
技术掌握 美食店铺装修方法

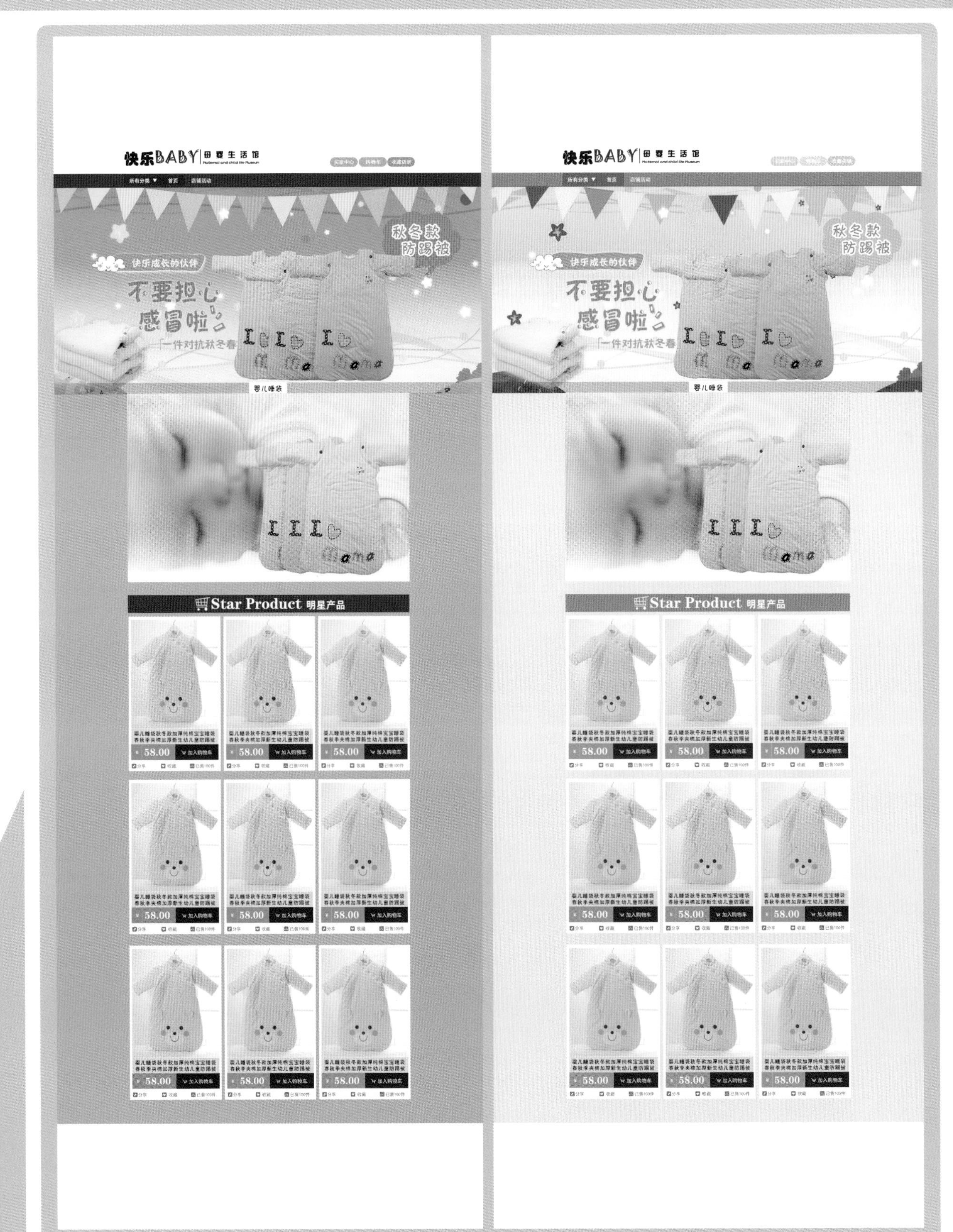

第18章 案例名称 母婴店铺装修实战
视频位置 视频\第18章\18.2 母婴店铺装修步骤详解.mp4
技术掌握 母婴店铺装修方法

Photoshop+美图秀秀

淘宝天猫网店/微店

装修设计 从入门到精通

华天印象 编著

首页设计 主图优化 广告海报 产品详页 促销设计

人 民 邮 电 出 版 社

北 京

图书在版编目（CIP）数据

淘宝天猫网店/微店装修设计从入门到精通 ：首页设计＋主图优化＋广告海报＋产品详页＋促销设计 / 华天印象编著. -- 北京 ：人民邮电出版社，2016.10
ISBN 978-7-115-43093-9

Ⅰ. ①淘… Ⅱ. ①华… Ⅲ. ①电子商务－商业经营②电子商务－网页－设计 Ⅳ. ①F713.365②TP393.092.2

中国版本图书馆CIP数据核字(2016)第212353号

内容提要

本书是讲解如何使用Photoshop、美图秀秀等软件进行网店和微店装修设计的实例操作型自学教程，可以帮助成千上万的网店、微店卖家，特别是中小型卖家，更好地管理、经营自己的店铺，让更多的卖家掌握店铺装修与设计的方法，实现商品销售利益的最大化。

全书共18章，具体内容包括了解网店与微店装修设计、视觉营销让宝贝夺人眼球、Photoshop电脑专业修图、手机美图秀秀快速美化照片、店铺装修5大核心区域设计、首页设计——引人注目的第一印象、主图优化——增加商品直观视觉效果、广告海报——热销商品页面设计理念、产品详页——全方位地详细展示商品、促销方案——让买家心动促成交易，以及实战案例。读者学习后可以融会贯通、举一反三，制作出更多精美的页面效果。

本书结构清晰、语言简洁，随书光盘包括书中所有案例的素材文件、效果源文件，以及360分钟同步语音教学视频，读者可以边学边做，提高学习效率。

本书适合想要在互联网和手机上开店创业的读者，以及网店美工、微店美工、图像处理人员、平面广告设计人员、网络广告设计人员等学习使用，同时也可以作为各类计算机培训中心、大中专院校相关专业的辅导教材。

◆ 编　　著　华天印象
责任编辑　张丹阳
责任印制　陈　犇
◆ 人民邮电出版社出版发行　　北京市丰台区成寿寺路11号
邮编　100164　　电子邮件　315@ptpress.com.cn
网址　http://www.ptpress.com.cn
北京鑫丰华彩印有限公司印刷
◆ 开本：787×1092　1/16
印张：21　　彩插：6
字数：579千字　　2016年10月第1版
印数：1－3 000册　　2016年10月北京第1次印刷

定价：79.00元（附光盘）

读者服务热线：(010)81055410　印装质量热线：(010)81055316
反盗版热线：(010)81055315
广告经营许可证：京东工商广字第8052号

前言

PREFACE

本书简介

本书是一本集软件教程与网店/微店装修设计于一体的书籍，既可以用于软件教学，也是网店/微店装修设计的实用宝典。本书结合笔者多年的网店/微店装修设计的实战经验，从实用的角度出发，通过Photoshop等软件与网店/微店装修设计相结合的实例操作演示，可以帮助读者学会设计与制作一个属于自己独特风格的网店。

本书特色

特　色	特色说明
深入浅出，简单易学	针对网店/微店店家或美工人员，本书涵盖了网店/微店装修各个方面的内容，如布局、配色、修片等，深入浅出，简单易学，让读者一看就懂
内容翔实，结构完整	在全面掌握网店/微店装修技巧的同时，针对装修中的5大核心区域对装修技巧和设计进行讲解，逐步完成店铺装修，从零到专迅速提高，并囊括了8种不同类型商品的首页装修案例，从多角度讲解网店/微店装修的设计技能
举一反三，经验传授	书中每个案例均配有相应的素材、效果源文件，同时利用“案例扩展配色”来对案例设计中的配色进行轻松更改，使读者不仅能轻松掌握具体的操作方法，还可以做到举一反三，融会贯通
全程图解，视频教学	本书全程图解剖析，版式美观大方、新鲜时尚，利用图示标注对重点知识进行图示说明，同时对书中的技能实例全部录制了带语音讲解的高清教学视频，让读者能够轻松阅读，提升学习和网店/微店装修的兴趣

本书内容

本书共分为3篇：基础入门篇、核心技能篇、行业实战篇，具体章节内容如下。

基础入门篇。第1～5章为基础入门篇，主要向读者介绍了网店与微店装修设计的基本知识、视觉营销的方式、Photoshop电脑专业修图、美图秀秀手机快速美化以及店铺装修5大核心区域设计等内容。

核心技能篇。第6～10章为核心技能篇，主要向读者介绍了网店/微店的首页欢迎模块、主图优化、广告海报、产品详页、促销方案等设计与制作方法。

行业实战篇。第11～18章为核心攻略篇，主要向读者介绍了女包店铺、美妆店铺、手机店铺、家居店铺、家具店铺、饰品店铺、美食店铺、母婴店铺等不同行业网店/微店的装修设计实例。

读者售后

本书由华天印象编著，参与编写的还有苏高、柏慧等人，在此表示感谢。由于作者知识水平有限，书中难免有错误和疏漏之处，恳请广大读者批评、指正，联系邮箱为itsir@qq.com。

编　者

实例导读

本书针对网店/微店视觉装修设计的技术要点，结合商品图片的处理及设计初衷，全方位对网店/微店装修的各个视觉要点进行了介绍，让我们先来对书中的主要实例体例结构进行大致的了解，让读者在学习的过程中快捷、轻松地掌握网店/微店装修设计的编辑和操作技术。

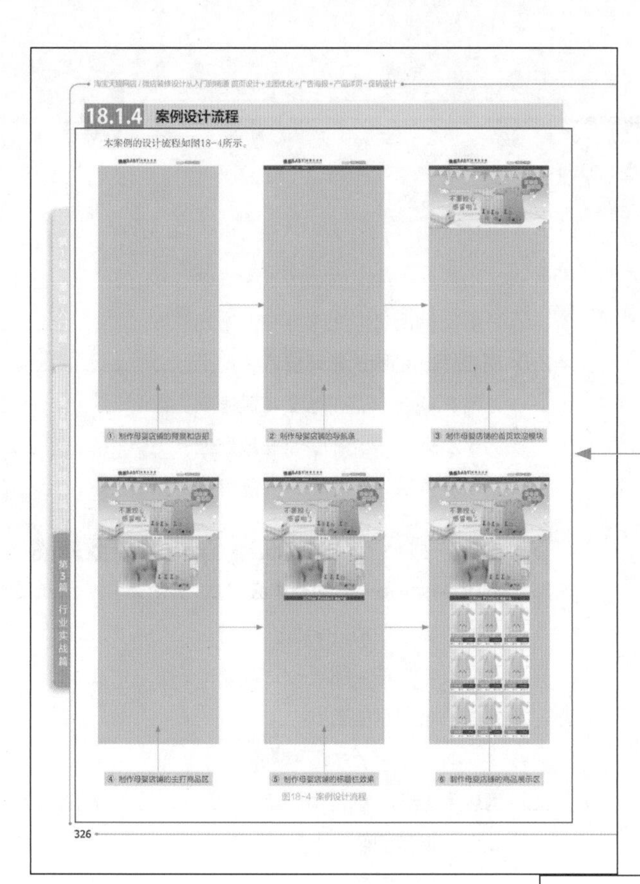

案例设计流程图

对对应环节中图片的设计和制作进行概括，大致介绍装修图片所发生的主要改变，帮助读者快速理解装修图片的制作流程，提高阅读的效率，缩短阅读的时间。

第18章 母婴店铺装修实战

18.2 母婴店铺装修实战步骤详解

本节介绍母婴用品店铺装修的实战操作过程，主要可以分为制作店铺导航和店招、首页欢迎模块、主打商品区、商品展示区等几部分。

- **素材文件** | 素材\第18章\Logo.psd、背景.jpg、首页装饰.psd、商品图片1.jpg~商品图片3.jpg、图标.psd
- **效果文件** | 效果\第18章\母婴店铺装修设计.psd
- **视频文件** | 视频\第18章\18.2 母婴店铺装修实战步骤详解.mp4

18.2.1 制作店铺店招和导航

操作步骤

01 单击“文件”|“新建”命令，弹出“新建”对话框，设置“名称”为“母婴店铺装修设计”、“宽度”为1440像素、“高度”为3200像素、“分辨率”为300像素/英寸、“颜色模式”为“RGB颜色”、“背景内容”为“白色”，单击“确定”按钮，新建一幅空白图像，如图18-5所示。

02 设置前景色为蓝色（RGB参数值分别为131、207、241），按【Alt+Delete】组合键，为“背景”图层填充前景色，如图18-6所示。

店铺装修实战步骤详解

清晰的制作步骤，将设计的操作图示与文字叙述进行一一对应，让读者在学习处理店铺图片的同时更直观、有效地掌握操作的过程。

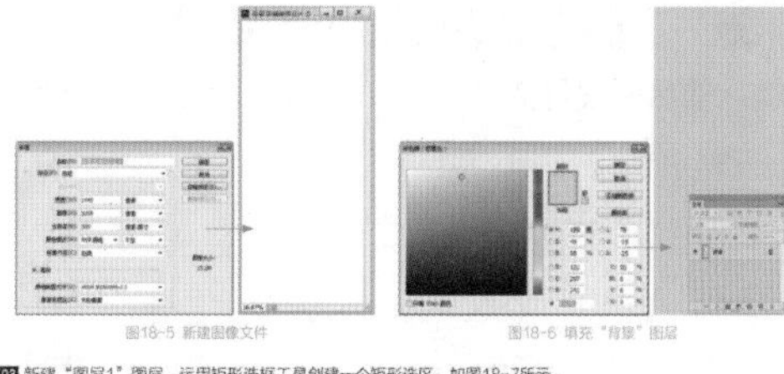

图18-5 新建图像文件　　图18-6 填充“背景”图层

03 新建“图层1”图层，运用矩形选框工具创建一个矩形选区，如图18-7所示。

04 设置前景色为白色，为选区填充前景色，并取消选区，如图18-8所示。

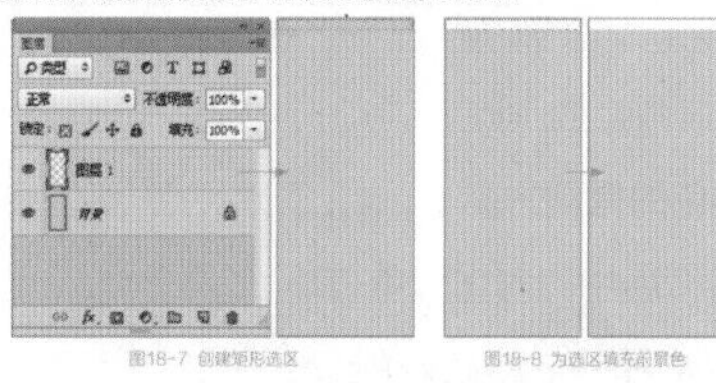

图18-7 创建矩形选区　　图18-8 为选区填充前景色

327

目录

CONTENTS

第 1 篇 基础入门篇

第 01 章 了解网店与微店装修设计

第 02 章 视觉营销让宝贝夺人眼球

第 03 章 Photoshop电脑专业修图

第 04 章 手机美图秀秀快速美化照片

第 05 章 店铺装修5大核心区域设计

第 2 篇 核心技能篇

第 06 章 首页设计——引人注目的第一印象

第 07 章 主图优化——增加商品直观视觉效果

第 14 章 家居店铺装修实战

第 15 章 家具店铺装修实战

第 16 章 饰品店铺装修实战

第 17 章 美食店铺装修实战

第 18 章 母婴店铺装修实战

第 1 篇
基础入门篇

第01章 了解网店与微店装修设计

本章知识提要

网店/微店装修入门基础

装修网店与微店的意义

10大常见网店与微店平台

1.1 网店/微店装修入门基础

网店/微店装修是店铺运营中的重要一环，店铺设计的好坏，直接影响顾客对于店铺的最初印象，首页、详情页面等设计得美观丰富，顾客才会有兴趣继续了解产品，被详情的描述打动了，才会产生购买欲望并下单。

1.1.1 认识网店/微店装修

网店装修实际上就是通过整体的设计，将网店中各个区域的图像进行美化，利用链接的方式对网页中的信息进行扩展，其具体如图1-1所示。

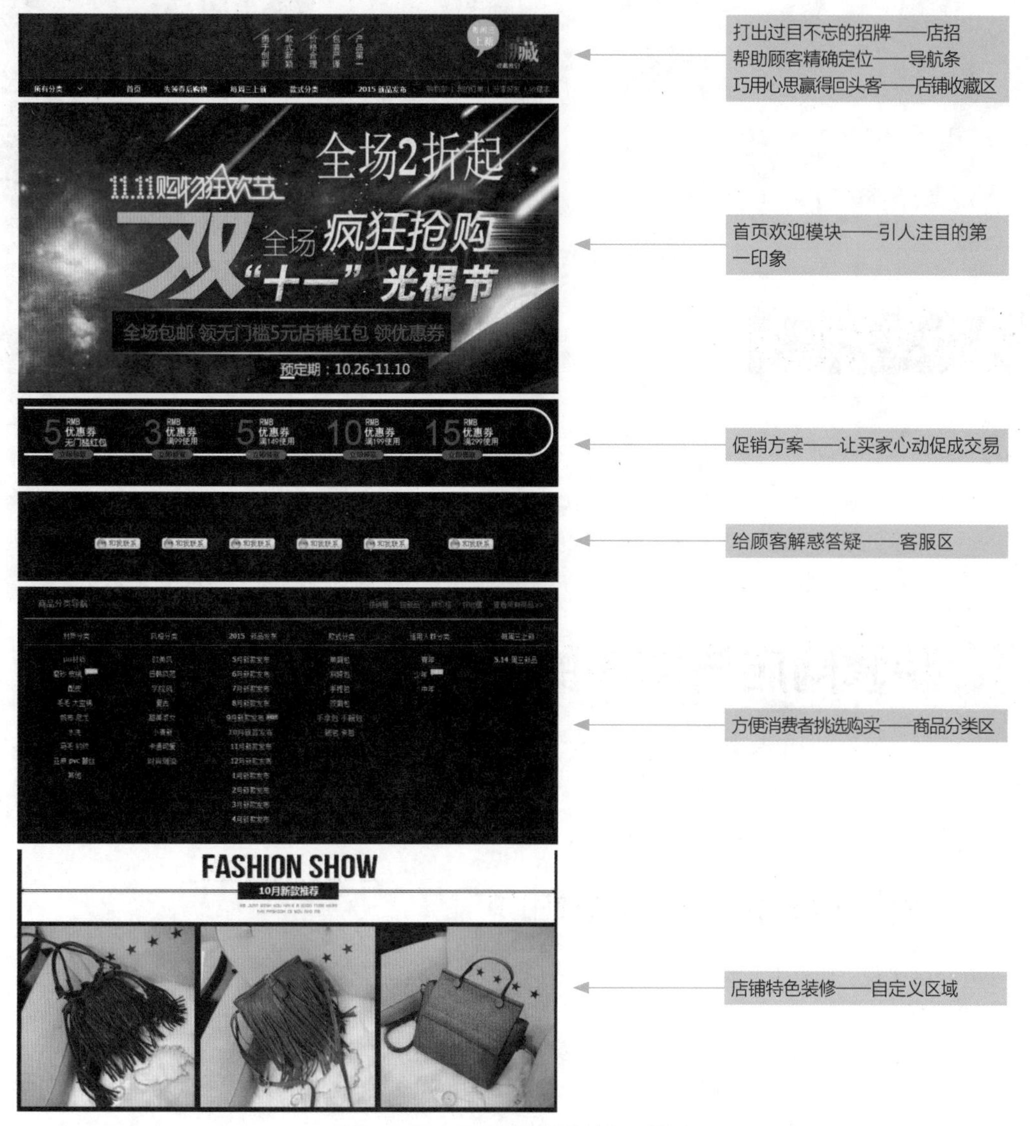

图1-1 网店/微店装修的整体基本规划

在网店和微店中，网商和微商对店铺中的某些模块位置进行了初步的规划，店家只需对每个模块进行精致的设计与美化，让单一的页面呈现出丰富的视觉效果，就是对店铺进行装修。

网店与微店都是通过一个个单独的网页组合起来的，且每个商品都有一个单独的详情页面，这些页面都是需要美化与修饰的，需要加入大量的图片和文字信息，通过让顾客掌握这些信息来达成交易，而网店与微店的装修就是对店铺中商品的图片、文字等内容进行艺术化的设计与编排，使其体现出美的视觉效果。

1.1.2 网店/微店装修的重要性

网络上的店铺以及手机中的微店装修不做的话，也可以照样销售商品，因为很多网商、微商平台的店铺有自己默认的、简单的装修，如图1-2所示。这些模块照样可以销售商品，那么有的人会发出这样的疑问，既然可以卖东西，那么为什么还要费尽力气去装修店铺呢?

图1-2 手机淘宝与微店的简单装修样式

对网店和微店进行装修，主要是由于其购物方式的特殊性。在实体店铺中，消费者可以用五官去感知商品的特点以及店铺的档次，通过眼睛看、嘴巴尝、手摸、鼻子闻、聆听和试穿试用等方式来实现对商品的了解，但是网上购物的话，买家就只能通过眼睛去看卖家发布的文字和图片，从这些文字和图片中才能感受产品的特效。因此，卖家必须通过合理且美观的店铺装修来吸引买家的眼球，让自己的店铺在众多店铺中脱颖而出。

1.2 装修网店与微店的意义

店铺装修对于网络上的点击来说一直是一个热门话题，在店铺装修的意义、目标和内容上一直存在着众多的观点，然而不论是一个实体店面，还是一个网络店铺或手机店铺，它们作为一个交易进行的场所，其装修的核心是促进交易的进行。

1.2.1 展示店铺信息，加深品牌印象

对于实体店铺来说，形象设计能使外在形象保持长期发展，为商品塑造更加完美的形象，加深消费者对企业的印象，如图1-3所示。

图1-3 精美的实体店铺设计

同样，网店和微店的装修设计也可以起到一个品牌识别的作用。建立一个网络店铺或手机微店，也需要设定出自己店铺的名称、独具特色的Logo以及区别于其他店铺的色调和装修视觉风格。

如图1-4所示，在该微店首页的装修图片中可以提取出很多重要信息——店铺的名称、Logo、店铺配色风格、销售的商品等。

图1-4 精美的实体店铺设计

提示

网店和微店中的 Logo 和整体的店铺风格，一方面作为一个网络品牌容易让消费者熟知，从而产生心理上的认同，另一方面，也作为一个企业的 CI 识别系统，让店铺区别于其他竞争对手。

1.2.2 展示商品详情，吸引顾客购买

在网店或微店装修的页面中，首页中消费者能够获得的信息有限，鉴于网络营销的特点，网商和微商都对单个商品的展现提供了单独的平台，即商品详情页面。

商品详情页面的装修成功与否，直接影响到商品的销售和转换率，顾客往往是因为直观的、权威的信息而产生购买的欲望，所以必要的、有效的、丰富的商品信息的组合和编排，能够加深顾客对于商品的了解程度。如图1-5所示，分别为两组不同的网店装修效果，一组是以平铺直叙的方式呈现商品的信息，而另一组则通过图片合理的处理和简要的文字说明来表达，通过对比可以发现后者更能打动消费者。

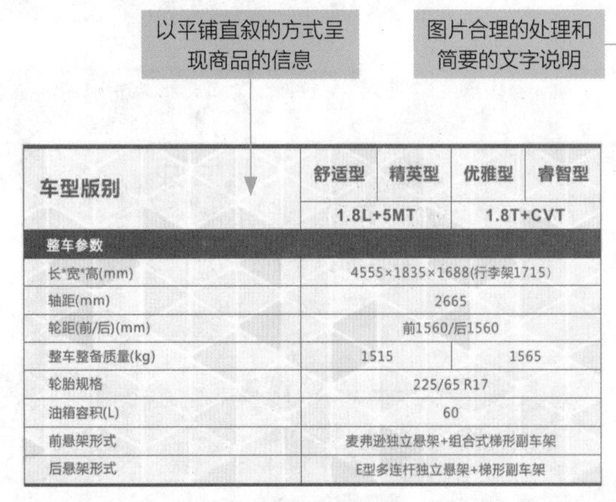

车型版别	舒适型	精英型	优雅型	睿智型
	1.8L+5MT		1.8T+CVT	
整车参数				
长*宽*高(mm)	4555×1835×1688(行李架1715)			
轴距(mm)	2665			
轮距(前/后)(mm)	前1560/后1560			
整车整备质量(kg)	1515		1565	
轮胎规格	225/65 R17			
油箱容积(L)	60			
前悬架形式	麦弗逊独立悬架+组合式梯形副车架			
后悬架形式	E型多连杆独立悬架+梯形副车架			

图1-5 不同类型的商品详情装修效果

通过对商品的详情页面进行装修，可以让顾客更加直观、明了地掌握商品信息，可以决定顾客是否购买该商品。如图1-6所示，可以从设计的商品详情页面中了解到衣服的材质、透气性等无法触摸的信息。

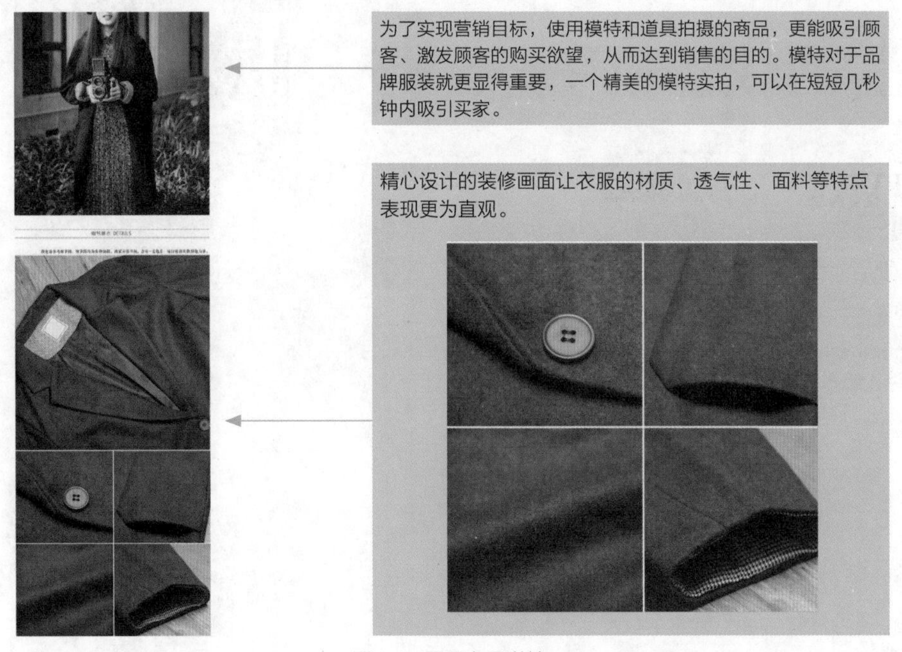

图1-6 展现商品详情

提示

对于通过电脑和手机购物的消费者来说，其花费在购物上的时间是计入其购物成本当中的。因而卖家需要像实体店一样来增加一个虚拟网店空间的利用率和用户的有效接触，要完成这两个目的，需要做到以下两方面。

- 提升网店和微店空间的使用率，让单一的网店和微店能够容纳更多的产品信息，通过装修设计来缩短顾客对于信息的理解。
- 在产品之间的关联和产品分类的优化上下工夫，从而给予消费者最大的选购空间。

1.2.3 实现视觉营销，提升店铺转化率

网店和微店的转化率，就是所有到达店铺并产生购买行为的人数和所有到达你的店铺的人数的比率。网店/微店的转化率提升了，其店铺的生意也会更上一层楼。影响网店/微店转化率的因素主要如图1-7所示。

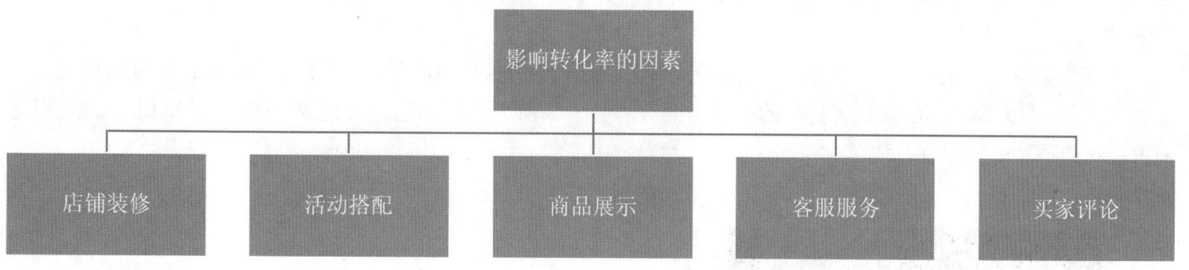

图1-7 影响网店/微店转化率的因素

在图1-7中，店铺装修、活动搭配、商品展示等都可以通过设计装修图片来实现，可见装修能够直接对网店与微店的转化率产生影响。在进行装修和推广的过程中，卖家还要注意如图1-8所示的问题，其中“活动页面”中信息可以通过店铺装修来完成，由此可见店铺装修与店铺转化率之间的紧密关系。

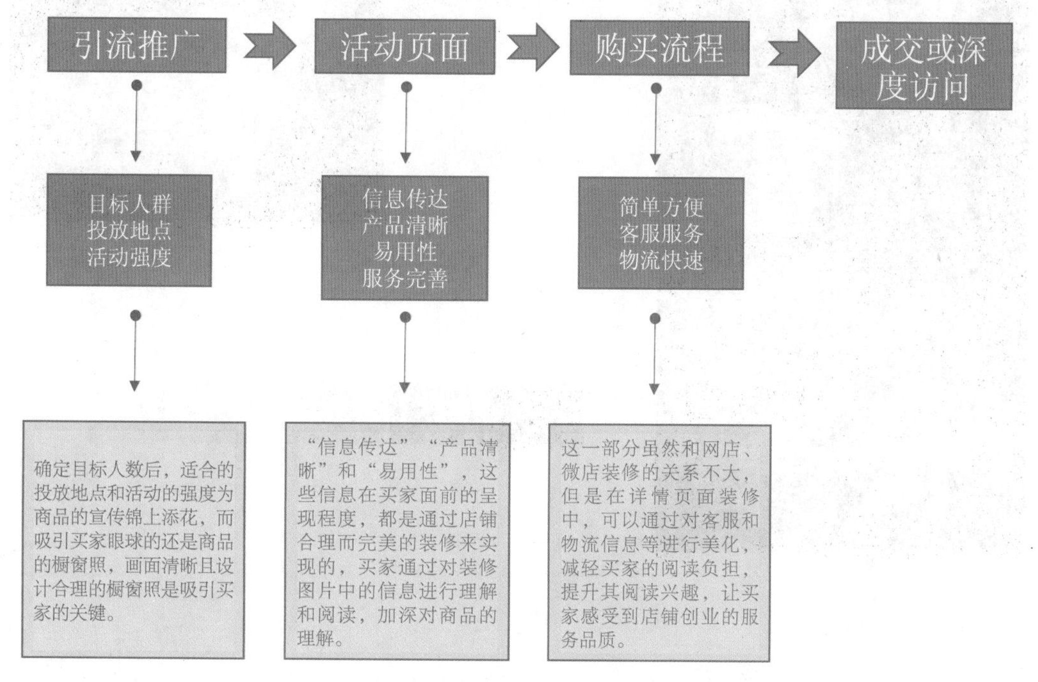

图1-8 装修和推广的过程中需要注意的问题

由此可见，网店/微店的首页装修不可轻视，这直接影响到店铺的跳出率，从而影响到店铺的交易量，因此，卖家有必要从各方面考虑店铺的装修。好的装修不但能够提升店铺的档次，还可以让顾客感受到在此店铺购物能够有良好的保障。

1.2.4 确定装修风格，突出产品的特色

无论是实体店还是网店、微店，装修的好坏、是否能吸引顾客的眼球、是否能突出产品特色，都是至关重要的。网店/微店装修风格的确定，涉及了整体运营的思考，确定装修风格之前，需要认真思考一下自己所销售的产品，最突出的是哪一点。对于店面的风格设定，需要每个店家认真去思考，接下来从3个方面入手，介绍如何确定网店/微店装修的风格。

1. 选择合适的整体色调

色调指的是一幅画中画面色彩的总体倾向，是大的色彩效果。在店铺装修中，色调是指店面的总体表现，是网店/微店装修大致的色彩效果，是一种一目了然的感觉。不同颜色的网店/微店装修画面都带有同一色彩倾向，这样的色彩现象就是色调。色调的表现在于给人一种整体的感觉，或突出青春活力，或突出专业销售，或突出童真活泼等。

卖家在选中和确定网店/微店的色调前，可以从店铺中销售的商品的色彩入手，也可以根据店铺装修确定的关键词入手，例如确定网店/微店装修的风格为时尚男装，则可以选择黑色、灰色等一些纯度和明度较低的色彩来对装修的图片进行配色。

总之，色调的选择必须能够真正体现自己产品的特点、营销的特色，如图1-9所示。

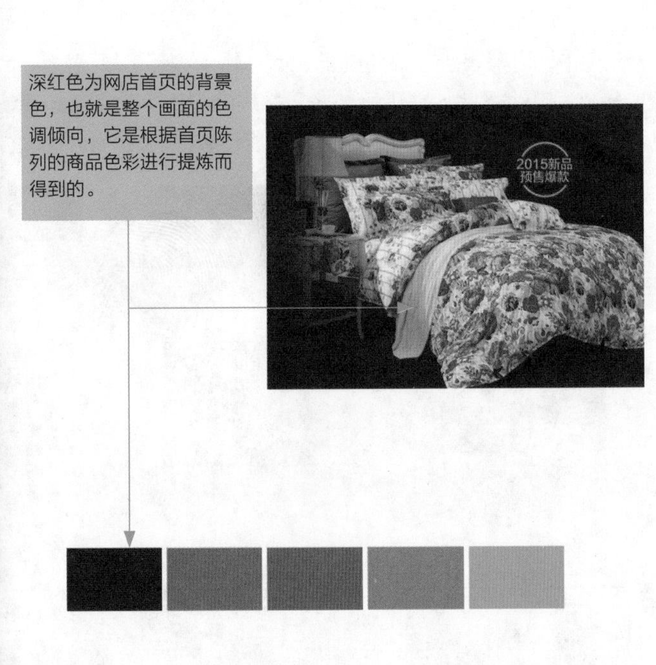

图1-9 选择合适的整体色调

2. 设计详情页面橱窗照

通常情况下，顾客进入一个店铺时，都是通过对单个商品感兴趣而进入店铺的，而单个商品在众多搜索出来的商品中是以主图的形式，也就是橱窗照的形式进行展示的，如图1-10所示。

商品主图是用来展现产品最真实的一面，而不是用来罗列店铺的所有活动。但是，部分店家为了将店铺中的信息尽可能多地传递出去，将橱窗照的作用理解错误，在橱窗照除了商品图像以外的空隙里添加了“最后一天”“只剩100双啦”“满百包邮”等众多的信息，主次不分，给顾客一种凌乱的感觉，不能体现出店铺的专业性。

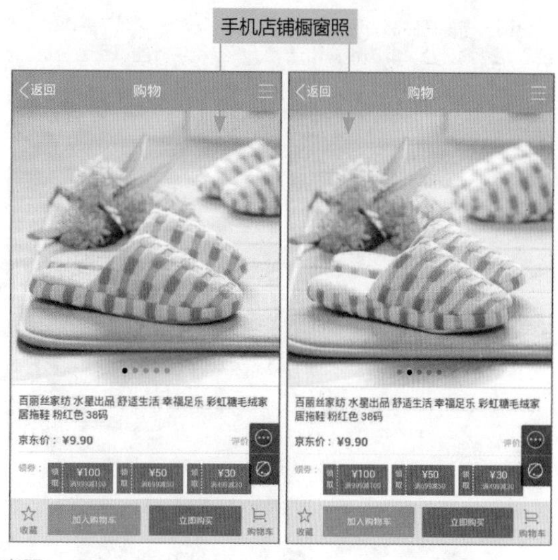

图1-10 橱窗照

通常，在橱窗照上只需要突出自己产品或是营销的一个点即可，不要加入太多无谓的信息，顾客买东西，是冲着产品去的，而不是冲着“仅此一天啦”“最后一天啦”等附属的信息去逛店铺的，当然，要设置限时购等促销，可以在商品详情页面中进行设计，但是在体现商品形象的橱窗照中，尽量不要添加此类信息。

提示

在橱窗照中，卖家可以使用明亮的、色调和谐的溶图作为橱窗照的背景，将抠取的商品主图与背景合并在一个画面中，添加上简单的文字和价格，通过色彩上的搭配体现出淡雅的感觉，表现出一定的品质感，让顾客能够一眼看到商品的外形和相关信息，如图 1-11 所示。

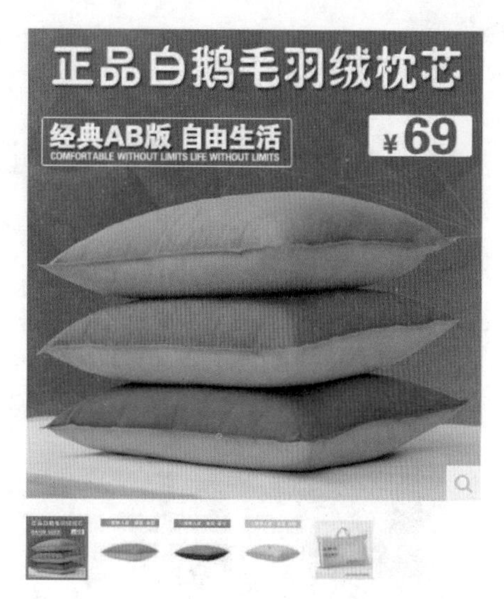

图1-11 使用明亮的、色调和谐的溶图作为橱窗照的背景

1.3 10大常见网店与微店平台

常见的电商平台包括淘宝、京东、当当网、微店网等，在这些电商下都有很多的个体商家，通过观察可以看到这些电商的网页装修各有特点，但是都是以红色调为主，接下来对其进行详细的介绍。

1.3.1 淘宝与天猫

阿里巴巴是电商平台中最大的，也是市场占有量最大的，它旗下包含了淘宝网、天猫等，但是从它们的网页和手机App中可以看到淘宝网的色调为橘红色，天猫的色调为大红色，具体如图1-12所示，它们通过细微的差异来体现不同的特点，接下来对它们各自的配色和装修进行分析。

提示

阿里巴巴集团经营多项业务，另外也从关联公司的业务和服务中取得经营商业生态系统上的支援。业务和关联公司的业务包括淘宝网、天猫、聚划算、全球速卖通、阿里巴巴国际交易市场、1688、阿里妈妈、阿里云、蚂蚁金服、菜鸟网络等。

橘红色调为主的淘宝网色彩鲜艳醒目，给人一种积极乐观的感觉，富有很强的视觉冲击力。在淘宝网的商家店铺中，大部分区域的线框和按钮的色彩均为橘红色，能够传递出温暖、幸福和甜蜜的感受，拉近买卖双方的距离。

大红色调为主的天猫商城给人视觉上强烈的震撼，通过与黑色进行搭配，能够体现出一定的品质，与天猫商城的商家性质一致，此外，这样的配色能够给买家一定程度上的振奋之感。

图1-12 淘宝网、天猫的网络店铺与手机App

提示

“天猫”（英文：Tmall，也称淘宝商城、天猫商城）原名淘宝商城，是一个综合性购物网站。2012 年 1 月 11 日上午，淘宝商城正式宣布更名为“天猫”。2012 年 3 月 29 日，天猫发布全新 Logo 形象。2012 年 11 月 11 日，天猫借“光棍节”大赚一笔，宣称 13 小时卖 100 亿元，创世界纪录。天猫是马云淘宝网全新打造的 B2C（Business-to-Consumer，商业零售），其整合数千家品牌商、生产商，为商家和消费者之间提供一站式解决方案，提供 100% 品质保证的商品、7 天无理由退货的售后服务，以及购物积分返现等优质服务。

1.3.2 唯品会

唯品会定位于“一家专门做特卖的网站”，每天上新品，以低至1折的深度折扣及充满乐趣的限时抢购模式，为消费者提供一站式优质购物体验。唯品会创立之初，即推崇精致优雅的生活理念，倡导时尚唯美的生活格调，主张有品位的生活态度，致力于提升中国乃至全球消费者的时尚品位。

唯品会销售的商品均为注册品牌商品，并且针对的客户主要是女性消费者，因此在色彩上更倾向于女性喜爱的枚红色，其网站首页与App首页如图1-13所示。

玫红色为主的唯品会网页配色的效果，可以突出显示其典雅和明快的感受，能够制造出热门而活泼的效果，更容易被女性顾客接受。唯品会中使用的玫红色，又称为玫瑰红，而玫瑰是美丽和浪漫的化身，与唯品会推崇精致典雅的生活理念、倡导时尚唯美的生活格调思想一致，能够有效地表现出该电商的特点。

图1-13 唯品会网站首页与App首页

1.3.3 京东

京东（JD.com）是中国最大的自营式电商企业，2015年第一季度在中国自营式B2C电商市场的占有率为56.3%。目前，京东集团旗下设有京东商城、京东金融、拍拍网、京东智能、O2O及海外事业部。

京东的Logo是一只名为Joy的金属狗，是京东官方的吉祥物。京东商城官方对金属狗吉祥物的诠释是对主人忠诚，拥有正直的品行和快捷的奔跑速度，其网站首页与App欢迎界面如图1-14所示。

京东的主色调为大红色，与天猫的配色类似，都是通过暖色调来表现热情、胜利和欣欣向荣的视觉氛围，能够为顾客营造出愉悦的购物氛围。

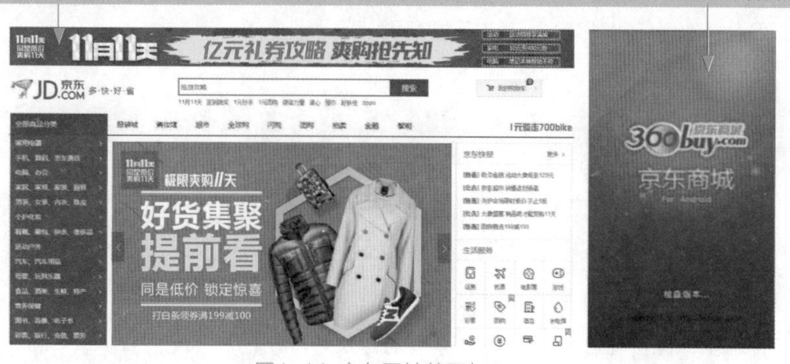

图1-14 京东网站首页与App

京东的Logo主要以金属色的狗与大红色的文字为主，表现出忠诚、热情和朝气蓬勃的情感，与网页中的配色高度一致，如图1-15所示。

图1-15 京东Logo

1.3.4 当当网

当当网是综合性的网上购物中心，致力于为消费者提供更多选择、更低价格、更为便捷的一站式购物体验，包括服装、鞋包、图书、家居、孕婴童等众多品类，支持全网比价、货到付款、上门退换货。

当当网的网页配色与其他电商相同，都是与Logo的配色一致，其主要使用了绿色与橘红色，这两种色彩互补，并且纯度较高，给人以强烈的视觉冲击力，有活泼、愉悦的视觉感受，具体配色和界面如图1-16所示。

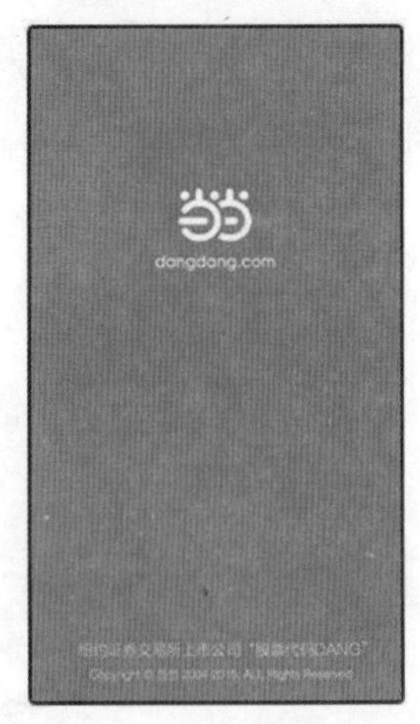

图1-16 当当网首页与App欢迎界面

提示

从 1999 年 11 月正式开通至今，当当网已从早期的网上卖书拓展到网上卖各品类百货，包括图书音像、美妆、家居、母婴、服装和 3C 数码等几十个大类，数百万种商品。物流方面，当当在全国 600 个城市实现“111 全天达”，在 1200 多个区县实现了次日达，货到付款方面覆盖全国 2700 个区县。

尤其在图书品类上，当当网占据了线上市场份额的 50% 以上，同时图书领先市场占有率 43.5%。当当网的图书订单转化率高达 25%，远远高于行业平均的 7%，这意味着每 4 个人浏览当当网，就会产生一个订单。能做到图书零售第一，当当网的杀手锏有许多，比如全品种上架、退货率最低、给出版社回款最快，也正是依靠这些优势，出版社给当当的进货折扣也最低，当当网也因此有价格竞争优势。

15 年间，当当专注图书电商取得雄踞首位的成绩，形成了一种卓尔不凡的能力与特质。而这些要素会提炼成模型，逐步复制到服装、孕婴童、家居家纺等细分市场，其价值将不可限量。

1.3.5 口袋购物与微店

口袋购物和微店都是同一家公司旗下的App，只是口袋购物面向的更多的是买家（跟微店买家版类似），而微店则是面向卖家的，是卖家用于实现销售管理的App。

1. 口袋购物

口袋购物是一款移动平台的推荐购物类应用软件，主打个性化和精准化的商品推荐，如图1-17所示。

图1-17 口袋购物App

口袋购物App基于人工智能和发现引擎的技术让手机的购物体验更加愉悦，如图1-18所示。从众多的商品中根据网友喜好，每天精选潮流新品。购物前决策所需高清大图、购物后评论展示，店铺橱窗展示，帮你一站式购买淘宝、天猫、京东、凡客、苏宁等商城的商品，随时随地发现又好又便宜的宝贝，为您推荐流行潮品。

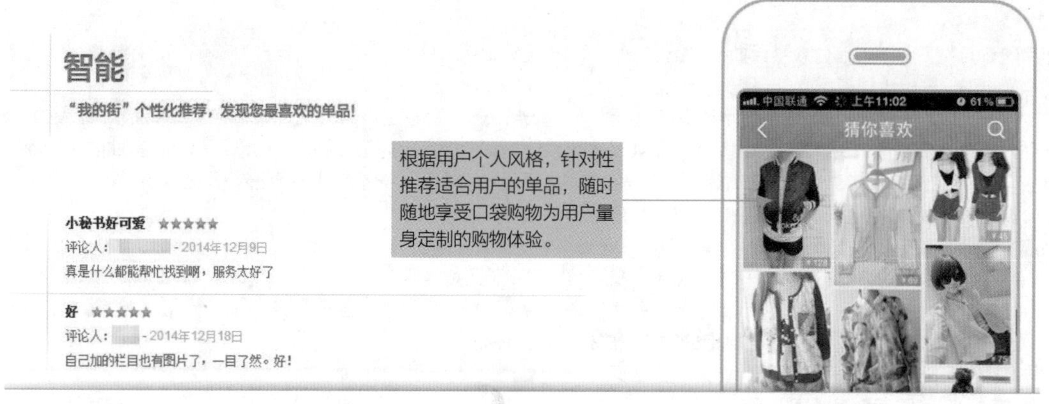

图1-18 口袋购物App的智能推荐功能

2. 微店

微店是帮助卖家在手机开店的软件，作为移动端的新型产物，任何人通过手机号码即可开通自己的店铺，并通过一键分享到SNS平台来宣传自己的店铺并促成成交，如图1-19所示。微店降低了开店的门槛和复杂手续，回款约为1~2个工作日，且不收任何费用。微店App的主要功能如下。

图1-19 微店

（1）商品管理：轻松添加、编辑商品，并能一键分享至微信好友、微信朋友圈、新浪微博、QQ空间。
（2）微信收款：不用事先添加商品，和客户谈妥价钱后，即可快速向客户发起收款，促成交易。
（3）订单管理：新订单自动推送、免费短信通知，扫描条形码输入快递单号，管理订单事半功倍。
（4）销售管理：支持查看30天的销售数据，包括每日订单统计、每日成交额统计、每日访客统计。
（5）客户管理：支持查看客户的收货信息、历史购买数据等，可以帮助卖家分析客户喜好，有针对性地进行营销。
（6）我的收入：支持查看每一笔收入和提现记录，让卖家对账目清清楚楚。
（7）促销管理：设置私密优惠活动，吸引买家，让卖家的商品价格更加灵活。
（8）我要推广：多种推广方式，给您的店铺带来更多的流量，提高销售额。
（9）卖家市场：批发市场、转发分成、附近微店，全面提升卖家的店铺等级。

提示

所谓"微店"，本质上就是提供让微商玩家入驻的平台，有点类似PC端建站的工具，其不同于移动电商的App，主要利用HTML5技术生成店铺页面，更加轻便，商家可以直接装修店铺、上传商品信息，还可通过自主分发链接的方式与微信、微博等社交应用结合进行引流，完成交易。
在开始微店创业之前，创业者们需要了解目前市面上流行的微店平台，因为不同的交易与推广习惯，用户可以选择手机端与电脑端，根据需要确定开店平台。同时也可参考企业转型微店的成功范例，学习微店转型与经营的经验，为自己的微店创业打好基础。
微店在2013年就已经开始崛起，如今已经达到最火爆的程度。2014年1月，电商导购App口袋购物推出"微店"App；

提示

随后的 5 月份，腾讯微信公众平台推出“微信小店”；10 月份，京东拍拍微店也宣布完成升级测试，并与京东商城系统实现全面打通，开始大规模招商。

在“电商大咖”恍然大悟后，纷纷进军微电商，企图抢占移动市场先机，于是各种微店犹如雨后春笋般涌起，让人眼花缭乱。与此同时，京东微店、淘宝微店也大举进入，如淘宝可以让卖家们的淘宝店架设到微信公众平台上，行业内诸如商派有量微店、易米微店、金元宝微店、喵喵微店、微盟等各类微店更是纷纷涌现。据悉，目前行业内形形色色的微店达到 60 多家。整个微店争夺战中，正呈现鱼龙混杂，洗牌步步逼近。

微店主要分为以下 3 种类型。

- 平台类型微店：如微信小店、京东拍拍微店、淘宝微店、口袋购物微店。
- 以服务类型为主的微店：如微盟、京拍档、各大电商平台自己推出的微店（主要服务于开放平台，一方面立足自身的购物 App 主打中心化移动电商，一方面借助微店形成去中心化移动电商的布局）。
- 一些由个人推出的，提供一种创建微商城的工具。

总体来说，各家微店都有各家的好处，有的在知名度、有的在服务、有的在功能，不过整体来说，大家的起步点都一样，唯一能比较出来的就是用户受益程度，谁让用户掏钱少，谁就最受欢迎。

由于口袋购物发力较微店早，加上雄厚资金的支持，也使得其微店业务能与别家拉开差距，具备一定想象空间。截至 2014 年 9 月份，口袋购物微店已经覆盖 172 个国家，吸引了超过 1200 万家店铺入驻，月独立访客 8300 万，成交额已经达到 150 亿元。据悉，口袋购物微店还将投入 2 亿元资金，用于为微商们引流，并向微商们开放了口袋购物旗下一系列垂直市场 App，集聚买家客流的市场。

- 口袋购物：综合性一站式手机购物 App。
- 今日半价：1 ~ 5 折唯一旗舰店正品，爆款折扣类应用。
- 美丽购：专注服务年轻女性的服饰类 App。
- 代购现场：为海外华人卖家带去更精准的细分流量应用。
- 美铺：与美图秀秀合作的移动电商应用。
- 微店联盟：和其他微店的联盟，相互推广。

1.3.6 微信小店

2014年5月29日，微信公众平台宣布正式推出“微信小店”，将形形色色的小店搬进微信里。微信小店是腾讯基于微信公众平台打造的一款原生电商平台。商家只要登录微信公众平台，按照相关步骤操作，即可获得轻松开店、管理货架、维护客户的简便模版，方便了广大的基本电商用户。

从运营模式上看，微信小店实现的最终效果类似于移动淘宝，如图1-20所示。

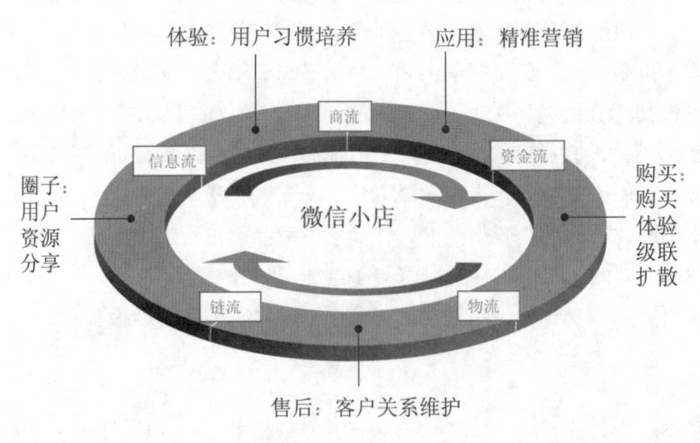

图1-20 微信小店的运营模式

“微信小店”的推出将极大地丰富微信公众平台以及微信支付的应用场景，提升用户体验。微信的商户功能本质就是微信支付，而微信小店是基于微信支付产生的，是帮助用户解决商品售卖的方案。

消费者将在微信公众平台上获得更加丰富、更加原生态、更流畅的购物体验，比如可以多途径、多入口体验，例如自定义菜单、查看商品消息等。图1-21所示为“好药师”的微信公众平台，可以在自定义菜单中看到

“微信小店”的入口。

企业商家可以基于自己的微信公众号，通过“微信小店”来售卖商品，如图1-22所示。针对部分有开发能力的商家，也可以通过API接口的方式，批量添加商品，自行实现商铺功能，通过相关的接口权限更方便地管理商品数据等内容。通过“微信小店”的后台系统也能更加方便联系和维护企业的客户关系。

图1-21 “微信小店”自定义菜单

“微信小店”的下方会显示“微信安全支付”标识。

通过“微信小店”提供的接口能力，商家可以更方便地管理后台的商品系统，以自定义菜单、公众号消息下发等多途径、多入口的运营形式来经营和宣传公众号。

图1-22 “好药师”微信小店首页

由此可见，“微信小店”再次提升了微信“连接一切”的能力。微信本身是一个很有价值的工具，它与电商最好的结合点是用于辅助做客户关系管理。随着客户的积累，可以顺道做老顾客营销。

随着微信用户越来越多，不少商家已经开始选择在微信上开店，微信小店也开始进入商家的开店范围，但是微信小店搭建起来之后要想提升微信小店的转化率，除了需要完善微信小店内容之外，还需要做好一些微信小店的装修工作。如图1-23所示，为装修微信小店时需要注意的事项。

注重用户体验

- 很多卖家为了吸引消费者的眼球就会在微信小店页面中放一些花哨的图片或弹窗，或在页面中插入一个打开页面就会播放的视频信息，这样不仅不会提升用户的购买欲，还会影响到用户的购买心情。

配色简单合理

- 微信小店的用色不能过于复杂，要明确一个主色调，不要花花绿绿，啥颜色都有，并且页面的字体大小也要统一一下，这样就不会让用户觉得页面没有一个主题，甚至会感觉眼花缭乱了。

突出产品特点

- 每一个店铺都应该有属于自己的特点，因此卖家在装修微信小店的时候最好要根据所销售的商品风格来装修，要让用户一看到你的微信小店就知道你是做什么的，这样用户才会容易记住你。

页面长度适中

- 设计页面的时候如果页面设计得太长不仅不美观，还会影响到页面的打开速度，如果页面中内容实在是太多，可以设置一些二级页面将内容显示在二级页面中，在页面中突出重要内容就行了。

首页大气清晰

- 微信小店的首页作为微信小店的形象，因此这也是卖家在装修微信小店时需要重视的，页面设计最好以大气、排版清晰为主，这样才能够留住用户，你想如果用户进入你的微信小店之后发现页面过于混乱，这样只会将客户吓跑。

图1-23 微信小店的装修要点

提示

微信小店的商户可以寻找第三方开发者来为自己定制店铺页面，而商户的商品、订单、库存数据仍然将存储在微信小店平台上。除了开放货架给开发者，微信小店其他 4 个更新分别为允许自定义商品的属性和规格、已上架商品和货架支持下载二维码、支持将订单列表下载到本地、支持一次上传多张图片等。微信小店已逐步完善“商家店铺 + 基础交易系统 + 微信支付 + 广点通”的电商生态，与淘宝的电商生态系统结构完全一致。

1.3.7 有赞

“有赞”是在微信上搭建微信商城的平台，提供店铺、商品、订单、物流、消息和客户的管理模块，同时还提供丰富的营销应用和活动插件，如图1-24所示。

“有赞”提供的是底层整套的店铺系统，它和微信（微博）并没有直接联系。不过，通过把微信（微博）账号绑定到口袋通店铺上之后，微信（微博）则成为客户的店铺面向粉丝的重要出口。换句话说，账号绑定后，客户就可以把店铺经营到微信（微博）上，向客户的粉丝推送活动通告、上新通知，和客户的粉丝直接地交流和沟通，粉丝可以直接在微信（微博）App内点击进入客户的店铺，浏览商品，并完成最终的购买。

更重要的是，“有赞”提供了十分强大的客户管理系统，客户可以对每一个粉丝进行分组，打上特定的标签，更加有针对性地进行消息推送。

微电商在市场运营策略上，不再以平台为中心（通过简单粗暴的流量采购、广告推广来获得销量），而是通过微博、微信这样的沟通渠道，直接联系到客户，从而带来销量。此外，微电商还需要商家更加重视买家之间的口碑相传，在买家的社交圈子上（微信朋友圈、微博等），形成广泛的二次传播，吸引更多的客户。

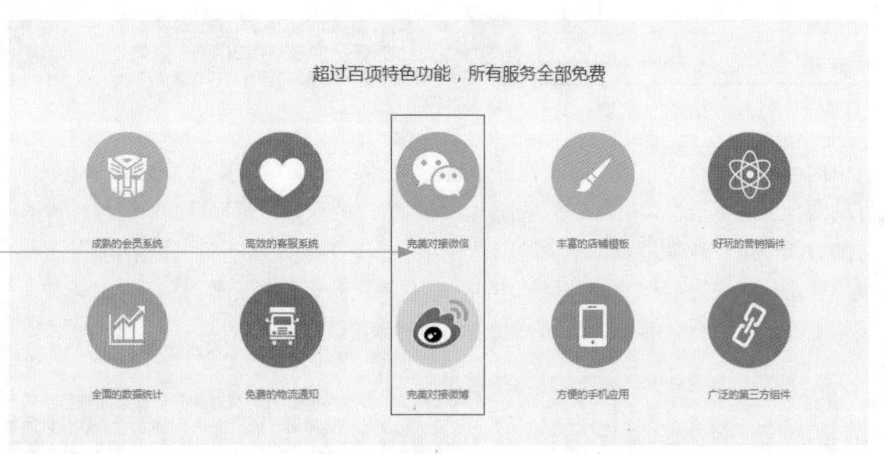

图1-24 “有赞”的主要功能

微电商是区别于传统电子商务的、崭新的电商模式。它不像传统电商过度依赖于平台（如淘宝/天猫/京东），而是依赖于客户，以及商家与客户保持联系的渠道。微电商需要商家更重视对客户的管理和长期的培育，也要更重视品牌的建设。“有赞”是一个移动零售服务商，针对各类电商、企业、品牌商以及社交达人分别提供了不同的解决方案，如图1-25所示。

图1-25 “有赞”平台上的热门店铺

提示

据悉，“有赞”推出了“企业全员开店解决方案”，该方案是一个面向企业级别的微电商解决方案。企业可以发动全体员工和兼职人员通过手机开设店铺销售企业的产品。企业可以方便地邀请员工开设店铺、控制员工店铺的销售权限、查询每个店铺的销售业绩，帮助企业实现全员营销、全网成交。

- 企业快速发展分销商：企业可通过短信、二维码、链接的方式邀请员工、顾客、代理商等任何个体成为企业的分销商。
- 个人轻松开设店铺赚钱：企业所设置的默认商品将会自动上架到分销商店铺，分销商只需分享店铺主页或商品到朋友圈、微信群、微信好友、微博即可推广盈利。
- 利润自动分成：当分销商的店铺产生订单后，系统自动将订单推送到企业的订单管理后台，系统自动按照供应商设定的利润给分销商分成。

1.3.8 微盟旺铺

微盟旺铺是2014年7月下旬由微盟（Weimob）平台推出的一款微信移动电商解决组件。微盟旺铺是基于微信小店的第三方解决方案，在原有“微商城”基础上进行了大幅度的优化和改进。企业可以通过微盟旺铺实现店铺装修、商品管理、订单管理、运费模版、营销管理、支付管理及微信帮购等功能，并能满足移动电商在运营上的社会化客户关系管理、O2O落地执行等需求。

微信小店无法满足所有商户在移动电商运营上的需求。比如在客户关系管理、市场推广、运营活动、O2O落地执行等方面，另外微信小店门槛比较高，需要申请微信支付和2万元的保证金，而微盟旺铺就能提供比微信小店更丰富多元的解决方案，而且门槛会偏低。微盟旺铺属于微盟面向移动电商的个性化、垂直化、服务化发展的新型产品。

微盟旺铺专门提供各行业微信插件，让商家轻松将店铺移至顾客手机端，如图1-26所示，让服务贴近顾客，如影随形，时刻陪伴。

微盟旺铺装修拥有十几套组件库，每一套组件库又有多种表现样式，可自由拖曳，傻瓜式操作，通过不同的组合，可以很快的打造出属于商家自己的个性店铺，可组合出百套以上模版。

图1-26 微盟旺铺提供了各种个性的店铺装修方案

微盟旺铺中的微官网目前支持首页模版、列表页模版、详情页模版。多达几十种模版可以随意任意组合，快速打造超强超炫的微官网。卖家可以直接选择喜欢的模版风格，勾选就可以了，然后打开手机端即可预览效果，如图1-27所示。

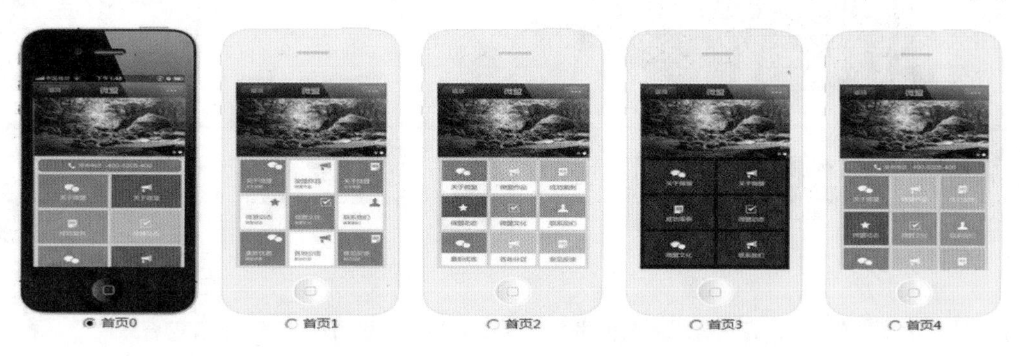

图1-27 微盟旺铺模版管理

鉴于微信公众平台的社交属性，重复购买率将成为移动电商的主要考核指标。除基础的客户关系管理之外，微盟旺铺还配置了多款互动游戏，以营造良好的用户体验来留住用户。此举有助于增进用户的黏性，提高重复购买率。对企业来说，微盟旺铺可以帮企业把商铺开到每个人的手机里。对消费者来说，可以通过微信平台进入微盟旺铺随时随地购物，如图1-28所示。

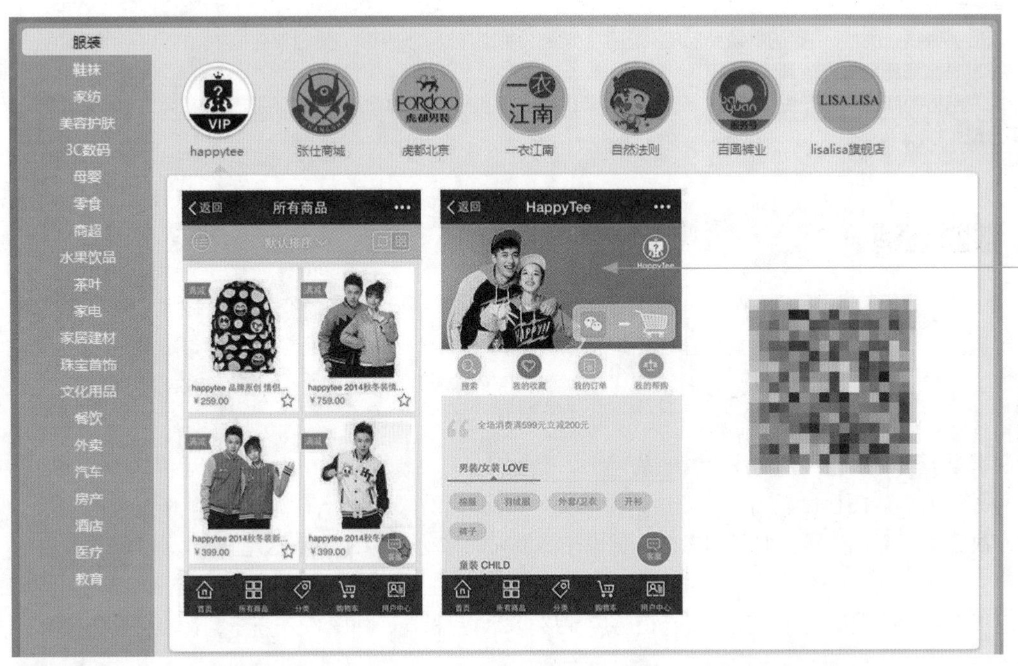

微盟旺铺的商品管理、订单管理系统都要优于现有第三方交易系统，微盟旺铺拥有的近100万件商品SKU库，使商家无须再去自建商品规格、属性，可以很方便地从淘宝、微信小店迁移，另外微盟旺铺还具有购物车、我的收藏、我的帮购、商品评价、退货维权等功能。

图1-28 微盟旺铺平台上的经典店铺案例

1.3.9 微店网

微店网是一个云销售平台，也是利用个人交际圈进行推广销售的电商平台。供货商只要在产品价格上设置合理的推广佣金，将产品图片、属性、价格等定义好，发布到微店网云端产品库后，其产品就会自动上架到其他微店。微店网的PC端和手机App端的风格非常统一，都是采用了比较鲜艳的红色为主色调，如图1-29所示。

图1-29 微店网的PC端和手机App端

在微店网平台装修店铺时，店家需要注意美化和修改商品的名称和图片、美化店铺的背景图等。另外，微店的账号一定要好记，而且简洁。

提示

微店网对微店的本意是开网店不需库存，无需发货，不用处理物流，只需通过社交圈进行推广，即可从网络销售中获得佣金收入，是一种高效的网络分销模式，供应商负责发货，微店主负责推广。这里的微，不是移动互联网的概念，“微”是轻松的意思，对供应商来说，节约了推广成本，对微店主提供了零成本创业平台，如图 1-30 所示。
对于商家而言，微店网的这种模式减轻了他们的推广负担，可以更加专注于产品的研发。对于网民来说，开微店不需资金成本、无须寻找货源、不用自己处理物流和售后，是适合大学生、白领、上班族的兼职创业平台。

图1-30 微店网的运营模式

1.3.10 微小店

“微小店”通过“移动端店铺+PC端店铺”双渠道展开，采用“移动商店+企业O2O店中店”的创业新模式。个人可基于手机免费快速开通“微小店”，成为店长，并通过微博、微信、QQ、空间等社交工具推广商品获得佣金，建立“人人是买家，人人是卖家”的微商体系。

“微小店”开通后，店长要做的第一项工作是进行店铺装修，如图1-31所示。“微小店”为方便店长管理店铺，向店长提供同时面向电脑的PC端以及智能手机、IPAD等移动端两种不同的浏览页面，店长可以通过个性丰富的装修打造与众不同的特色店铺。

开通微小店后，店长根据自己风格对微小店进行店铺命名、装修及产品上架。“微小店”免费提供各类风格的店铺装修模版，同时提供免费素材，店长可根据需求进行DIY设计。通过打造有特色、有个性、有创意的店铺，吸引消费者，达成有效购买，从而获取不同比例的佣金。

图1-31 微店网的PC端和手机App端

提示

PC 端与移动端装修流程如下。

- 移动端：编辑店铺 Logo、店铺名称→装修微小店→拖曳模块进行装修→编辑商品。
- PC 端：编辑店铺 Logo、店铺名称→装修微小店→页面管理→背景设置→添加模块→商品模块设置→选择商品。

第 02 章

视觉营销让宝贝夺人眼球

本章知识提要

- 网店/微店的色彩设计知识
- 冷暖色系的网店/微店配色
- 网店/微店配色的常用方案
- 网店/微店的文字应用技巧
- 网店/微店的版式布局技巧

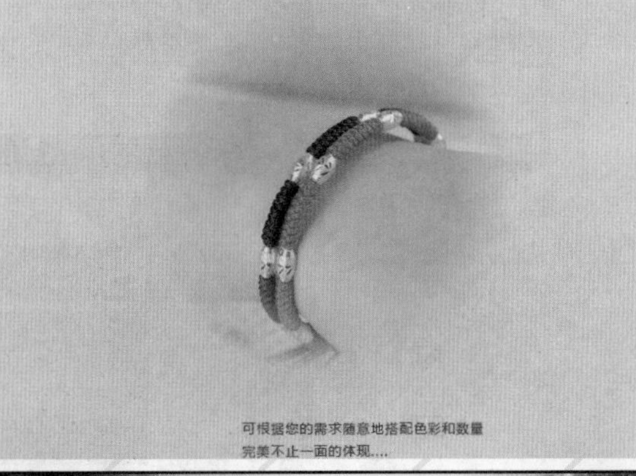

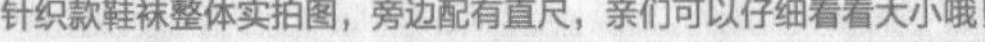

2.1 网店/微店的色彩设计知识

把店铺装修好，让自己的店铺更好看一点，更漂亮一点，这样就会在视觉上吸引顾客，给店铺带来更多的生意。对于进入店铺的顾客来说，他们首先会被店铺中的色彩所吸引，然后根据色彩的走向对画面的主次进行逐一的了解。本节主要对网店/微店的色彩设计知识进行讲解，这些基础知识也是后期网店/微店装修配色中的关键所在。

2.1.1 无彩色系和有彩色系

为了便于认识网店/微店装修配色中的色彩变换，认识色彩的基本属性与基本规律，我们必须对色彩的种类进行分类与了解，丰富多样的颜色可以分成两个大类，即无彩色系和有彩色系。有彩色系的颜色具有三个基本特性，即色相、纯度（也称彩度、饱和度）、明度，在色彩学上也称为色彩的三大要素或色彩的三属性。其中，饱和度为0的颜色为无彩色系。

在网店/微店装修设计中，无彩色系和有彩色系都占有举足轻重的地位，无论是以有彩色为主题的画面效果，还是以单纯黑白灰无彩色构成的画面效果，都能给人带来一种奇幻无比的色彩感觉。充分、合理地利用色彩的类别与特性，可以使网店/微店装修的画面获得意想不到的效果。

1. 无彩色系

无彩色系是指白色、黑色和由白色黑色调和形成的各种深浅不同的灰色。无彩色按照一定的变化规律，可以排成一个系列，由白色渐变到浅灰、中灰、深灰到黑色，色度学上称此为黑白系列。如图2-1所示，为无彩色系的店铺首页。

在色彩的概念中，很多人都习惯把黑、白、灰排除在外，认为它们是没有颜色的，其实在色彩的秩序中，黑色、白色以及各种深浅不同的灰色系列，称为无彩色系。如左图所示，为采用这3种色调为主构成的网店首页，这种画面也是别具一番风味的，在进行店铺装修的配色中，为了追求某种意境或者氛围，有时也会使用无彩色来进行搭配。

图2-1 无彩色系的店铺首页

无彩色没有色相的种类，只能以明度的差异来区分，如图2-2所示，无彩色没有冷暖的色彩倾向，因此也被称为中性色。

黑白系列中由白到黑的变化，可以用一条垂直轴表示，另一端为白色，一端为黑色，中间有各种过渡的灰色。无彩色系的颜色只有一种基本性质——明度。它们不具备色相和纯度的性质，也就是说它们的色相与纯度在理论上都等于零。

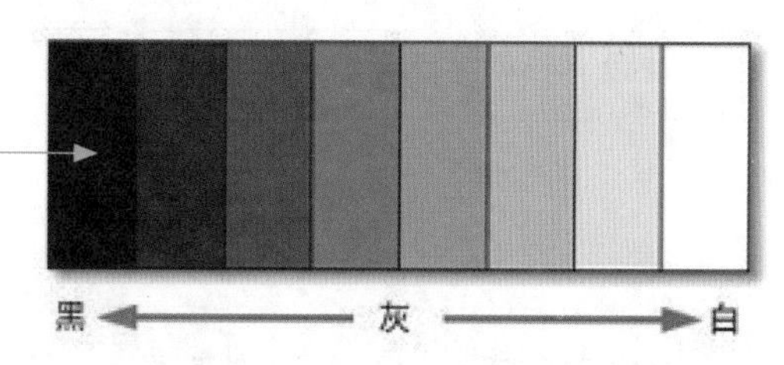

图2-2 无彩色系

在无彩色系中，纯白是理想的完全反射的物体，纯黑是理想的完全吸收的物体。在现实生活中，并不存在纯白与纯黑的物体，颜料中采用的锌白和铅白只能接近纯白，煤黑只能接近纯黑。色彩的明度可用黑白度来表示，越接近白色，明度越高；越接近黑色，明度越低。黑与白作为颜料，可以调节物体色的反射率，使物体色提高明度或降低明度。

无彩色中的黑色是所有色彩中最黑暗的色彩，通常能够给人以沉重的印象，而白色是无彩色中最容易受到环境影响的一个颜色，如果设计的画面中白色的成分越多，画面效果就越单纯。而灰色则处于白色和黑色之间，它具有平凡、沉默的特征，很多时候在店铺装修中作为调节画面色彩的一种颜色，可以给顾客带来安全感和亲切感。如图2-3所示，为手机店铺装修中设计的商品详情页面。

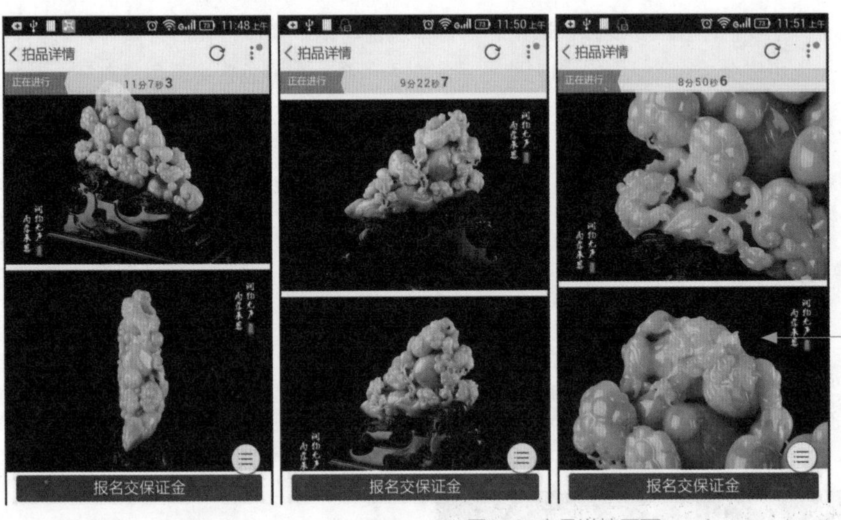

该手机店铺通过将无彩色与有彩色进行结合，使其形成强烈的对比，突显出商品的特点，削弱辅助图像的内容，同时这样的配色也让整个画面更具设计感和艺术感。

图2-3 商品详情页面

2. 有彩色系

彩色是指红、橙、黄、绿、青、蓝、紫等颜色，不同明度和纯度的红橙黄绿青蓝紫色调都属于有彩色系。有彩色是由光的波长和振幅决定的，波长决定色相，振幅决定色调。如图2-4所示，为使用有彩色系进行配色的网店装修图片。

有彩色指的是凡是带有某种标准色倾向的色，光谱中的全部色都属于有彩色，有彩色以红、橙、黄、绿、青、蓝、紫为基本色，其中基本色之间不同量的混合，以及基本色与黑、白、灰之间的不同量组合，会产生成千上万的有彩色。

图2-4 使用有彩色系进行配色的网店装修图片

提示

在图像的制作过程中，根据有彩色的特性，可以通过调整其色相、明度及纯度之间的对比关系，或通过各色彩间面积调和，搭配出色彩斑斓、变化无穷的网店、微店装修画面效果。

2.1.2 认识色彩的三种属性

现在让我们更进一步地研究色彩是怎样表达的。如图2-5所示，是两个红色圆圈，下面通过对比来分析色彩的3种基本属性。

这两种红色看上去好像是一样的，但是仔细观察仍能发现一些不同点。
- 色相：它们都是红色的。
- 明度：左边的颜色要比右边的更亮一些。
- 纯度：左圈的纯度更高，右边的显得灰暗一些。

这就是为什么这两个红色圆圈颜色一开始看上去好像差不多，但仔细一看就不同了。因此我们说，色彩可以通过色相、明度和纯度三种属性综合表达。

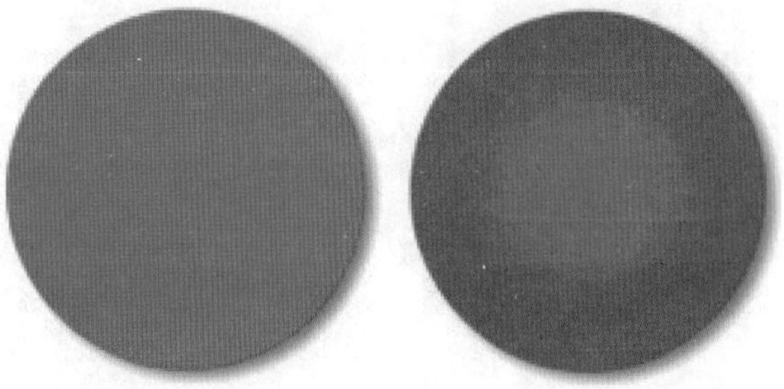

图2-5　两个红色圆圈

1. 色相

苹果是红色的，柠檬是黄色的，天空是蓝色的。当我们考虑不同色彩的时候，时常用色相来表示，如图2-6所示。我们用色相这一术语将色彩区分为红色、黄色或蓝色等类别。

色相是色彩的最大特征，所谓色相是指能够比较确切地表示某种颜色色别的名称，也是各种颜色直接的区别，同样也是不同波长的色光被感觉的结果。

色相是由色彩的波长决定的，以红、橙、黄、绿、青、蓝、紫代表不同特性的色彩相貌，构成了色彩体系中的最基本色相，色相一般由纯色表示，左图所示分别为色相的纯色块表现形式和色相间的渐变过渡形式。

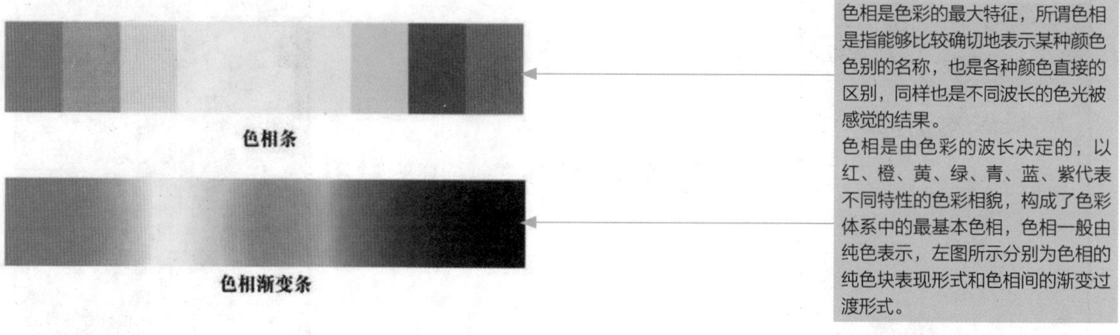

图2-6　色相条与色相渐变条

虽然红色和黄色是完全不同的两种色相，但我们可以混合它们来得到橙色。混合黄色和绿色可以得到黄绿色或青豆色，而绿色和蓝色混合则产生蓝绿色。因此，色相是互相关联的，我们把这些色相排列成圈，这个圈就是“色环”，如图2-7所示。

色环其实就是在彩色光谱中所见的长条形的色彩序列，只是将首尾连接在一起，使红色连接到另一端的紫色，色环通常包括12种不同的颜色。
- 暖色：暖色由红色调构成，如红色、橙色和黄色。这种颜色选择给人以温暖、舒适、有活力的感觉。这些颜色产生的视觉效果使其更贴近观众，并在页面上更显突出。
- 寒色（也称冷色）：冷色来自于蓝色调，如蓝色、青色和绿色。这些颜色使配色方案显得稳定和清爽。它们看起来还有远离观众的效果，所以适于做页面背景。

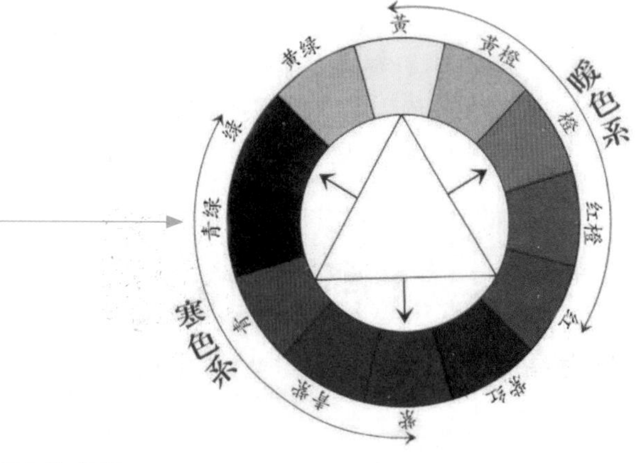

图2-7　色环

Lab颜色空间模型是当前最通用的用于表达物体色彩的量度系统，它是由国际照明委员会（CIE）在1976年统一制定的。在Lab颜色空间里，明度标示为L，色相和彩度分别用a和b表示。数值越大，色彩越亮越纯，相反地，数值越接近零值，则色彩越晦暗。如图2-8所示为Lab颜色空间的三维图像。

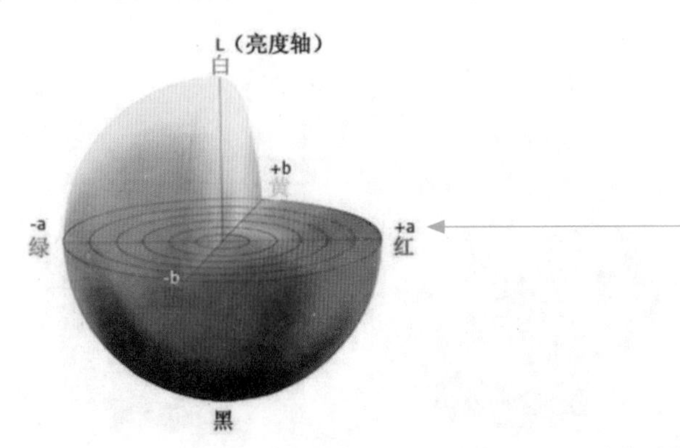

Lab色彩模型是由明度（L）和有关色彩的a、b三个要素组成。

● L表示明度（Luminosity），L的值域由0到100，L=50时，就相当于50%的黑。

● a表示从洋红色至绿色的范围，b表示从黄色至蓝色的范围。a和b的值域都是由+127至-128，其中+127 a就是红色，渐渐过渡到-128 a的时候就变成绿色；同样原理，+127 b是黄色，-128 b是蓝色。

所有的颜色就以这三个值交互变化所组成。例如，一块色彩的Lab值是L=100，a=30，b=0，这块色彩就是粉红色。（注：此模式中的a轴、b轴颜色与RGB不同，洋红色更偏红，绿色更偏青，黄色略带红，蓝色有点偏青色）。

图2-8 Lab颜色空间的三维图像

在进行网店/微店装修的配色中，选择不同的色相，会对画面整体的情感、氛围和风格等产生影响，如图2-9所示，为两种不同色相搭配下的微店装修效果。

画面的主要配色都是偏向于暖色，整个配色给人热情、奔放、活泼的感觉。

图2-9 不同色相搭配下的微店装修效果

2. 明度

有些颜色显得明亮，而有些却显得暗淡。这就是为什么亮度是色彩分类的一个重要属性的原因。例如，柠檬的黄色就比葡萄柚的黄色显得更明亮一些。那如果将柠檬的黄色与一杯红酒的红色相比呢？显然，柠檬的黄色更明亮。可见，明度可以用于对比色相不同的色彩，如图2-10所示。

明度是眼睛对光源和物体表面的明暗程度的感觉，主要是由光线强弱决定的一种视觉经验。简单地说，明度可以简单理解为颜色的亮度，不同的颜色具有不同的明度。任何色彩都存在明暗变化。其中黄色明度最高，紫色明度最低，绿色、红色、蓝色、橙色的明度相近，为中间明度。另外在同一色相的明度中还存在深浅的变化。如绿色中由浅到深有粉绿、淡绿、翠绿等明度变化。

图2-10 明度

在网店/微店装修的配色过程中，明度也是决定文字可读性和修饰素材实用性的重要元素，在设计画面整体印象不发生变动的前提下，维持色相、纯度不变，通过加大明度差距的方法可增添画面的张弛感，如图2-11所示。

图2-11 色彩的明暗程度会随着光的明暗程度变化而变化

同时，在网店/微店装修的配色中，明度也是色彩的精髓，色彩的明度差异比色相的差别更容易让人将主体对象从背景中区分出来，图像与背景的明度越接近，辨别图像就会变得越困难，图2-12所示为同一图像在不同明度背景上的识别效果。

图2-12 同一图像在不同明度背景上的识别效果

3. 纯度

如图2-13所示，用色相相同的柠檬和卡其布做比较，很难用明度来解释这两种颜色的不同，而纯度这一概念则可以很好地解释为什么我们看到的柠檬与卡其布的颜色如此不同。因此，除了色相和明度，我们研究色彩时应该加上它的第三种属性：纯度。

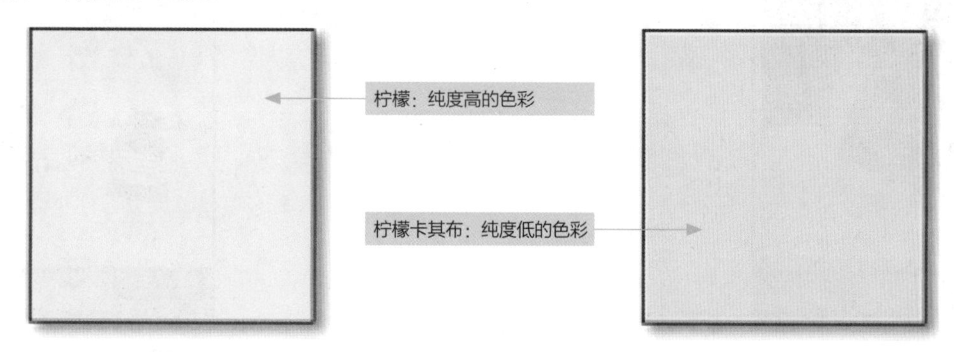

图2-13 柠檬与卡其布的颜色

纯度通常是指色彩的鲜艳度。从科学的角度看，一种颜色的鲜艳度取决于这一色相发射光的单一程度。人眼能辨别的有单色光特征的色相，都具有一定的鲜艳度。不同的色相不仅明度不同，纯度也不相同。

纯度是说明色质的名称，也称饱和度或彩度、鲜度。色彩的纯度强弱，是指色相感觉明确或含糊、鲜艳或混浊的程度，如图2-14所示。高纯度色相加白或黑，可以提高或减弱其明度，但都会降低它们的纯度。如加入中性灰色，也会降低色相纯度。

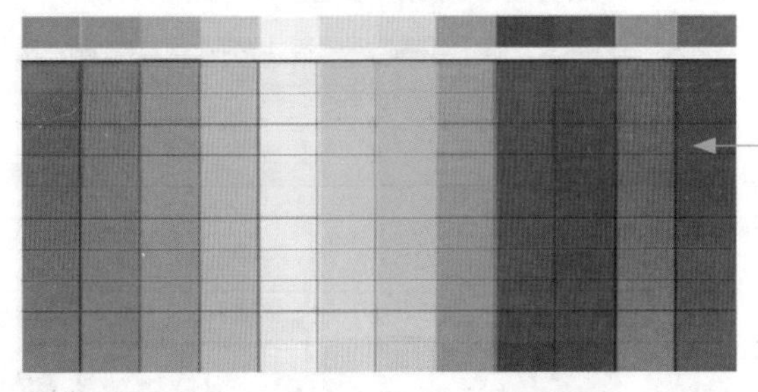

纯度用来表现色彩的鲜艳和深浅，色彩的纯度变化，可以产生丰富的强弱不同的色相，而且使色彩产生韵味与美感。纯度是深色、浅色等色彩鲜艳度的判断标准。纯度最高的色彩就是原色，随着纯度的降低，就会变化为暗淡的，没有色相的色彩。纯度降到最低就是失去色相，变为无彩色。

图2-14 纯度表

同一色相的色彩，不掺杂白色或者黑色，则被称为纯色。在纯色中加入不同明度的无彩色，会出现不同的纯度，如图2-15所示。

以红色为例，向纯红色中加入一点白色，纯度下降而明度上升，变为淡红色。继续加入白色的量，颜色会越来越淡，纯度下降，而明度持续上升。加入黑色或灰色，则相应的纯度和明度同时下降。

图2-15 不同纯度的红色

色彩的纯度决定了色彩的鲜艳程度，纯度越高的色彩，其图像的效果给人的感觉越艳丽，视觉冲击力和刺激力就越强，相反色彩的纯度越低，画面的灰暗程度就越明显，其产生的画面效果就越柔和，甚至是平淡。

因此，在网店/微店装修的配色过程中，要把握好色彩的纯度运用，才能营造出不同的视觉画面，让色彩的视觉效果与店铺的风格一致。如图2-16所示，为低纯度和高纯度配色后设计的微店商品详情页面的装修效果。

低纯度给人灰暗的印象，给顾客带来复古、怀旧的感觉。

高纯度给人鲜艳的印象，给顾客带来清爽、单纯的感觉。

图2-16 不同纯度的微店装修效果

2.1.3 色调：色彩的基调

在大自然中，我们经常见到这样一种现象：不同颜色的物体或被笼罩在一片金色的阳光之中，或被笼罩在一片轻纱薄雾似的、淡蓝色的月色之中，或被秋天迷人的金黄色所笼罩，或被统一在冬季银白色的世界之中。在不同颜色的物体上，笼罩着某一种色彩，使不同颜色的物体都带有同一色彩倾向，这样的色彩现象就是色调。

色调指的是网店/微店页面中画面色彩的总体倾向，是大方向的色彩效果。在网店/微店装修的过程中，往往会使用多种颜色来表现形式多样的画面效果，但总体都会持有一种倾向，是偏黄或偏绿，是偏冷或偏暖等，这种颜色上的倾向就是画面给人的总体印象，如图2-17所示。

色调是色彩运用中的主旋律，是构成网店/微店装修画面的整体色彩倾向，也可以称之为“色彩的基调”，画面中的色调不仅仅是指单一的色彩效果，还是色彩与色彩之间相互关系中所体现的总体特征，是色彩组合的多样、统一中呈现出的色彩倾向。

图2-17 不同色调的店铺装修效果

1. 色调色相的倾向

色相是决定色调最基本的因素，对色调起着重要的作用。色调的变化主要取决于画面中设计元素本身色相的变化，如某个网店呈现为红色调、绿色调或黄色调等，其指的就是注册画面设计元素的固有色相，就是这些占据画面主导地位的颜色决定了画面的色调倾向，如图2-18所示。

抱枕微店装修画面中使用了大面积的绿色调。绿色作为一种中立颜色，代表生命、生机，寓意每个人都能过上和谐的生活，符合该商品的主题特征。

箱包店铺中使用了大面积的蓝色作为背景，令人心绪缓和，给人冷静、优雅的感觉，箱包在蓝色背景的衬托下显得格外醒目，整个画面给人一种浅浅的沉寂感。

图2-18 色调色相的倾向

2. 色调明度的倾向

当构成画面的基本色调确定之后，接下来的色彩明度变化也会对画面造成极大的影响。画面明亮或者暗淡，其实就是明度的变化赋予画面的不同明暗倾向，因此在对网店/微店装修的画面进行构思设计时，采用不同的明度的色彩能够创造出丰富的色调变化，如图2-19所示。

空调被店铺装修画面中使用明度值较高的色彩进行配色时，高明度色彩之间的明暗反差会变小，使得画面呈现出清淡、高雅、明快之感。同时，添加高明度色彩的商品，可以让画面显得更欢快，符合店铺的主题表现。

在店铺的装修画面中使用大面积的低明度色彩时，浓重、浑厚的色彩会给人深沉、凝重的感觉，并表现出具有深远寓意的画面效果。如左图所示，低明度的色调使得画面呈现出一派神秘、幽远的格调，黑暗中的笔记本可以给顾客留下品质高端的印象。

图2-19 色调明度的倾向

3. 色调纯度的倾向

在色彩的3大基本属性中，纯度同样是决定色调不可或缺的因素，不同纯度的色彩所赋予的画面感觉也不同，我们通常所指的画面鲜艳度或昏暗均为色彩的纯度所决定的。

在网店/微店装修中，色调纯度的倾向，一般会根据商品具体的色彩来确认。不过，就色彩的纯度倾向而言，高纯度色调和低纯度色调都能赋予画面极大的反差，给顾客带来不同的视觉印象，如图2-20所示。

在低纯度的灰色画面中，显示出复古与怀旧的感觉，为原本平淡的画面增添了一种协调与惬意、高端与高品质的感觉，更加迎合钻戒商品的主题。

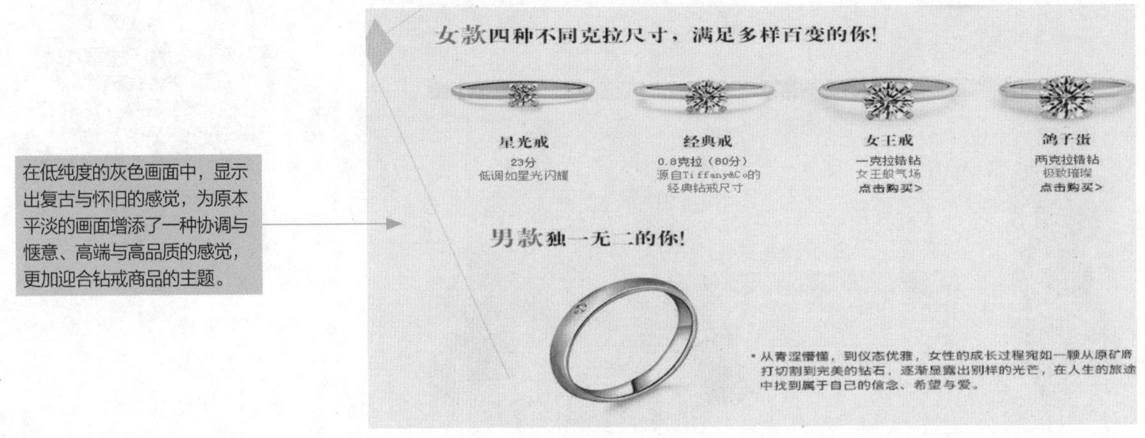

图2-20 色调纯度的倾向

当画面以高纯度的色彩组合表现主题时，鲜艳的色调可以表达出积极、强烈而冲动的印象。如左图所示的床上用品商品图像使用了纯度较高的色彩，使商品更加凸显，增强了视觉冲击力。

图2-20 色调纯度的倾向（续）

2.2 冷暖色系的网店/微店配色

由于在社会环境中长期积累的认识、主观意向以及人类自身的生理反应，导致人们对色彩也会产生一种习惯性的反应与心理暗示，就色彩的冷暖而言，可以将色调分为冷色调和暖色调。在网店/微店装修过程中，在表现刺激、活泼、热情、开放等氛围时，可以选择使用暖色系；在表现冷清、镇静、清爽等氛围时，则可以使用冷色系。因此，把握好色彩的冷暖就能搭配出不同情感的网店/微店装修画面效果。

2.2.1 暖色系色彩的特点

暖色系是由太阳颜色衍生出来的颜色，如红色、黄色等，可以赋予画面热烈、活泼之感，给人以温暖柔和的感觉，能够使人情绪高涨。如图2-21所示，为使用暖色系进行配色的店铺装修效果。

如果在设计的网店、微店中融入大量以红色、橙色为主的色调时，此时的画面会呈现出温暖、舒适的感觉，此类的配色通常被称为暖色调，可以营造出一种喜庆、活跃的氛围，鲜艳的配色给人强烈的视觉震撼感，产生悦动、狂热的心理反应。

图2-21 使用暖色系进行配色的店铺装修效果

提示

暖色系包括红紫、红、红橙、橙、黄橙等色彩。从色彩本身的功能上来看，红色是最具兴奋作用的，同时也是最具热情和温暖的颜色。

对于追求温暖感的网店 / 微店而言，暖色系常常使人联想到火热的夏季、鲜红的植物、热闹的氛围等，当想要表现出温暖的感觉时，选用暖色系，即可营造出强烈的火热氛围，给人热情、温暖的感觉。

2.2.2 冷色系色彩的特点

蓝色、绿色、紫色都属于冷色系，它相对于暖色系具有压抑心理亢奋的作用，令人感觉到冰凉、沉静等意象。在冷色系中，蓝色最具有清凉、冷静的作用，其他明度、纯度较低的冷色系也都具有使人感觉消极、镇静的作用。

例如，将以蓝色为主色的冷色调使用到网店/微店装修画面中时，画面会呈现出令人感觉寒冷的氛围，可给人的心理造成寒冷、凉爽的感觉，如图2-22所示。

画面中以蓝色为背景主色调，具有明度变化的蓝色显得寂静而洁净，整个画面协调而统一，给人以雅致、高档的感觉。

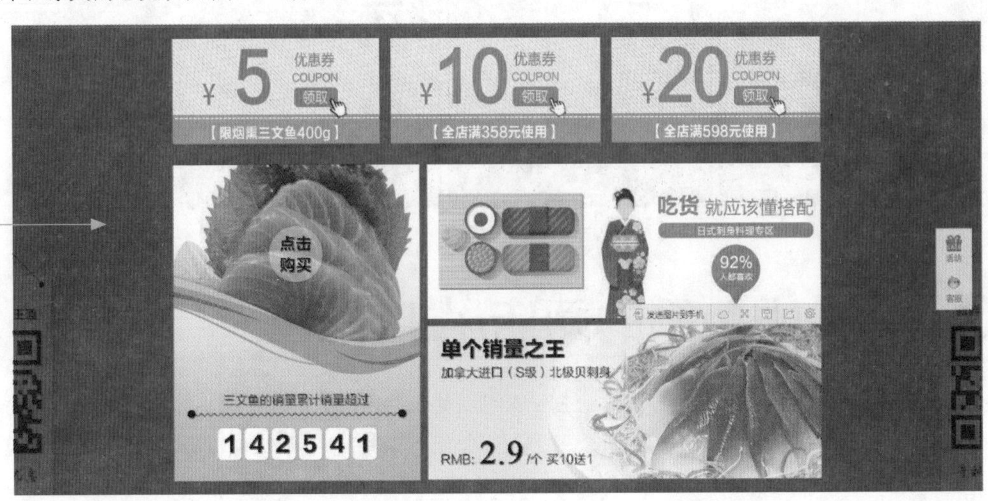

图2-22 使用蓝色进行配色的店铺装修效果

在网店/微店装修中，特别是针对夏季流行的商品，或者表达一种价格低至极致的感觉，网店/微店通常都会使用蓝色这种冷色系的呆板色彩进行配色，传递出浓浓的凉意，让顾客感同身受，以达到提升转化率的目的，如图2-23所示。

以蓝色调为主的配色给画面带来凉意，同时符合冰雪造型的色彩。冷色系不但可以给顾客带来冷清、空荡的感觉，还可以让他们感觉到如冰块般的寒冷、刺激的凉意，能够更形象地诠释出冷色配色所传达的意象。

图2-23 使用蓝色进行配色的店铺促销方案效果

提示

在网店/微店装修中，暖/冷色调分别给人以亲密/距离、温暖/凉爽之感。成分复杂的颜色要根据具体组成和外观来决定色性。另外，人对色性的感受也强烈地受光线和邻近颜色的影响。冷色和暖色没有严格的界定，它是相对颜色与颜色之间对比而言的。如同是黄颜色，一种发红的黄看起来是暖颜色，而偏蓝的黄色给人的感觉是冷色。

2.3 网店/微店配色的常用方案

从视觉的角度而言，顾客最先感知的便是网店装修画面中的色彩，任何色彩都具备色相、明度和纯度3个基本要素，如何正确地运用常见的配色方案，是网店/微店装修设计必备的技能。

2.3.1 网店/微店中的对比配色技巧

在我们生活的世界中，时时处处都充满着各种不同的色彩。人们在接触这些色彩的时候，常常都会以为色彩是独立的：天空是蓝色的、植物是绿色的，而花朵是红色的。其实，色彩就像是音符一样，唯有一个个的音符组合在一起才能共同谱出美妙的乐章。色彩亦然，实际上没有一个色彩是独立存在的，也没有哪一种颜色本身是好看的颜色或是不好看的颜色；而相反地，只有当色彩成为一组颜色组成中的其中一个的时候，我们才会说这个颜色在这里是协调或是不协调，适合或不适合。

前面介绍过色彩是由色相、明度以及纯度3种属性所组成，而其中的色相是人在最早认识色彩的时候所理解的属性，也就是所谓色彩的名称，例如红色、黄色、蓝色等，图2-24所示为最常见的12色相环。

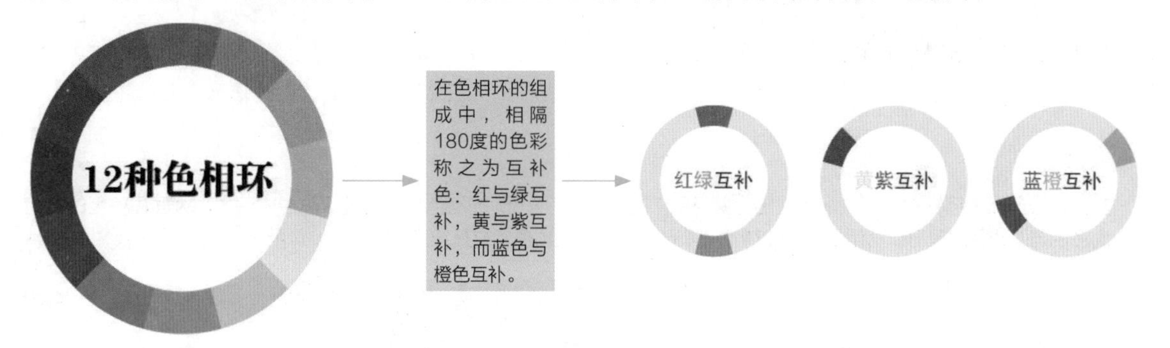

图2-24 色相环互补色

因为互补色有强烈的分离性，所以使用互补色的配色设计，可以有效加强整体配色的对比度、拉开距离感，而且能表现出特殊的视觉对比与平衡效果，使用得好能让作品令人感觉活泼、充满生命力。如图2-25所示，为色相差异较大的对比配色的网店首页效果。

图中的网店首页，使用差异较大的单色背景来对画面进行分割，使其色相之间产生较大的差异，这样产生的对比效果就是色相对比配色，它让画面色彩丰富，具有感官刺激性，能够很容易地吸引顾客的眼球，使其产生浓厚的兴趣。
色相的对比，往往是由于差别所产生的，色彩的对比其实也就是色相之间的矛盾关系，各种色彩在色相上产生细微的差别，都能够对画面产生一定的影响，色相的对比搭配可以使画面充满生机，并且具有丰富的层次感。

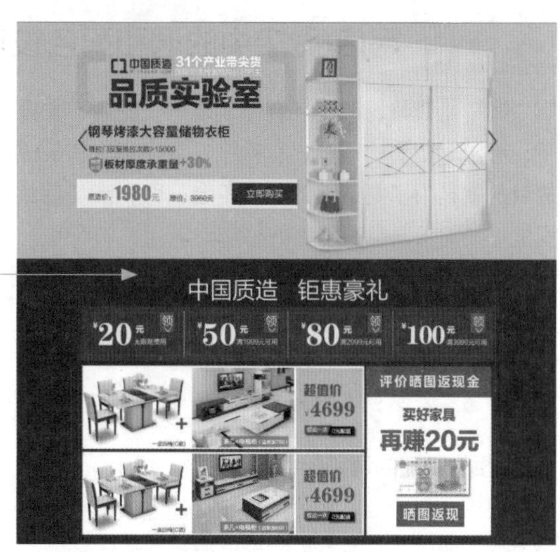

图2-25 色相差异较大的对比配色的网店首页效果

当然如果将色彩的条件稍微放宽一点，比如说180度互补色的临近色系也搭入配色考虑的话，可以形成的色彩配色就更宽广、更丰富了。

由于互补色彩之间的对比相当强烈，因此想要适当地运用互补色，必须特别慎重考虑色彩彼此间的比例问题。因此当使用对比色配色时，必须利用大面积的一种颜色与另一个面积较小的互补色来达到平衡。如果两种色彩所占的比例相同，那么对比会显得过于强烈。如图2-26所示，微店装修中使用大面积的黑色与小面积的灰白色形成对比。

同一种色彩，面积大而光量、色量也增强，易见性及稳定性高，当较大面积的色彩成为主色时受周围色彩影响小，色彩的面积差异越大越容易调和。左图中的微店广告采用面积对比的配色方案，可以让商品的特点更加醒目和清晰，产生较大的视觉冲击力，能够取得引人注目的效果。

图2-26 微店装修中的对比配色效果

例如，红与绿如果在画面上占有同样面积的时候，就容易让人头晕目眩。可以选择其中之一的颜色为大面积，构成主色调，而另一颜色为小面积作为对比色。通常情况下，会以3:7甚至2:8的比例来作为分配原则。

提示

某日本设计师曾经针对色彩的配色提出比例原则 70%、25%与 5%的配色比例方式，其中的底色为大面积使用的底色，而主色与强调色则是可以利用互补色的特性，来将主色以及强调色皆衬托出来，如图 2-27 所示。

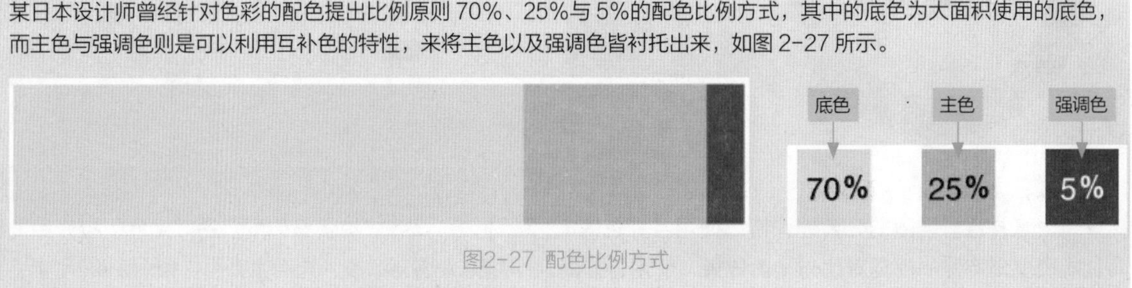

图2-27 配色比例方式

2.3.2 网店/微店中的调和配色技巧

“调”是调整、调理、调停、调配、安顿、安排、搭配、组合等意思；“和”可理解为和一、和顺、和谐、和平、融洽、相安、适宜、有秩序、有规矩、有条理、恰当，没有尖锐的冲突，相互依存，相得益彰等解释。配色的目的就是为了制造美的色彩组合，而和谐是色彩美的首要前提，它使色调让人感觉到愉悦，同时还能满足人们视觉上的需求以及心理上的平衡。

我们知道，和谐来自对比，和谐就是美。没有对比就没有刺激神经兴奋的因素，但只有兴奋而没有舒适的休息会造成过度的疲劳，会造成精神的紧张，这样调和也就成了一句空话。如此看来，既要有对比来产生和谐的刺激——美的享受，又要有适当的调和来抑制过分的对比——刺激，从而产生一种恰到好处的对比——和谐——美的享受。总的来说，色彩的对比是绝对的，而调和是相对的，调和是实现色彩美的重要手段。

1. 以色相为基础的调和配色

在保证色相大致不变的前提下，通过改变色彩的明度和纯度来达到配色的效果，这类配色方式保持了色相上的一致性，所以色彩在整体效果上很容易达到调和。

以色相为基础的配色方案主要有以下几种。

（1）同一色相配色：指相同的颜色在一起的搭配，比如蓝色的上衣配上蓝色的裤子或者裙子，这样的配色方法就是同一色相配色法，如图2-28所示。

（2）类似色相配色：指色相环中类似或相邻的两个或两个以上的色彩搭配。例如，黄色、橙黄色、橙色的组合，紫色、紫红色、紫蓝色的组合等都是类似色相配色。类似色相配色的配色在大自然中出现得特别多，有嫩绿、鲜绿、黄绿、墨绿等，这些都是类似色相的自然造化。

画面中的文字、背景等都使用肉色进行搭配，通过明度的变化使其产生强烈的差异，也使得画面配色丰富起来，表现出柔和的特性。

图2-28 同一色相配色

（3）对比色相配色：指在色环中，位于色环圆心直径两端的色彩或较远位置的色彩搭配。它包含了中差色相配色、对照色相配色、辅助色相配色。在24色相环中，两色相相差4～7个色，称为基色的中差色；在色相环上有90度左右的角度差的配色就是中差配色；它的色彩对比效果明快，是深受人们喜爱的颜色。在色相环上，色相差为8～10的色相组合，被称为对照色。从角度上说，相差135度左右的色彩配色就是对照色。色相差11～12，角度为 165~180度左右的色相组合，称为辅助色配色。

（4）色相调和中的多色配色：在色相对比中，除了两色对比，还有三色、四色、五色、六色、八色甚至多色的对比。在色环中成等边三角形或等腰三角形的3个色相搭配在一起时，称为三角配色。四角配色常见的有红、黄、蓝、绿及红、橙、黄、绿、蓝、紫等色。

2. 以明度为基础的调和配色

明度是人类分辨物体色最敏锐的色彩反应，它的变化可以表现事物的立体感和远近感。如希腊的雕刻艺术就是通过光影的作用产生了许多黑白灰的相互关系，形成了成就感；中国的国画也经常使用无彩色的明度搭配。有彩色的物体也会受到光影的影响产生明暗效果，如紫色和黄色就有着明显的明度差。

明度可以分为高明度、中明度和低明度三类，这样明度就有了高明度配高明度、高明度配中明度、高明度配低明度、中明度配中明度、中明度配低明度、低明度配低明度6种搭配方式。其中，高明度配高明度、中明度配中明度、低明度配低明度，属于相同明度配色。在网店/微店装修中，一般使用明度相同、色相和纯度变化的配色方式，如图2-29所示。

画面中的文字、背景等图片的配色均为高明度调和配色，带给人清爽、亮丽、阳光感强的印象，表现出优雅、含蓄的氛围，是一组柔和、明朗的色彩组合方式，非常符合画面中女装的形象和特点。
画面中通过色块和间隙来对布局进行分割，利用相同明度的不同色相完成配色，得到一种安静的视觉体验。

图2-29 以明度为基础的调和配色

3. 以纯度为基础的调和配色

纯度的强弱代表着色彩的鲜灰程度，在一组色彩中当纯度的水平相对一致时，色彩的搭配也就很容易地达到调和的效果，随着纯度高低的不同，色彩的搭配也会有不一样的视觉感受。如图2-30所示，为以纯度为基础的网店/微店的调和配色方案。

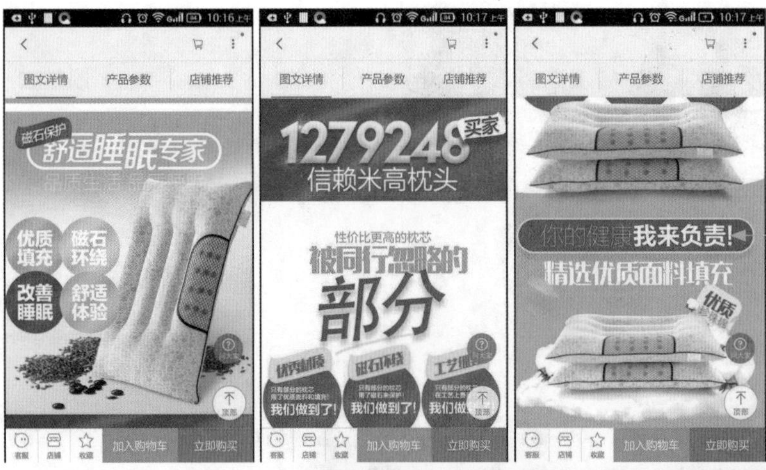

画面中高纯度的色彩搭配在一起带来一种亮丽的感觉，使人感受到生机、活力，与商品的氛围相一致。

右图中为某服装网店的首页设计，画面处于一种柔和的中性纯度的色调中，让人产生一种内心踏实和温馨的感觉。

图2-30 以纯度为基础的调和配色

提示

PCCS（Practical Color Coordinate System）色彩体系提出了色调这个观点，色调经过命名分类后，分布于不同的区域，更加方便配色使用，凡色调配色，要领有三，即同一色调配色、类似色调配色、对比色调配色。

- 同一色调配色。同一色调配色是将相同色调的不同颜色搭配在一起形成的一种配色关系。同一色调的颜色，色彩的纯度和明度具有共同性，明度按照色相略有变化。不同色调会产生不同的色彩印象，将纯色调全部放在一起，会产生活泼感；而婴儿服饰和玩具都以淡色调为主。在对比色相和中差色相的配色中，一般采用同一色调的配色手法，更容易进行色彩调和。
- 类似色调配色。类似色调配色即以色调配图中相邻或接近的两个或两个以上色调搭配在一起的配色。类似色调的特征在于色调和色调之间微小的差异，较统一色调有变化，不易产生呆滞感。
- 对比色调配色。对比色调配色是指相隔较远的两个或两个以上的色调搭配在一起的配色。对比色调配色在配色选择时，会因纵向或横向对比有明度及彩度上的差异，例如，浅色调和深色调配色，即为深与浅的明暗对比。

4. 无彩色的调和配色

无彩色的色彩个性并不明显，将无彩色与任何色彩搭配都可以取得调和的色彩效果，通过无彩色与无彩色搭配，可以传达出一种经典的永恒美感；将无彩色与有彩色搭配，可以用其作为主要的色彩来调和色彩间的关系。

因此，在网店/微店的装修设计中，有时为了达到某种特殊的效果，或者凸显出某个特殊的对象，可以通过无彩色调和配色来对设计的画面进行创作，如图2-31所示。

图2-31 无彩色的调和配色

2.4 网店/微店的文字应用技巧

在网店/微店装修画面中，文字的表现与商品展示同等重要，它可以对商品、活动、服务等信息进行及时的说明和指引，并且通过合理的设计和编排，让信息的传递更加准确。本节将对网店/微店装修中的文字设计和处理进行详细的讲解。

2.4.1 网店/微店的常见字体风格

当我们登入了一个店铺首页的时候，你是否会有意或者无意地留意到属于这个店铺的特定的字体设计或者使用，从而影响到你对这个店铺最直观的感受，精致、优雅、科幻、古典或者是觉得粗糙难看呢？

字体风格形式多变，如何利用文字进行有效的设计与运用，是把握字体更改最为关键的问题。当对文字的风格与表现手法有了详尽的了解后，便能有助于我们进行字体设计。在网店/微店装修中，常见的字体风格有线型、手写型、书法型及规整型等，不同的字体可以表现出不同的风格。

1. 线型字体

线型的字体是指文字的笔画每个部分的宽窄都相当，表现出一种简洁、明快的感觉，在网店/微店装修设计中较为常用，常用的线型字体有“方正细圆简体”“幼圆”等，如图2-32所示。

图2-32 线型字体

2. 手写型字体

手写体是一种使用硬笔或者软笔纯手工写出的文字，手写体文字代表了中国汉字文化的精髓。这种手写体文字，大小不一、形态各异，在计算机字库中很难实现错落有致的效果。手写体的形式因人而异，带有较为强烈的个人风格。

在网店/微店中使用手写体，可以表现出一种不可模仿的随意和不受局限的自由性，有时为了迎合画面整个的设计风格，适当地使用手写型字体，可以让店铺的风格表现更加淋漓尽致，如图2-33所示。

随意的手写体表现出浓浓的民族原汁原味的自然风情。

图2-33 手写型字体

3. 书法型字体

书法字体，就是书法风格的分类。书法字体，传统讲共有行书字体、草书字体、隶书字体、燕书字体、篆书字体和楷书字体6种，也就是6个大类。在每一大类中又细分若干小的门类，如篆书又分大篆、小篆，楷书又有魏碑、唐楷之分，草书又有章草、今草、狂草之分。

书法是中国独有的一种传统艺术，书法字体外形自由、流畅，且富有变化，笔画间会显示出洒脱和力道，是一种传神的精神境界。在网店/微店装修的过程中，为了迎合活动的主题，或者是配合商品的风格，很多时候使用书法字体可以让画面中文字的外形设计感增强，表现出独特的韵味，如图2-34所示。

画面是“双十一”期间设计的店铺公告，为了“双十一”购物节，在创作中使用了书法字体进行表现，颇有美感。

图2-34 书法型字体

4. 规整型字体

规整型字体是指利用标准、整齐外形的字体，可以表现出一种规整的感觉，这样的字体也是网店/微店装修中较为常用的字体，它能够准确、直观地传递出商品和店铺的信息。

在网店/微店的版面构成中，利用规整型的字体，并通过调整字体间的排列间隔，结合不同长短的文字可以很好地表现出画面的节奏感，给人大气、端正的印象，如图2-35所示。

提示

除了上述介绍的几种较为常用的字体外，还有图形文字、花式文字、意象文字等，它们的外形都各有特点，且风格迥异。

在商品的详情页面中，使用工整的文字对细节进行说明，让画面信息传递更准确、及时，同时也让画面显得饱满，张弛有度。

图2-35 规整型字体

提示

在网店 / 微店装修的过程中，只要使用的字体与画面的风格或者想要表达的意境相同，就能获得满意的视觉效果，同时传递出文字本身所具有的准确的信息。

2.4.2 网店/微店的文字编排规则

为了让网店/微店的画面布局变得更有条理，同时提高整体内容的表述力，从而利于顾客进行有效的阅读以及接受其主题信息，在装修中还需要考虑整体编排的规整性，并适当加入带有装饰性的设计元素，用来提升画面美感，让文字编排更加具有设计感。

要达到这些要求，必须深入了解网店/微店的文字编排规则，即文字描述必须符合版面主题的要求、段落排列的易读性以及整体布局的审美性。

1. 文字描述必须符合版面主题的要求

在网店/微店装修设计中，文字编排不但要达到主题内容的要求，其整体排列风格还必须要符合设计对象的形象，才能保证版面文字能够准确无误地传达出信息，如图2-36所示。

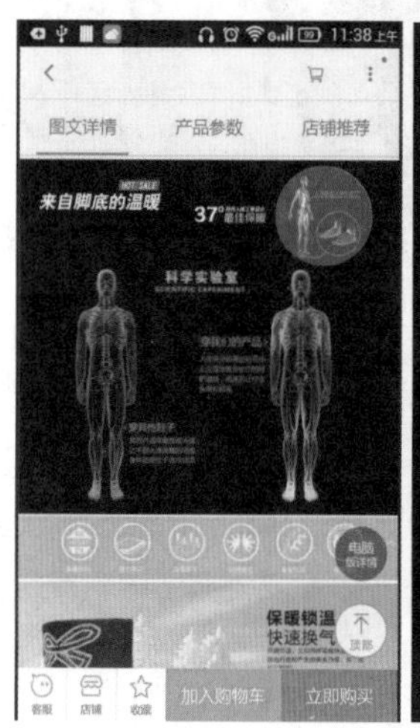

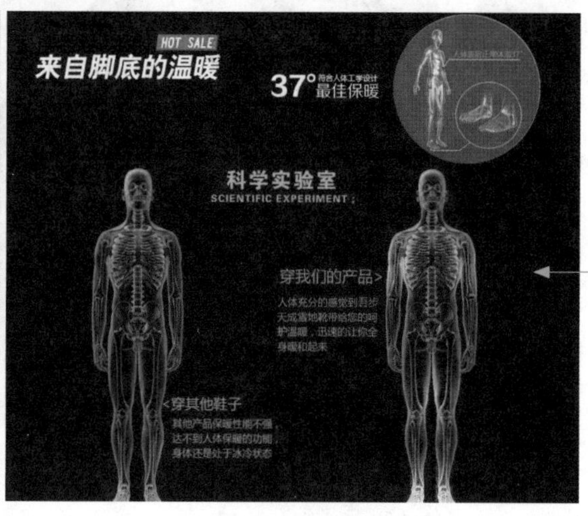

在商品详情页面中，使用简洁的词组来对商品的功能特点进行介绍，让词组与图片产生关联性，同时利用文字的准确描述来提高顾客对商品的认识和理解。

图2-36 准确的文字编排

2. 段落排列的易读性

在网店/微店的文字编排设计中，易读性是指通过特定的排列方式使文字能带给顾客更好的阅读体验，让顾客阅读起来更加顺遂、流畅。在实际的网店/微店装修过程中，可以通过加大文字间隔、设置大号字体、使用多种不同字体进行对比阅读等方式，让段落文字之间产生一定的差异，使得文字信息主次清晰，增强文字的易读性，让顾客更快地抓住店铺或商品的重点信息，如图2-37所示。

图中的商品详页设计中，设计者刻意将版面中的部分文字设定为大号字体，并配以适当的间距，同时使用修饰元素对文件的信息进行分割，使得它们的阅读性得到提高，同时让顾客便于掌握重要信息。

图2-37 易读性的文字编排

3. 整齐布局的审美性

对网店/微店来说，页面的美感是所有设计工作中必不可缺的重要因素。整齐布局的审美性就是指通过事物的美感来吸引顾客，使其对画面中的信息和商品产生兴趣。在字体编排方面，设计者可以对字体本身添加一些带有艺术性的设计元素，以从结构上增添它的美感，如图2-38所示。

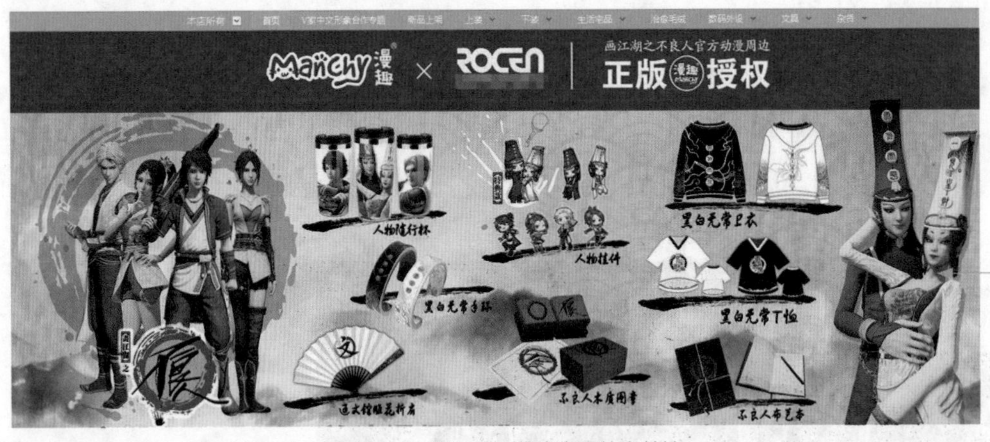

图中的网店店招设计中，通过添加可爱的设计元素，将其与单一的文字组合在一起，利用位置的巧妙安排，增强其趣味性，也提升了整个文字的艺术性。

图2-38 整齐布局的审美性

2.4.3 网店/微店的文字分割方式

在网店/微店的装修设计中，运用合理的文字分割方式，可以对图文进行合理的规划，并使它们之间的关系得到有效协调，从而把握好商品或者模特图片与文字的搭配效果。根据切割走向的不同，可以将文字的编排手法划分为垂直和水平分割两种方式。

1. 垂直分割

垂直分割包括左图右文和左文右图两种类型。

（1）左图右文：通过垂直切割将版面分成左右两个部分，把商品或模特图片文字分别排列在版面的左边与右边，从而形成左图右文的排列形式，使版面产生由左至右的视觉流程，符合人们的阅读习惯，在结构上可以给顾客带来顺遂、流畅的感觉，如图2-39所示。

图中为促销方案的设计，将图文分别以左右的形式排列在画面中，依次形成由左至右的阅读顺序，该排列方式不仅迎合了顾客的阅读习惯，同时还增强了手机商品和文字在版面上的共存性。

图2-39 左图右文

（2）左文右图：该分割方式与左图右文相反，是将文字放在画面的左侧，把商品或者模特的图片放在右侧，如图2-40所示。左文右图的分割方式可以借助图片的吸引力，使画面产生由右至左的视觉效果，与人们的阅读喜好恰好相反，可以在视觉上给顾客带来一种新奇的感觉，也是网店/微店装修的首页海报中常用的一种方式。

图中是某食品店铺首页的欢迎模块的设计效果，设计者利用左文右图的排列方式，打破了人们常规的阅读习惯，从而在视觉上形成奇特的布局样式，容易给顾客留下深刻的印象。

图2-40 左文右图

2. 水平分割

水平分割主要包括上文下图和上图下文两种类型。

（1）上文下图：在文字的编排中，通过水平切割将画面划分成上下两个部分，同时将文字与图片分别排列在视图的上部和下部，从而构成上文下图的排列方式，可以使视觉形象变得更为沉稳，给人带来一种上升感，以增强版面整体的表现力，如图2-41所示。

图2-41 上文下图

图中为某品牌汽车网店的广告海报，设计者利用上文下图的编排方式，以加强主题文字在视觉上的表现力，并使顾客能够自然地从上到下进行阅读，提升文字的重要性。

（2）上图下文：将画面进行水平分割，分别将图片与文字置于画面的上端与下端，从而构成上图下文的编排方式，可以从形式上增强它们之间的关联性，同时借助特殊的排列位置，还能增强文字整体给人的视觉带来的安稳、可靠的感受，从而增强顾客对版面信息信赖度，如图2-42所示。

在展示多种商品的编排中，基本都是使用上图下文的编排方式进行设计的。
左图中的各组商品均使用上图下文的方式进行编排，以突出图片信息在视觉上的表达，同时为文字与图片选用中轴来进行对齐，使商品图片与文字之间的空间关联得到加强。

图2-42 上图下文

2.5 网店/微店的版式布局技巧

在网店/微店的运营过程中，可以通过制作美观、适合商品的页面，达到吸引顾客、提高销售业绩的效果，而关键之处就在于装修设计的版式布局。

2.5.1 网店/微店的版式布局原则

在一个完整的网店/微店布局中，通常包括店招、促销栏（公告、推荐）、产品分类导航、签名、产品描述、计数器、挂件、欢迎欢送图片、商家在线时间、联系方式等元素，这些元素的布局没有固定的章法可循，主要靠设计师的灵活运用与搭配。

只有在大量的设计实践中熟练运用，才能真正理解版式布局设计的形式原则，并善于运用，从而创作出优秀的网店/微店装修作品。

1. 对称与均衡

对称又称"均齐"，是在统一中求变化；平衡则侧重在变化中求统一。对称的图形具有单纯、简洁的美感，以及静态的安定感，对称给人以稳定、沉静、端庄、大方的感觉，产生秩序、理性、高贵、静穆之美。对称的形态在视觉上有安定、自然、均匀、协调、整齐、典雅、庄重、完美的朴素美感，符合人们通常的视觉习惯。

均衡的形态设计让人产生视觉与心理上的完美、宁静、和谐之感。静态平衡的格局大致是由对称与均衡的形式构成。均衡结构是一种自由稳定的结构形式，一个画面的均衡是指画面的上与下、左与右取得面积、色彩、重量等量上的大体平衡。

在画面上，对称与均衡产生的视觉效果是不同的，前者端庄静穆，有统一感、格律感，但如过分均等就易显呆板；后者生动活泼，有运动感，但有时因变化过强而易失衡。因此，在设计中要注意把对称、均衡两种形式有机地结合起来灵活运用，如图2-43所示。

提示

对称与均衡是一切设计艺术最为普遍的表现形式之一。对称构成的造型要素具有稳定感、庄重感和整齐的美感，对称属于规则式的均衡的范畴；均衡也称平衡，它不受中轴线和中心点的限制，没有对称的结构，但有对称的重心，主要是指自然式均衡。在设计中，均衡不等于均等，而是根据景观要素的材质、色彩、大小、数量等来判断视觉上的平衡，这种平衡给视觉带来的是和谐。对称与均衡是把无序的、复杂的形态组构成秩序性的、视觉均衡的形式美。

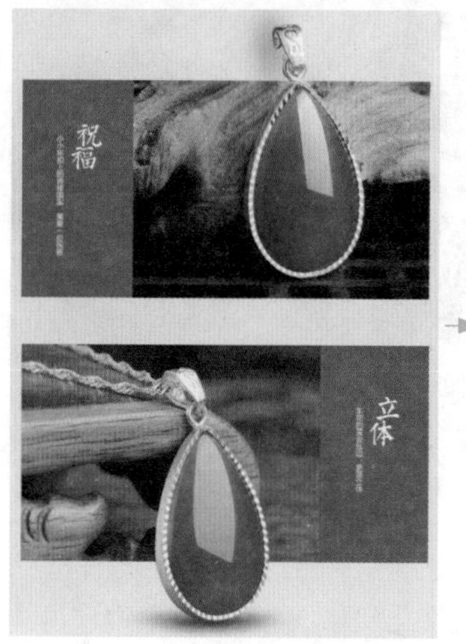

该商品的详情页面中使用左右对称的形式进行设计，但不是绝对的对称，画面中的布局在基本元素的安排上赋予固定的变化，对称均衡更灵活、更生动，是设计中较为常用的表现手段，具有现代感的特征，也让画面中的商品细节与文字搭配更自然和谐。

图2-43 对称与均衡的布局表现形式

常用的版式布局的对齐方式有左对齐、右对齐、居中对齐和组合对齐，各自具体的特点如下。

（1）左对齐：左对齐的排列方式有松有紧，有虚有实，具有节奏感，如图2-44所示。

如右图所示的网店装修设计图，文字与设计元素都使用左对齐的方式，让版面整体具有很强的节奏感。

图2-44 左对齐布局

（2）右对齐：右对齐的排列方式与左对齐刚好相反，具有很强的视觉性，适合表现一些特殊的画面效果，如图2-45所示。

如左图所示的店铺主图装修设计效果，采用文字与设计元素都使用右对齐的方式，整个画面的视觉中心向右偏移，让人们的阅读习惯产生新鲜感，显得新颖有趣，可以提高顾客的兴趣。

图2-45 右对齐布局

（3）居中对齐：居中对齐是指让设计元素以中心轴线为准进行对齐的方式，可以让顾客视线更加集中、突出，具有庄重、优雅的感觉，如图2-46所示。

如右图所示的网店促销方案装修设计图，文字与设计元素都使用居中对齐的方式，给人带来视觉上的平衡感。

图2-46 居中对齐布局

2. 节奏与韵律

节奏与韵律是物质运动的一种周期性表现形式，有规律的重复、有组织的变化现象，是艺术造型中求得整体统一和变化，从而形成艺术感染力的一种表现形式。韵律是通过节奏的变化来产生的，对于版面来说，只有在组织上符合某种规律并具有一定的节奏感，才能形成某种韵律。

在网店/微店的装修设计中，合理运用节奏与韵律，就能将复杂的信息以轻松、优雅的形式表现出来，如图2-47所示。

如左图所示的商品展示装修设计图，3幅图片的色彩和布局统一，相同形式的构图，体现出画面的韵律感，而每个画面中的商品形态和内容又各不相同，这样又表现出节奏的变化，节奏的重复使组成节奏的各个元素都能够得到体现，让商品信息的展示显得更加轻松。

图2-47 节奏与韵律的版面布局表现形式

提示

网店/微店装修设计的整体思路如下。

- 店铺装修目标：做一个客户喜欢、值得信赖的店铺。
- 指导思想：从客户的角度来装修店铺。
- 实现方法：从店铺中布局、色调、产品图片、产品描述、公司介绍等任何一个细节处体现专业化、人性化。

3. 对比和调和

从文字内容分析，对比与调和是一对充满矛盾的综合体，但它们实质上却又是相辅相成的统一体。在网店/微店的装修设计中，画面中的各种设计元素都存在着相互对比的关系，但为了找到视觉和心理上的平衡，设计师往往会在不断地对比中寻求能够相互协调的因素，让画面同时具备变化和和谐的审美情趣。

（1）对比：对比是差异性的强调。对比的因素存在于相同或相异的性质之间，也就是把相对的两要素互相比较，产生大小、明暗、黑白、强弱、粗细、疏密、高低、远近、动静、轻重等对比。对比的最基本要素是显示主从关系和统一变化的效果，如图2-48所示。

如左图所示为商品详页的装修设计图，画面中的黑色手链与右侧的文字，在明度上相似，但是在面积和疏密关系上存在明显的差异，因此整个画面既有色彩和面积上的对比，又显得和谐、统一。

图2-48 对比布局的表现形式

（2）调和：调和是指适合、舒适、安定、统一，是近似性的强调，使两者或两者以上的要素相互具有共性，对比与调和是相辅相成的，如图2-49所示。在网店/微店的版面构成中，一般整体版面宜采用调和，局部版面宜采用对比。

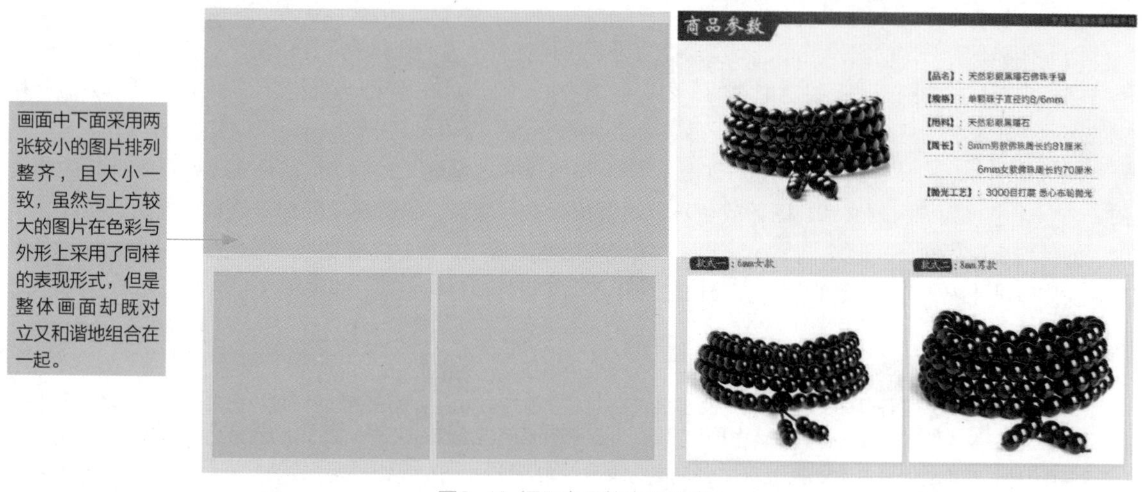

图2-49 调和布局的表现形式

4. 重复与交错

在网店/微店的版面布局中，不断重复使用相同的基本形或线，它们的形状、大小、方向都是相同的。重复使设计产生安定、整齐、规律的统一，如图2-50所示。

但重复构成后的视觉感受有时容易显得呆板、平淡、缺乏趣味性的变化。因此，我们在版面中可安排一些交错与重叠，打破版面呆板、平淡的格局，如图2-51所示。

图2-50 重复布局的表现形式

图2-51 交错布局的表现形式

5. 虚实与留白

虚实与留白是网店/微店的版面设计中重要的视觉传达手段，主要用于为版面增添灵气和制造空间感。两者都是采用对比与衬托的方式将版面中的主体部分烘托而出，使版面结构主次更加清晰，同时也能使版面更具层次感，如图2-52所示。

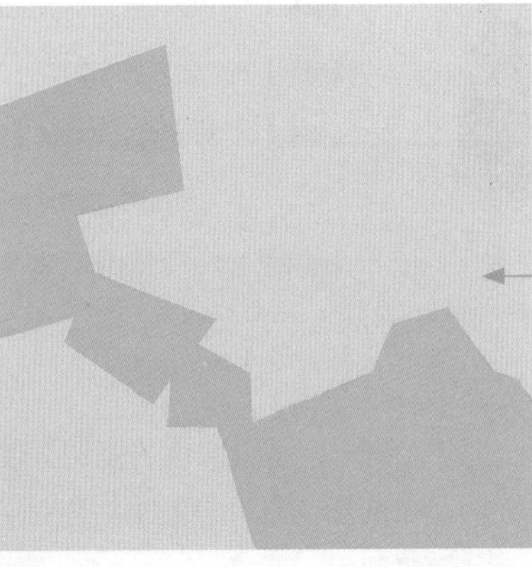

在商品的描述页面中，将商品细节以曲线的方式排列在画面的左下方，右上方则利用背景图片进行修饰，在画面中表现出明显的轻重感，让顾客的注意力被左下方的信息所吸引，给人留下深刻的印象。

图2-52 虚实与留白布局的表现形式

任何形体都具有一定的实体空间，而在形体之外或形体背后呈现的细弱或朦胧的文字、图形和色彩就是虚的空间。实体空间与虚的空间之间没有绝对的分界，画面中每一个形体在占据一定的实体空间后，常常会需要利用一定的虚的空间来获得视觉上的动态与扩张感。版面虚实相生，主体得以强调，画面更具连贯性。

中国传统美学上有“计白守黑”这一说法，就是指编排的内容是“黑”，也就是实体，斤斤计较的却是虚实的“白”，也可为细弱的文字、图形或色彩，这要根据内容而定。留白则是版面未放置任何图文空间，它是“虚”的特殊表现手法，其形式、大小、比例，决定着版面的质量。留白的感觉是一种轻松，最大的作用是引人注意。在排版设计中，巧妙地留白，讲究空白之美，是为了更好地衬托主题，集中视线和造成版面的空间层次。

提示

留白即指版面中未配置任何图文的空间，在版面中巧妙地留出空白区域，使留白空间更好地衬托主体，将读者视线集中在画面主题上。留白的手法在版式设计中运用广泛，可使版面更富空间感，给人丰富的想象空间，如图 2-53 所示。设计者利用大面积的白色背景将画面中心的产品突出，画面干净、简洁，给人留下深刻的印象。

在大面积的空白区域里，实体金手链清晰地展现在画面之中，而利用较虚弱的人手作为虚的背景，很好地将主体突出。虚实空间形成良好的互动，画面富有写意感。
任何形体都具有一定的实体空间，而在形体之外或形体背后呈现的细弱或朦胧的文字、图形和色彩就是虚的空间。实体空间与虚的空间之间没有绝对的分界，画面中每一个形体在占据一定的实体空间后，常常会需要利用一定的虚的空间来获得视觉上的动态与扩张感。版面虚实相生，主体得以强调，画面更具连贯性。

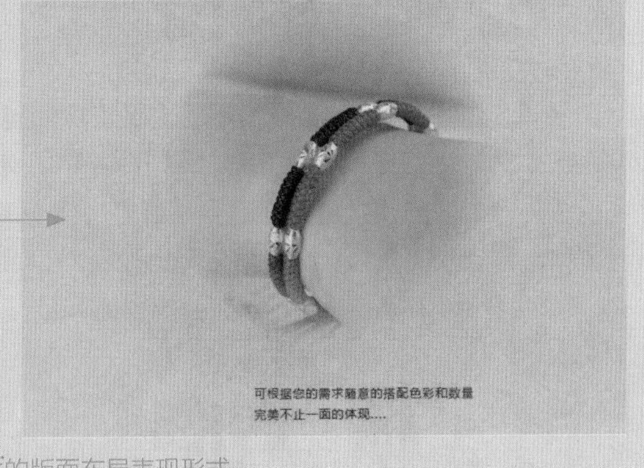

图2-53 虚实相生强调主体的版面布局表现形式

2.5.2 网店/微店的图片布局处理

在网店/微店的装修设计中，图片是除了文字外的另一个重要的传递信息途径，也是网络销售和微营销中最需要重点设计的一个设计元素。店铺中的商品图片不但是其装修画面中的一个重要组成部分，而且它比文字的表现力更直接、更快捷、更形象、更有效，可以让商品的信息传递更简洁。

1. 裁剪抠图，提炼精华

在网店/微店装修设计中，大部分的商品图片都是由摄影师拍摄的照片，它们在表现形式上大都是固定不变的，或者是内容上只有一部分符合装修需要，此时就需要裁剪图片或者进行抠图处理，使它们符合版面设计的需求，如图2-54所示。

将计步器从繁杂的背景中抠取出来，以直观、直接的方式呈现出来，让顾客能够一目了然，对商品的展示具有非常积极的作用，也让商品的外形、特点更加醒目，避免过多的信息影响顾客的阅读体验。

图2-54 抠图并重新布局商品图片

2. 缩放图片，组合布局

对于同一种商品照片的布局设计来说，如果进行不同比例的缩放，也会获得不同的视觉效果，从而凸显出不同的重点，如图2-55所示。

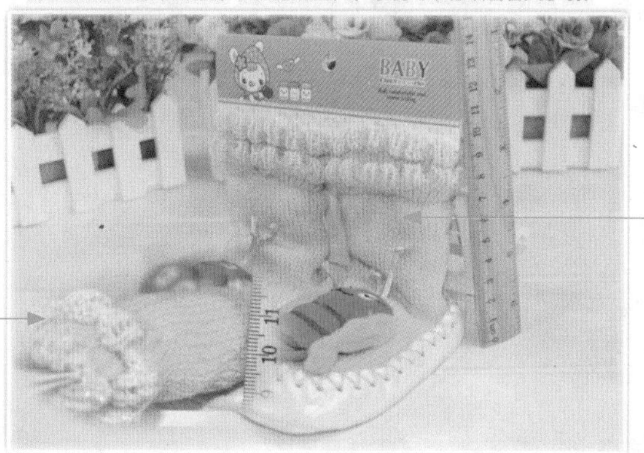

将图片进行缩放，展示出商品的细节，让顾客对商品的材质了解更清晰，真实地还原商品的质感，更容易获得顾客的认可，给人逼真的触感。

在处理图片的过程中，通过实拍照片展示商品的整体效果，凸显出商品的外形特点，让顾客的注意力更加集中到商品上。

图2-55 缩放图片进行组合布局

需要注意的是，网店/微店装修设计与普通的网页设计不同，它重点需要展示的是商品本身，因此，在某些设计的过程中，适当对商品以外的图像进行遮盖，可以让商品的特点得以凸显，获得顾客更多的关注，如图2-56所示。

画面中心的商品造型在粉色留白背景中显得轮廓清晰而醒目，利用光影的强弱对比，使得主体商品突出又富有立体感。

图2-56 对商品以外的图像进行遮盖以突出商品

提示

例如，将实物商品放置在画面中，并将周围留白，使画面具有一种真实的氛围感，这样也让版面具有很强的空间感。

2.5.3 网店/微店的版式布局指向

在网店/微店的装修设计过程中，视觉流程是一个宏观上的重要设计因素。视觉流程是指布局对顾客的视觉引导，知道顾客的视线关注范围和方位，这些都可以通过页面视觉流程的指向规划来实现。版式布局的视觉流程可以分为单向型的版面指向和曲线型的版面指向。

1. 单向型视觉流程

单向型的版面指向可以将信息在有安排的情况下一一地传递给顾客，是网店/微店布局设计中的必不可缺的视觉流程，它可以通过竖向、横向、斜向的引导，使顾客更加明确地了解店铺中的内容，如图2-57所示。

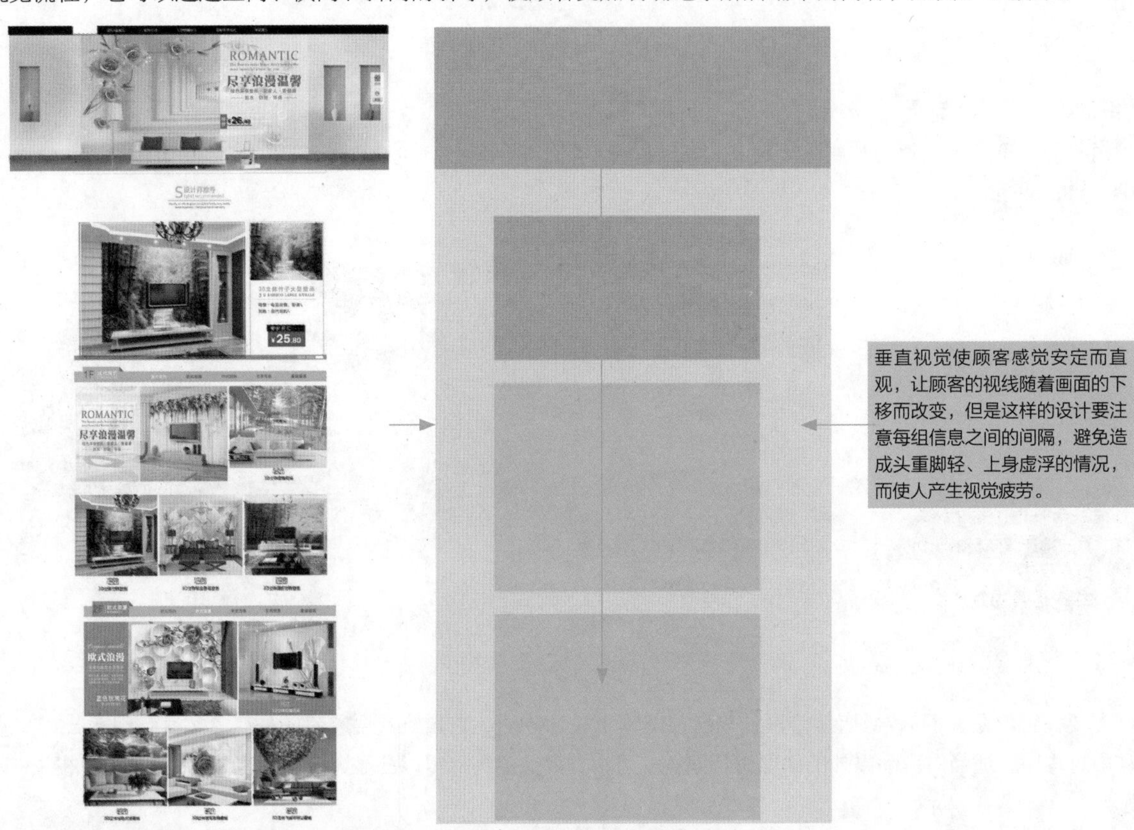

图2-57 单向型视觉流程

提示

- 竖向：可以产生稳定感，条理显示更加清晰。
- 横向：符合人们的阅读习惯，有一种条理性较强的感觉。
- 斜向：可以让画面产生强烈的动感，增强视觉吸引力。

2. 曲线型视觉流程

曲线型视觉流程是指将画面的所有设计要素按照曲线或者回旋线的变化排列，可以给人一种曲折迂回的视觉感受，如图2-58所示。

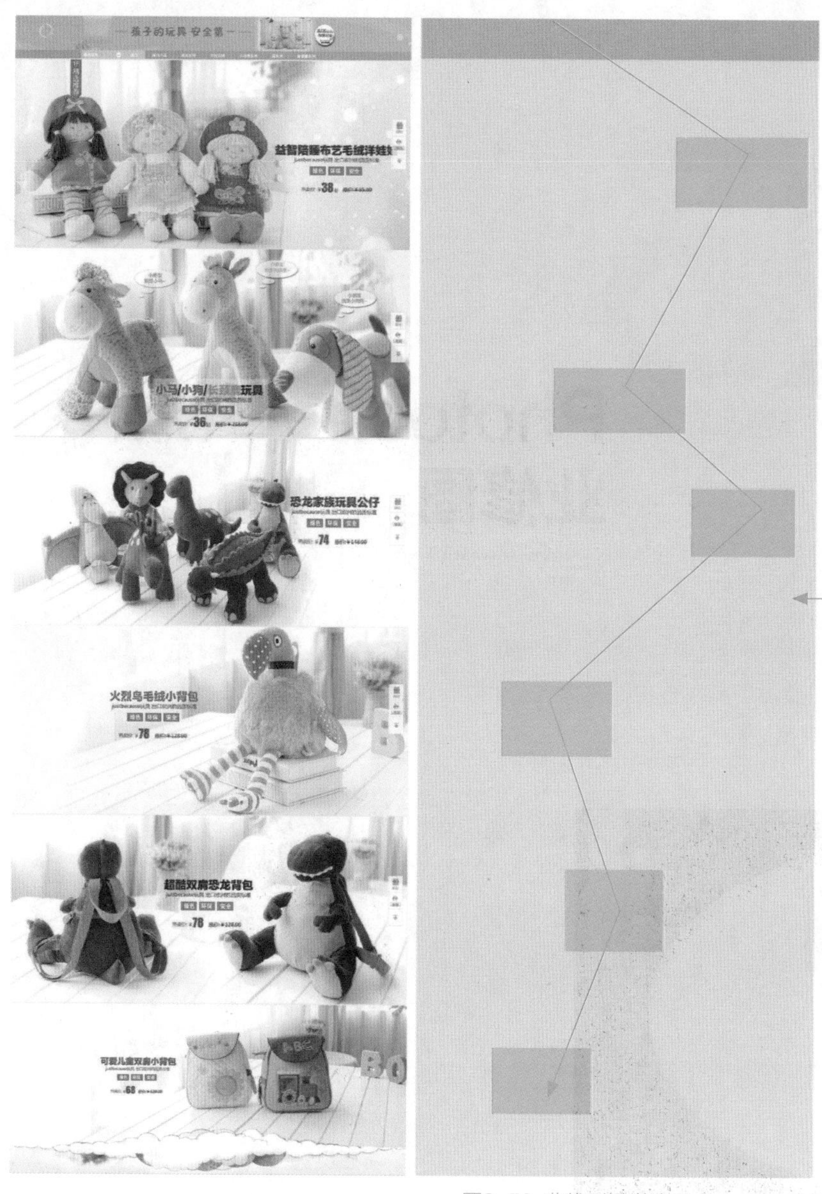

曲线型视觉流程可以让顾客的视线集中在商品所要表达的重要信息上，使画面的局部形成一个强调效果，让其更加突出地呈现出来。这种强调的手法可以通过放大、弯曲、对比等技巧来体现，尽可能地根据人们的视线移动方向进行排列布局，是较为典型的曲线型的版面指向。

图2-58 曲线型视觉流程

提示

在网店 / 微店的装修设计中，S 形的曲线引导是最为常用的版式视觉流程之一，它不仅可以带来一定的韵律感，而且还会给整个设计的画面带来一种隐藏的内在力量，使版面的上下或左右更容易平衡，同时也会让画面的视觉空间效果更加灵动，形成视觉上的牵引力，为顾客带来更好的阅读体验。

第03章

Photoshop电脑专业修图

本章知识提要

Photoshop CC的基本应用	网店/微店图片的抠图技法	网店/微店图片的文字编辑
网店/微店图片的基本处理	网店/微店图片的调色技巧	网店/微店图片的高级处理
网店/微店图片的修复操作	网店/微店图片的影调处理	

3.1 Photoshop CC的基本应用

Photoshop CC是Adobe公司推出的Photoshop的最新版本，它是目前世界上最优秀的平面设计软件之一，被广泛用于广告设计、图像处理、图形制作、影像编辑和建筑效果图设计等行业。它简洁的工作界面及强大的功能深受广大用户的青睐。

3.1.1 认识Photoshop

Photoshop是美国Adobe公司开发的优秀图形图像处理软件，它的理论基础是色彩学，通过对图像中各像素的数字描述，实现了对数字图像的精确调控。Photoshop可以支持多种图像格式和色彩模式，能同时进行多图层处理，它的选择工具、图层工具、滤镜工具能使用户得到各种手工处理无法得到的美妙图像效果。不但如此，Photoshop还具有开放式结构，能兼容大量的图像输入设备，如扫描仪和数码相机等。

Photoshop是图形处理软件，广泛用于对图片和照片的处理以及对在其他软件中制作的图片做后期效果加工。如在Coreldraw、Illustrator中编辑的矢量图像，输入Photoshop中做后期加工，创建网页上使用的图像文件或创建用于印刷的图像作品。

Photoshop作为比较专业的图形设计处理软件，在网店/微店照片处理方面的能力比起其他的软件处理的效果要更好一些，不仅可以轻松修复旧损照片，清除照片中的瑕疵，还可以模拟光学滤镜的效果，并且能借助强大的图层与通道功能合成模拟照片，所以Photoshop在处理照片的效果上，有“数码暗房”之称。图3-1所示为使用Photoshop制作的网店/微店图片效果。

图3-1 使用Photoshop制作的网店/微店图片效果

新软件的变化，最直观的当属用户的工作界面。Photoshop CC采用色调更暗、类似苹果摄影软件Aperture的界面风格，取代目前灰色风格。

Photoshop CC的工作界面在原有基础上进行了创新，许多功能更加界面化、按钮化，如图3-2所示。从图中可以看出，Photoshop CC的工作界面主要由菜单栏、工具箱、工具属性栏、图像编辑窗口、状态栏和浮动控制面板6个部分组成。下面简单地对各组成部分进行介绍。

1. 菜单栏

菜单栏位于整个窗口的顶端，由“文件”“编辑”“图像”“图层”“选择”“滤镜”“分析”“3D”“视图”“窗口”和“帮助”11个菜单命令组成，如图3-3所示。

单击任意一个菜单项都会弹出其包含的命令，Photoshop CC中的绝大部分功能都可以利用菜单栏中的命令来实现。菜单栏的右侧还显示了控制文件窗口显示大小的最小化、窗口最大化（还原窗口）、关闭窗口等几个快捷按钮。

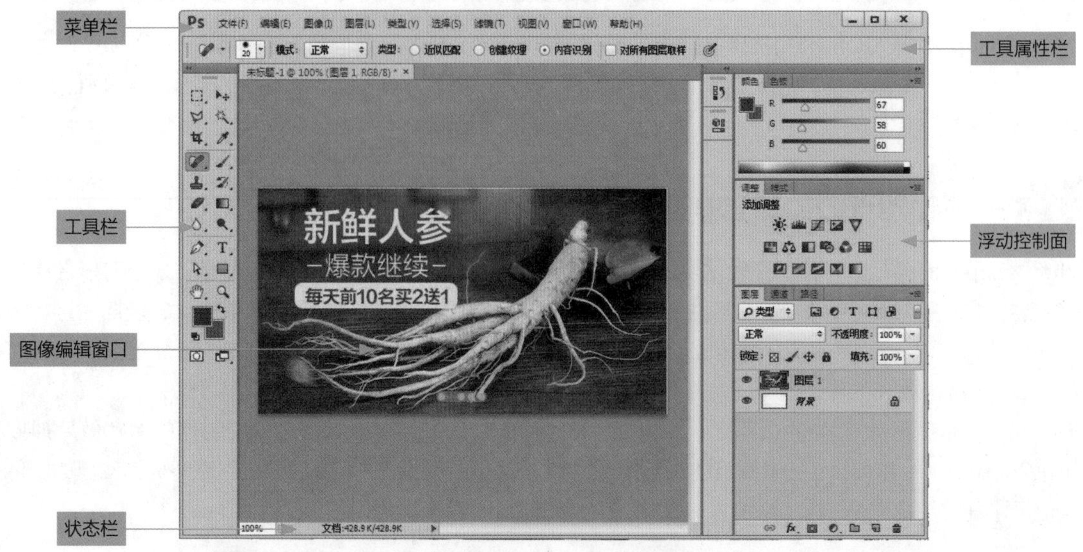

图3-2 Photoshop CC的工作界面

图3-3 菜单栏

（1）文件：单击“文件”菜单可以在弹出的下级菜单中执行新建、打开、存储、关闭、植入以及打印等一系列针对文件的命令。

（2）编辑：“编辑”菜单中的各种命令是用于对图像进行编辑的命令，包括还原、剪切、拷贝、粘贴、填充、变换以及定义图案等命令。

（3）图像：“图像”菜单中的命令主要是针对图像模式、颜色、大小等进行调整及设置。

（4）图层：“图层”菜单中的命令主要是针对图层进行相应的操作，如新建图层、复制图层、蒙版图层、文字图层等，这些命令便于对图层进行运用和管理。

（5）类型：“类型”菜单主要用于对文字对象进行创建和设置，包括创建工作路径、转换为形状、变形文字以及字体预览大小等。

（6）选择：“选择”菜单中的命令主要是针对选区进行操作，可以对选区进行反向、修改、变换、扩大、载入选区等操作，这些命令结合选区工具，更便于对选区的操作。

（7）滤镜：“滤镜”菜单中的命令可以为图像设置各种不同的特殊效果，在制作特效方面更是功不可没。

（8）3D：3D菜单针对3D图像执行操作，通过这些命令可以打开3D文件、将2D图像创建为3D图形、进行3D渲染等操作。

（9）视图：“视图”菜单中的命令可对整个视图进行调整及设置，包括缩放视图、改变屏幕模式、显示标尺、设置参考线等。

（10）窗口：“窗口”菜单主要用于控制Photoshop CC工作界面中的工具箱和各个面板的显示和隐藏。

（11）帮助：“帮助”菜单中提供了使用Photoshop CC的各种版主信息。在使用Photoshop CC的过程中，若遇到问题，可以查看该菜单，及时了解各种命令、工具和功能的使用。

提示

如果菜单中的命令呈现灰色，则表示该命令在当前编辑状态下不可用；如果菜单命令右侧有一个三角形符号，则表示此菜单包含有子菜单，将鼠标指针移动到该菜单上，即可打开其子菜单；如果菜单命令右侧有省略号“…”，则执行此菜单命令时将会弹出与之有关的对话框。

2. 工具属性栏

工具属性栏一般位于菜单栏的下方，主要用于对所选择工具的属性进行设置，它提供了控制工具属性的选项，其显示的内容会根据所选工具的不同而发生变化。在工具箱中选择相应的工具后，工具属性栏将随之显示该工具可使用的功能，例如选择工具箱中的画笔工具，属性栏中就会出现与画笔相关的参数设置，如图3-4所示。

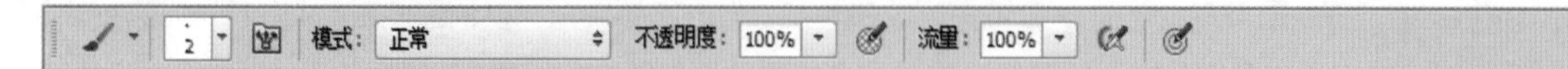

图3-4 画笔工具的工具属性栏

3. 工具箱

工具箱位于工作界面的左侧，共有50多个，如图3-5所示。要使用工具箱中的工具，只要单击工具按钮即可在图像编辑窗口中使用。若在工具按钮的右下角有一个小三角形，表示该工具按钮还有其他工具，在工具按钮上单击鼠标左键的同时，即可弹出所隐藏的工具选项。

4. 状态栏

状态栏位于图像编辑窗口的底部，主要用于显示当前所编辑图像的参数值及当前文档图像的相关信息。主要由显示比例、文件信息和提示信息3部分组成。状态栏左侧的数值框用于设置图像编辑窗口的显示比例，在该数值框中输入图像显示比例的数值后，按【Enter】键，当前图像即可按照设置的比例显示。状态栏的右侧显示的是图像文件信息，单击文件信息右侧的三角形按钮，即可弹出菜单，用户可以根据需要选择相应选项，如图3-6所示。

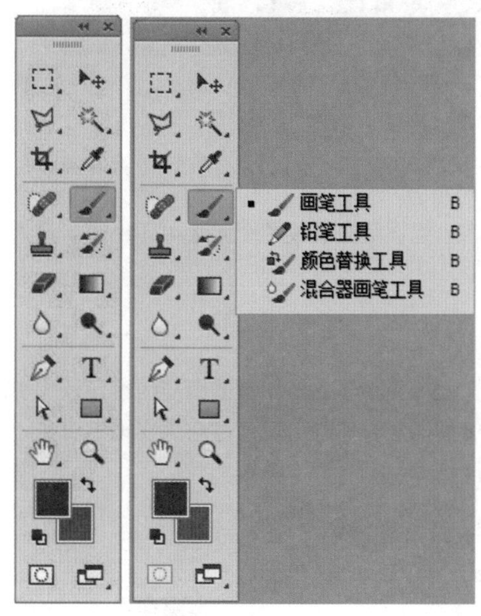

图3-5 工具箱

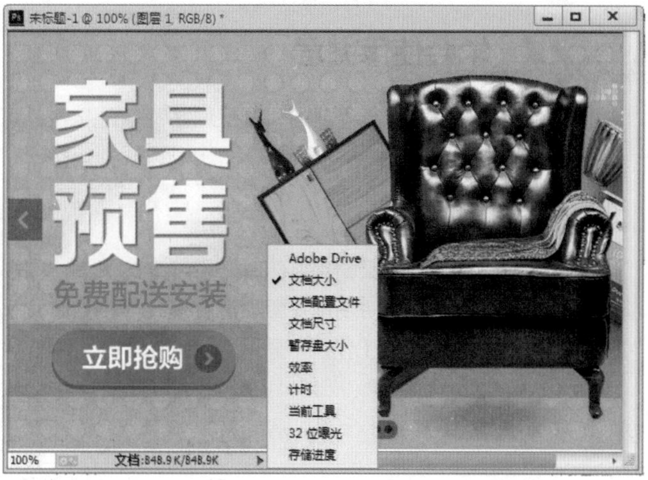

图3-6 状态栏

5. 浮动控制面板

浮动控制面板主要用于对当前图像的颜色、图层、样式及相关的操作进行设置。面板位于工作界面的右侧，用户可以进行分离、移动和组合等操作。用户若要选择某个浮动面板，可单击浮动面板窗口中相应的标签；若要隐藏某个浮动面板，可单击“窗口”菜单中带标记的命令。如图3-7所示。

提示

默认情况下，浮动面板分为 6 种 :“图层”“通道”“路径”“创建”“颜色”和“属性”。用户可根据需要将它们进行任意分离、移动和组合。例如，将“颜色”浮动面板脱离原来的组合面板窗口，使其成为独立的面板，在“颜色”标签上单击鼠标左键并将其拖曳至其他位置即可；若要使面板复位，只需要将其拖回原来的面板控制窗口内即可。另外，按【Tab】键可以隐藏工具箱和所有的浮动面板；按【Shift + Tab】组合键可以隐藏所有浮动面板，并保留工具箱的显示。

6. 图像编辑窗口

在Photoshop CC工具界面的中间，呈灰色区域显示的即为图像编辑工作区。当打开一个文档时，工作区中将显示该文档的图像窗口，图像窗口是编辑的主要工作区域，图形的绘制或图像的编辑都在此区域中进行。在图像编辑窗口中可以实现所有Photoshop CC中的功能，也可以对图像窗口进行多种操作，如改变窗口大小和位置等。当新建或打开多个文件时，图像标题栏的显示呈灰白色时，即为当前编辑窗口，如图3-8所示，此时所有操作将只针对该图像编辑窗口；若想对其他图像编辑窗口进行编辑，使用鼠标单击需要编辑的图像所在的编辑窗口即可。

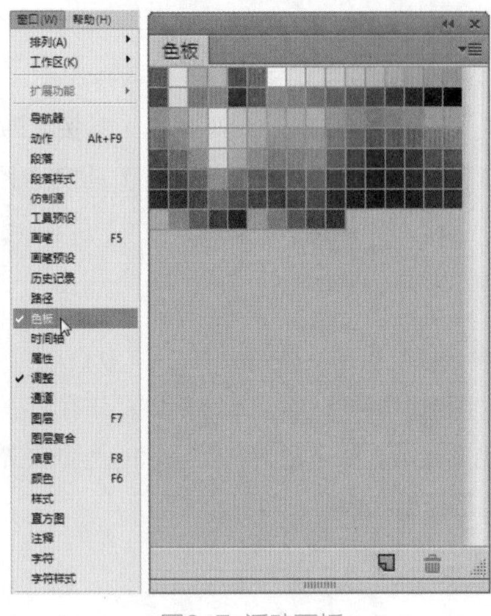

图3-7 浮动面板

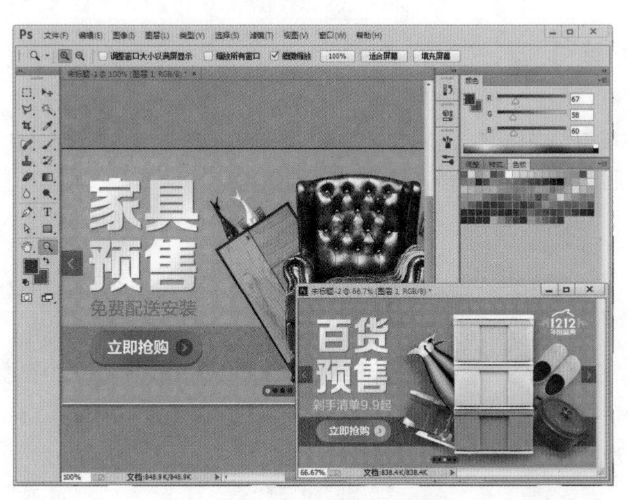

图3-8 打开多个文档的工作界面

3.1.2 学会使用图层

图像都是基于图层来进行处理的，图层就是图像的层次，可以将一幅作品分解成多个元素，即每一个元素都由一个图层进行管理。

1. 了解“图层”面板

“图层”面板是进行图层编辑操作时必不可少的工具。“图层”面板显示了当前图像的图层信息，从中可以调节图层叠放顺序、图层透明度以及图层混合模式等参数，几乎所有的图层操作都可以通过它来实现。单击“窗口”|“图层”命令，即可在工作区中显示“图层”面板，如图3-9所示。

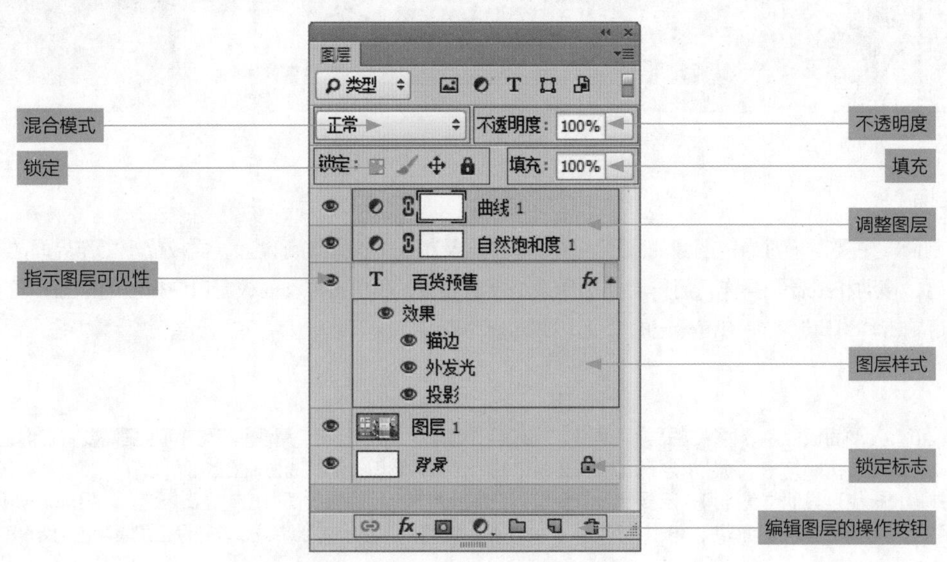

图3-9 “图层”面板

（1）混合模式：在该列表框中设置当前图层的混合模式。

（2）锁定：该选项区主要包括锁定透明像素、锁定图像像素、锁定位置以及锁定全部4个按钮，单击各个按钮，即可进行相应的锁定设置。

（3）指示图层可见性：用来控制图层中图像的显示与隐藏状态。

（4）编辑图层的操作按钮：图层操作的常用快捷按钮，主要包括链接图层、添加图层样式、创建新图层以及删除图层等按钮。

（5）不透明度：通过在该数值框中输入相应的数值，可以控制当前图层的透明属性。其中数值越小，当前的图层越透明。

（6）填充：通过在数值框中输入相应的数值，可以控制当前图层中非图层样式部分的透明度。

（7）锁定标志：显示该图标时，表示图层处于锁定状态。

（8）调整图层：可以对图像的颜色和色调进行调整，并将调整的参数记录到调整图层中，方便更改。

（9）图层样式：对当前图层创造出特殊的图像效果。

提示

通俗地讲，图层就像是含有文字或图形等元素的胶片，一张张按顺序叠放在一起，组合起来形成页面的最终效果。

2. 调整图层的顺序改变设计效果

在Photoshop CC的图像文件中，位于上方的图像会将下方的图像遮掩，此时，用户可以通过调整各图像的顺序，改变整幅图像的显示效果。如图3-10所示，分别为调整商品图像所在图层顺序的前后对比效果。

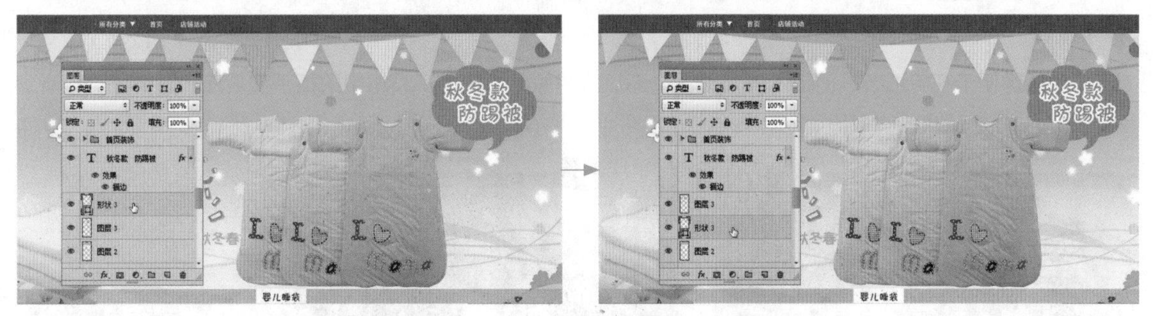

图3-10 调整图层的顺序改变设计效果

可以利用“图层”|“排列”子菜单中的命令来执行改变图层顺序的操作。

（1）命令1：单击“图层”|“排列”|“置为顶层”命令将图层置于最顶层，快捷键为【Ctrl+Shift+]】组合键。

（2）命令2：单击“图层”|“排列”|“后移一层”命令将图层下移一层，快捷键为【Ctrl+[】组合键。

（3）命令3：单击“图层”|“排列”|“置为底层”命令将图层置于图像的最底层，快捷键为【Ctrl+Shift+[】组合键。

3.1.3 使用基础工具

在Photoshop中进行网店/微店美化编辑的过程中，会使用到各种工具，如缩放工具、抓手工具、标尺工具和旋转视图工具等，熟悉各个工具的使用能够提高处理图片的效率，下面对一些网店/微店装修设计中常用的工具进行介绍。

1. 缩放工具

在编辑图像过程中有时需要查看图像精细部分，此时可以灵活运用缩放工具，随时对图像进行放大或缩小。选取工具箱中的缩放工具，在工具属性栏中单击“放大”按钮，将鼠标移至图像编辑窗口中，此时鼠标指针呈带加号的放大镜形状，在图像编辑窗口中单击鼠标左键，即可将图像放大；在工具属性栏中单击“缩小”按钮，将鼠标移至图像编辑窗口中，单击鼠标左键，即可缩小图像。如图3-11所示。每单击一次鼠标左键，图像就会缩小为原来的一半。例如，图像以200%的比例显示在屏幕上，选取缩放工具后，在图像中单击鼠标左键，则图像将缩小至原图像的100%。

图3-11 运用缩放工具放大或缩小图片

提示

除了运用上述方法可以放大显示图像外，还有以下 3 种方法。

（1）命令：单击“视图”|“放大”命令。

（2）快捷键 1：按【Ctrl + +】组合键，可以逐级放大图像。

（3）快捷键 2：按【Ctrl + Spsce】组合键，当鼠标指针呈带加号的放大镜形状时，单击鼠标左键，即可放大图像。

2. 抓手工具

当放大图像便于观看细节，而显示器却无法全部显示图像时，使用工具箱中的抓手工具移动图像，可以看到图形各个区域的细节，如图3-12所示。

利用抓手工具可以在图像窗口中单击并拖曳，任意移动图像的显示位置，查看到图像未显示的区域。

图3-12 运用抓手工具移动图像

3. 标尺工具

Photoshop CC中的标尺工具是用来测量图像任意两点之间的距离与角度，还可以用来校正倾斜的图像。如果显示标尺，则标尺会出现在当前文件窗口的顶部和左侧，标尺内的标记可显示出指针移动时的位置。

选取工具箱中的标尺工具，将鼠标移至图像编辑窗口中，此时鼠标指针呈形状，在图像编辑窗口中单击鼠标左键，确认起始位置，并向下拖曳，确认测试长度，打开“信息”面板，即可查看测量的信息，如图3-13所示。

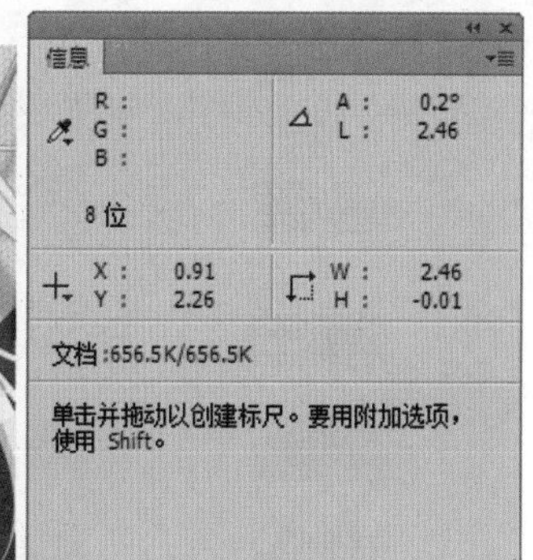

图3-13 运用标尺工具测量长度

在“信息”面板中将显示相关的度量信息，其中X和Y是起点位置的坐标值，W和H是宽度和高度的坐标值，A和L是角度和距离的坐标值。

提示

在 Photoshop CC 中，按住【Shift】键的同时，单击鼠标左键并拖曳，可以沿水平、垂直或 45° 角的方向进行测量。将鼠标指针移至测量的支点上，单击鼠标左键并拖曳，即可改变测量的长度和方向。

4. 旋转视图工具

当图像被扫描到电脑中，有时会发现图像出现了颠倒或倾斜现象，此时需要对图像进行变换或旋转操作。旋转视图工具可以从360° 、水平、垂直等方式调整图像角度，通过在旋转视图工具的工具属性栏上的“旋转”角度框内输入参数值来控制图像的旋转角度大小，如图3-14所示为使用该工具调整钻戒显示角度的编辑效果。

图3-14 旋转视图

提示

单击“编辑”|“变换”命令，在子菜单中选择相应的选项，即可调出旋转视图工具。除了上述方法可以执行变形操作外，还可以按【Ctrl + T】组合键，调出变换控制框，然后单击鼠标右键，在弹出的快捷菜单中选择相应选项，执行旋转视图操作。

3.1.4 编辑蒙版技巧

图像合成时Photoshop标志性的应用领域，无论是平面广告设计、效果图修饰、数码相片设计还是视觉艺术创意，都无法脱离图像合成而存在。在使用Photoshop进行图像合成时，可以使用多种技术方法，但其中使用最多的还是蒙版技术。

1. 蒙版的类型

在Photoshop中有以下4种类型的蒙版，如图3-15所示。

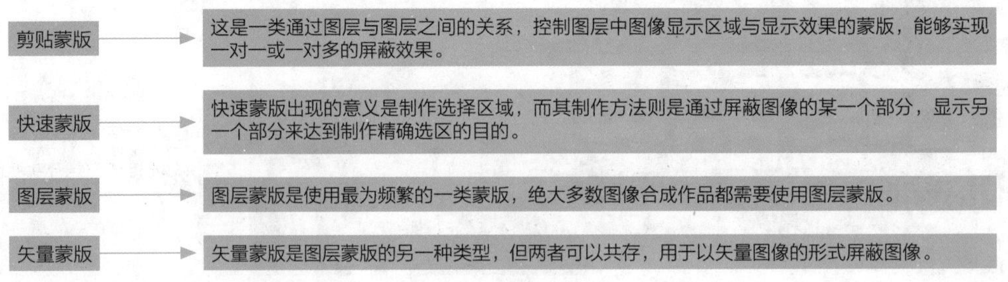

图3-15 4种蒙版类型

有些初学者容易将选区与蒙版混淆，认为两者都起到了限制的作用，但实际上两者之间有本质的区别。选区用于限制操作者的操作范围，使操作仅发生在选择区域的内部；而蒙版是一种特殊的选区，它的目的并不是对选区进行操作，相反，而是要保护选区的不被操作。同时，不处于蒙版范围的地方则可以进行编辑与处理。

2. 蒙版的作用

蒙版最突出的作用就是屏蔽，无论是什么样的蒙版，都需要对图像的某些区域起到屏蔽作用，这是蒙版存在的终极意义，其主要作用如图3-16所示。

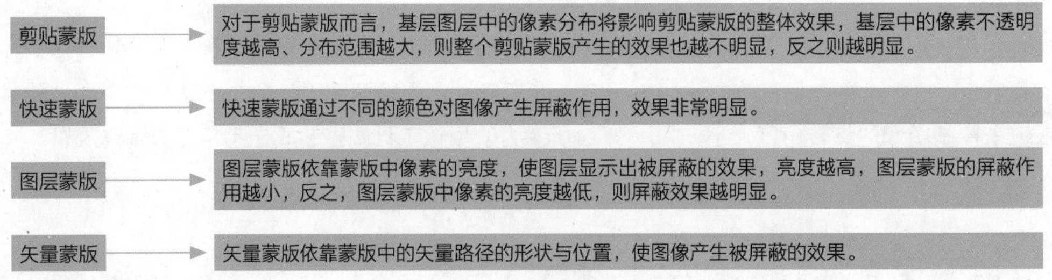

图3-16 蒙版的作用

3. 图层蒙版

图层蒙版是通道的另一种表现形式，可用于为图像添加遮盖效果，灵活运用蒙版与选区，可以制作出丰富多彩的图像效果。图层蒙版可以很好地控制图层区域的显示或隐藏，可以在不破坏图像的情况下反复编辑图像，直至得到所需要的效果，使修改图像和创建复杂选区变得更加方便。

在网店装修图片中选择相应的图层，单击“图层”面板中的“添加图层蒙版”按钮，为该图层添加蒙版，设置前景色为黑色，运用画笔工具在图像编辑窗口中涂抹，对图层蒙版进行编辑，可以看到编辑前后的效果如图3-17所示。

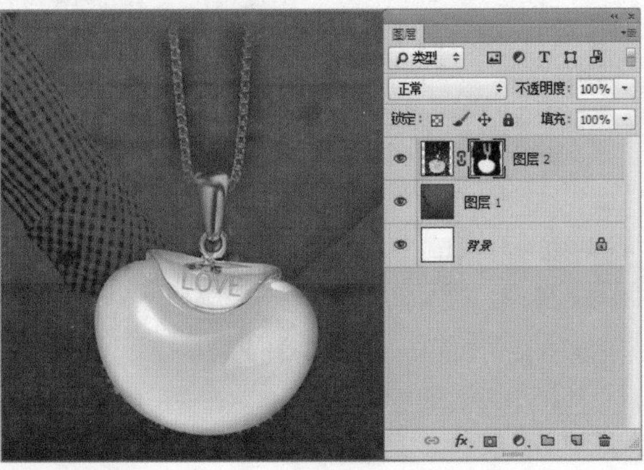

图3-17 创建图层蒙版

提示

单击“图层”|“图层蒙版”|“显示全部”命令，即可显示创建一个显示图层内容的白色蒙版：单击“图层”|“图层蒙版”|“隐藏全部”命令，即可创建一个隐藏图层内容的黑色蒙版。

4. 剪贴蒙版

剪贴蒙版可以用一个图层中包含像素的区域来限制它上层图像的显示范围。它的最大优点是可以通过一个图层来控制多个图层的可见内容，而图层蒙版和矢量蒙版都只能控制一个图层。

如图3-18所示，分别为创建剪贴蒙版的图像和相关的图层，可以看到创建剪贴蒙版之后，风景图像显示的区域由下方的圆角矩形图像控制。

图3-18 创建剪贴蒙版

提示

单击“图层”|“释放剪贴蒙版”命令，即可从剪贴蒙版中释放出该图层。如果该图层上面还有其他内容图层，则这些图层也会一同释放。

5. 快速蒙版

快速蒙版是一种手动间接创建选区的方法，其特点是与绘图工具结合起来创建选区，较适用于对选择要求不很高的情况。单击工具箱底部的“以快速蒙版模式编辑”按钮，选取白色的画笔工具，在商品图像上进行涂抹，单击工具箱底部的“以标准模式编辑”按钮，即可将未被涂抹的区域转换为选区，如图3-19所示。

图3-19 运用快速蒙版创建选区

提示

在进入快速蒙版后，当运用黑色绘图工具进行作图时，将在图像中得到红色的区域，即非选区区域，当运用白色绘图工具进行作图时，可以去除红色的区域，即生成的选区，用灰色绘图工具进行作图，则生成的选区将会带有一定的羽化。

6. 矢量蒙版

矢量蒙版是由钢笔、自定形状等矢量工具创建的蒙版（图层蒙版和剪贴蒙版都基于像素的蒙版），矢量蒙版与分辨率无关，常用来制作Logo、按钮或其他Web设计元素。无论图像自身的分辨率是多少，只要使用了该蒙版，都可以得到平滑的轮廓。

在图像编辑窗口中选择相应路径，单击“图层”|“矢量蒙版”|“当前路径”命令，即可创建矢量蒙版，如展开“图层”面板，即可查看到基于当前路径创建的矢量蒙版，如图3-20所示。

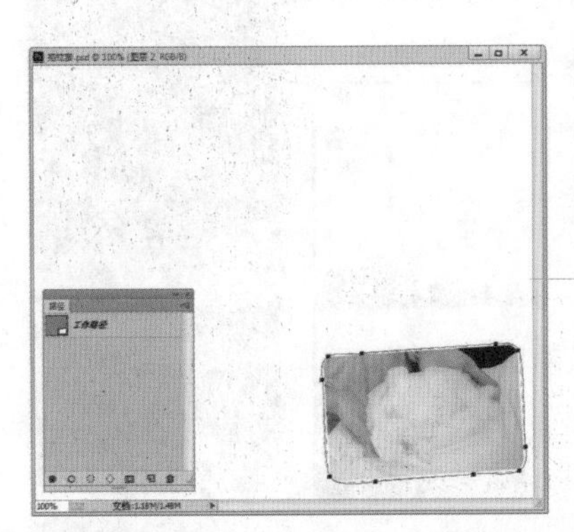

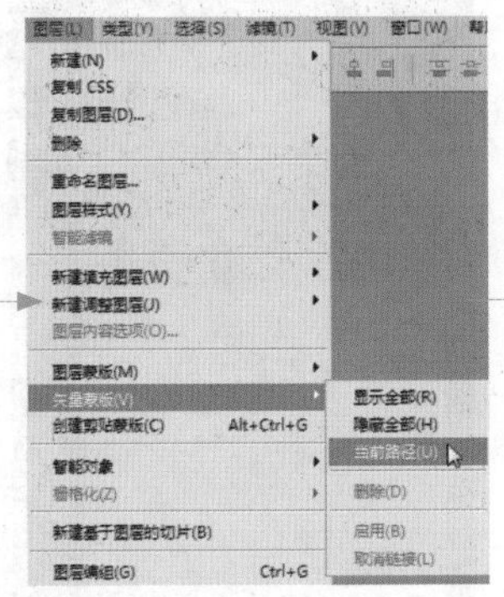

图3-20 创建矢量蒙版

提示

与图层蒙版非常相似，矢量蒙版也是一种控制图层中图像显示与隐藏的方法，不同的是，矢量蒙版是依靠路径来限制图像的显示与隐藏的，因此它创建的都是具有规则边缘的蒙版。

7. 应用图层蒙版

正如前面所讲，图层蒙版仅是起到显示及隐藏图像的作用，并非真正删除了图像，因此，如果某些图层蒙版效果已无须再进行改动，可以应用图层蒙版，以删除被隐藏的图像，从而减小图像文件大小。

在“图层”面板选择相应的图层蒙版，单击鼠标右键，在弹出的快捷菜单中选择“应用图层蒙版”选项，即可应用图层蒙版，如图3-21所示。

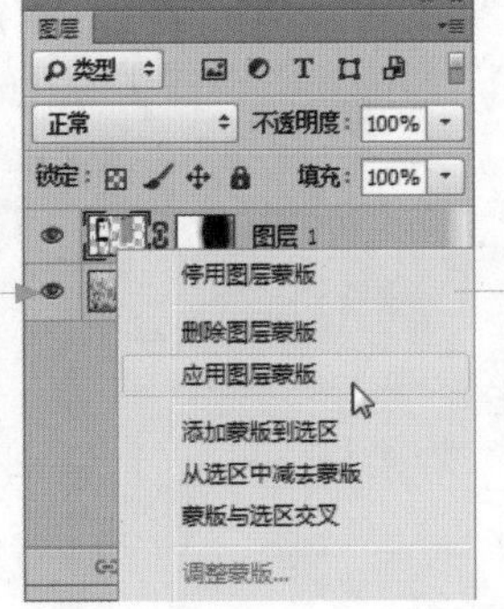

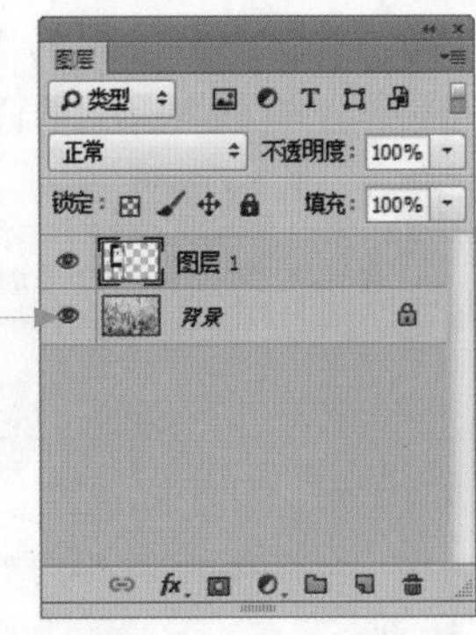

图3-21 应用图层蒙版

应用图层蒙版效果后，图层蒙版中的白色区域对应的图层图像被保留，而蒙版中黑色区域对应的图层图像被删除，灰色过渡区域所对应的图层图像部分像素被删除。

提示

在图像编辑窗口中添加蒙版后，如果后面的操作不再需要蒙版，用户可以将蒙版关闭以控制系统资源的占用。拖曳鼠标至图层蒙版上，单击鼠标右键，在弹出的快捷菜单中选择“停用图层蒙版”选项，停用图层蒙版；拖曳鼠标至图层蒙版上，单击鼠标右键，在弹出的快捷菜单中选择“启用图层蒙版”选项，此时图像编辑窗口中的图像呈启用图层蒙版效果显示。除运用上述方法编辑蒙版外，还有以下两种方法。

- 单击“图层”|“图层蒙版”|“停用”命令，也可以停用图层蒙版。
- 单击“图层”|“图层蒙版”|“启用”命令，也可以启用图层蒙版。

3.2 网店/微店图片的基本处理

一幅单张照片文件的大小通常会达到2MB以上，如果使用这些原始照片作为商品介绍，将其上传到互联网或手机上，那么会占用很大的存储空间，同时使顾客浏览的等待时间变长。在Photoshop中可以通过多种方式对照片的大小进行调整，本节将介绍具体的方法。

3.2.1 调整图像尺寸

图像大小与图像像素、分辨率、实际打印尺寸之间有着密切的关系，它决定存储文件所需的硬盘空间大小和图像文件的清晰度。因此，调整图像的尺寸及分辨率也决定着整幅画面的大小。

在Photoshop CC中，图像尺寸越大，所占的空间也越大。更改图像的尺寸，会直接影响图像的显示效果。打开数码照片后，单击“图像”|“图像大小”命令，在弹出的“图像大小”对话框中对图像的宽度、高度、分辨率进行重新设置，单击“确定”按钮，即可完成调整图像的大小操作，如图3-22所示。

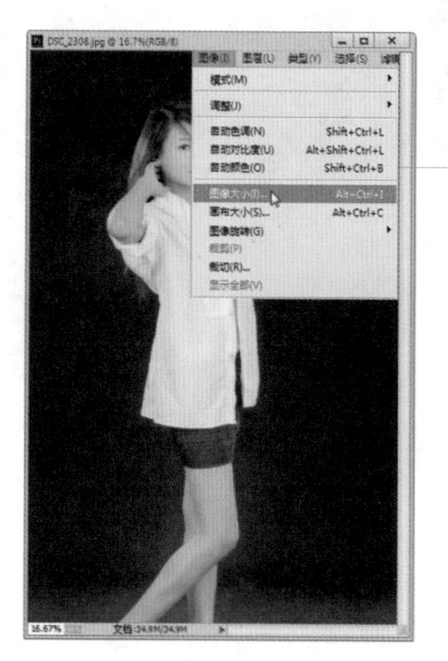

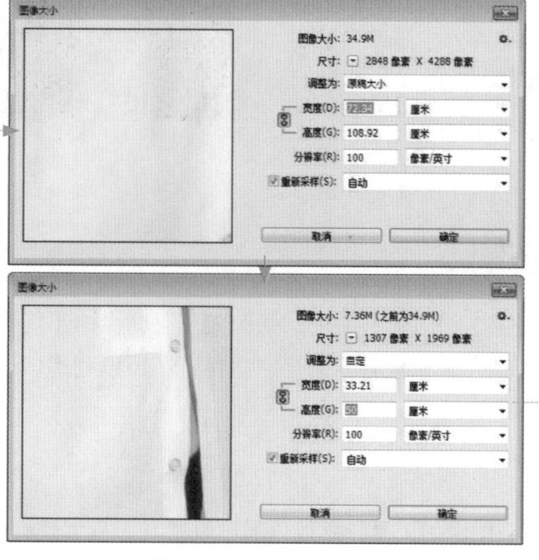

图3-22 调整图像的大小

像素与分辨率是Photoshop中最常见的概念，也是关于文件大小的图像质量的基本概念。对像素与分辨率大小的设置决定了图像的大小与输出的质量。

1. 像素

像素是组成图像的最小单位，其形态是一个有颜色的小方点。图像是由以行和列的方式进行排列的像素组合而成。图像的像素越高，文件越大，图像的品质就越好，如图3-23所示；像素越低，文件越小，图像的品质就越模糊，如图3-24所示。

图3-23 高像素图像

图3-24 低像素图像

2. 分辨率

分辨率指的是单位长度上像素的数目，通常用“像素/英寸”或“像素/厘米”表示。图像的分辨率是指位图图像在每英寸上所包含的像素数量，单位是dpi（dots per inch）。分辨率越高，文件就越大，图像也就越清晰，图像处理速度就会相应变慢，如图3-25所示；反之，分辨率越低，图像就越模糊，处理速度就会相应变快，如图3-26所示。

图3-25 高分辨率图像

图3-26 低分辨率图像

3.2.2 裁剪图像素材

当发现只需要照片中某一部分图像的时候，使用“图像大小”命令就不能完成照片的尺寸调整，此时可以使用工具箱中的裁剪工具，或利用菜单栏的“裁剪”命令来实现，还可以利用“裁切”命令来修剪图像，将不需要的部分图像裁剪掉。

1. 运用工具裁剪图像

裁剪工具是应用非常灵活的截取图像的工具，既可以通过设置其工具属性栏中的参数裁剪，也可以通过手动自由控制裁剪图像的大小。

打开需要裁剪的图像，选取工具箱中的裁剪工具，即可调出裁剪控制框，移动鼠标指针至图像右下角，当鼠标指针呈↘时单击鼠标左键并拖曳，控制裁剪区域大小，将鼠标指针移动至变换框内，单击鼠标左键并拖曳，选定裁剪区域图像，按【Enter】键确认，即可完成图像的裁剪，如图3-27所示。

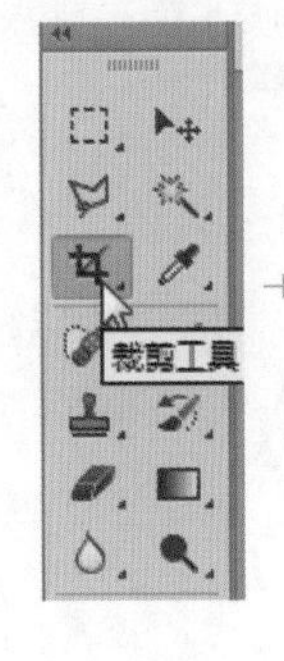

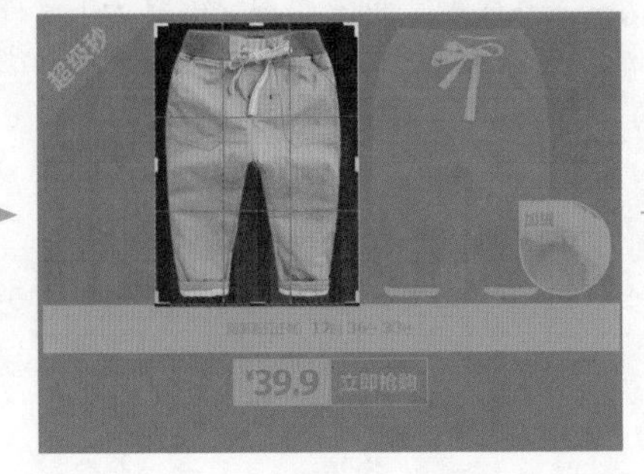

图3-27 运用工具裁剪图像

提示

在变换控制框中，可以对裁剪区域进行适当调整，将鼠标指针移动至控制框四周的 8 个控制点上，当指针呈双向箭头↔形状时，单击鼠标左键的同时拖曳，即可放大或缩小裁剪区域；将鼠标指针移动至控制框外，当指针呈↩形状时，可对裁剪区域进行旋转。

2. 运用命令裁切图像

“裁切”命令与“裁剪”命令裁剪图像不同的是，“裁切”命令不像“裁剪”命令那样要先创建选区，而是以对话框的形式来呈现的。

打开需要裁剪的图像，单击“图像”|“裁切”命令，弹出“裁切”对话框，设置需要裁剪的区域，单击“确定”按钮，即可裁切图像，如图3-28所示。

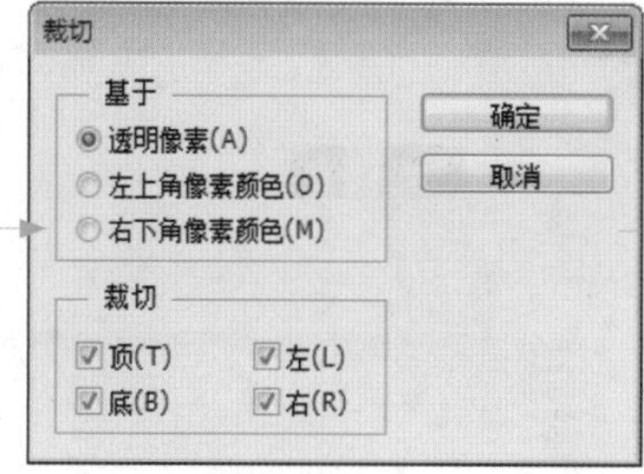

图3-28 运用命令裁切图像

提示

“裁切”对话框中各选项的含义如下。

- 透明像素：用于删除图像边缘的透明区域，留下包含非透明像素的最小图像。
- 左上角像素颜色：删除图像左上角像素颜色的区域。
- 右下角像素颜色：删除图像右下角像素颜色的区域。
- 裁切：设置要修正的图像区域。

3. 精确裁剪图像素材

精确裁剪图像可用于制作等分拼图，在裁剪工具属性栏上设置固定的“宽度”“高度”和“分辨率”的参数，裁剪出固定大小的图像。

打开需要裁剪的图像，选取工具箱中的裁剪工具，调出裁剪控制框，在工具属性栏中设置自定义裁剪比例，将鼠标指针移至裁剪控制框内，单击鼠标左键的同时拖曳图像至合适位置，按【Enter】键确认裁剪，即可按固定大小裁剪图像，如图3-29所示。

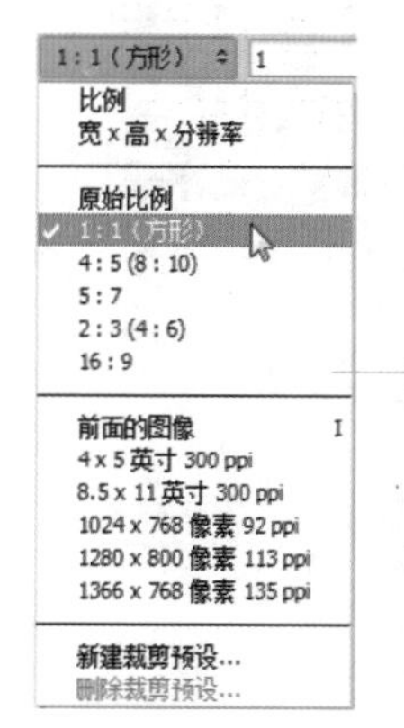

图3-29 精确裁剪图像素材

提示

“裁剪”对话框中各选项的含义如下。

比例：该选项用来输入图像裁剪比例，裁剪后图像的尺寸由输入的数值决定，与裁剪区域的大小没有关系。

视图：设置裁剪工具视图选项。

删除裁切像素：确定裁剪框以外透明度像素数据是保留还是删除。

3.2.3 更改图片的文件格式

不同的文件格式会对图片的颜色范围和文件大小产生直接的影响，在Photoshop中对商品的照片进行处理的时，只需在Photoshop中单击“文件”|“存储为”菜单命令，在打开的“另存为”对话框中对文件的格式进行重新下载就可以对图片的文件格式进行更改，如图3-30所示。

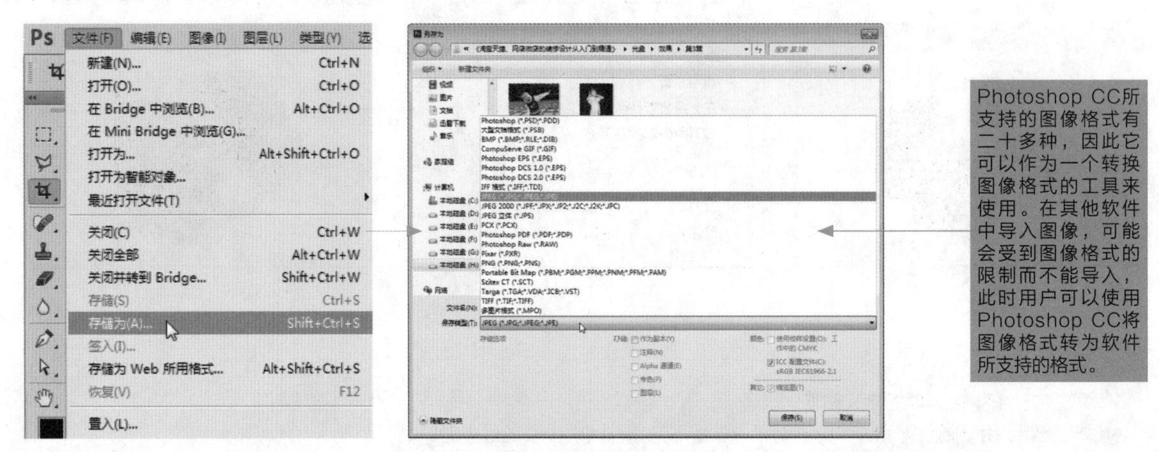

图3-30 更改图片的文件格式

用户还可以通过单击“文件”|“存储为Web所用格式”命令，将制作好的图像存储为网络环境所需要的图像格式，如图3-31所示。

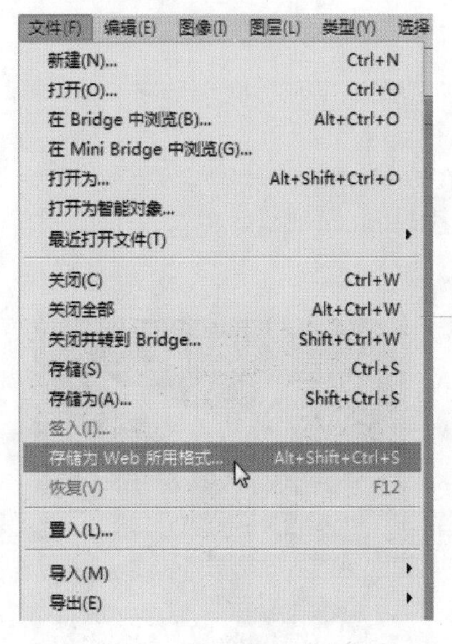

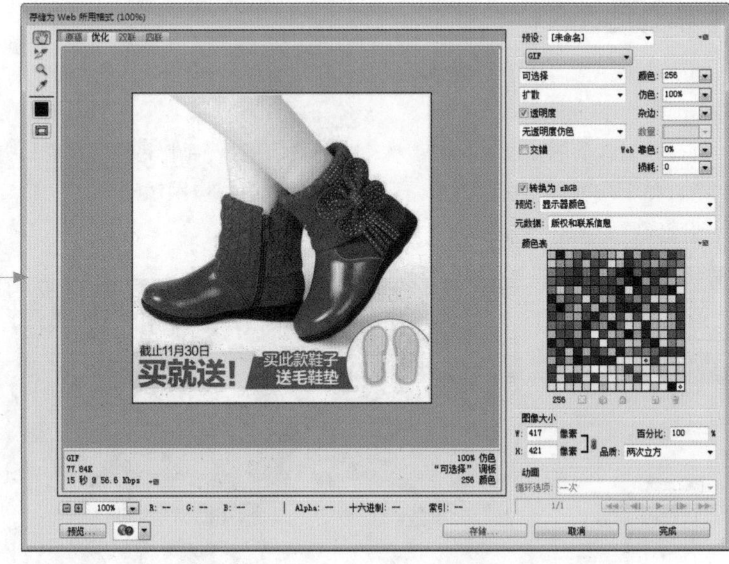

图3-31 存储为Web所用格式

Web图形格式可以是位图（栅格）或矢量。

（1）位图格式（GIF、JPEG、PNG和WBMP）与分辨率有关，这意味着位图图像的尺寸随显示器分辨率的不同而发生变化，图像品质也可能会发生变化。

（2）矢量格式（SVG和SWF）与分辨率无关，用户可以对图像进行放大或缩小，而不会降低图像品质。矢量格式也可以包含栅格数据。可以从“存储为Web和设备所用格式”中将图像导出为SVG和SWF（仅限在Adobe Illustrator中）。

3.3 网店/微店图片的修复操作

由于拍摄环境或灯光等问题，常常会使拍摄出来的商品照片存在一定的瑕疵，如果不调整照片就直接用于网店/微店中，会大大降低所售产品的质量，影响顾客正确判断商品的品质。在Photoshop中可以通过多种方式对照片的瑕疵进行修复和优化局部，本节将介绍使用Photoshop中的工具解决这些问题的方法。

3.3.1 运用仿制图章工具去除多余图像

很多时候，在拍摄商品或模特照片时，由于拍摄环境有限，致使拍摄的照片中出现多余的干扰物，此时可以使用Photoshop中的仿制图章工具将照片中的一部分绘制到带有缺陷的部分，去除不需要的图像。

仿制图章工具可以从图像中取样，然后将样本应用到其他图像或同一图像的其他部分。选取工具箱中的仿制图章工具，其工具属性栏如图3-32所示。

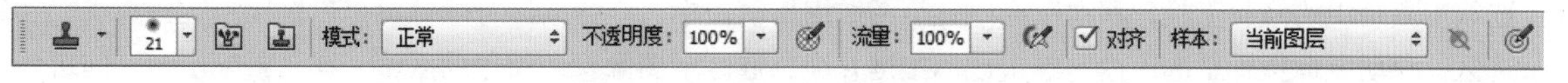

图3-32 仿制图章工具的工具属性栏

仿制图章工具属性栏中，各主要选项含义如下。

（1）“切换画笔面板”按钮：单击此按钮，展开“画笔”面板，可对画笔属性进行更具体的设置。

（2）“切换到仿制源面板”按钮：单击此按钮，展开“仿制源”面板，可对仿制的源图像进行更加具体的管理和设置。

（3）“不透明度”选项：用于设置应用仿制图章工具时画笔的不透明度。

（4）“流量”选项：用于设置扩散速度。

（5）“对齐”复选框：选中该复选框，取样的图像源在应用时，若由于某些原因停止，再次仿制图像时，仍可从上次仿制结束的位置开始；若未选中该复选框，则每次仿制图像时，将是从取样点的位置开始应用。

（6）“样本”选项：用于定义取样源的图层范围，主要包括“当前图层”“当前和下方图层”“所有图层”3个选项。

（7）“忽略调整图层”按钮：当设置“样本”为“当前和下方图层”或“所有图层”时，才能激活该按钮，选中该按钮，在定义取样源时可以忽略图层中的调整图层。

选取工具箱中的仿制图章工具，移动鼠标指针至图像编辑窗口中的合适位置，按住【Alt】键的同时单击鼠标左键取样，释放【Alt】键，在合适位置单击鼠标左键并拖曳，进行涂抹，即可将取样点的图像复制到涂抹的位置上，如图3-33所示。

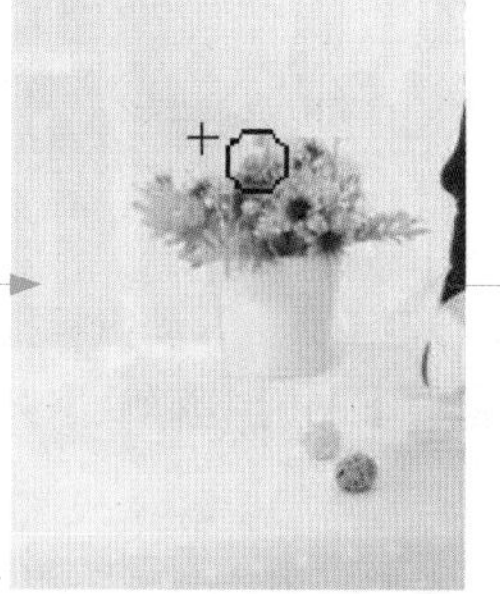

图3-33 运用仿制图章工具去除多余图像

3.3.2 运用修补工具修复图像瑕疵

修补工具可以使用其他区域的色块或图案来修补选中的区域，使用修补工具修复图像，可以将图像的纹理、亮度和层次进行保留。

选取工具箱中的修补工具，其工具属性栏如图3-34所示。

图3-34 修补工具的工具属性栏

修补工具属性栏中，各主要选项含义如下。

（1）源：选中“源”单选按钮，则拖动选区并释放鼠标后，选区内的图像将被选区释放时所在的区域所代替。

（2）目标：选中“目标”单选按钮，拖动选区并释放鼠标后，释放选区时的图像区域将被原选区的图像所代替。

（3）透明：选中“透明”单选按钮，被修饰的图像区域内的图像效果呈半透明状态。

（4）使用图案：在未选中“透明”单选按钮的状态下，在修补工具属性栏中选择一种图案，然后单击“使用图案”按钮，选区内将被应用为所选图案。

选取工具箱中的修补工具，移动鼠标指针至图像编辑窗口中，在需要修补的位置单击鼠标左键并拖曳，创建一个选区，移动鼠标指针至选区内，单击鼠标左键并拖曳选区至图像颜色相近的区域，释放鼠标左键，即可修补图像，按【Ctrl+D】组合键取消选区即可，如图3-35所示。

图3-35 运用修补工具修复图像瑕疵

3.3.3 运用修复画笔工具修复图像

修复画笔工具在修饰小部分图像时会经常用到。在使用“修复画笔工具”时，应先取样，然后将选取的图像填充到要修复的目标区域中，使修复的区域和周围的图像相融合，还可以将所选择的图案应用到要修复的图像区域中。选取工具箱中的修复画笔工具，其工具属性栏如图3-36所示。

图3-36 修复画笔工具的工具属性栏

打开一张商品图像，选取工具箱中的修复画笔工具，移动鼠标指针至图像编辑窗口中的白色背景区域，按住【Alt】键的同时，单击鼠标左键进行取样，释放【Alt】键确认取样，在图中蝴蝶部位单击鼠标左键并拖曳，即可修复图像，如图3-37所示。

图3-37 运用修复画笔工具修复图像

修复画笔工具属性栏中各主要选项的含义如下。

（1）模式：用于设置图像在修复过程中的混合模式。

（2）取样：选中该单选按钮，按住【Alt】键的同时在图像内单击，即可确定取样点，释放【Alt】键，将鼠标指针移到需要复制的位置，拖曳鼠标即可完成修复。

（3）图案：用于设置在修复图像时以图案或自定义图案对图像进行填充。

（4）对齐：用于设置在修复图像时将复制的图案对齐。

3.3.4 运用模糊工具模糊局部图像

模糊工具可以将突出的色彩打散，使得僵硬的图像边界变得柔和，颜色的过渡变得平缓、自然，起到一种模糊图像的效果。

模糊工具的工具属性栏如图3-38所示。

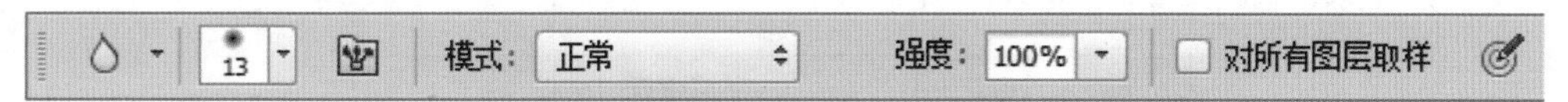

图3-38 模糊工具的工具属性栏

模糊工具属性栏中各主要选项的含义如下。

（1）强度：用来设置工具的强度。

（2）对所有图层取样：如果文档中包含多个图层，可以选中该复选框，表示使用所有可见图层中的数据进行处理；取消选中该复选框，则只处理当前图层中的数据。

打开一张商品图像，选取工具箱中的模糊工具，在工具属性栏中设置参数值，移动鼠标至图像编辑窗口中，单击鼠标左键进行涂抹，即可模糊局部图像，如图3-39所示。

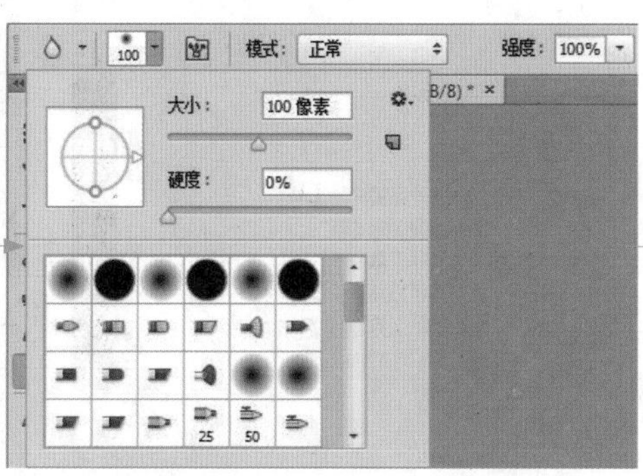

图3-39 运用模糊工具模糊局部图像

提示

锐化工具△与模糊工具的作用刚好相反，它用于锐化图像的部分像素，使得被编辑的图像更加清晰，如图 3-40 所示。

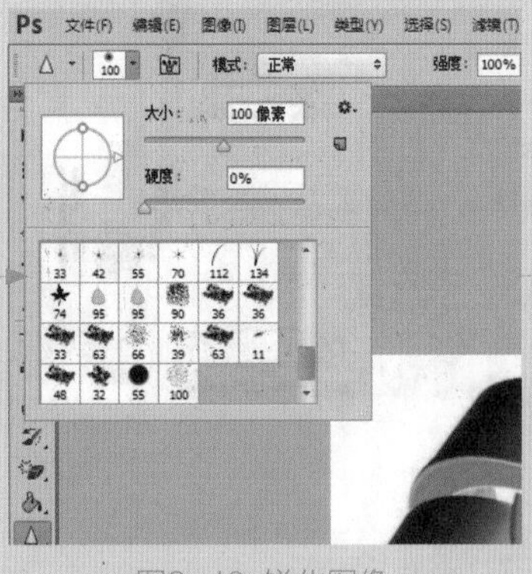

图3-40 锐化图像

锐化工具可增加相邻像素的对比度，将较软的边缘明显化，使图像聚焦。此工具不适合过度使用，因为将会导致图像严重失真。

3.3.5 运用红眼工具清除人物红眼

红眼现象是指人物或动物处于较暗的环境中，眼睛突然受到闪光灯的照射，视网膜受光照射所呈现出来的情况。如果相机中含有内置红眼控制功能，可以避免该现象的发生，如果没有使用红眼控制功能进行拍摄，在后期中可以使用Photoshop软件中的红眼工具快速消除红眼效果。

红眼工具是一个专用于修饰数码照片的工具，在Photoshop软件中常用于去除人物照片中的红眼。选取工具箱中的红眼工具，其工具属性栏如图3-41所示。

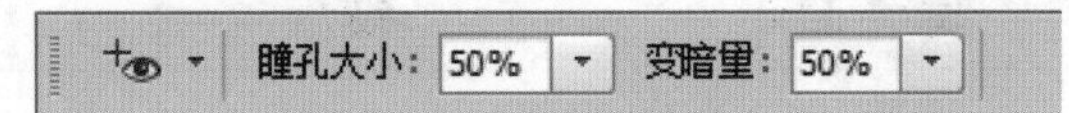

图3-41 红眼工具的工具属性栏

红眼工具属性栏中各主要选项的含义如下。

（1）“瞳孔大小”：可以设置红眼图像的大小。

（2）“变暗量”：设置去除红眼后瞳孔变暗的程度，数值越大则去除红眼后的瞳孔越暗。

打开一张画面中有红眼的照片，选取工具箱中的红眼工具，移动鼠标指针至图像编辑窗口中，在人物的眼睛上单击鼠标左键，即可去除红眼，如图3-42所示。

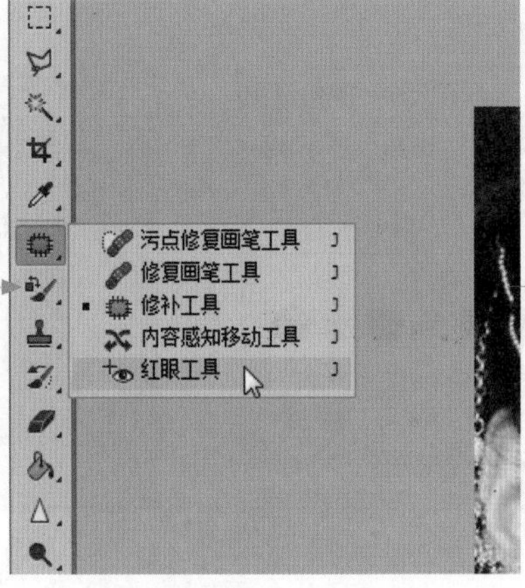

图3-42 去除红眼

提示

红眼工具可以说是专门为去除照片中的红眼而设置的，但需要注意的是，这并不代表该工具仅对照片中的红眼进行处理，对于其他较为细小的东西，用户同样可以使用该工具来修改色彩。

3.4 网店/微店图片的抠图技法

由于拍摄取景的问题，常常会使拍摄出来的照片内容过于复杂，致使商品显示不明显，如果不抠取商品就直接使用拍摄的照片传到网店/微店中，会降低产品的表现力，需要抠取出主要的产品部分单独使用。在Photoshop中可以通过多种方式对照片中的商品进行抠取，本节针对不同背景的商品照片，介绍如何使用Photoshop中的工具和命令将商品抠取出来。

3.4.1 抠取单色背景图

拍摄好的商品照片，当需要单独使用照片中商品的部分时可将背景去除。可以根据照片背景的颜色，使用Photoshop中的魔棒工具和快速选取工具将照片中的商品部分快速地抠取出来。

1. 运用魔棒工具抠图

魔棒工具是用来创建与图像颜色相近或相同的像素选区，在颜色相近的图像上单击鼠标左键，即可选取到相近的颜色范围。选择魔棒工具后，其属性栏的变化如图3-43所示。

图3-43 魔棒工具的工具属性栏

魔棒工具的工具属性栏中各选项的基本含义如下。

（1）容差：用来控制创建选区范围的大小，数值越小，所要求的颜色越相近；数值越大，则颜色相差越大。

（2）消除锯齿：该选项用来模糊羽化边缘的像素，使其与背景像素产生颜色的过渡，从而消除边缘明显的锯齿。

（3）连续：选中该复选框后，只选取与鼠标单击处相连接的相近颜色。

（4）对所有图层取样：用于有多个图层的文件，选中该复选框后，能选取文件中所有图层中相近颜色的区域；不选中时，只选取当前图层中相近颜色的区域。

打开一张背景色彩相对单一的商品照片，选取工具箱中的魔棒工具，移动鼠标至图像编辑窗口中，在白色颜色的位置上单击鼠标左键，即可选中白色区域，单击鼠标右键，在弹出的快捷菜单中选择“选择反向”选项，反选选区，复制选区图层，并隐藏“背景”图层，即可将商品抠取出来，如图3-44所示。

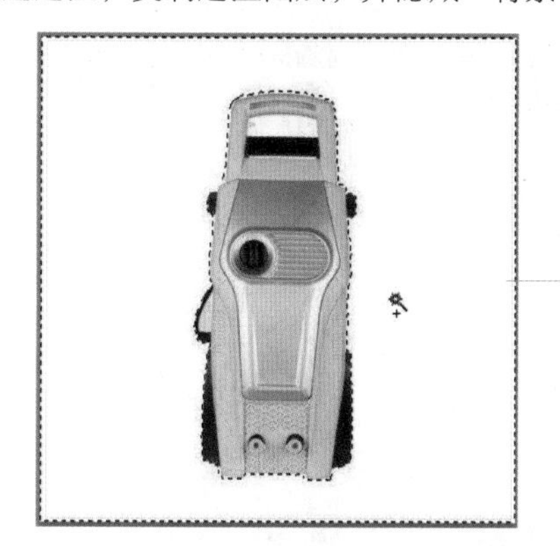

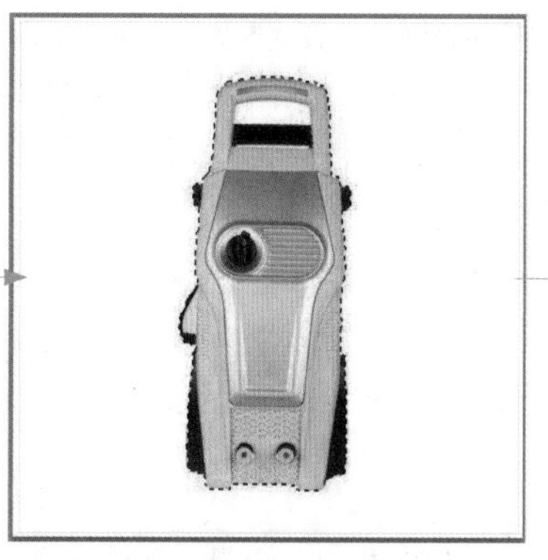

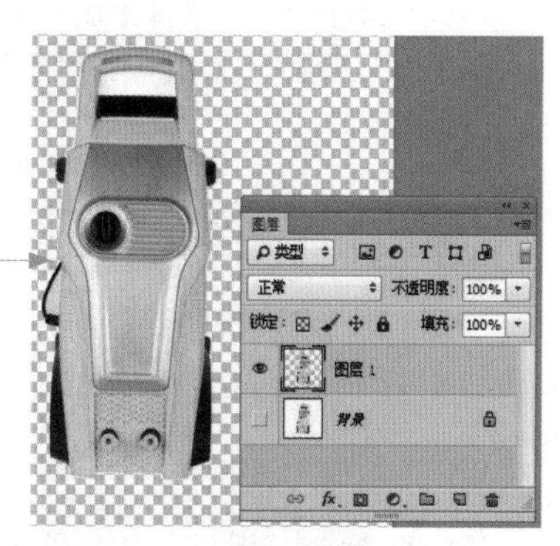

图3-44 抠取图像效果

提示

魔棒工具属性栏中的“容差”选项含义:在其右侧的文本框中可以设置 0 ~ 255 的数值,其主要用于确定选择范围的容差,默认值为 32。设置的数值越小，选择的颜色范围越相近，选择的范围也就越小。

2. 运用快速选择工具抠图

快速选择工具是用来选择颜色的工具，在拖曳鼠标的过程中，它能够快速选择多个颜色相似的区域，相当于按住【Shift】键或【Alt】键不断使用魔棒工具单击。

选择快速选择工具后，其工具属性栏变化如图3-45所示。

图3-45 快速选择工具的工具属性栏

魔棒工具的工具属性栏中各选项的基本含义如下。

（1）选区运算按钮：分别为“新选区”，可以创建一个新的选区，“添加到选区”，可在原选区的基础上添加新的选区；“从选区减去”，可在原选区的基础上减去当前绘制的选区。

（2）“画笔拾取器”：单击按钮，可以设置画笔笔尖的大小、硬度、间距。

（3）对所有图层取样：可基于所有图层创建选区。

（4）自动增强：可以减少选区边界的粗糙度和块效应。

打开一张背景色彩相对单一的商品照片，选取工具箱中的快速选择工具，移动鼠标至图像编辑窗口中，在白色颜色的位置上连续单击鼠标左键，即可选中白色区域，单击鼠标右键，在弹出的快捷菜单中选择“选择反向”选项，复制选区图层，并隐藏“背景”图层，即可将商品抠取出来，如图3-46所示。

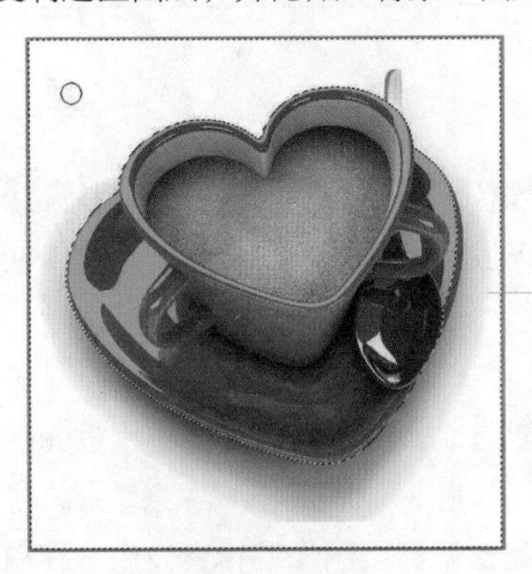

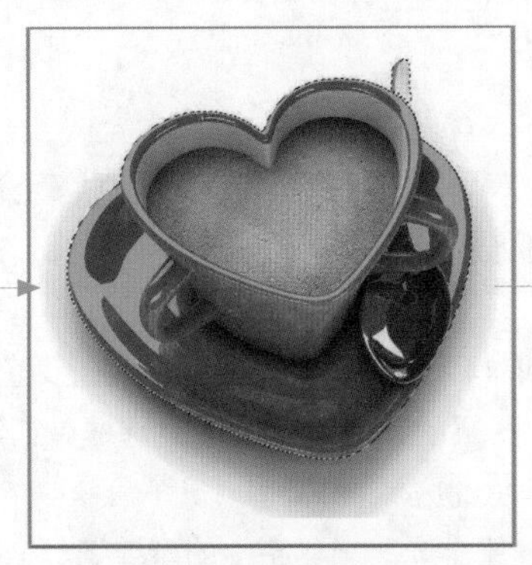

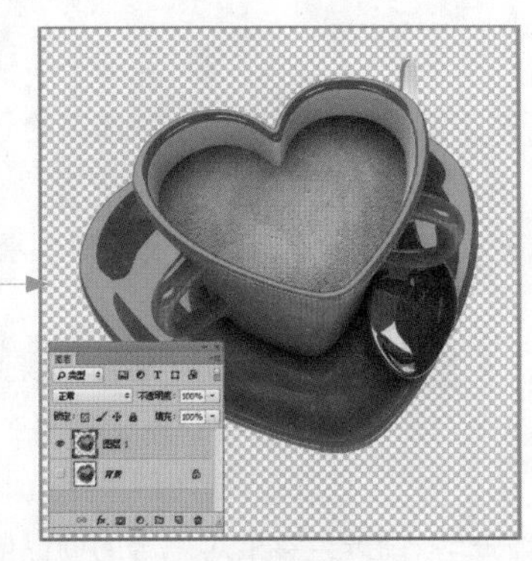

图3-46 运用快速选择工具抠图

提示

快速选择工具默认选择光标周围与光标范围内的颜色类似且连续的图像区域，因此光标的大小决定着选取的范围。快速选择工具是根据颜色相似性来选择区域的，可以将画笔大小内的相似的颜色一次性选中。

3.4.2 抠取规则对象

一些外形较为规则的商品，例如矩形或者圆形等，这些商品的抠取可以通过Photoshop中的矩形选框工具和椭圆选框工具来进行快速选取，使用这两个工具创建的选区边缘更加平滑，能够将商品的边缘抠取得更加准确。

1. 使用矩形选框工具抠图

在Photoshop中矩形选框工具可以建立矩形选区，该工具是区域选择工具中最基本、最常用的工具，用户选择矩形选框工具后，其工具属性栏如图3-47所示。

羽化：0 像素　消除锯齿　样式：正常　宽度：　高度：　调整边缘...

图3-47 矩形选框工具的工具属性栏

矩形选框工具的工具属性栏中各选项的基本含义如下。

（1）羽化：用户用来设置选区的羽化范围。

（2）样式：用户用来设置创建选区的方法。选择“正常”选项，可以通过拖动鼠标创建任意大小的选区；选择“固定比例”选项，可在右侧设置“宽度”和“高度”；选择“固定比例”选项，可在右侧设置“宽度”和“高度”的数值。单击 按钮，可以切换“宽度”和“高度”值。

（3）调整边缘：用来对选区进行平滑、羽化等处理。

在Photoshop中打开一张外形为矩形的商品宣传图片，选取工具箱中的矩形选框工具，移动鼠标至图像编辑窗口中合适位置，创建一个矩形选区，复制选区图层，并隐藏“背景”图层，即可将电视机画面抠取出来，如图3-48所示。

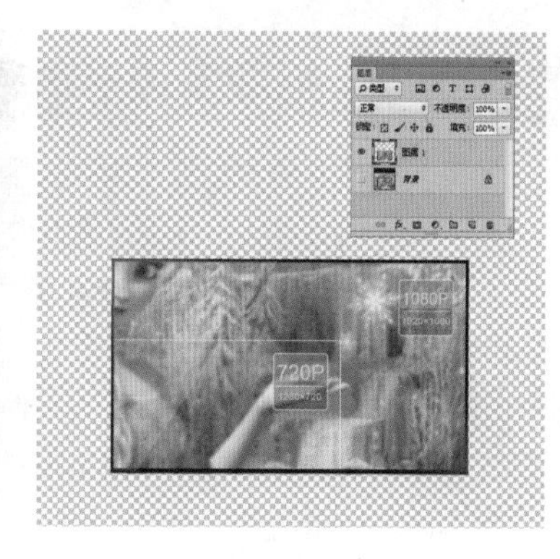

图3-48 使用矩形选框工具抠图

提示

与创建矩形选框有关的技巧如下。

- 按【M】键，可快速选取矩形选框工具。
- 按【Shift】键，可创建正方形选区。
- 按【Alt】键，可创建以起点为中心的矩形选区。
- 按【Alt + Shift】组合键，可创建以起点为中心的正方形。

2. 使用椭圆选框工具创建椭圆选区

在Photoshop中，用户运用椭圆选框工具可以创建椭圆选区或者是正圆选区。椭圆选框工具的使用方法与矩形选框工具相同，都是通过单击并拖曳来创建选区并进行抠图操作的，如图3-49所示。

图3-49 使用椭圆选框工具抠图

提示

在 Photoshop 中建立选区的方法非常广泛，用户可以根据不同形状选择对象的形状、颜色等特征决定采用的工具和方法。

● 创建规则形状选区：规则选区中包括矩形、圆形等规则形态的图像，运用选框工具可以框选出选择的区域范围，这是 Photoshop 创建选区最基本的方法。

● 创建不规则选区：当图片的背景颜色比较单一，且与选择对象的颜色存在较大的反差时，就可以运用快速选择工具、魔棒工具、多边形套索工具等。用户在使用过程中，只需要注意在拐角及边缘不明显处手动添加一些节点，即可快速将图像选中。

● 通过通道或蒙版创建选区：运用通道和蒙版创建选区是所有选择方法中功能最为强大的一个，因为它表现选区不是用虚线选框，而是用灰阶图像，这样就可以像编辑图像一样来编辑选区，画笔、橡皮擦工具、色调调整工具、滤镜都可以自由使用。

● 通过图层或路径创建选区：图层和路径都可以转换为选区。只需按住【Ctrl】键的同时单击图层左侧的缩览图，即可得到该图层非透明区域的选区。运用路径工具创建的路径是非常光滑的，而且还可以反复调节各锚点的位置和曲线的曲率，因而常用来建立复杂和边界较为光滑的选区。

3.4.3 抠取多边形对象

如果我们抠取的商品外形为规则的多边形，并且画面的背景较为复杂，可以考虑使用Photoshop中的多边形套索工具将照片中的商品部分快速地抠取出来。

在Photoshop中，多边形套索工具可以在图像编辑窗口中绘制不规则的选区，并且创建的选区非常精确。在Photoshop中打开一张礼盒商品图片，选取工具箱中的多边形套索工具，移动鼠标至图像窗口合适位置，在礼盒盖子的边缘单击作为选区的起始位置，移动鼠标位置可以查看到自动创建的与起始位置相连接的直线路径，再次单击鼠标设置单边的选区路径，多次单击鼠标创建多边形选区路径，当终点与起始点重合时，释放鼠标即可创建闭合的多边形选区，将礼盒盖子添加到选区中，即可将其抠取出来，如图3-50所示。

图3-50 抠取多边形对象

提示

在 Photoshop 中，运用套索工具可以在图像编辑窗口中创建任意形状的选区，通常处理创建不太精确的选区。套索工具主要用来选取对选择区精度要求不高的区域，该工具的最大优势是选取选择区的效率很高。

3.4.4 抠取轮廓清晰的图像

在进行网店/微店装修设计的过程中，如果需要单独使用照片中的某一主题物品，而照片中主题物品与背景反差较大，则可以使用Photoshop中的磁性套索工具将照片中的主体部分快速地抠取出来。

在Photoshop中，磁性套索工具用于快速选择与背景对比强烈并且边缘复杂的对象，它可以沿着图像的边缘生成选区。在Photoshop中打开一张地毯商品图片，选取工具箱中的磁性套索工具，将鼠标指针移至图像编辑窗口中的适当位置，单击鼠标左键，并拖曳鼠标指针，沿图像边缘拖动鼠标指针至起点处单击鼠标左键，即可创建选区，将地毯添加到选区中，即可将其抠取出来，如图3-51所示。

图3-51 抠取轮廓清晰的图像

选择磁性套索工具后，其属性栏变化如图3-52所示。

图3-52 磁性套索工具的工具属性栏

磁性套索工具的工具属性栏中各选项的基本含义如下。

（1）宽度：以光标中心为准，其周围有多少个像素能够被工具检测到，如果对象的边界不是特别清晰，需要使用较小的宽度值。

（2）对比度：用来设置工作感应图像边缘的灵敏度。如果图像的边缘清晰，可将该数值设置得高一些；反之，则设置得低一些。

（3）频率：用来设置创建选区时生成锚点的数量。在使用磁性套索工具抠选商品的过程中，“频率”选项设置较为关键，它可以指定套索以什么频率设置紧固点，较高的数值会更快地固定选区边框，也会让抠取的图像更加精确。

（4）使用绘图板压力以更改钢笔压力：在计算机配置有数位板和压感笔时，单击此按钮，Photoshop会根据压感笔的压力自动调整工具的检测范围。

提示

运用磁性套索工具自动创建边界选区时，按【Delete】键可以删除上一个节点和线段。若选择的边框没有贴近被选图像的边缘，可以在选区上单击鼠标左键，手动添加一个节点，然后将其调整至合适位置。

3.4.5 抠取精细的图像

在网店/微店的装修设计中，如果需要这种较大画幅的欢迎模块或者广告海报时，以上这些方法可能会让抠取的商品边缘平滑度不够，产生一定的锯齿。对于抠取质量要求较高，且商品边缘不规则的商品，使用钢笔工具能保证其抠取的效果，让合成的画面精致而生动。

钢笔工具是最常用的路径绘制工具，可以创建直线和平滑流畅的曲线，通过编辑路径的锚点，可以很方便地改变路径的形状。选取钢笔工具后，其工具属性栏如图3-53所示。

图3-53 钢笔工具的工具属性栏

钢笔工具属性栏中各选项的含义如下。

（1）路径：该列表框中包括图形、路径和像素3个选项。

（2）建立：该选项区中包括有“选区”“蒙版”和“形状”3个按钮，使用相应的按钮可以创建选区、蒙版和图形。

（3）对齐：单击该按钮，在弹出的列表框中，可以选择相应的选项对齐路径。

（4）自动添加/删除：选中该复选框，则“钢笔工具”就具有了智能增加和删除锚点的功能。

打开一张产品照片，选取工具箱中的钢笔工具，将鼠标移至图像编辑窗口中合适位置，单击鼠标左键，确认路径的起始点，如图3-54所示。

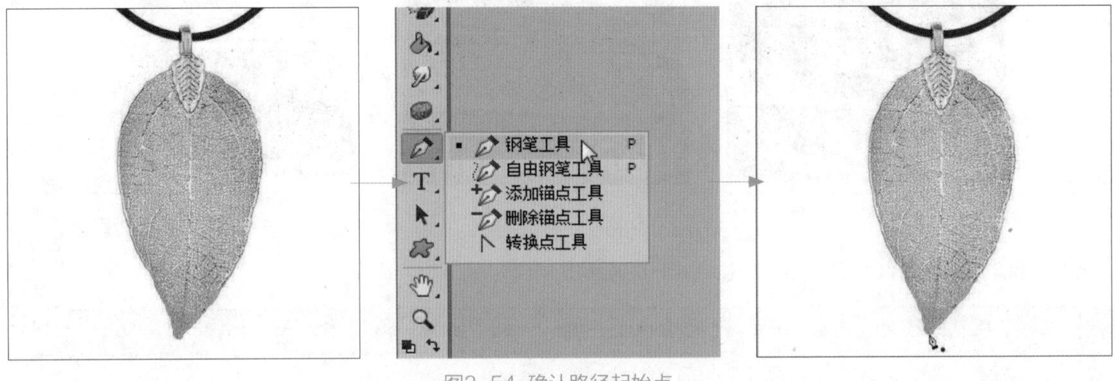

图3-54 确认路径起始点

将鼠标移至另一位置，单击鼠标左键并拖曳，创建路径的第2个点，将鼠标移动至第2个点上，按住【Alt】键的同时，单击鼠标左键，即可删除一条控制柄，再次将鼠标移至合适位置，单击鼠标左键并拖曳创建第3个点，移动鼠标至路径第3个点上，按住【Alt】键的同时，单击鼠标左键，即可删除一条控制柄，如图3-55所示。

图5-55 创建路径的第2个点和第3个点

提示

形状和路径十分相似，但较为明显的区别是，路径只是一条线，它不会随着图像一起打印输出，是一个虚体；而形状是一个实体，可以拥有自己的颜色，并可以随着图像一起打印输出，而且由于它是矢量的，所以在输出的时候不会受到分辨率的约束。

用同样的方法依次单击鼠标左键创建路径，按【Ctrl+Enter】组合键，将路径转换为选区，将吊坠添加到选区中，即可将其抠取出来，如图5-56所示。

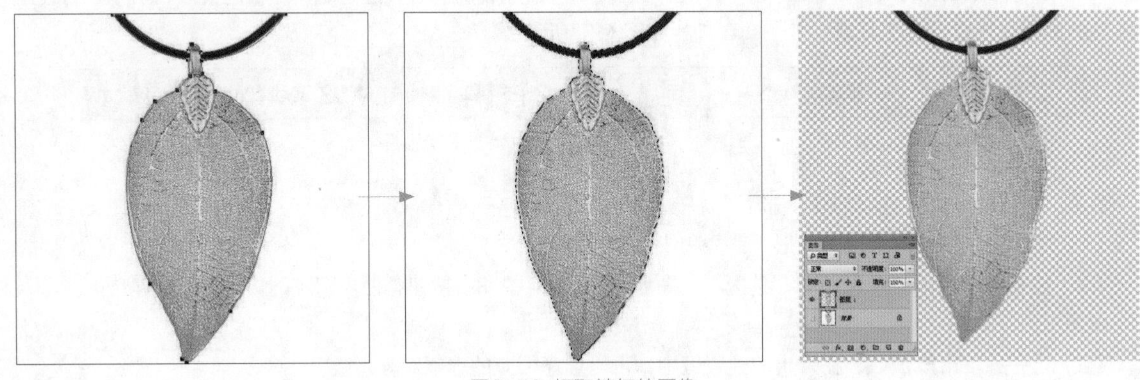

图3-56 抠取精细的图像

提示

钢笔工具 绘制的路径主要分为 3 大类：直线、平滑曲线和转折曲线。几乎所有形状的路径都是由这 3 类基本路径构成的。

● 使用钢笔工具绘制直线

使用钢笔工具 绘制直线路径的方法非常简单，在图像上单击鼠标即可，如果在绘制直线路径的同时，按住【Shift】键，即可绘制出水平、垂直或者呈 45° 角倍数的直线，如图 3-57 所示。

使用钢笔工具 绘制路径时，按住【Shift】键，如果在已经绘制好的路径上单击鼠标则表示禁止自动添加和删除锚点的操作，如果在路径之外单击鼠标则表示强制绘制的路径为 45° 角的倍数。

路径的类型由其具有的锚点所决定，直线型路径的锚点没有控制柄，因此其两侧的线段为直线。

● 使用钢笔工具绘制平滑曲线

使用钢笔工具 绘制平滑曲线时，需要按住鼠标左键不放并拖曳鼠标，即可在同一个锚点上出现两条位于同一直线且方向相反的方向线，如图 3-58 所示。

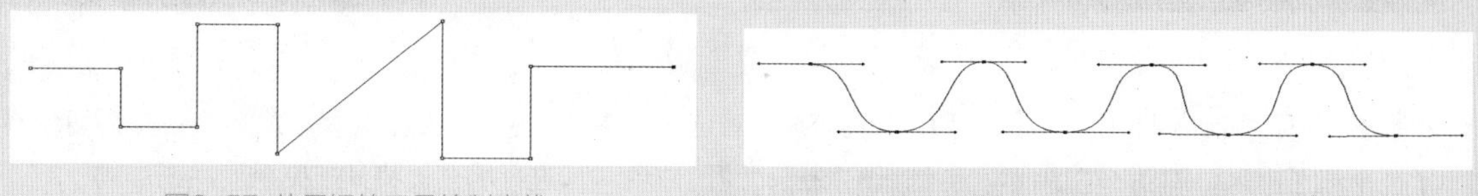

图3-57 使用钢笔工具绘制直线　　图3-58 使用钢笔工具绘制平滑曲线

● 使用钢笔工具绘制转折曲线

使用钢笔工具 绘制转折曲线时，需要在拖曳鼠标时按住【Alt】键，即可使同一锚点的两条方向线分开，从而使平滑路径出现转折，如图 3-59 所示。

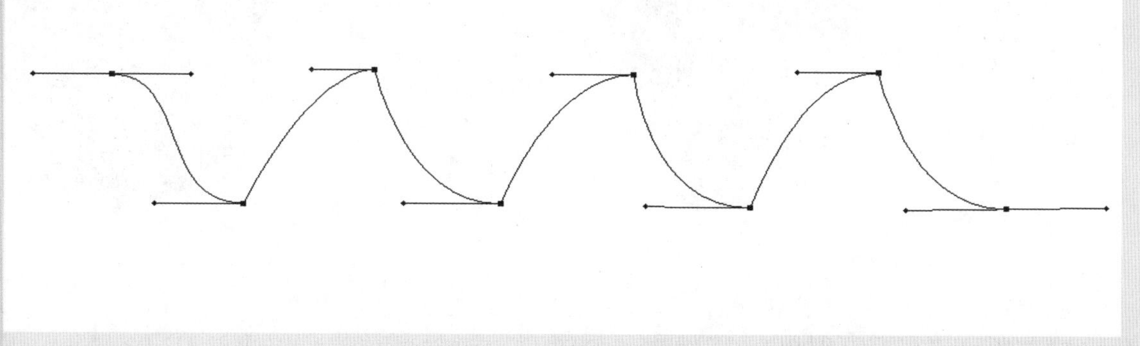

图3-59 使用钢笔工具绘制转折曲线

● 临时切换为其他路径工具

使用钢笔工具在绘制路径的时候，如果按住【Ctrl】键，则会临时切换为直接选择工具 ；如果按住【Alt + Ctrl】组合键，则可以临时切换为路径选择工具 ；如果按【Alt】键，则可以临时转换为转换点工具 。

此外，还可以使用形状类路径工具绘制路径，包括矩形工具、圆角矩形工具、椭圆工具、多边形工具、直线工具和自定义形状工具 6 大类。其使用方法与基本的矩形选框工具和椭圆选框工具等基本相同。

3.4.6 抠取半透明的图像

在网店/微店的装修设计中，如果只需要抠取某个颜色部分，而这部分的图像呈现出半透明的质感效果，那么可以使用Photoshop中的“色彩范围”命令将照片中所需的部分抠取出来，因为“色彩范围”和前面讲述的抠图工具的操作方式不同，“色彩范围”是一个利用图像中的颜色变化关系来制作选择区域的命令，此命令根据选取色彩的相似程度，在图像中提取相似的色彩区域而生成选区。

打开一张商品照片，可以看到图像窗口中的琉璃印章呈现出半透明的效果，通过“色彩范围”命令将其抠选出来。单击“选择”|“色彩范围”命令，在打开的“色彩范围”对话框中进行设置，完成后单击“确定”按钮，可以看到背景图像被添加到选区中，单击“选区”|“反向”命令，对创建的选区进行反向处理，选取琉璃印章部分，如图3-60所示。

图3-60 运用“色彩范围”命令创建选区

将琉璃印章添加到选区中，按【Ctrl+J】快捷键，对选区中的图像进行复制，隐藏“背景”图层后可以看到琉璃印章被抠选了出来，如图3-61所示。创建新的图层，使用白色对其进行填充，将其拖曳至商品图层的下方，可以得到一个白色背景效果的商品图片，如图3-62所示。

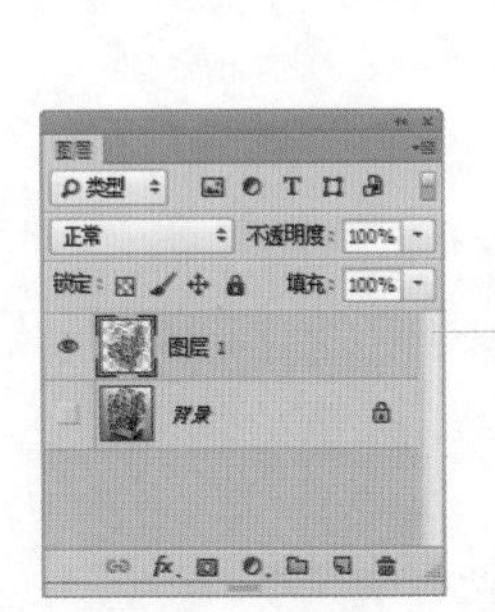

图3-61 抠取图像

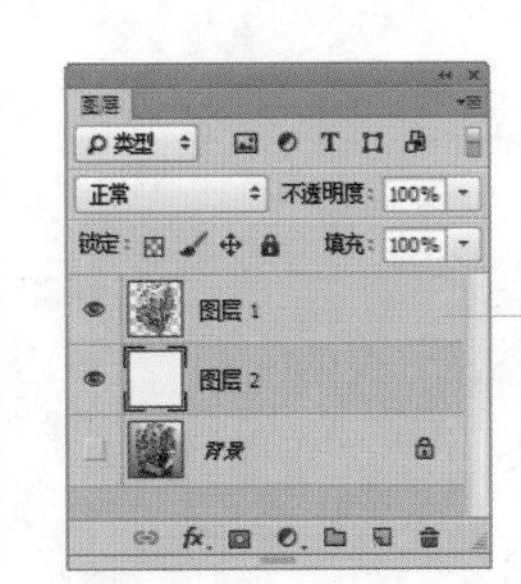

图3-62 白色背景效果的商品图片

“色彩范围”对话框中各选项的基本含义如下。

（1）选择：用来设置选区的创建方式。选择“取样颜色”选项时，可将光标放在文档窗口中的图像上，或在“色彩范围”对话中预览图像上单击，对颜色进行取样。为添加颜色取样，为减去颜色取样。

（2）本地化颜色簇：当选中该复选框后，拖动“范围”滑块可以控制要包含在蒙版中的颜色与取样的最大和最小距离。

（3）颜色容差：是用来控制颜色的选择范围，该值越高，包含的颜色就越广。

（4）选区预览图：选区预览图包含了两个选项，选中“选择范围”单选按钮时，预览区的图像中，呈白色的代表被选择的区域；选中“图像”单选按钮时，预览区会出现彩色的图像。

（5）选区预览：设置文档的选区的预览方式。用户选择“无”选项，表示不在窗口中显示选区；用户选择“灰度”选项，可以按照选区在灰度通道中的外观来显示选区；选择“灰色杂边”选项，可在未选择的区域上覆盖一层黑色；选择“白色杂边”选项，可在未选择的区域上覆盖一层白色；选择“快速蒙版”选项，可以显示选区在快速蒙版状态下的效果，此时，未选择的区域会覆盖一层红色。

（6）载入/存储：用户单击“存储”按钮，可将当前的设置保存为选区预设；单击“载入”按钮，可以载入存储的选区预设文件。

（7）反相：选中该复选框，可以反转选区。

3.5 网店/微店图片的调色技巧

受拍摄环境的影响，对拍摄出来的照片色彩不满意时，或者想通过改变照片颜色使自己的产品与别人的产品呈现不同视觉感受，可以对商品图片进行色彩修饰，在Photoshop中可以通过多种方式对照片中的商品进行调色。

3.5.1 自动校正图像的色彩与色调

拍摄好的商品照片，常常会存在偏色的问题，在Photoshop CC中，用户可以通过“自动色调”“自动对比度”以及“自动颜色”命令来自动调整图像的色彩与色调，使照片恢复正常的色彩与色调。

1. “自动色调”命令

“自动色调”命令是根据图像整体颜色的明暗程度进行自动调整，使得亮部与暗部的颜色按一定的比例分布。打开一张商品照片，单击“图像”|“自动色调”命令，即可自动调整图像明暗，如图3-63所示。

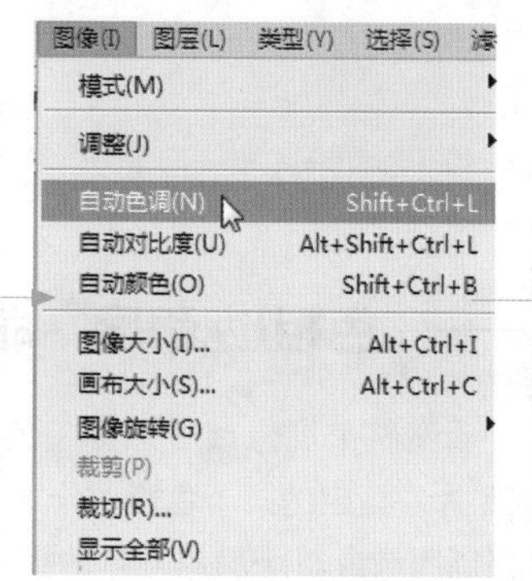

图3-63 运用“自动色调”命令调整图像明暗

提示

除了运用“自动色调”命令调整图像色彩明暗外，还可以按【Shift + Ctrl + L】组合键，调整图像明暗。

2. “自动对比度”命令

“自动对比度”命令可以自动调整图像颜色的总体对比度和混合颜色，它将图像中最亮和最暗的像素映射为白色和黑色。

打开一张商品照片，单击“图像”|“自动对比度”命令，即可自动调整图像对比度，如图3-64所示。

图8-64 调整图像对比度

提示

除了运用上述命令可以自动调整图像色彩的对比度外，按【Alt + Shift + Ctrl + L】组合键，也可以运用“自动对比度”调整图像对比度。

3. “自动颜色”命令

使用“自动颜色”命令，可以自动识别图像中的实际阴影、中间调和高光，从而自动校正图像的颜色。打开一张商品照片，单击“图像”|“自动颜色”命令，即可自动校正图像颜色，效果如图3-65所示。

图3-65 自动校正图像颜色

提示

除了运用上述命令可以自动调整图像颜色外，按【Shift + Ctrl + B】组合键，也可以运用“自动颜色”自动校正图像颜色。

3.5.2 色彩浓度的调整——“色相/饱和度”命令

对于拍摄好的商品照片，有时只需要调整整个图像或者图像中的一种颜色的色相、饱和度和明度。使用Photoshop中的“色相/饱和度”命令调整照片中指定的某一色彩成分。

“色相/饱和度”命令不但可以调整整幅图像或单个颜色分量的色相、饱和度和亮度值，还可以同步调整图像中所有的颜色。打开一张商品照片，在菜单栏中单击“图像”|“调整”|“色相/饱和度”命令，弹出“色相/饱和度”对话框，选择“青色”选项，并对“色相”和“饱和度”参数值进行设置，可以看到蓝色的连衣裙变成了黄色的连衣裙，如图3-66所示。

图3-66 调整图像的色相/饱和度

“色相/饱和度”对话框中各选项的含义如下。

（1）预设：在“预设”列表框中提供了8种色相/饱和度预设。

（2）通道：在“通道”列表框中可以选择全图、红色、黄色、绿色、青色、蓝色和洋红通道，进行色相、饱和度和明度的参数调整。

（3）着色：选中该复选框后，图像会整体偏向于单一的红色调。

（4）在图像上单击并拖动可修改饱和度：使用该工具在图像上单击设置取样点以后，向右拖曳鼠标可以增加图像的饱和度；向左拖曳鼠标可以降低图像的饱和度。

提示

每种颜色的固有颜色表相叫作色相（Hue，简写为 H），它是一种颜色区别于另一种颜色的最显著的特征。在通常的使用中，颜色的名称就是根据其色相来决定的，例如红色、橙色、蓝色、黄色、绿色。颜色体系中最基本的色相为赤（红）、橙、黄、绿、青、蓝、紫，将这些颜色相互混合可以产生许多色相的颜色。颜色是按色轮关系排列的，色轮是表示最基本色相关系的颜色表。色轮上 90° 以内的几种颜色称为同类色，而 90° 以外的色彩称为对比色。色轮上相对位置的颜色叫补色，如红色与蓝色是补色关系，蓝色与黄色也是补色关系。

除了以颜色固有的色相来命名颜色外，还经常以植物所具有的颜色命名（如草绿）、动物所具有的颜色命名（如鸽子灰）以及颜色的深浅和明暗命名（如深绿），如图 3-67 所示。

图3-67 纯黄橙与纯青豆绿图像

3.5.3 调整图像的颜色——“色彩平衡”命令

拍摄出来的商品照片常常存在色彩不平衡的问题，使用Photoshop中的“色彩平衡”命令可以通过增加或减少处于高光、中间调及阴影区域中的特定颜色，使混合物颜色达到平衡，改变图像的整体色调，从而还原照片真实的色彩。

打开一张商品照片，在菜单栏中单击“图像”|“调整”|“色彩平衡”命令，弹出“色彩平衡”对话框，在“色阶”选项组中对相应的选项进行设置，单击“确定”按钮，即可调整图像偏色，效果如图3-68所示。

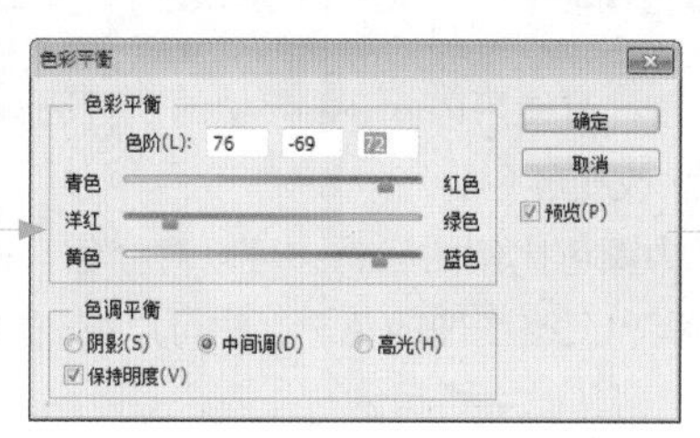

图3-68 调整图像偏色

“色彩平衡”对话框中各选项的含义如下。

（1）色彩平衡：分别显示了青色和红色、洋红和绿色、黄色和蓝色这3对互补的颜色，每一对颜色中间的滑块用于控制各主要色彩的增减。

（2）色调平衡：分别选中该区域中的3个单选按钮，可以调整图像颜色的最暗处、中间度和最亮度。

（3）保持明度：选中该复选框，图像像素的亮度值不变，只有颜色值发生变化。

提示

按【Ctrl + B】组合键，也可以弹出“色彩平衡”对话框。

3.5.4 画面冷暖调的改变——“照片滤镜”命令

想制作特殊的色彩视觉感，改变图像的色温，使图像看起来更暖或者更冷，可通过在Photoshop中使用“照片滤镜”命令改变图像的色调。

使用“照片滤镜”命令可以模仿镜头前面加彩色滤镜的效果，以便调整通过镜头传输的色彩平衡和色温。该命令还允许选择预设的颜色，以便为图像应用色相调整。打开一张商品照片，在菜单栏中单击“图像”|“调整”|“照片滤镜”命令，在弹出的“照片滤镜”对话框中设置选项参数，单击“确定”按钮，可以看到画面颜色变得更冷，如图3-69所示。

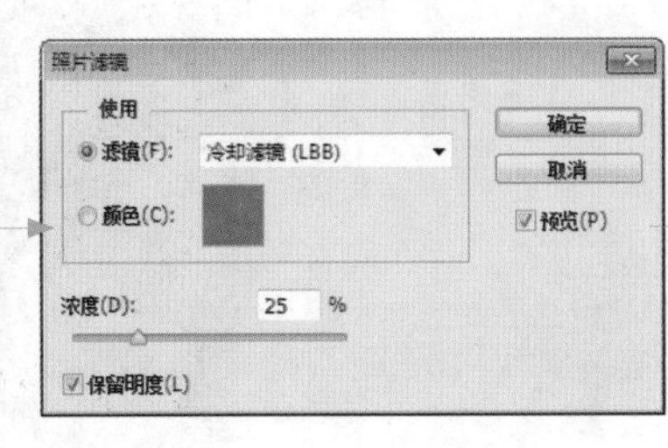

图3-69 运用“照片滤镜”命令打造冷色调画面

“照片滤镜”对话框中各选项的含义如下。

（1）滤镜：包含20种预设选项，用户可以根据需要选择合适的选项，对图像进行调整。

（2）颜色：单击该色块，在弹出的“拾色器”对话框中可以自定义一种颜色作为图像的色调。

（3）浓度：用于调整应用于图像的颜色数量。该值越大，应用的颜色调越大。

（4）保留明度：选中该复选框，在调整颜色的同时保持原图像的亮度。

3.5.5 调整照片的局部色调——“可选颜色”命令

当需要对照片中的局部色调进行调整，可使用Photoshop中的“可选颜色”命令调整照片中选定的某一个或几个颜色进行删除或者与多个颜色混合来改变颜色。

“可选颜色”命令是调整单个色系中颜色比例的轻重，可以对红色、黄色、绿色、蓝色、青色和洋红6个色系分别调整，主要校正图像的色彩不平衡和调整图像的色彩，它可以在高档扫描仪和分色程序中使用，并有选择性地修改主要颜色的印刷数量，不会影响到其他主要颜色。

打开一张商品照片，在菜单栏中单击“图像”|“调整”|“可选颜色”命令，在弹出的“可选颜色”对话框中设置选项参数，单击“确定”按钮，即可看到手链的颜色已经改变，如图3-70所示。

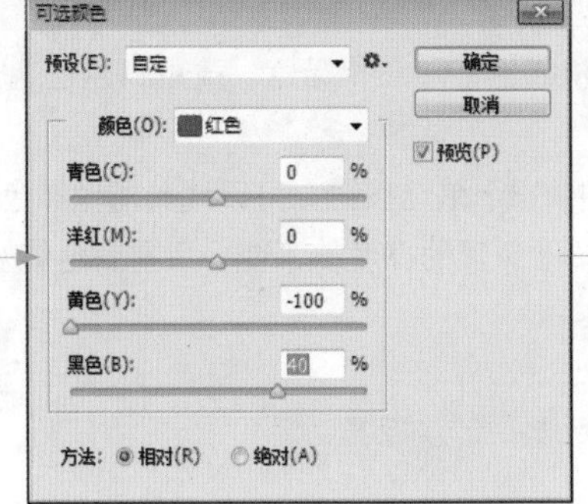

图3-70 运用“可选颜色”命令调整照片的局部色调

“可选颜色”对话框中各选项的含义如下。

（1）预设：可以使用系统预设的参数对图像进行调整。

（2）颜色：可以选择要改变的颜色，然后通过下方的“青色”“洋红”“黄色”“黑色”滑块对选择的颜色进行调整。

（3）方法：该选项区中包括“相对”和“绝对”两个单选按钮，选中“相对”单选按钮，表示设置的颜色为相对于原颜色的改变量，即在原颜色的基础上增加或减少某种印刷色的含量；选中“绝对”单选按钮，则直接将原颜色校正为设置的颜色。

3.5.6 掌握黑白转换技巧——“黑白”命令

想使用单色照片时，可以通过使用Photoshop中的“黑白”命令调整照片中的黑白亮度，增加画面层次，也可以添加颜色，制作出具有艺术感的单色照片，带给人不一样的视觉感受。

打开一张商品照片，在菜单栏中单击“图像”|“调整”|“黑白”命令，在弹出的“黑白”对话框中设置参数值，单击“确定”按钮，可以看到画面的颜色已经改变成黑白色，营造出怀旧的氛围，如图3-71所示。

“黑白”对话框中各选项的含义如下。

（1）自动：单击该按钮，可以设置基于图像的颜色值的灰度混合，并使灰度值的分布最大化。

（2）拖动颜色滑块调整：拖动各个颜色的滑块可以调整图像中特定颜色的灰色调，向左拖动灰色调变暗，向右拖动灰色调变亮。

（3）色调：选中该复选框，可以为灰度着色，创建单色调效果，拖动“色相”和“饱和度”滑块进行调整，单击颜色块，可以打开“拾色器”对话框对颜色进行调整。

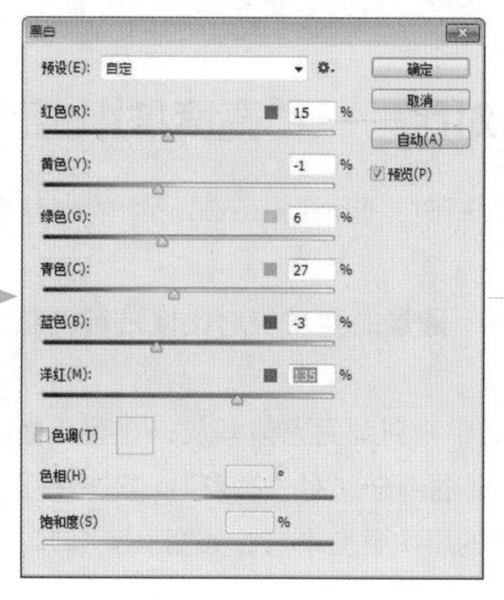

图3-71 运用“黑白”命令调整照片色彩

3.6 网店/微店图片的影调处理

由于拍摄环境光线的影响，对拍摄出来的照片整体的明暗效果不满意时，通过提高亮部、增强暗调的方式让照片快速恢复清晰的影像，在Photoshop中可以通过多种方式对照片影调进行调整，本节介绍如何使用Photoshop中的明暗调整命令调整图片影调。

3.6.1 修正光线的明暗——“曝光度”命令

拍摄好的商品照片，常常会存在曝光不足或者曝光过度的问题，使用Photoshop中的“曝光度”命令可以调整照片的曝光问题，“曝光度”命令是模拟摄像机内的曝光程序来对照片进行二次曝光处理，通过调节“曝光度”“位移”和“灰度系数校正”的参数来控制照片的明暗。

有些照片因为曝光过度而导致图像偏白，或因为曝光不足而导致图像偏暗，可以使用“曝光度”命令调整图像的曝光度。打开一张商品照片，可以在图像窗口中看到图像整体的影调偏暗，属于曝光不足的情况，在菜单栏中单击“图像”|“调整”|“曝光度”命令，在弹出的“曝光度”对话框中设置相应的参数值，即可提高照片亮度，恢复正常的曝光显示，并且保留了图像的细节，如图3-72所示。

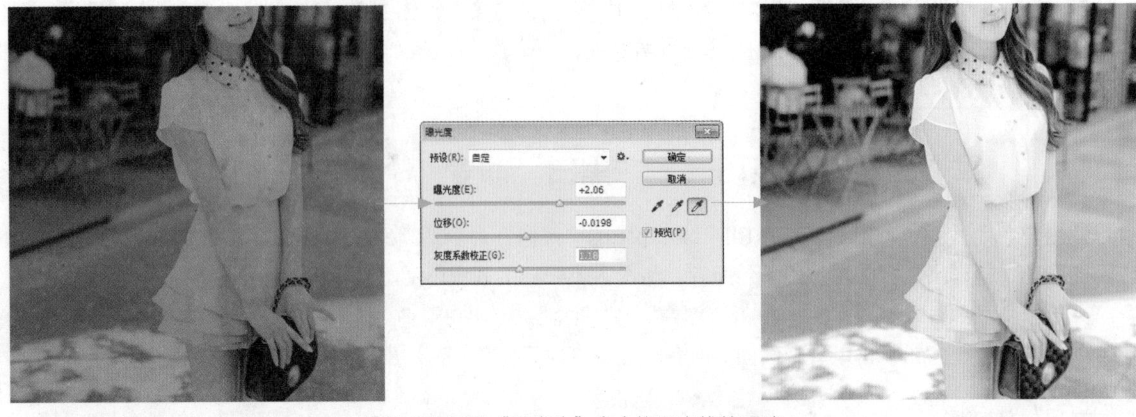

图3-72 运用“曝光度”命令修正光线的明暗

“曝光度”对话框中各选项的含义如下。

（1）预设：可以选择一个预设的曝光度调整文件。

（2）曝光度：拖动滑动或输入相应数值可以调整图像的高光。正值增加图像曝光度，负值降低图像曝光度。

（3）位移：使阴影和中间调变暗，对高光的影响很轻微。

（4）灰度系数校正：使用简单乘方函数调整图像灰度系数，负值会被视为它们的相应正值。

3.6.2 控制照片的明暗对比——“亮度/对比度”命令

当拍摄出来的图像光线不足，比较昏暗时，使用Photoshop中的“亮度/对比度”命令调整照片，使照片的亮部和暗部之间的对比度更加明显。

“亮度/对比度”命令主要对图像每个像素的亮度或对比度进行调整，此调整方式方便、快捷，但不适合用于较为复杂的图像。

打开一张商品照片，可以在图像窗口中看到画面整体偏灰，在菜单栏中单击“图像”|“调整”|“亮度/对比度”命令，在弹出的“亮度/对比度”对话框中分别对“亮度”“对比度”两个选项的参数进行设置，可以看到画面变得明亮一些，亮部和暗部之间对比度的层次更加丰富，如图3-73所示。

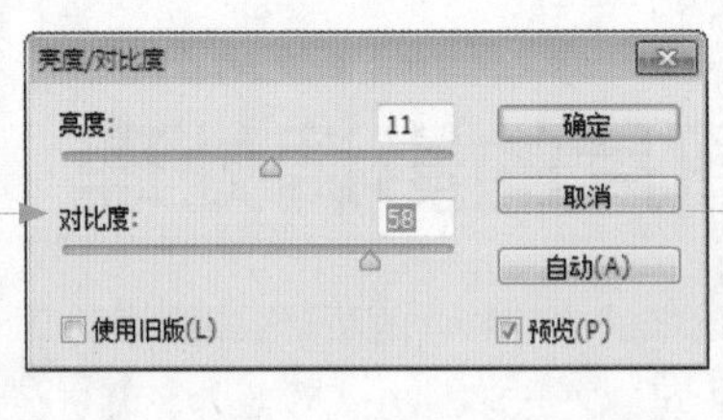

图3-73 运用“亮度/对比度”命令控制照片的明暗对比

“亮度/对比度”对话框各选项含义如下。

（1）亮度：用于调整图像的亮度。该值为正时增加图像亮度，为负时降低亮度。

（2）对比度：用于调整图像的对比度。正值时增加图像对比度，负值时降低对比度。

提示

亮度（Value，简写为 V，又称为明度）是指颜色的明暗程度，通常使用从 0%~100% 的百分比来度量。通常在正常强度的光线照射下的色相，被定义为标准色相，亮度高于标准色相的，称为该色相的高光；反之，称为该色相的阴影。

不同亮度的颜色给人的视觉感受各不相同，高亮度颜色给人以明亮、纯净、唯美等感觉，如图 3-74 所示；中亮度颜色给人以朴素、稳重、亲和的感觉；低亮度颜色则让人感觉压抑、沉重、神秘，如图 3-75 所示。

图3-74 高亮度图像

图3-75 低亮度图像

3.6.3 局部的明暗处理——“色阶”命令

“色阶”命令是将每个通道中最亮和最暗的像素定义为白色和黑色，按比例重新分配中间像素值，从而校正图像的色调范围和色彩平衡。

打开一张商品照片，可以在图像窗口中看到画面层次不够丰富，呈现出灰蒙蒙的感觉。在菜单栏中单击“图像”|“调整”|“色阶”命令，在弹出的“色阶”对话框中对“输入色阶”选项组分别拖动滑块设置参数，可以看到画面层次更加清晰，如图3-76所示。

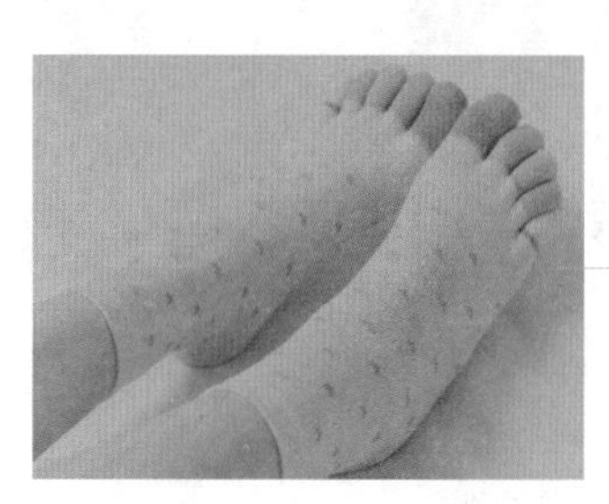

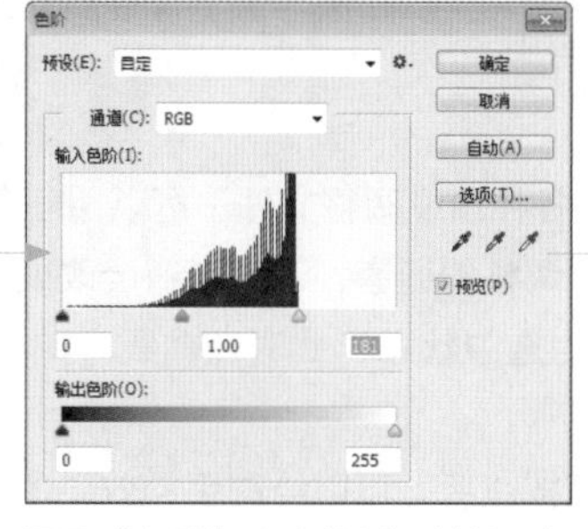

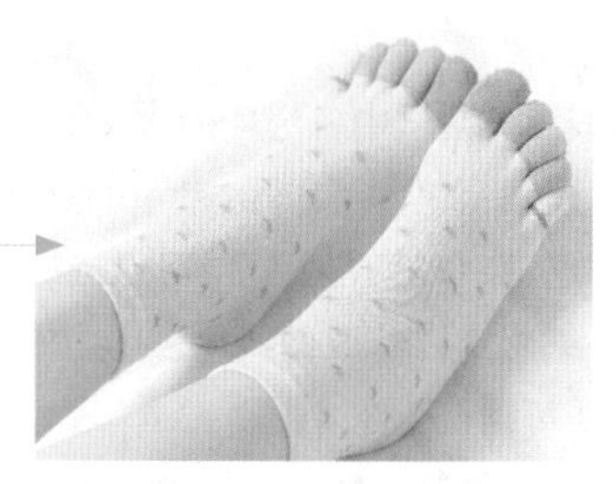

图3-76 运用“色阶”命令控制照片的局部明暗层次

“色阶”对话框中各选项的含义如下。

（1）预设：单击“预设选项”按钮，在弹出的列表框中，选择“存储预设”选项，可以将当前的调整参数保存为一个预设的文件。

（2）通道：可以选择一个通道进行调整，调整通道会影响图像的颜色。

（3）自动：单击该按钮，可以应用自动颜色校正，Photoshop会以0.5%的比例自动调整图像色阶，使图像的亮度分布更加均匀。

（4）选项：单击该按钮，可以打开“自动颜色校正选项”对话框，在该对话框中可以设置黑色像素和白色像素的比例。

（5）输入色阶：用来调整图像的阴影、中间调和高光区域。

（6）在图像中取样以设置白场：使用该工具在图像中单击，可以将单击点的像素调整为白色，原图中比该点亮度值高的像素也都会变为白色。

（7）在图像中取样以设置灰场：使用该工具在图像中单击，可以根据单击点像素的亮度来调整其他中间色调的平均亮度，通常用来校正色偏。

（8）在图像中取样以设置黑场：使用该工具在图像中单击，可以将单击点的像素调整为黑色，原图中比该点暗的像素也变为黑色。

（9）输出色阶：可以限制图像的亮度范围，从而降低对比度，使图像呈现褪色效果。

3.6.4 单个通道的明暗调整——“曲线”命令

想单独调整图像的局部时，使用Photoshop中的“曲线”命令可以调整照片中的任意局部的明暗层次。“曲线”命令调节曲线的方式，可以对图像的亮调、中间调和暗调进行适当调整，而且只对某一范围的图像进行色调的调整。

打开一张商品照片，可以在图像窗口中看到画面整体太黑，需要调整物体的亮度展示其细节。在菜单栏中单击“图像”|“调整”|“曲线”命令，在弹出的“曲线”对话框中单击曲线并将其拖曳，可以看到图像阴影区域减少，图像变得更亮，物体细节更加丰富，如图3-77所示。

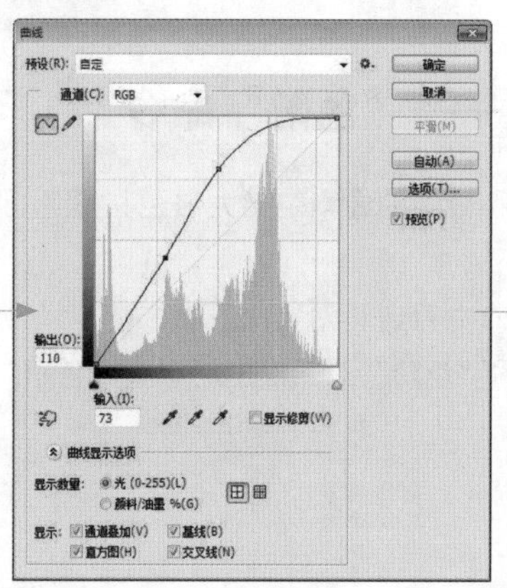

图3-77 运用“曲线”命令调整照片明暗

“曲线”对话框中各选项的含义如下。

（1）预设：包含了Photoshop提供的各种预设调整文件，可以用于调整图像。

（2）通道：在其列表框中可以选择要调整的通道，调整通道会改变图像的颜色。

（3）编辑点以修改曲线：该按钮为选中状态，此时在曲线中单击可以添加新的控制点，拖动控制点改变曲线形状即可调整图像。

（4）通过绘制来修改曲线：单击该按钮后，可以绘制手绘效果的自由曲线。

（5）输出/输入：“输入”色阶显示了调整前的像素值，“输出”色阶显示了调整后的像素值。

（6）在图像上单击并拖动可以修改曲线：单击该按钮后，将光标放在图像上，曲线上会出现一个圆形图形，它代表光标处的色调在曲线上的位置，在画面中单击并拖动鼠标可以添加控制点并调整相应的色调。

（7）平滑：使用铅笔绘制曲线后，单击该按钮，可以对曲线进行平滑处理。

（8）自动：单击该按钮，可以对图像应用“自动颜色”“自动对比度”或“自动色调”校正。具体校正内容取决于“自动颜色校正选项”对话框中的设置。

（9）选项：单击该按钮，可以打开“自动颜色校正选项”对话框。自动颜色校正选项用来控制由“色阶”和“曲线”中的“自动颜色”“自动色调”“自动对比度”和“自动”选项应用的色调和颜色校正。它允许指定“阴影”和“高光”剪切百分比，并为阴影、中间调和高光指定颜色值。

3.6.5 暗部和亮部的处理——“阴影/高光”命令

修改强逆光而形成剪影的照片，或者修改由于太接近相机闪光灯而有些发白的焦点，可以使用Photoshop中的“阴影/高光”命令调整照片的阴影或高光部分，“阴影/高光”命令能快速调整图像曝光过度或曝光不足区域的对比度，同时保持照片色彩的整体平衡。

“阴影/高光”命令是根据图像中阴影或高光的像素色调增亮或变暗，分别控制图像的暗部和亮部。打开一张商品照片，可以在图像窗口中看到由于拍摄光线的问题使产品图像高光太过明亮，看不清楚产品的细节。在菜单栏中单击“图像”|“调整”|“阴影/高光”命令，在弹出的“阴影/高光”对话框中设置选项的参数值，控制图像的高光亮度，如图3-78所示。

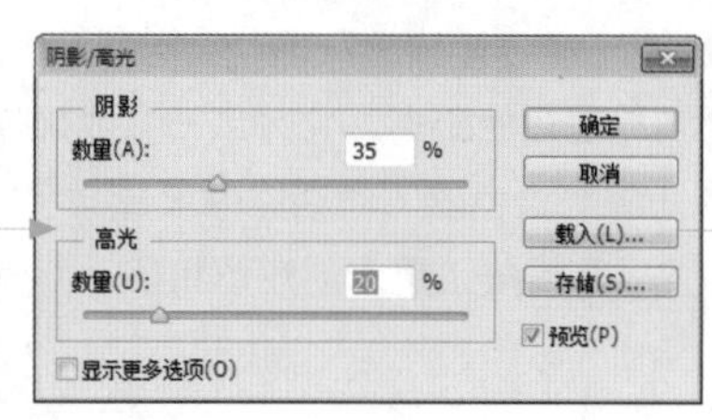

图3-78 运用“阴影/高光”命令调整照片高光

“阴影/高光”对话框中各选项的含义如下。

（1）数量：用于调整图像阴影或高光区域，该值越大则调整的幅度也越大。

（2）色调宽度：用于控制对图像的阴影或高光部分的修改范围，该值越大，则调整的范围越大。

（3）半径：用于确定图像中哪些区域是阴影区域，哪些区域是高光区域，然后对已确定的区域进行调整。

3.7 网店/微店图片的文字编辑

在网店/微店装修的图片编辑和设计中，不要仅使用图片进行展示，还需要搭配上文字，文字能够直观地将信息传递出去，图片和文字的结合使用能有效地渲染气氛和传递信息。在Photoshop中可以添加各式各样的文字，本节将对Photoshop中的文字编辑操作进行讲解。

3.7.1 添加单行或单列文字

在进行网店/微店装修的过程中，通过使用横排文字工具或者直排文字工具可以快速为编辑的画面添加上所需的文字信息，并通过“字符”面板对文字的字体、字号、字间距和文字颜色等进行设置。

如图3-79所示，为使用横排文字工具添加横排文字，并使用“字符”面板设置文字属性的相关编辑和设置，以及添加文字后的效果。

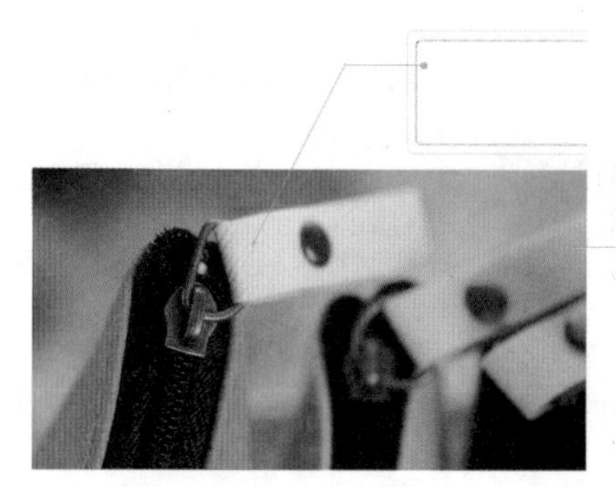

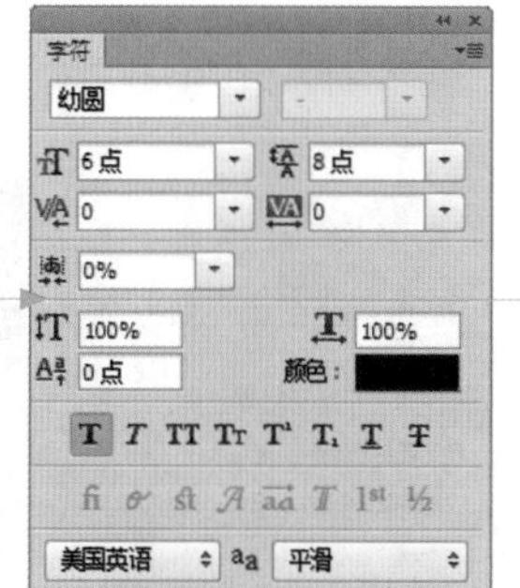

图3-79 使用横排文字工具添加横排文字

"字符"面板中各主要选项的含义如下。

（1）设置字体系列：在该选项列表框中可以选择字体。

（2）设置字体大小：可以选择字体的大小。

（3）设置行距：行距是指文本中各个文字行之间的垂直间距，同一段落的行与行之间可以设置不同的行距，但文字行中的最大行距决定了该行的行距。

（4）设置两个字符间的字距微调：用来调整两字符之间的间距，在操作时首先在要调整的两个字符之间单击，设置插入点，然后再调整数值。

（5）所选字符的字距调整：选择了部分字符时，可以调整所选字符间距，没有调整字符时，可调整所有字符的间距。

（6）水平缩放/垂直缩放：水平缩放用于调整字符的宽度，垂直缩放用于调整字符的高度。这两个百分比相同时，可以进行等比缩放；不同时，则不能等比缩放。

（7）设置基线偏移：用来控制文字与基线的距离，它可以升高或降低所选文字。

（8）颜色：单击颜色块，可以在打开的"拾色器"对话框中设置文字的颜色。

（9）T状按钮组：T状按钮用来创建仿粗体、斜体等文字样式，以及为字符添加下划线或删除线。

（10）语言：可以对所选字符进行有关连字符和拼写规则的语言设置，Photoshop CC使用语言词典检查连字符连接。

提示

平时看到的网店/微店文字广告，很多都采用了变形文字的效果，因此显得更美观，很容易就会引起人们的注意。在Photoshop CC中，通过"文字变形"对话框可以对选定的文字进行多种变形操作，使文字更加富有灵动感。选择相应的文字图层，单击"类型"|"文字变形"命令，弹出"变形文字"对话框，选择并设置相应的变形文字样式，单击"确定"按钮，即可创建变形文字效果，如图3-80所示。

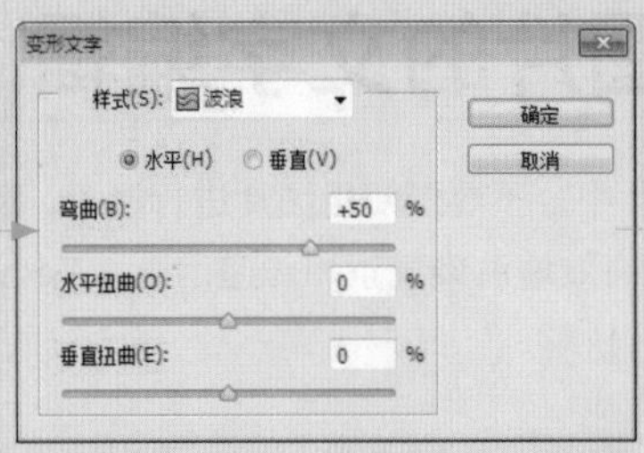

图3-80 设置文字变形样式

3.7.2 编辑段落文字

设置段落的属性主要是在"段落"面板中进行相关的操作，使用"段落"面板可以改变或重新定义文字的排列方式、段落缩进及段落间距等。

如图3-81所示，在图像上添加文字后，在"段落"面板中单击"右对齐文本"按钮，即可调整文字段落属性。

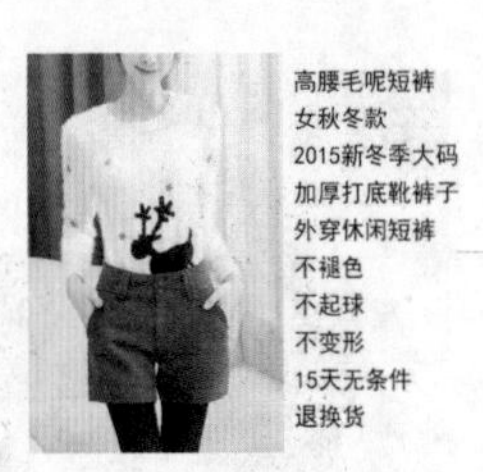

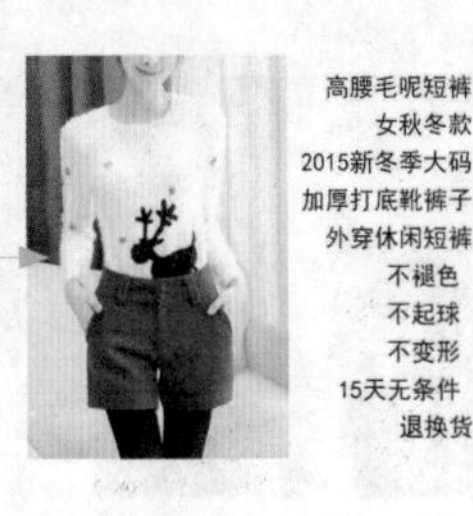

图3-81 编辑文字的段落属性

“段落”面板中各主要选项的含义如下。

（1）文本对齐方式：文本对齐方式从左到右分别为左对齐文本、居中对齐文本、右对齐文本、最后一行左对齐、最后一行居中对齐、最后一行右对齐和全部对齐。

（2）左缩进：设置段落的左缩进。

（3）右缩进：设置段落的右缩进。

（4）首行缩进：缩进段落中的首行文字，对于横排文字，首行缩进与左缩进有关，对于直排文字，首行缩进与顶端缩进有关，要创建首行悬挂缩进，必须输入一个负值。

（5）段前添加空格：设置段落与上一行的距离，或全选文字的每一段的距离。

（6）断后添加空格：设置每段文本后的一段距离。

3.8 网店/微店图片的高级处理

处理好图像后，为了增加图像品质，还需要对图片进行更多的编辑，例如为防止出现盗图的情况而添加水印、添加边框素材、锐化图像细节等，这些效果都可以在Photoshop中通过滤镜、图层不同明度等命令或者选项进行编辑，本节将对具体的操作方法进行讲解。

3.8.1 锐化图像细节

为了让画面颜色更加鲜艳、图像细节更加清晰，使用Photoshop中的“USM锐化”命令可以提高画面主像素的颜色对比值，使图像更加细腻，通过“USM锐化”对话框设置参数来控制图像的锐化程度，弥补拍摄中由于环境和操作不当等因素造成的画质问题，打造出高品质的网店/微店影像效果。

打开一张商品图片，单击“滤镜”|“锐化”|“USM锐化”命令，在打开的“USM锐化”对话框中对参数进行设置，确认设置后可以看到图像窗口中的商品细节显得更加清晰，如图3-82所示。

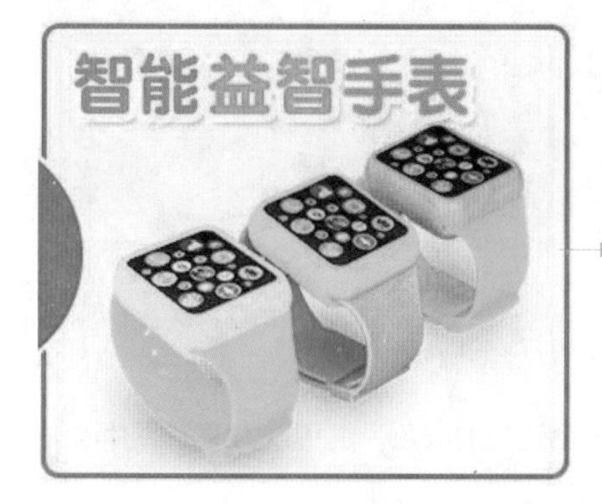

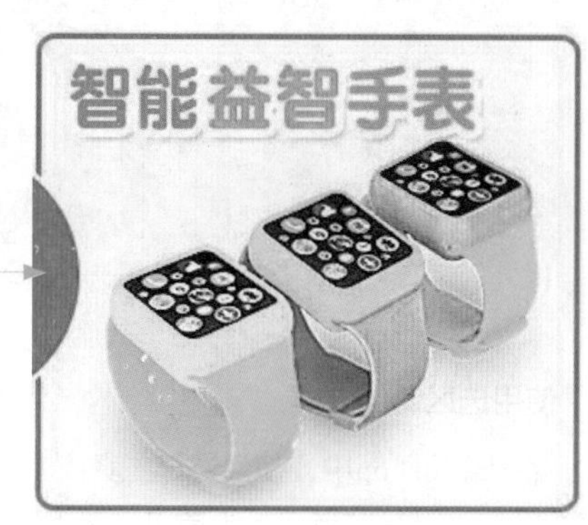

图3-82 运用“USM锐化”命令使图像更加清晰

“USM锐化”对话框中各主要选项的含义如下。

（1）数量：用于设置锐化的程度，设置的参数越大，锐化得越明显。

（2）半径：设置像素的平均范围。半径越大，细节的差别越清晰，但同时会产生光晕。

（3）阈值：设置应用在平均颜色上的范围，设置的参数越大，范围越大，则图像的锐化效果就越淡。

3.8.2 添加水印效果

为设计和处理好的商品图片添加水印即可有效防止图片滥用，可以在Photoshop中制作具有自己店铺标识的水印，添加水印的照片能有效地防止别人盗图，还能在一定程度上宣传自己的店铺。

打开一张商品图片，输入相应的文字，并设置好字体、字号、颜色等，在“图层”面板中选中添加的文本图层，更改该图层的“不透明度”选项的参数为60%，降低其显示效果，完成商品照片水印的制作，如图3-83所示。

图3-83 添加水印

3.8.3 制作边框效果

在图像中添加边框可以使图像有凝聚感，视觉更集中，表达的主题更直接，通过Photoshop可以制作有多种样式的边框效果，下面分别进行介绍。

1. 使用“描边”图层样式制作边框

“描边”图层样式可以使图像的边缘产生描边效果，用户可以设置外部描边、内部描边或居中描边效果。使用“描边”图层样式可以为图像制作轮廓效果，可以为商品照片添加上相等宽度的边框效果，如图3-84所示。需要注意的是，最好将“描边位置”设置为“内部”，以便描边效果可以正常显示。

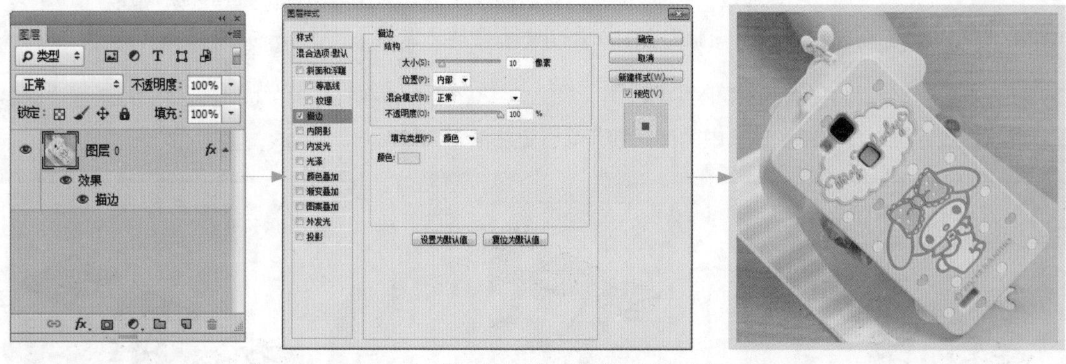

图3-84 使用“描边”图层样式制作边框

2. 使用选区制作边框

在Photoshop中，使用选框工具或者选区工具创建选区，为选区填充上适当的颜色，也可以为商品照片添加边框效果。如图3-85所示，为使用选区添加边框效果的操作，在其中可以看到这种方式添加边框的样式较“描边”图层样式来说显得更加丰富，更具变化性。

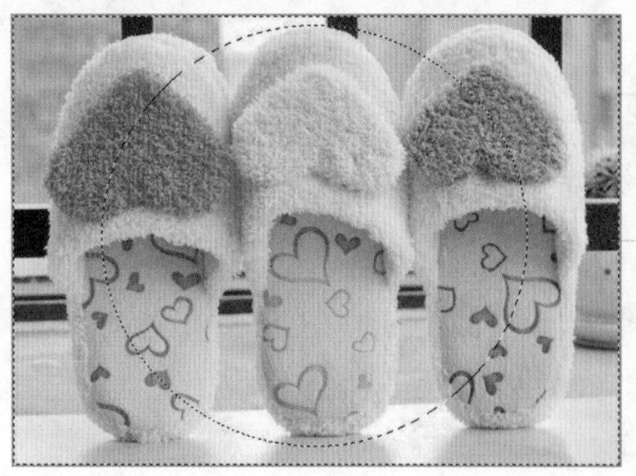

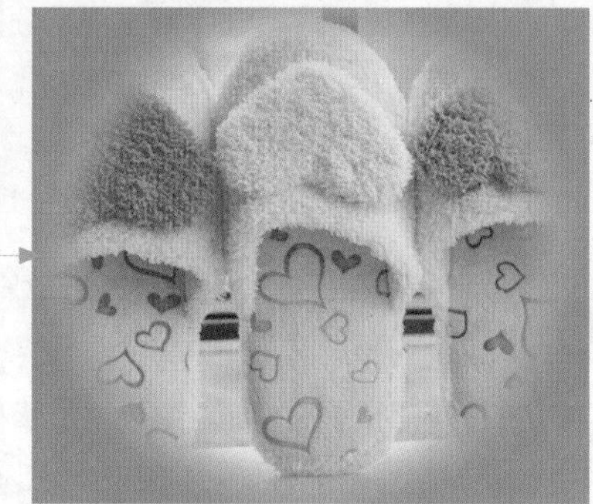

图3-85 使用选区制作边框

3. 使用素材制作边框

除了以上两种基本方法外，用户还可以为商品照片添加各式各样的边框素材，如图3-86所示。不过，使用边框素材通常要进行抠图处理，编辑过程较其他方法显得更为烦琐。

图3-86 使用素材制作边框

3.8.4 制作网页切片

在Photoshop中做的图片通常都较大，直接存储整张图片并上传到网店/微店中会大大影响网页的打开速度，造成顾客烦躁的不良情绪，此时可以使用切片工具将图片分成多张切片存储并上传，可以加快网页下载图片的速度。切片主要用于定义一幅图像的指定区域，用户一旦定义好切片后，这些图像区域可以用于模拟动画和其他的图像效果。

在Photoshop中做好店铺装修图片后，选取工具箱中的切片工具，在图像窗口将图片分成若干份，切片的时候可以根据画面的内容分节来切，之后按【Ctrl+Shift+Alt+S】组合键将其保存为Web所用格式，修改图片的格式、品质等选项。单击“存储”按钮弹出“将优化结果存储为”对话框，设置“格式”为“HTML和图像”，单击“确定”按钮完成存储，可以在目录文件夹中看到存储好的图片，如图3-87所示。

图3-87 制作网页切片

3.8.5 照片的批量处理

批处理就是将一个指定的动作应用于某文件夹下的所有图像或当前打开的多个图像。在使用批处理命令时，需要进行批处理操作的图像必须保存于同一个文件夹中或全部打开，执行的动作也需要提前载入至“动作”面板。

在Photoshop中单击“文件”|“自动”|“批处理”命令，在弹出的“批处理”对话框中对选项进行设置，完成后单击“确定”按钮，Photoshop会根据设置的批量处理的文件和处理方式对文件进行编辑，并将其存储到指定的位置，完成批量处理后，打开相应的文件夹，在其中可以看到处理后的图片效果，如图3-88所示，通过这样的方式可以大大提升编辑的效率。

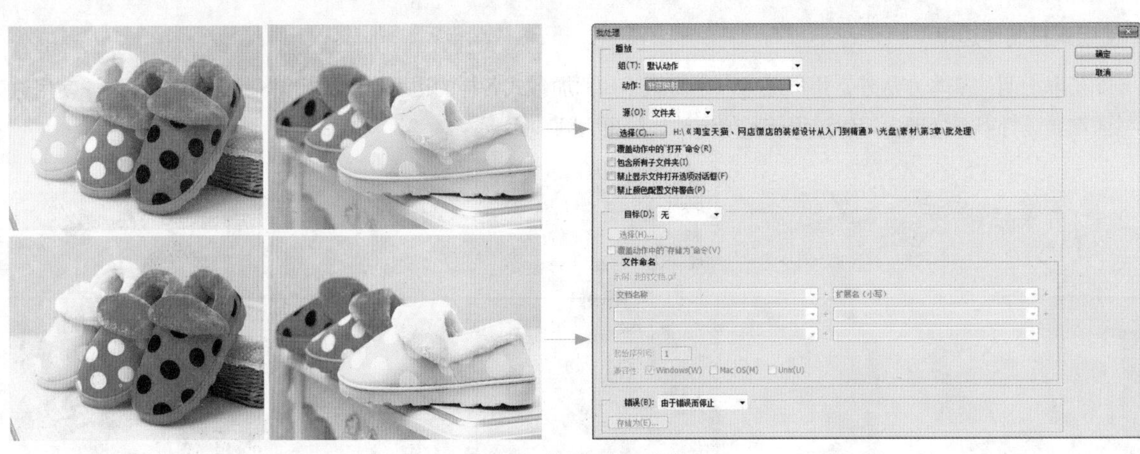

图3-88 批处理商品照片

第 04 章

手机美图秀秀快速美化照片

本章知识提要

新手上路：初识美图秀秀

一键搞定：网店/微店商品照片美化

美容化妆：网店/微店模特照片美化

拼图效果：完美组合商品照片

4.1 新手上路：初识美图秀秀

美图秀秀是国内流行的照片处理软件之一，该软件简单、易用，是摄影作品后期处理、人像照片快速美容、网店/微店照片美化必备的照片处理软件。

4.1.1 美图秀秀的下载与安装

在使用美图秀秀软件之前，用户可以在美图秀秀的官方网站上下载新版本的软件，如图4-1所示。

图4-1 通过官网下载软件

另外，用户也可以直接在手机的应用商店中搜索“美图秀秀”App，实现智能下载安装操作，如图4-2所示。不过，该操作会消耗手机流量，建议用户在WiFi网络环境下使用。

图4-2 通过手机下载软件

4.1.2 美图秀秀的基本操作

随着数码相机和智能手机技术的不断革新以及价格下调，很多网店/微店的卖家都可以自己拍摄和处理商品图片，如通过美图秀秀即可非常便捷地将一张普通照片处理成具有其他风格效果的照片。

美图秀秀是一款对数码照片画质进行改善及效果处理的软件，操作简单、易学，即使是从来没有接触过图像处理软件的用户，学习起来也能很快上手，并能够独立制作出精美的相框、艺术照以及专业胶片效果，而且该软件的下载和使用基本上都是免费的。

使用美图秀秀软件处理网店/微店照片之前，首先需要启动美图秀秀App，在手机的应用程序界面中单击“美图秀秀”图标，即可启动美图秀秀App，如图4-3所示。

图4-3 启动美图秀秀App

在美图秀秀App主界面中，用户还可以滑动屏幕，查看其他功能，如图4-4所示。在主界面第2页，单击“更多功能”按钮，即可查看美图秀秀App的扩展功能，如图4-5所示。

图4-4 主界面第2页

图4-5 查看美图秀秀App的扩展功能

4.2 一键搞定：网店/微店商品照片美化

对于那些使用手机开微店和淘宝网店的卖家来说，使用美图秀秀这种较为简单、智能的图片修饰软件，可以快速实现很多常用的操作，它能轻松对商品照片进行变身，并且还能做出闪图，再或者进行简单的拼图操作，本节将对美图秀秀在网店/微店装修中的使用进行讲解。

4.2.1 调整照片的色彩和色调

在拍摄网店/微店的商品或模特照片时，难免会因为镜头设置以及环境的影响而失去原有的色彩平衡，使用美图秀秀可以对数码照片的色彩及色调进行调整。

1. 调整照片的亮度

曝光不足是数码照片普遍存在的问题，这类照片往往细节不够丰富，色彩暗淡，使用美图秀秀可以有效地调整照片的亮度，如图4-6所示。

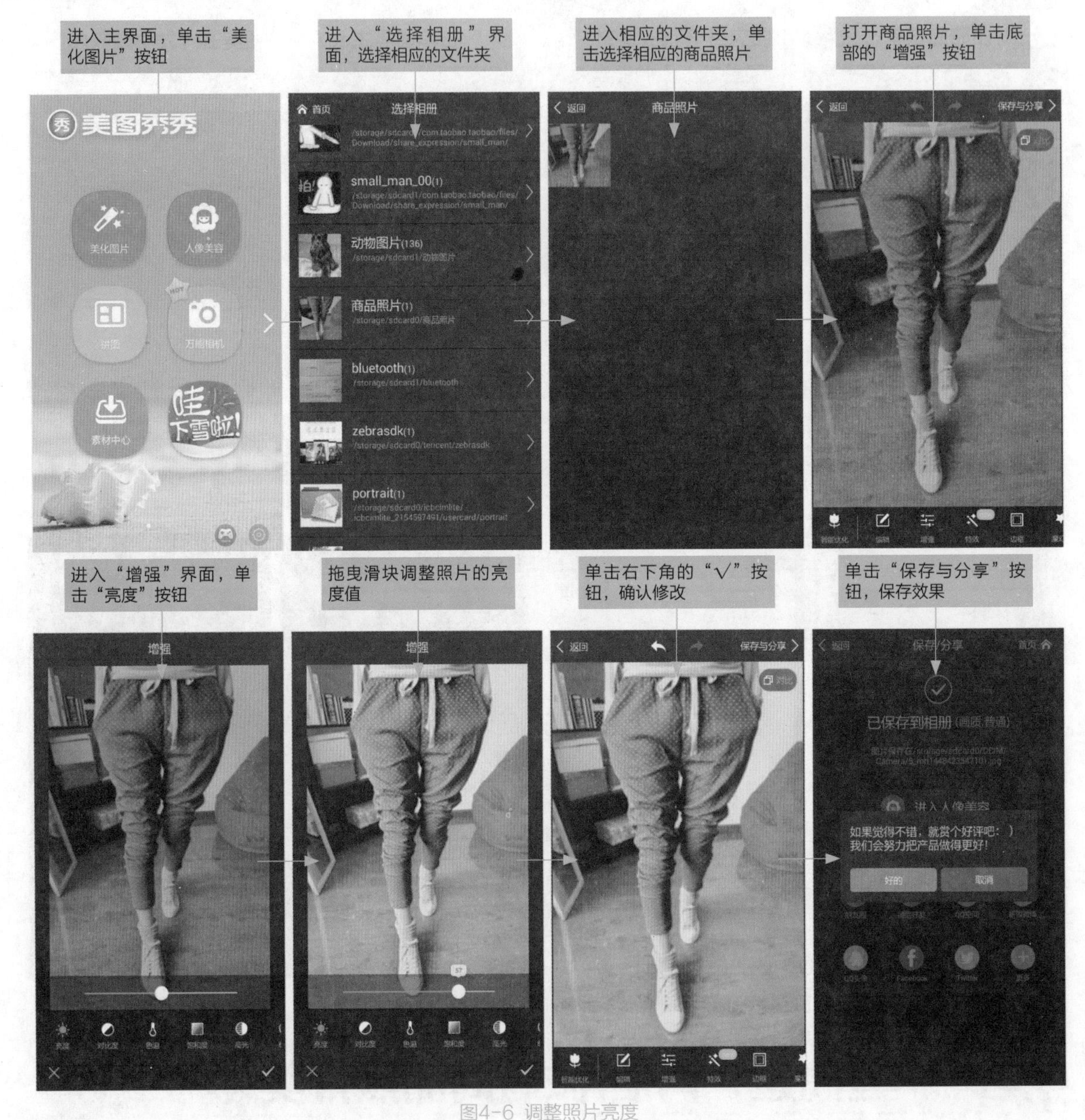

图4-6 调整照片亮度

提示

“曝光不足”和“曝光过度”是初学摄影的店主们最容易出现的问题，使得照片看起来明暗不协调，缺乏应有的美感。不过不用担心，美图秀秀新版软件中的“智能补光”功能，就能更好地帮我们修复照片光线的瑕疵；同时，软件对亮度调节的优化更新，也更有助于我们改善照片的明暗。

另外，用户还可以通过“高光”“暗部”“智能补光”等功能来调整照片的亮度，如图4-7所示。

图4-7 调整照片亮度的其他方法

2. 调整照片的对比度

对比度是指照片中阴暗区域最亮的白与最暗的黑之间不同亮度范围的差异。使用美图秀秀，用户可以轻松对照片的对比度进行调整，如图4-8所示。

图4-8 调整照片的对比度

3. 调整照片的色温

色温（color temperature）是表示光源光色的尺度，单位为K（开尔文），在摄影、录像、出版等领域具有重要的应用。在拍摄商品照片时，所拍摄的对象受到强光的照射或者多余光线的影响，常常会使拍摄照片的颜色发生偏移，导致照片产生偏黄、发白等偏色现象。使用美图秀秀可以有效地校正照片的色调，如图4-9所示。

提示

色温是表示光源光谱质量最通用的指标，一些常用光源的色温为标准烛光 1930K（开尔文温度单位），钨丝灯 2760~2900K，荧光灯 3000K，闪光灯 3800K，中午阳光 5600K，电子闪光灯 6000K，蓝天 12000~18000K。

图4-9 调整照片的色温

4. 调整照片的饱和度

饱和度是指色彩的鲜艳程度，也称色彩的纯度。饱和度取决于该色中含色成分和消色成分（灰色）的比例。含色成分越大，饱和度越大；消色成分越大，饱和度越小。纯的颜色都是高度饱和的，如鲜红、鲜绿。混杂上白色、灰色或其他色调的颜色，是不饱和的颜色，如绛紫、粉红、黄褐等。完全不饱和的颜色根本没有色调，如黑白之间的各种灰色。

使用美图秀秀可以快速调整商品照片的饱和度，增加照片的色彩强度，如图4-10所示。

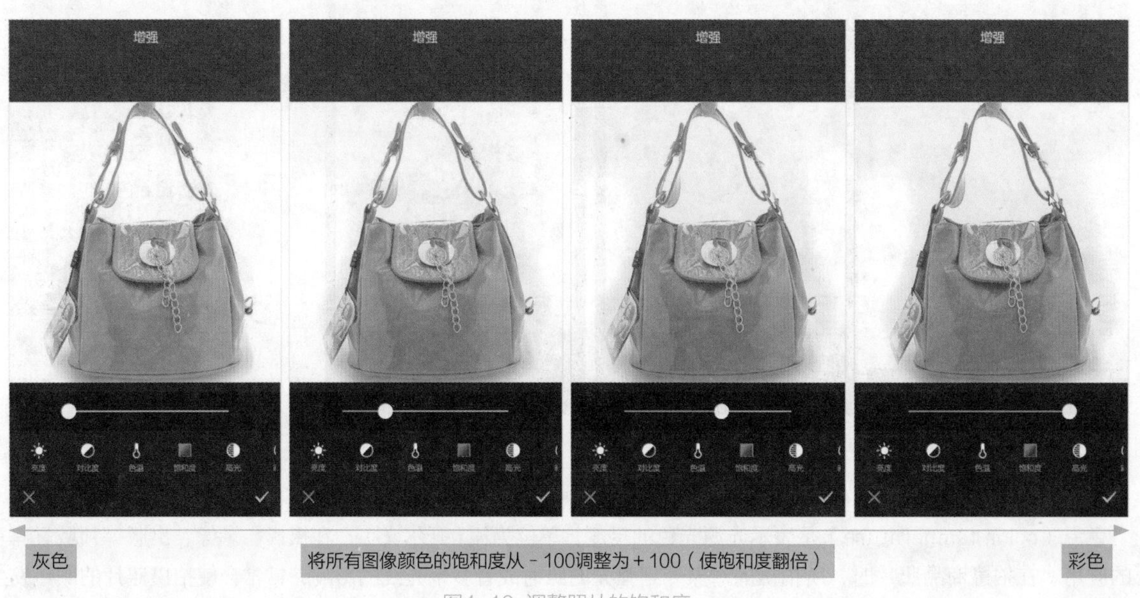

图4-10 调整照片的饱和度

4.2.2 智能美化商品照片

随着数码科技的发展，数码相机和智能手机取代胶片相机成为主流摄影工具，传统暗房的工作被数码化的电脑和手机所代替，数码后期处理也成为网店/微店商品摄影非常重要的一个环节。使用美图秀秀，可以智能、快速、简单地对商品照片进行美化处理。

在美图秀秀App中打开商品或模特照片后，单击左下角的“智能优化”按钮，进入“智能优化”界面，在此有“原图”“自动”“美食”“静物”“风景”“去雾”“人物”7种智能优化模式，用户可以根据商品的类型或需要进行设置，效果如图4-11所示。

图4-11 智能美化商品照片

4.2.3 商品照片的裁剪、旋转与锐化

运用美图秀秀App可以对商品或模特照片进行裁剪、旋转、锐化等基本编辑操作，帮助网店/微店卖家轻松获得想要的照片效果。

1. 裁剪商品照片

在拍摄商品或模特照片时，由于各种因素的影响，导致照片构图不够美观以及照片尺寸的不同，这时就需要对照片进行一定的裁剪，以使照片达到最好的显示效果。

在美图秀秀App中打开需要裁剪的照片，单击底部的“编辑”按钮，进入“图片裁剪”界面，用户可以在此拖曳白色选取框调整照片裁剪范围，调整完毕后单击“确定裁剪”按钮，即可裁剪照片并进行保存，如图4-12所示。另外，用户也可以单击“比例：自由”按钮，在弹出的菜单中选择相应的裁剪比例，即可使用预设的比例尺寸裁剪照片，如图4-13所示。

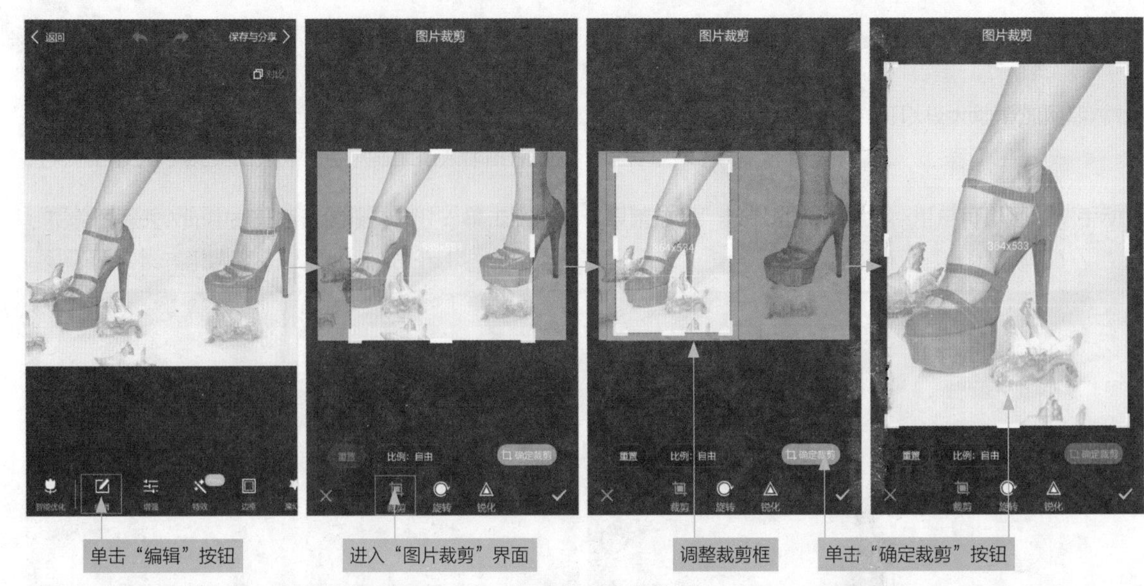

图4-12 自由裁剪商品照片

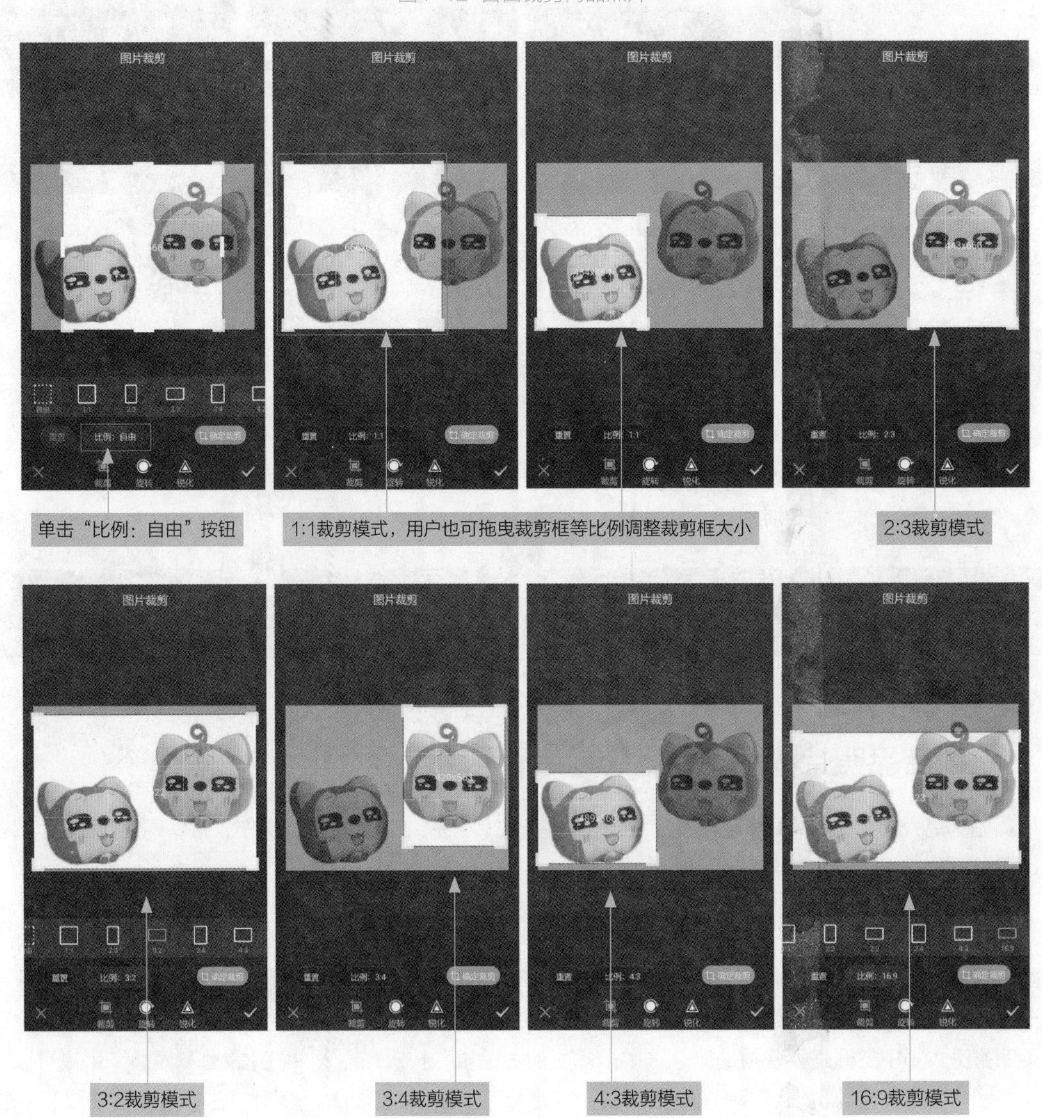

图4-13 使用预设的比例尺寸裁剪照片

2. 旋转商品照片

在美图秀秀App中打开需要旋转的照片，单击底部的“编辑”按钮，进入“图片裁剪”界面，单击下面的“旋转”按钮即可进入“图片旋转”界面，拖曳图片的边框，即可根据需要调整图片的角度，如图4-14所示。

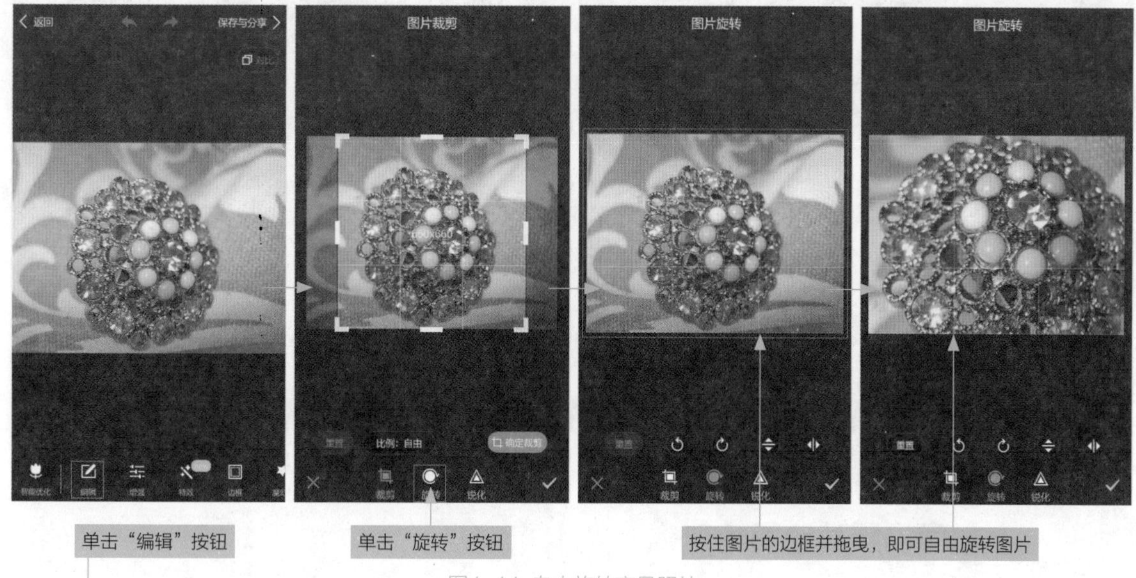

图4-14 自由旋转商品照片

另外，用户还可以单击下面的逆时针旋转90° 、顺时针旋转90° 、垂直翻转、水平翻转4个按钮进行固定比例的旋转操作，效果如图4-15所示。

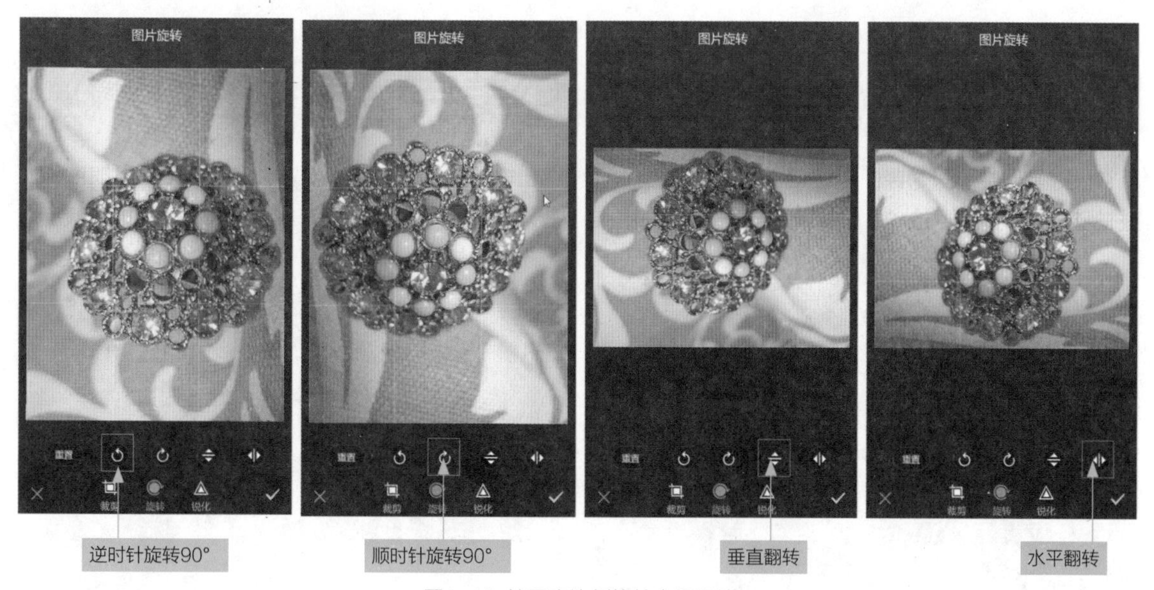

图4-15 按固定比例旋转商品照片

3. 锐化商品照片

有时候，拍摄的商品照片总会出现非常不清晰和模糊的情况，这时候就要使用锐化功能来找回部分丢失的照片细节。一般来说，锐化是数码后期处理的一个必需步骤。锐化无疑是为了获得更为锐利的照片。如果更具体一些，锐化的作用可以总结为两个方面：一是为了补偿照片记录和输出过程中的锐度损失；二是为了获得锐利的效果，让照片看起来更漂亮。

在美图秀秀App中打开需要锐化处理的照片，单击底部的“编辑”按钮，进入“图片裁剪”界面，单击下面的“锐化”按钮即可进入“图片锐化”界面，拖曳锐化滑块，即可根据需要调整图片的清晰度，效果如图4-16所示。

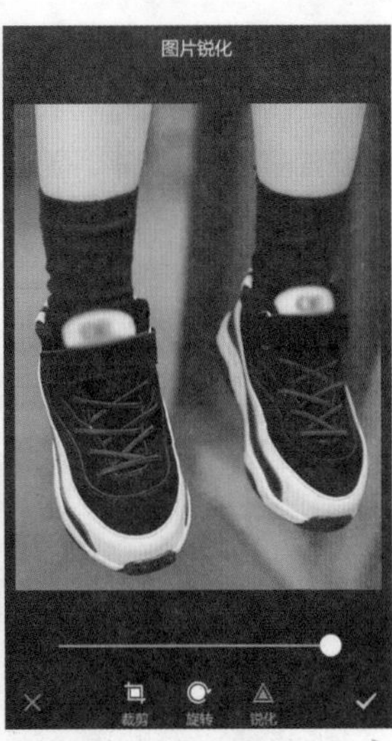

对商品照片进行锐化处理，能够弥补前期拍摄不到位而留下的遗憾，从而获取清晰的照片效果。

图4-16 调整商品照片的锐化程度

4.2.4 为商品照片应用特效

美图秀秀App不仅可以对照片的色彩、构成等进行修复，可以一键轻松生成几十种影楼特效、风格特效、美颜特效以及艺术格调等，快速将普通照片变成唯美而个性的影楼级照片，还可以为同一张照片添加多种特效，制作出与众不同的艺术化照片效果，使照片更加吸引顾客，增加网店/微店的转化率。

1. LOMO特效

LOMO原指苏联一款由于技术局限而导致曝光不足的有缺陷的相机，而现在LOMO风格照片因其异常的色彩和暗角，往往给拍摄者带来出乎意料的惊喜。这种风格照片应用夸张艳丽的色彩、暗角以及隧道感带给人视觉上的冲击，表现出与众不同的世界。

在美图秀秀App中打开照片，单击底部的“特效”按钮，进入“特效”界面，单击下面的“LOMO”按钮切换至该选项区，单击相应的LOMO效果缩览图，即可应用该特效，效果如图4-17所示。

图4-17 原图与不同风格的LOMO特效

2. “美颜”特效

如今，很多MM都喜欢用“甜美可人”的美颜特效，原因很简单，这个特效会为照片增加甜美的粉紫色调，让照片更具有甜美梦幻气息。因此，很多经营女生用品的网店/微店都可以使用“美颜”特效来处理商品照片，使其看起来更加美丽动人。

在美图秀秀App中打开照片，单击底部的“特效”按钮，进入“特效”界面，单击下面的“美颜”按钮切换至该选项区，单击相应的“美颜”效果缩览图，即可应用该特效，效果如图4-18所示。

图4-18 “美颜”效果

当然，除了以上7款“美颜”特效外，还有自然、粉嫩、柔光、唯美、恋婴、月光、Hana、典雅、日系人像等美颜特效供选择，设计师在选择特效的时候记得要根据商品和模特照片本身的色调、取景进行搭配，这样才能让特效更好地扮靓照片。

3. “格调”特效

美图秀秀App的“格调”特效中有着“胶片”“暖茶”“菊彩星光”“野餐”“37° 2”“冷调”“白露”“檀岛”“蜜豆”“塞纳河畔”“Sunset”“午茶”“盗梦街”“伊亚”“Silver”和“日出”16款特效，如图4-19所示。

图4-19 “格调”效果

> **提示**
>
> 例如，在避光下拍摄出来的美女模特照片灰度大，可以添加“格调—冷调”特效，即可瞬间提升色彩对比度，泛蓝的冷色系也从视觉上带来一丝清凉，让画面更加透静。

4. “艺术”特效

美图秀秀App的“艺术”分类特效可以帮助用户把照片变素描或彩铅画等，使照片更加冷艳、唯美且充满艺术感，如图4-20所示。

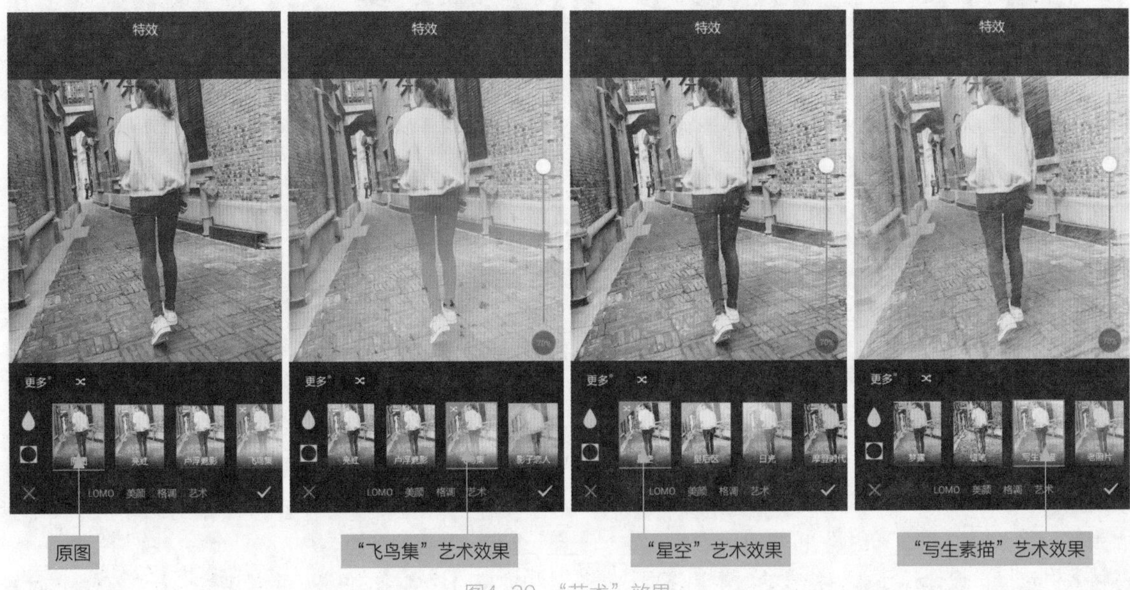

图4-20 “艺术”效果

4.2.5 为商品照片添加边框效果

使用美图秀秀App对网店/微店的商品照片处理时，用户可以为照片添加精美的边框以及场景效果，从而使照片的内容更加丰富。美图秀秀App提供了大量的边框素材模版，用户可以针对不同风格的商品照片进行不同的效果处理。

1. “海报边框”效果

美图秀秀App提供了多种类型的边框素材，用户可以根据商品照片的风格为其添加相应的边框效果，使照片更具观赏性，增强顾客的购买欲。

在美图秀秀App中打开需要添加边框的照片，单击底部的“边框”按钮，默认进入“海报边框”界面，用户可以单击相应的海报边框缩览图，即可应用边框效果，如图4-21所示。

图4-21 应用“海报边框”效果

另外，用户还可以单击“更多素材”按钮，下载更多的边框素材，效果如图4-22所示。

图4-22 下载边框效果

2. “简单边框”效果

边框如同商品照片的相框一样，可以对商品照片进行装饰，让商品照片更具个性色彩。对于不需要过多修饰的商品照片而言，美图秀秀App提供了很多的“简单边框”效果，如图4-23所示。

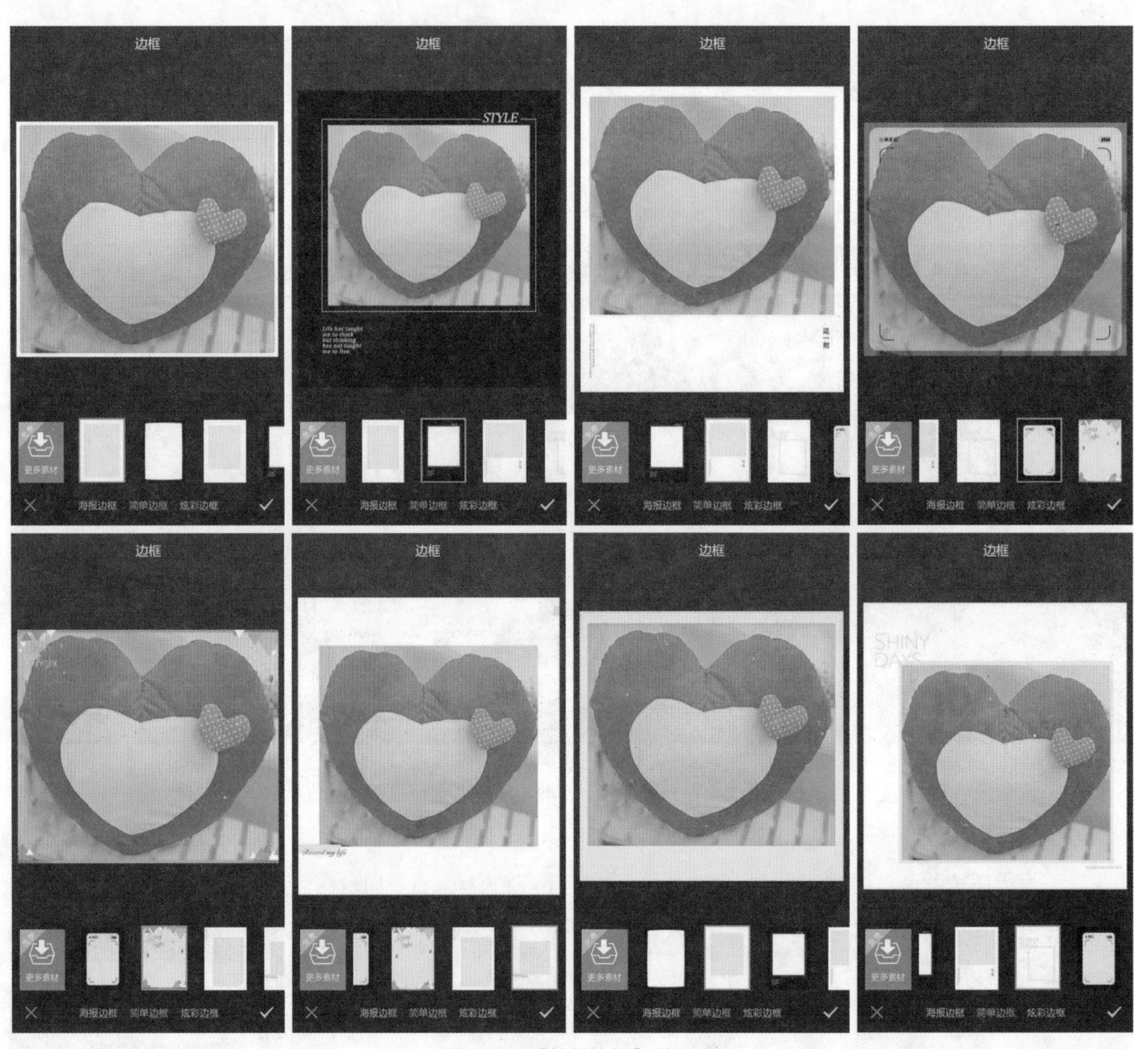

图4-23 “简单边框”效果

3. “炫彩边框”效果

“炫彩边框”开辟了一个新的风格，它不但颜色丰富、样式多变，效果也很梦幻，可以一步就让平淡的商品或模特照片变得更加绚丽，效果如图4-24所示。

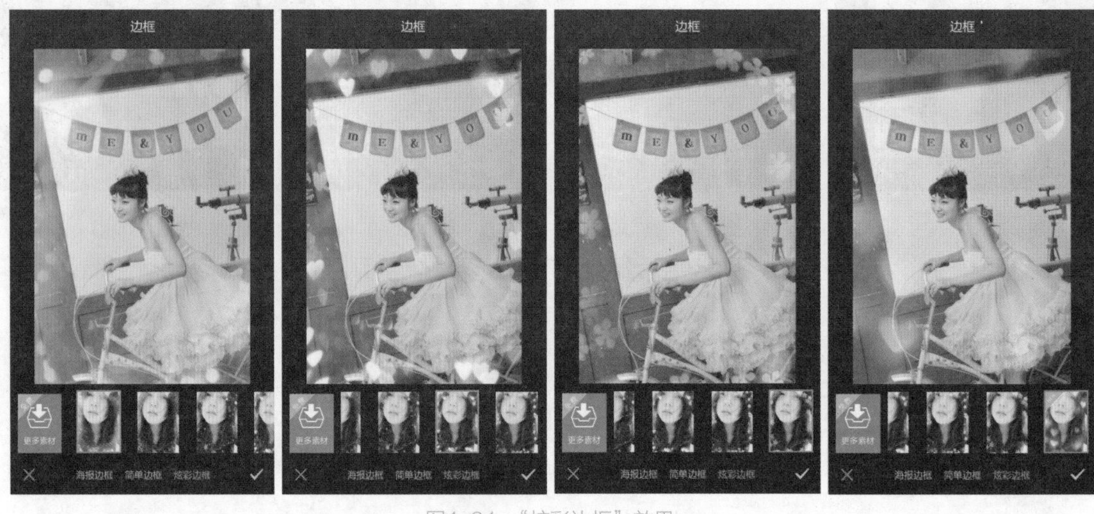

图4-24 “炫彩边框”效果

4.2.6 使用魔幻笔修饰商品照片

美图秀秀App同样具有飘逸、梦幻的“魔幻笔”功能，只要手指轻轻点在图片上，就会有晶莹透亮的光晕、可爱粉嫩的爱心环绕变换着旋转，犹如魔术师手中的魔术棒充满了魔法。

在美图秀秀App中打开相应的商品照片，单击底部的“魔幻笔”按钮，默认进入“魔幻笔”界面，用户可以单击选择相应的魔幻笔，在图片上滑动手指，即可应用“魔幻笔”效果，如图4-25所示。

图4-25 应用“魔幻笔”效果

在网店/微店的商品照片上添加“魔幻笔”效果时，尽量将该效果应用在商品或人物外的空白区域，可以起到点缀效果，也会使得整个画面更加平衡饱满，如图4-26所示。

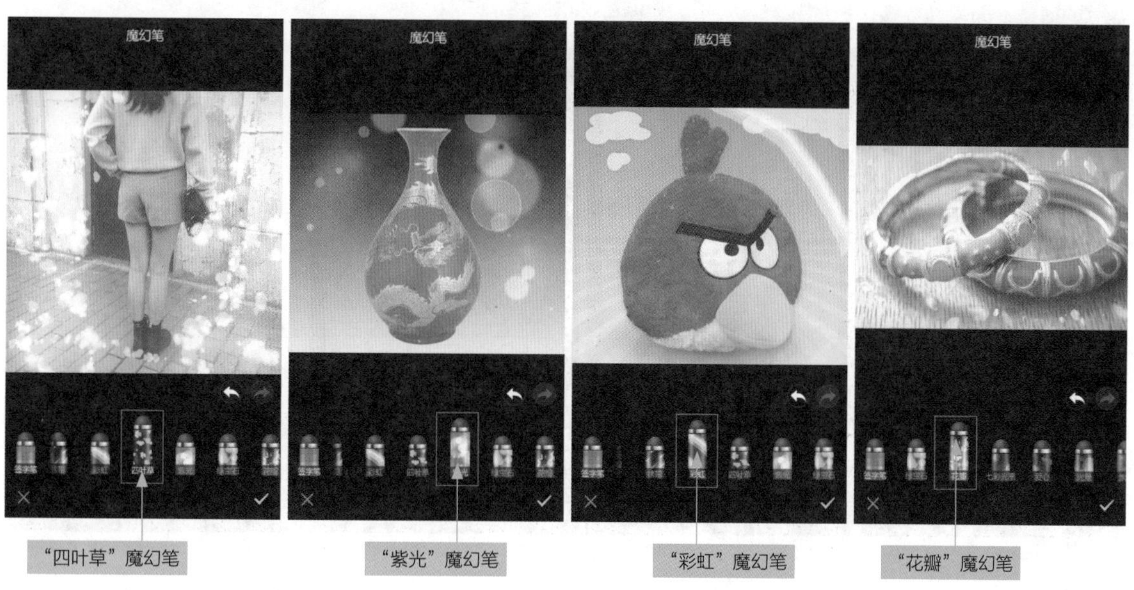

图4-26 添加各种“魔幻笔”效果

4.2.7 为商品照片添加马赛克

在网店/微店的商品照片中，有时出于肖像权等一些原因，画面中的人物脸部会用马赛克遮住。使用美图秀秀App可以轻松在商品照片中添加马赛克。

在美图秀秀App中打开相应的商品照片，单击底部的“马赛克”按钮，默认进入“马赛克”界面，用户可以单击选择相应的马赛克笔触类型，在图片上单击或滑动手指，即可添加马赛克效果，如图4-27所示。

图4-27 添加马赛克效果

除了基本的马赛克类型外，美图秀秀App还提供了十分个性的马赛克笔触，如图4-28所示。另外，通过美图秀秀App还可以擦除不需要添加马赛克的图形，单击下面的“橡皮擦”按钮，即可进入擦除模式，单击或滑动添加了马赛克的区域，即可擦除该区域的马赛克效果，如图4-29所示。

图4-28 添加其他马赛克效果

图4-29 擦除马赛克效果

提示

在涂抹的过程中可以适当调整笔触大小，让画面更加精致。

4.2.8 为商品照片添加文字效果

在美图秀秀App中，用户可以根据需要在商品照片中添加相应的文字，可以使商品照片变得生动温馨；在照片上添加适当的修饰文字，可以对照片起到画龙点睛的作用，让普通照片变得精致起来；在照片上添加泡泡文字，可以使照片变得更加生动可爱。

1. 添加普通文字

美图秀秀App可以为商品照片添加静态文字，并且可以设置文字的字体、颜色等样式，让文字成为照片中不可缺少的一部分。

在美图秀秀App中打开相应的商品照片，单击底部的“文字”按钮，进入“文字”界面，用户可以单击文字输入框输入文字并设置相应的文字样式，效果如图4-30所示。

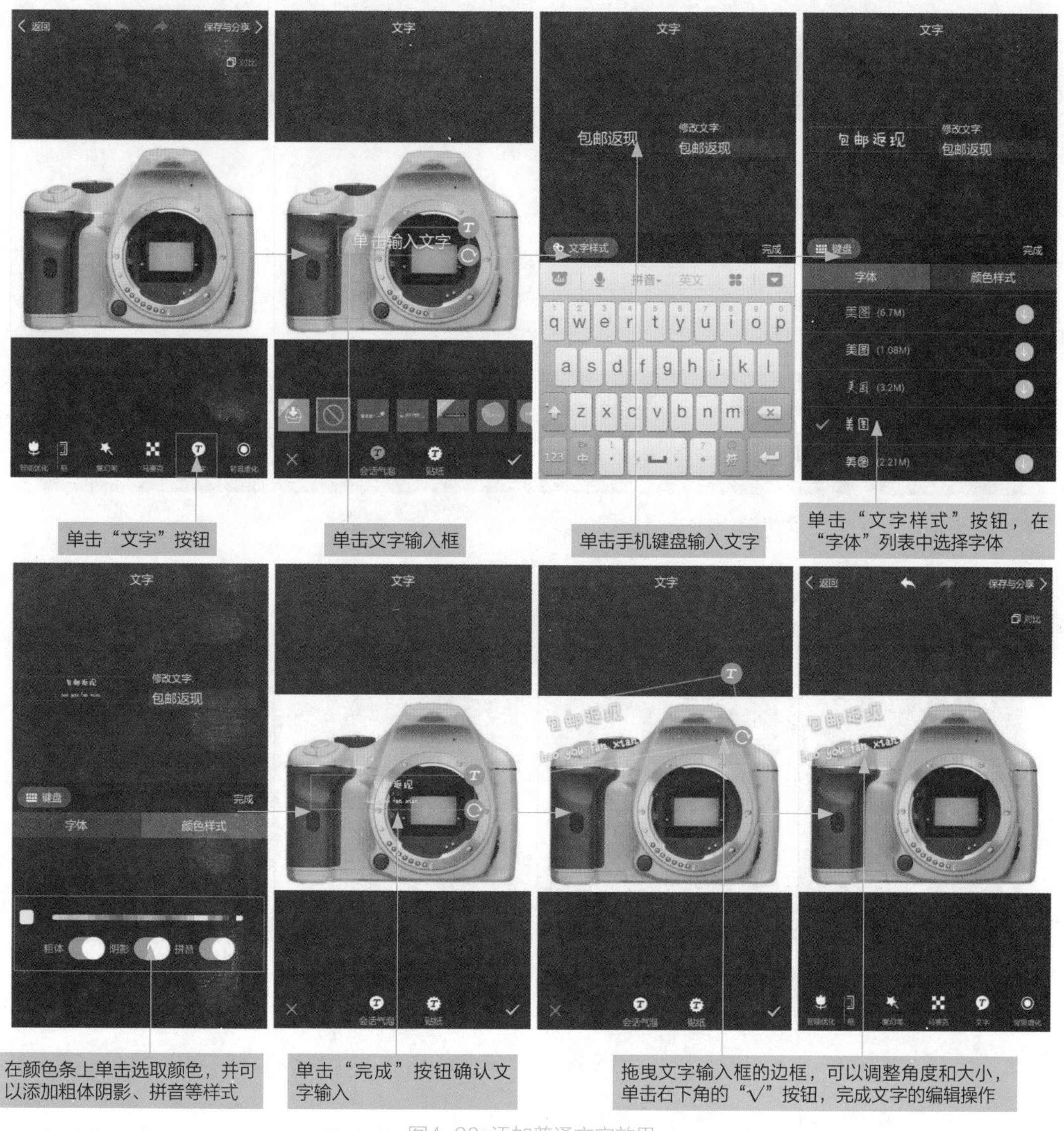

图4-30 添加普通文字效果

提示

美图秀秀提供了可爱的漫画文字素材，用户可以免费下载这些素材，给商品照片添加幽默的对白。

2. 添加“会话气泡”

会话气泡是指在气泡中输入文字，可以增加商品照片的趣味性，使照片变得更加生动可爱。进入“文字”界面后，用户可以在下方单击相应的“会话气泡”缩览图应用该效果，而且还可以修改其中的文字，效果如图4-31所示。

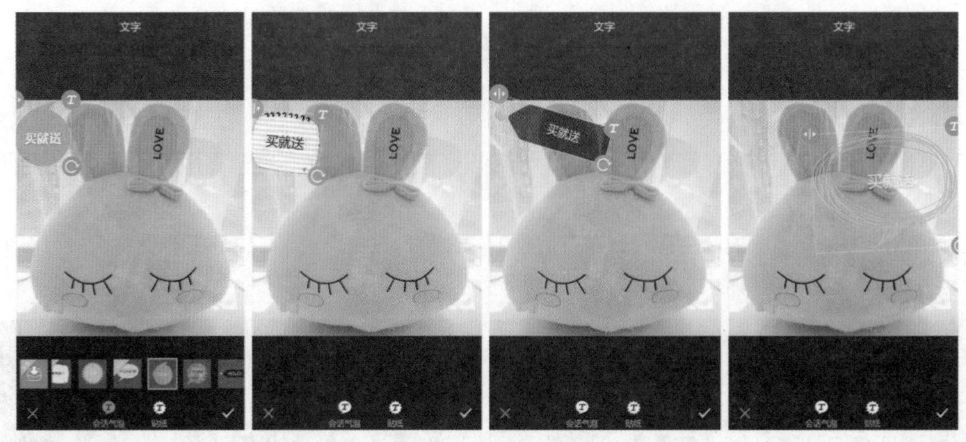

图4-31 添加“会话气泡”文字效果

3. 添加“贴纸”

美图秀秀App新版本中增加了“贴纸”功能，如图4-32所示。进入“文字”界面后，单击“贴纸”按钮切换至该界面，用户可以在下方单击相应的“贴纸”缩览图应用效果，不过“贴纸”中的文字是不能修改的，只能改变其大小和角度。

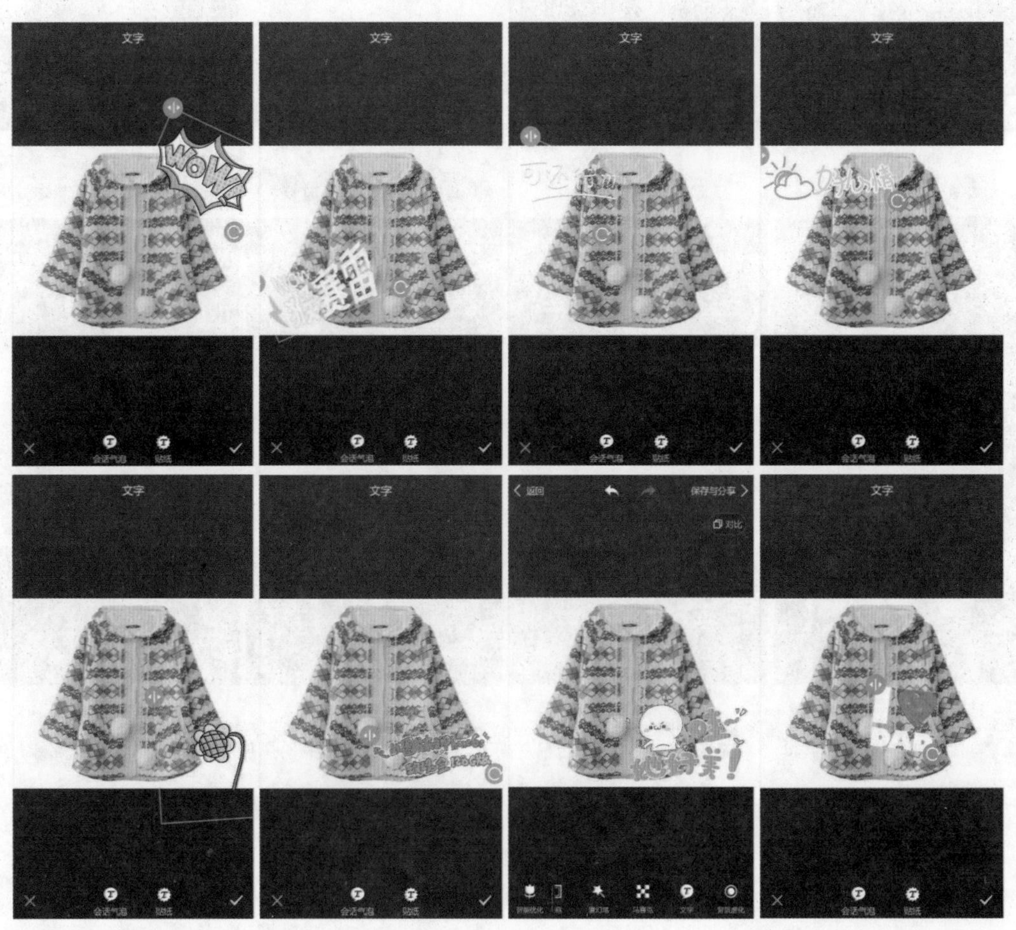

图4-32 添加“贴纸”效果

4.2.9 为商品照片添加背景虚化效果

在一些情况下，商品或模特照片并不一定越清晰越好。在商品或模特照片的后期处理中，刻意添加模糊效果，刻意为照片增加一些浪漫柔和的情调，从而使照片变得扑朔迷离、如梦如幻。

1. “圆形虚化”效果

使用美图秀秀App，可以将商品或模特照片的背景制作成虚化效果，从而起到凸显照片主题的作用。在美图秀秀App中打开相应的模特照片，单击底部的“背景虚化”按钮进入其界面，用户可以单击屏幕上的圆形框调整圆形虚化的大小和位置，效果如图4-33所示。

图4-33 添加“圆形虚化”效果

2. “直线虚化”效果

在美图秀秀App中打开相应的模特照片，单击底部的“背景虚化”按钮进入其界面，单击“直线虚化”按钮，用户可以单击屏幕上的直线框调整直线虚化的大小和位置，效果如图4-34所示。

另外，用户可以单击“无”按钮，在弹出的菜单中可以选择使用圆形、心形、星形、六边形等虚化框样式，如图4-35所示。

图4-34 原图与添加“直线虚化”效果对比

图4-35 添加背景虚化样式效果

4.3 美容化妆：网店/微店模特照片美化

美图秀秀可以对人像照片进行美容处理，打造完美面孔。通过对人像照片进行磨皮、亮白处理，快速呈现如玉肌肤；美图秀秀App中的瘦脸、增大眼睛、去黑眼圈、亮眼等功能，可在细节上对网店/微店的模特照片进行修饰。

4.3.1 一键美颜

美图秀秀App的"一键美颜"功能可以让照片中模特的肌肤瞬间变得完美无瑕，是傻瓜式操作，并提供了10种不同的美颜模式。在美图秀秀App主界面单击"人像美容"按钮并打开相应的模特照片，单击底部的"一键美颜"按钮进入其界面，用户可以单击屏幕上的圆形框调整圆形虚化的大小和位置，效果如图4-36所示。

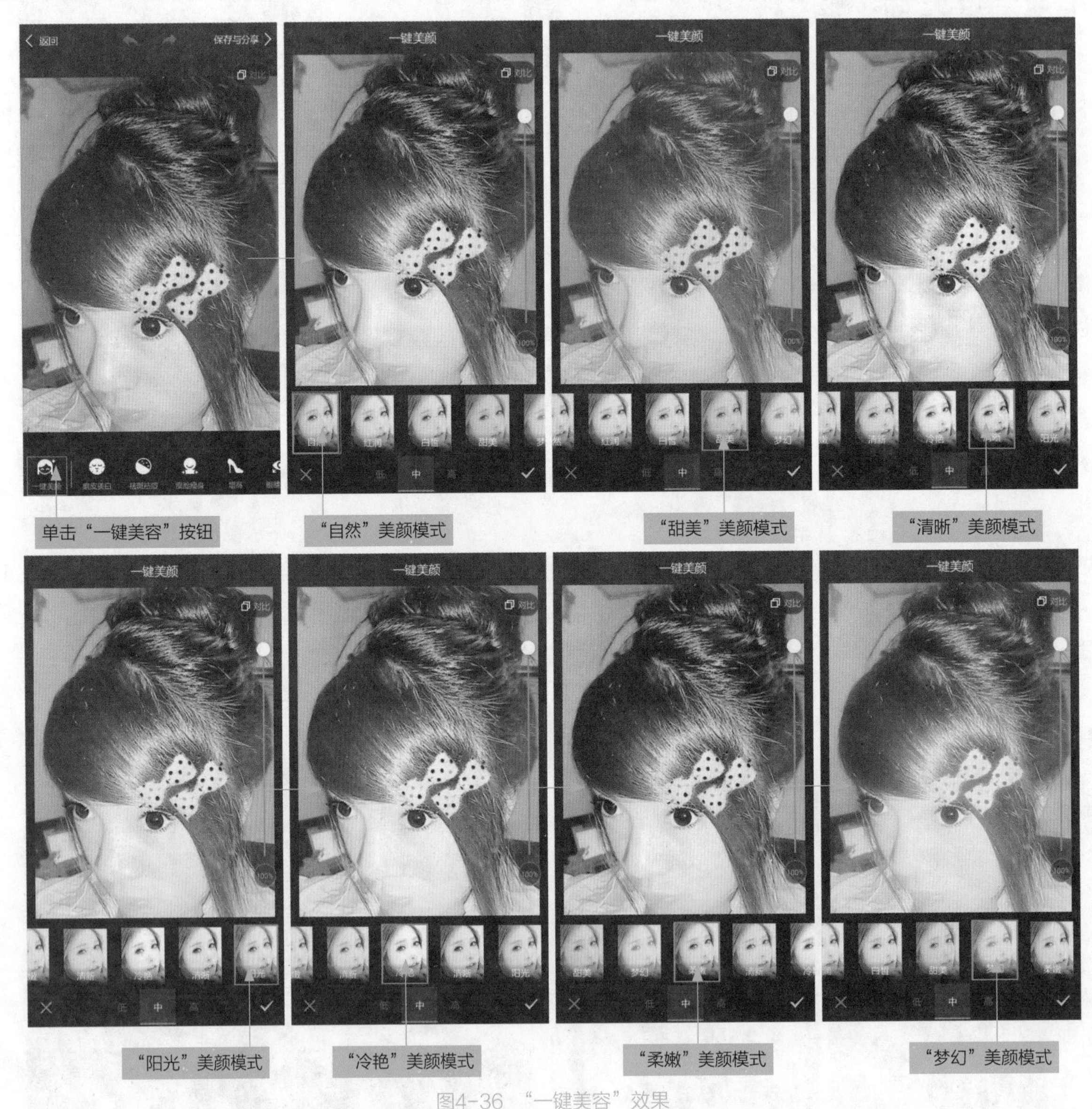

图4-36 "一键美容"效果

4.3.2 磨皮美白

拍摄模特照片时，若曝光不足，将导致人物皮肤发黑、发黄。美图秀秀App提供了"磨皮""美白""肤色”等功能，用户只需轻松一点便能够对模特的皮肤进行美白。

1. “磨皮”功能

使用美图秀秀App的“磨皮”功能可以一键去除人物脸上的痘痘、雀斑，使皮肤光滑细嫩。在美图秀秀App中打开相应的模特照片，单击底部的“磨皮美白”按钮进入其界面，拖曳下面的滑块即可调整相应的磨皮力度，得到满意的效果即可，如图4-37所示。

图4-37　“磨皮”效果

2. “美白”功能

在美图秀秀App中打开相应的模特照片，单击底部的“磨皮美白”按钮进入其界面，单击“美白”按钮切换至该选项卡，拖曳下面的滑块即可调整相应的美白力度，得到满意的效果即可，如图4-38所示。

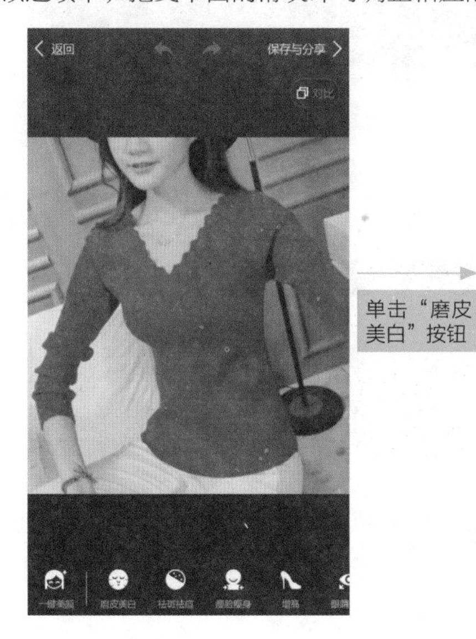

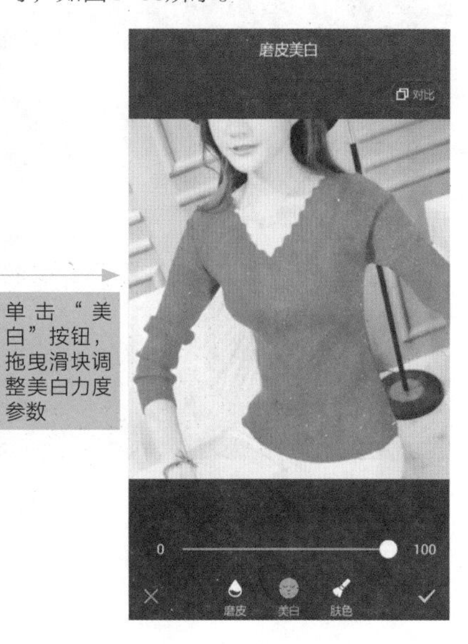

图4-38　“美白”效果

3. “肤色”功能

在美图秀秀App中打开相应的模特照片，单击底部的“磨皮美白”按钮进入其界面，单击“肤色”按钮切换至该选项卡，拖曳下面的滑块即可调整参数值，得到满意的效果即可，如图4-39所示。

图4-39 “肤色”效果

4.3.3 祛斑祛痘

现在，人们对美丽的要求越来越高，绝不允许自己有一点点的瑕疵，当然，对于网店/微店中的模特照片而言更是如此。对此，美图秀秀开发了“祛斑祛痘”功能，可以有效处理人物脸部的各种瑕疵。

在美图秀秀App中打开相应的模特照片，单击底部的“祛斑祛痘”按钮进入其界面，系统提供了“自动”和“手动”两种方案，用户可以根据需要选择，如图4-40所示。

图4-40 祛斑祛痘

4.3.4 瘦脸瘦身

随着社会的发展，人们越来越注重自己的外表，都在追求完美，而完美的脸型和苗条的身材一直都是爱美女性的关注焦点。对于网店/微店的模特照片来说，对脸型和身材的要求更高，这样才能更好地展示出商品的魅力。

在美图秀秀App中打开相应的模特照片，单击底部的“瘦脸瘦身”按钮进入其界面，系统提供了“自动”和“手动”两种方案，用户可以根据需要选择，轻推脸颊或身体边缘，即可快速执行瘦脸或瘦身操作，效果如图4-41所示。

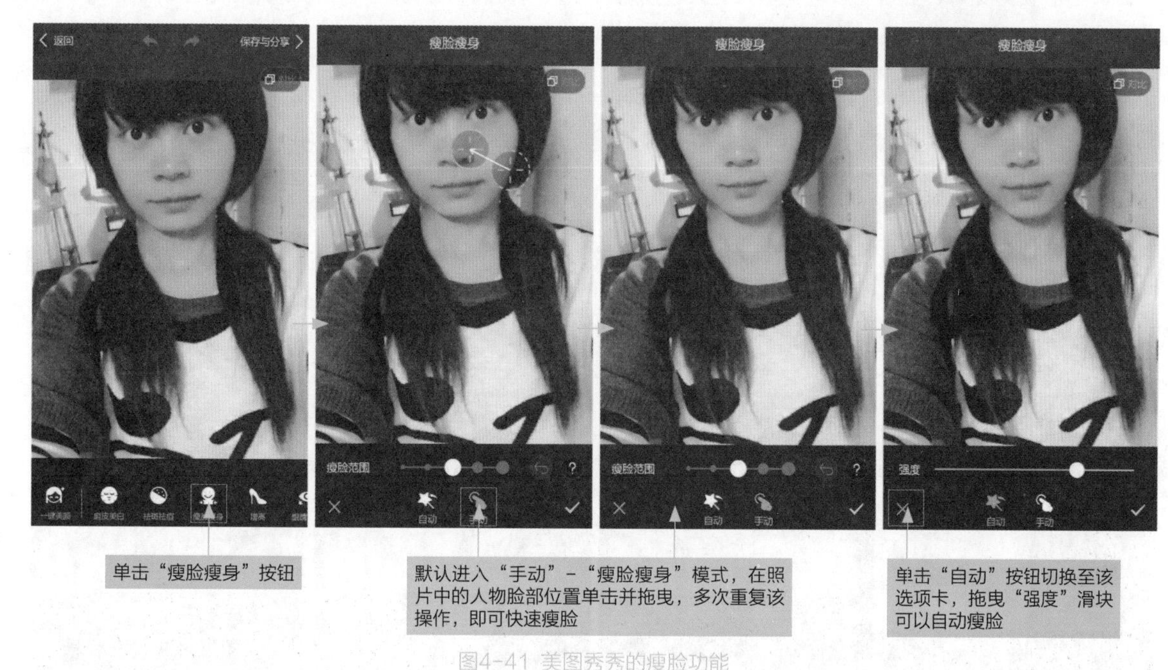

图4-41 美图秀秀的瘦脸功能

4.3.5 快速增高

对于经营服装类商品的网店/微店来说，身材高挑的模特是必不可少的装修元素。如今，通过美图秀秀的“增高”功能，即可快速帮助模特瞬间“增高”。

在美图秀秀App中打开相应的模特照片，单击底部的“增高”按钮进入其界面，该界面只有一个拖曳操作步骤，用户只需选中蓝色增高区域，然后轻轻拖曳滑块即可得到想要的腿部长度，效果如图4-42所示。“增高”功能确切的理解是调节腿部长度，可以拉长，同样也能缩短。

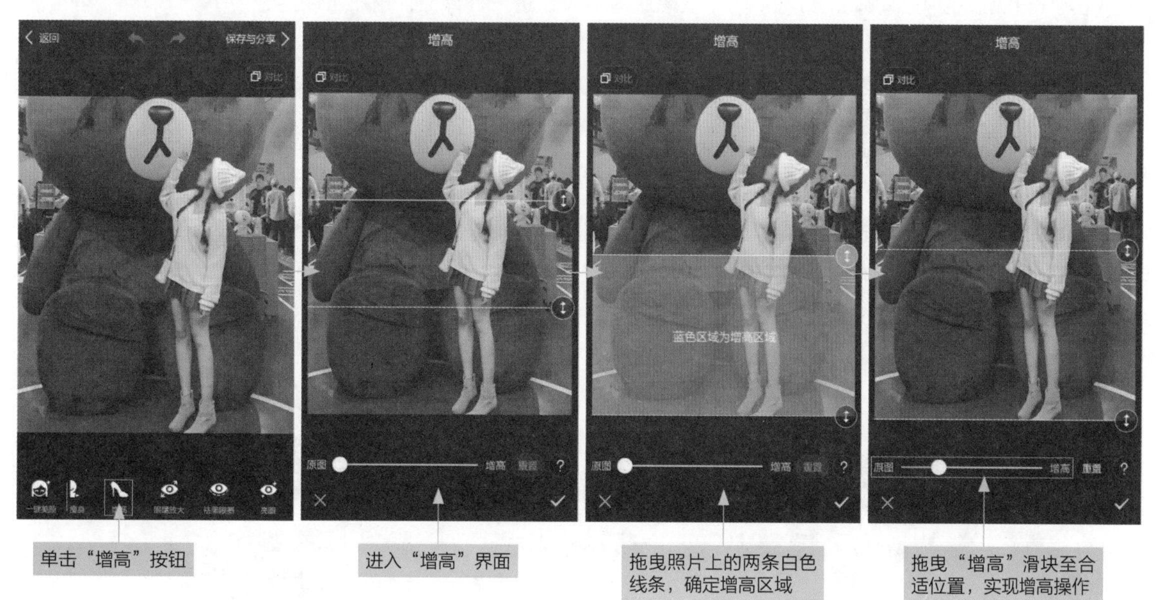

图4-42 美图秀秀的增高功能

4.3.6 眼睛放大

眼睛是心灵的窗户，拥有一双明亮动人的大眼睛可以使模特更加有魅力，同时也可以极大地增加网店/微店页面的美感。使用手机美图秀秀，可以马上把人像图片的眼睛进行放大。

在美图秀秀App中打开相应的模特照片，单击底部的“眼睛放大”按钮进入其界面，用户可以通过“手动”和“自动”两种模式来调整眼睛大小，如图4-43所示。

图4-43 美图秀秀的“眼睛放大”功能

4.3.7 祛黑眼圈

在拍摄模特照片时，因为精神状态及拍摄技术的限制，可能会导致照片中的人物眼部产生黑眼圈现象，浓浓的黑眼圈会令人看起来无精打采。使用手机美图秀秀，可以对人物眼部进行美容，轻松消除眼部的黑眼圈。在美图秀秀App中打开相应的模特照片，单击底部的“祛黑眼圈”按钮进入其界面，用户可以通过“手动”和“自动”两种模式来祛除人物的黑眼圈，如图4-44所示。

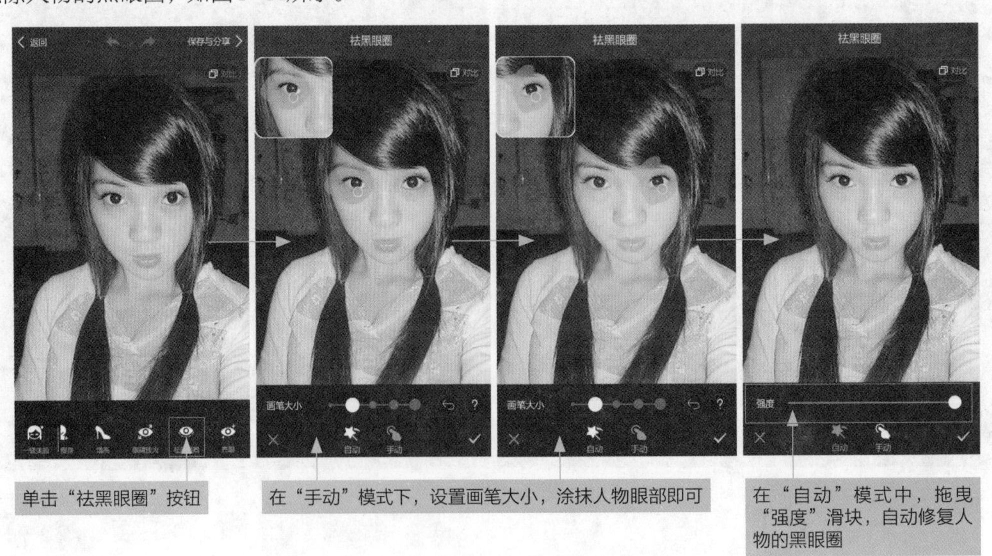

图4-44 美图秀秀的“祛黑眼圈”功能

4.3.8 亮眼功能

美图秀秀中的“亮眼”功能可以让模特的眼睛看上去更加有神采，更加漂亮，吸引顾客注意，增加店铺的浏览量。在美图秀秀App中打开相应的模特照片，单击底部的“亮眼”按钮进入其界面，用户可以通过“手动”和“自动”两种模式来调节人物的眼睛，如图4-45所示。

图4-45 美图秀秀的“亮眼”功能

4.4 拼图效果：完美组合商品照片

拼图即将一组商品照片进行拼接组合，以制作出特殊的拼图效果，在网店/微店的装修设计中，是较为常用的设计元素，如图4-46所示。在美图秀秀中，用户可以进行自由拼图，随意排列照片效果；也可以将照片进行拼接，横向或竖向固定排列一组照片。

图4-46 网店/微店中的各种商品详情拼图效果

4.4.1 模版拼图

“模版拼图”功能为用户提供了多种照片拼图模版，用户可以将自己喜欢的照片添加到模版中，然后将编辑好的图片输出到网店/微店中，具体使用方法如图4-47所示。

图4-47 “模版”拼图效果

4.4.2 自由拼图

使用美图秀秀App，用户只需轻松几步，即可制作出个性的拼图效果。相比其他较为简单的拼图，美图秀秀的拼图内容更加丰富。

在美图秀秀主界面单击“拼图”按钮，进入相应相册单击选择多张照片，单击“开始拼图”按钮，默认进入“模版”拼图界面，单击下面的“自由”按钮即可切换到“自由”拼图模式，就可以看到打开的图片随意地放在拼图页面，然后可以执行自由移动图片、自由设置背景图片以及添加/删除图片等操作，如图4-48所示。单击预览区两侧中间的〈和〉按钮，还可以切换查看系统自定的自由拼图效果，如图4-49所示。另外，背景可以是不同颜色的纯色背景，也可以是你喜欢的图片，如图4-50所示。

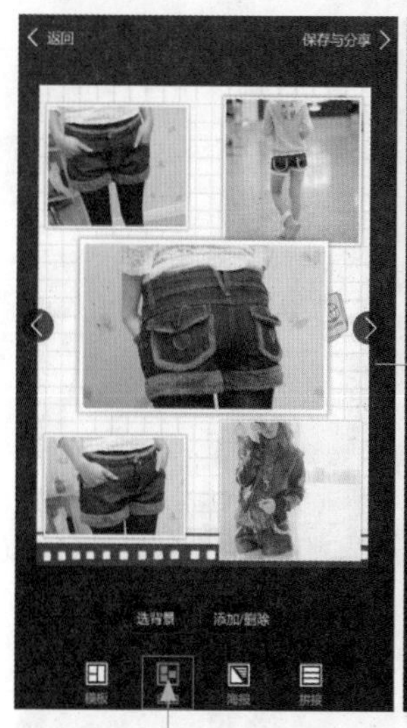

选择多张照片后，单击“自由”按钮切换至该拼图模式

单击选择单张照片，单击并拖曳照片右下角的⊙图标可以旋转照片以及调整其大小

单击“选背景”按钮进入“背景列表”界面，单击选择相应的拼图背景

用户还可以自由调整其他的图片，以达到自己想要表达的效果

图4-48 “自由”拼图效果

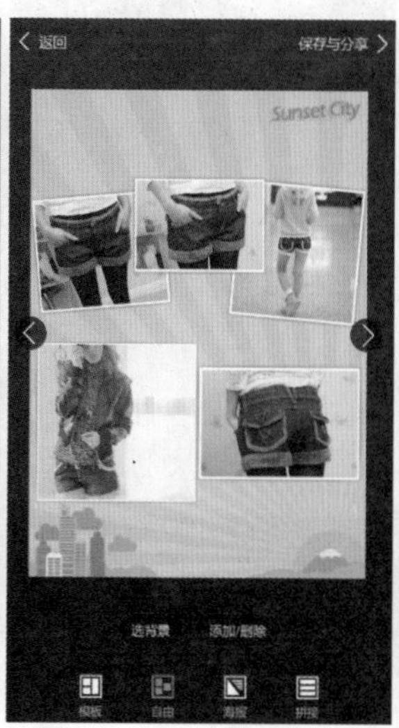
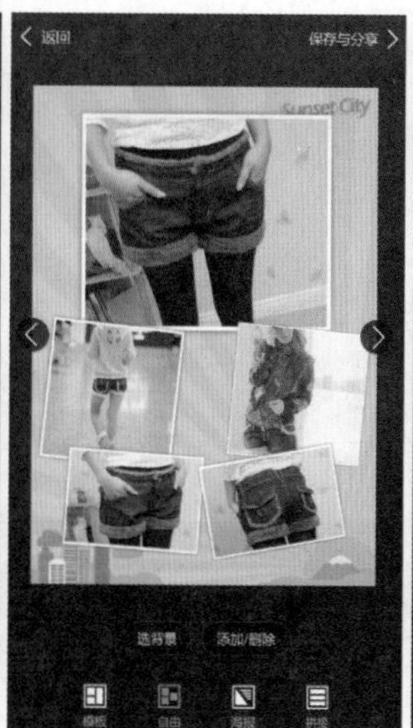
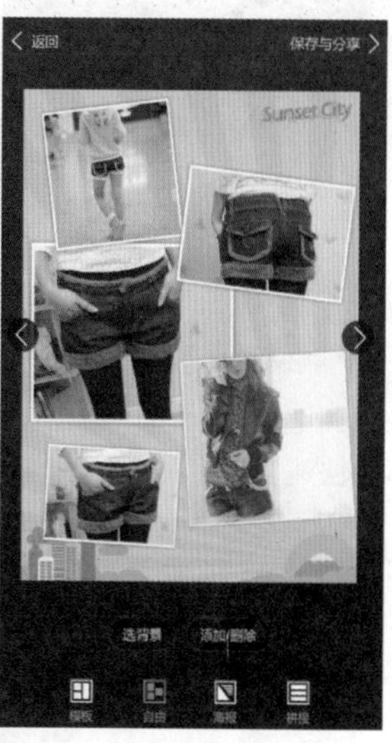

图4-49 查看系统自定的自由拼图效果

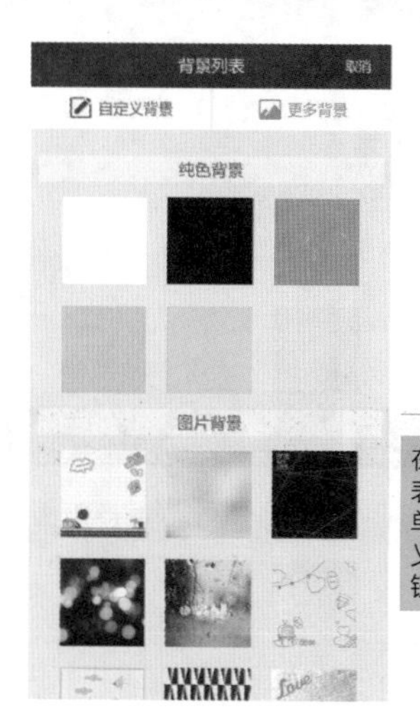

在“背景列表”界面中单击“自定义背景”按钮

进入手机相册，单击选择相应的背景图片即可

图4-50 自由设置拼图背景效果

4.4.3 海报拼图

美图秀秀App的“海报”拼图功能，可以将多张照片根据模版进行组合，且可以调整照片的显示区域，如图4-51所示。

图4-51 “海报”拼图效果

4.4.4 拼接合成

在网店/微店的商品图片处理时，有时候我们需要将两张或多张图片拼接为一张，使用美图秀秀的“拼接”即可快速实现多张图片的拼接合成，如图4-52所示。

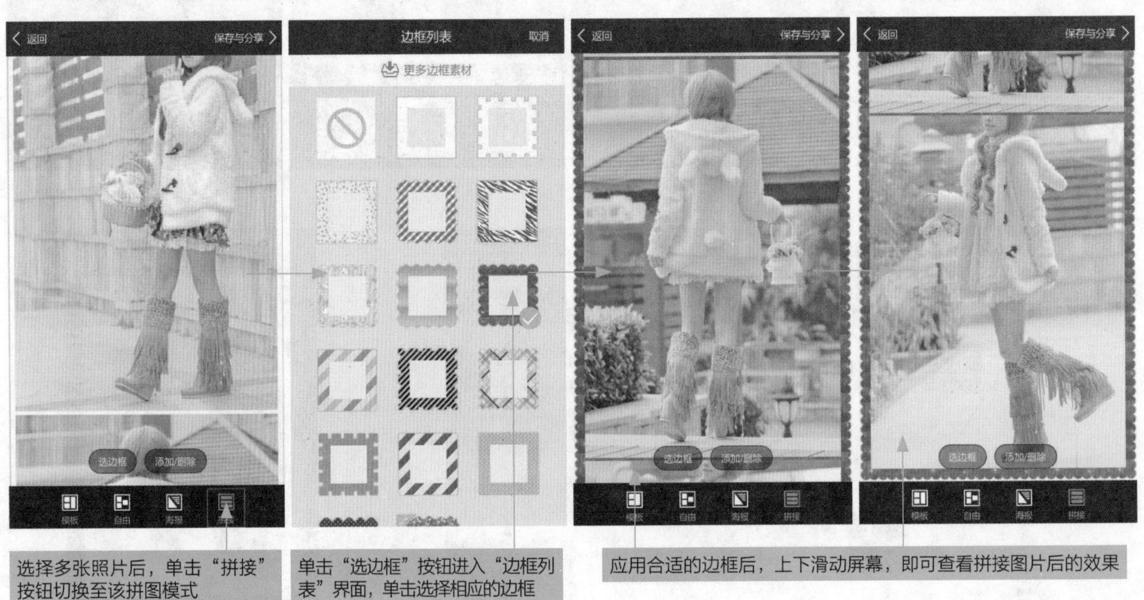

图4-52 拼接商品图片效果

第05章

店铺装修5大核心区域设计

本章知识提要

- 打出过目不忘的招牌——店招
- 帮助顾客精确定位——导航条
- 巧用心思赢得回头客——店铺收藏区
- 给顾客解惑答疑——客服区
- 方便顾客了解店铺信息——公告栏

5.1 打出过目不忘的招牌——店招

店招位于网店/微店首页的最顶端，它的作用与实体店铺的招牌相同，是大部分顾客最先了解和接触到的信息。店招是店铺的标志，大部分都是由产品图片、宣传语言和店铺名称等组成，漂亮的店招与签名可以吸引更对顾客进入店铺。

5.1.1 店招的设计要求

店招就是网店/微店的招牌，从品牌推广的角度来看，想要在众多网店/微店中让自己的店招脱颖而出，在店招的设计上需要具备新颖、易于传播、便于记忆等特点，如图5-1所示。

图5-1 网店/微店的店招

一个好的店招设计，除了能给人传达明确信息外，还得在方寸之间表现出深刻的精神内涵和艺术感染力，给人以静谧、柔和、饱满、和谐的感觉。要做到这些，在设计店招时需要遵循一定的设计原则和要求，通常要求有标准的颜色和字体、简洁的设计版面，还需要有一句能够吸引消费者的广告语，画面还需要具备强烈的视觉冲击力，清晰地告诉顾客你在卖什么，通过店招也可以对店铺的装修风格进行定位。

1. 选择合适的店招图片素材

店招图片的素材通常可以从网上或者素材光盘上收集，通过搜索网站输入关键字可以很快找到很多相关的图片素材，也可以登录设计资源网站，找到更多精美、专业的图片。下载图片素材时，要选择尺寸大的、清晰度好的、没有版权问题的且适合自己店铺的图片。

2. 突出店铺的独特性质

店招是用来表达店铺的独特性质的，要让顾客认清店铺的独特品质、风格和情感，要特别注意避免与其他网站的Logo雷同。因此，店招在设计上需要讲究个性化，让店招与众不同、别出心裁。如图5-2所示，是一些个性的店招设计。

图5-2 个性的店招设计

3. 让自己的店招过目不忘

设计一个好的店招应从颜色、图案、字体、动画等几方面入手。在符合店铺类型的基础上，使用醒目的颜色，独特的图案、合适的字体，以及强烈的动画效果来给人留下深刻的印象，如图5-3所示。

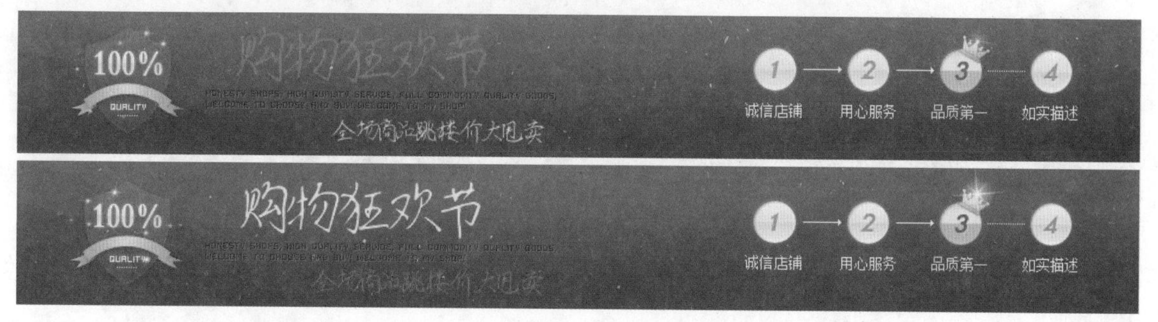

图5-3 强烈的动画效果

4. 统一性

店招的外观和基本色调要根据页面的整体版面设计来确定，而且要考虑到在其他印刷、制作过程中进行缩放等处理时的效果变化，以便能在各种媒体上保持相对稳定。

在店招的设计上，以淘宝网为例，店招的设计尺寸应该控制在950像素×150像素内，且格式为JPG或GIF，其中GIF格式就是通常所见的带有Flash效果的动态店招，如图5-4所示。

图5-4 淘宝网店招的设计尺寸和格式

提示

店招设计是网店装修的一部分，它在旺铺视角营销中占据了相当重要的位置，它就像一块“明镜高悬”的牌匾一直在我们视线的上方“晃荡”着。作为店主，最好的是把它当广告牌来用，那么显眼的一个位置，要将最核心的信息展示出来，让消费者一看就懂，一目了然。

店招到底怎么设计才好呢，首先我们要知道店招的内容是什么，确定好内容之后，再想一想它的功能是什么，然后再动手开始设计。

5. 体现主要内容

顾客需要掌握的店铺品牌信息最直接的来源就是店招，其次才是店铺装修的整体视觉。对于品牌商品而言，店招可以让顾客进来第一眼就知道经营的品牌信息，而不用顾客再去其他页面或者模块中寻找。

对于经营网店/微店的商家而言，尤其要有成本意识，节约消费者了解你的成本，节约你向消费者介绍自己的成本。店招的设计最需要体现的内容如图5-5所示。

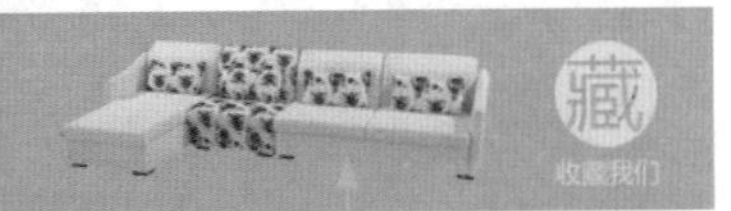

图5-5 店招的设计最需要体现的内容

为了让店招有特点且便于记忆，在设计的过程中都会采用简短醒目的广告语辅助Logo的表现，通过适当的图像来增强店铺的认知度，其主要内容如图5-6所示。

图5-6 店招的设计需要体现的内容

6. 掌握制作方法

对于网店/微店的店招而言，按照其状态可以分为动态店招和静态店招，下面分别介绍其制作方法。

（1）制作静态店招：一般来说，静态店招由文字、图像构成，其中有些店招用纯文字表示，有些店招用图像表示，也有一些店招同时包含文字和图像，如图5-7所示。

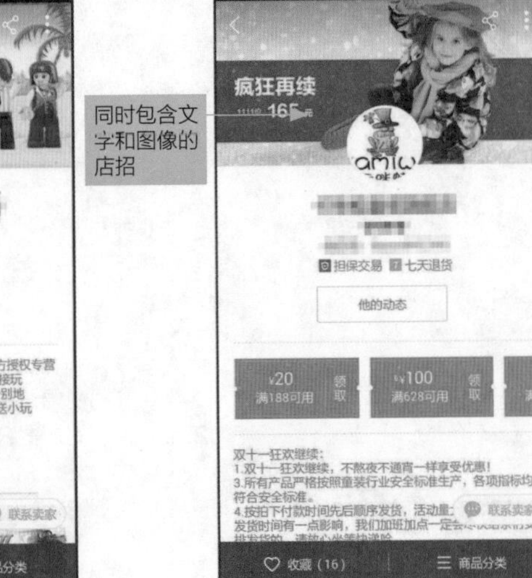

图5-7 不同类型的微店静态店招

（2）制作动态店招：动态店招就是将多个图像和文字效果构成GIF动画。制作这种动态店招，可以使用GIF制作软件完成，如Easy GIF Animator、Ulead GIF Animator等软件都可以制作GIF动态图像。设计前准备好背景图片和商品图片，然后添加需要的文字，如店铺名称或主打商品等，然后使用软件制作即可。图5-8所示为使用Photoshop制作的GIF格式的店招。

图5-8 使用Photoshop制作的GIF格式店招

5.1.2 店招的主要功能

网店/微店的店招主要是为了吸引顾客、留住顾客，所以设计时需要更多地从顾客的角度去考虑。图5-9所示为不同商品网店的店招，在其中可以清楚地看到店铺的名称和广告语，有助于顾客对店铺风格的了解。

图5-9 不同商品网店的店招

网店/微店的店招同实体店的招牌一样，就像是一个店铺的“脸面”，对店铺的发展起着较为重要的作用，其主要作用如图5-10所示。

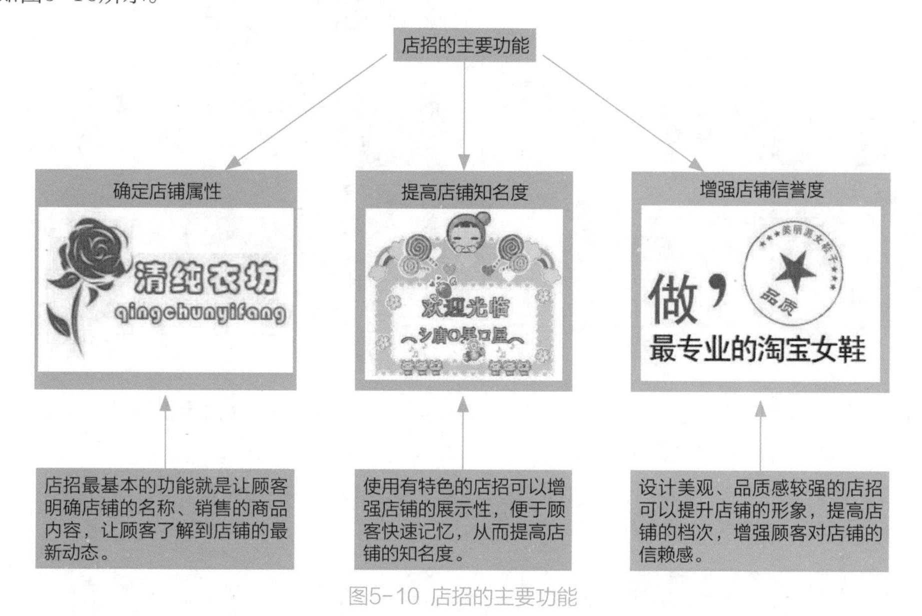

图5-10 店招的主要功能

5.1.3 实例：花店类店招设计与详解

由于店招的展示区域有限，因此，在有限的区域内要将店铺名称和风格展示在店招上，以便于消费者识别。下面以花店类店招为例，介绍店招的设计与制作方法，本实例最终效果如图5-11所示。

图5-11 实例效果

- **素材文件** | 素材\第5章\文字1.psd、背景1.jpg
- **效果文件** | 效果\第5章\花店类店招.psd、花店类店招.jpg
- **视频文件** | 视频\第5章\5.1.3　实例：花店类店招设计与详解.mp4

操作步骤

01 单击“文件”|“新建”命令，弹出“新建”对话框，设置“名称”为“花店类店招”、“宽度”为10厘米、“高度”为10厘米、“分辨率”为72像素/英寸、“颜色模式”为“RGB颜色”、“背景内容”为“白色”，单击“确定”按钮，新建一个空白图像，如图5-12所示。

02 选取工具箱中的自定形状工具，在工具属性栏中设置“填充”为红色（RGB参数值分别为255、0、0）、“形状”为“红心形卡”图形，如图5-13所示。

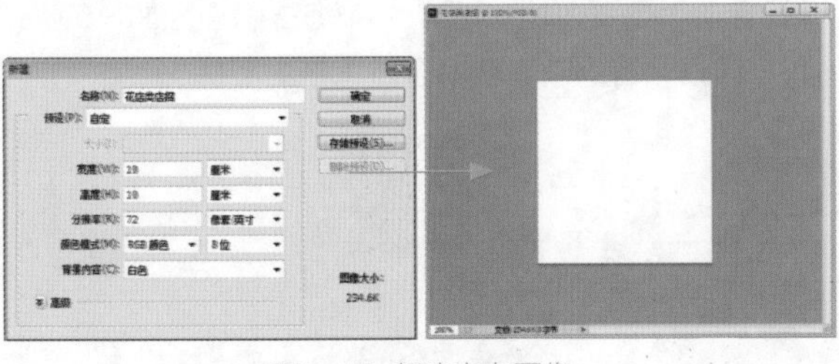

图5-12 新建空白图像

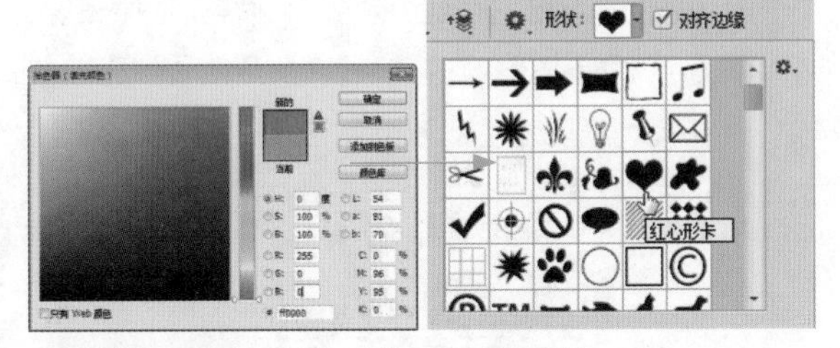

图5-13 设置工具属性

03 在图像编辑窗口中单击鼠标左键，弹出“创建自定形状”对话框，设置“宽度”和“高度”均为45像素，单击“确定”按钮创建形状，并调整其位置，效果如图5-14所示。

04 复制并粘贴形状图层，将其旋转120度并调整其位置，效果如图5-15所示。

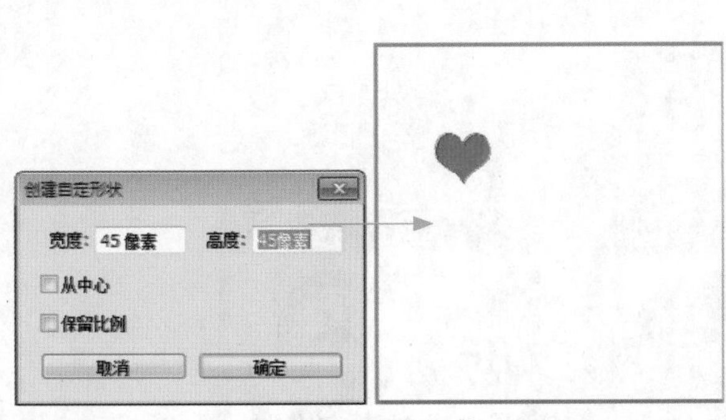

图5-14 创建形状

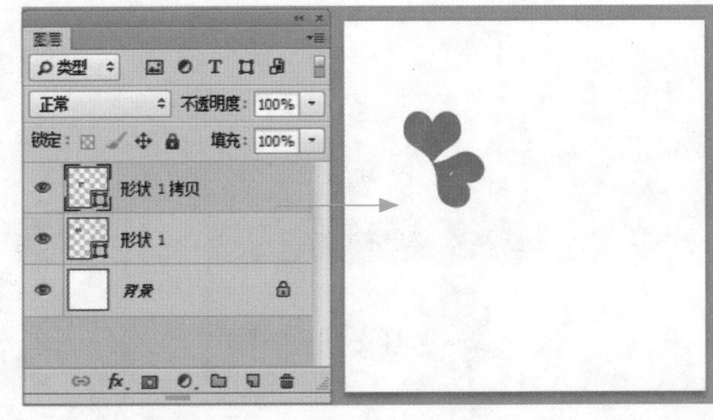

图5-15 复制并调整形状

05 选择所复制的形状，在工具属性栏中设置“填充”为蓝色（RGB参数值分别为0、106、255），效果如图5-16所示。

06 重复上述操作，复制形状将其旋转-120度并调整其位置，在工具属性栏中设置“填充”为黄色（RGB参数值分别为255、246、0），效果如图5-17所示。

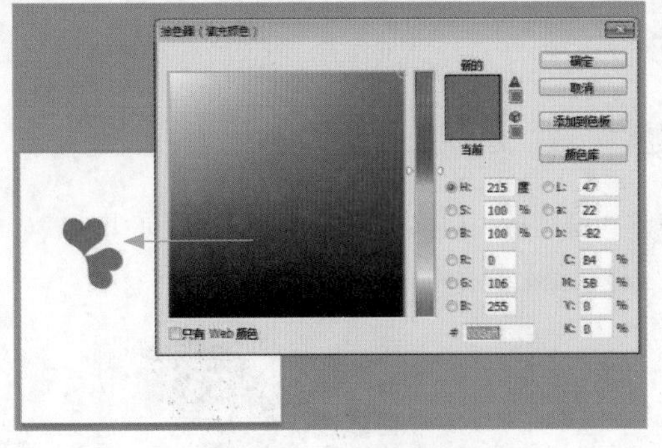

图5-16 设置填充颜色

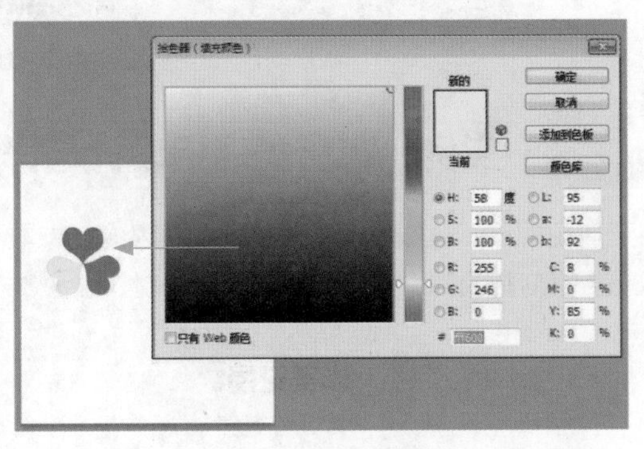

图5-17 复制并设置形状

07 选择相应的形状图层，单击鼠标右键，在弹出的快捷菜单中选择“链接图层”选项，即可链接图层，效果如图5-18所示。

08 选取工具箱中的横排文字工具，输入文字“尚美花屋”，展开“字符”面板，设置“字体系列”为“汉仪菱心体简”、“字体大小”为30点、“颜色”为黑色，根据需要适当地调整文字的位置，效果如图5-19所示。

图5-18 链接图层

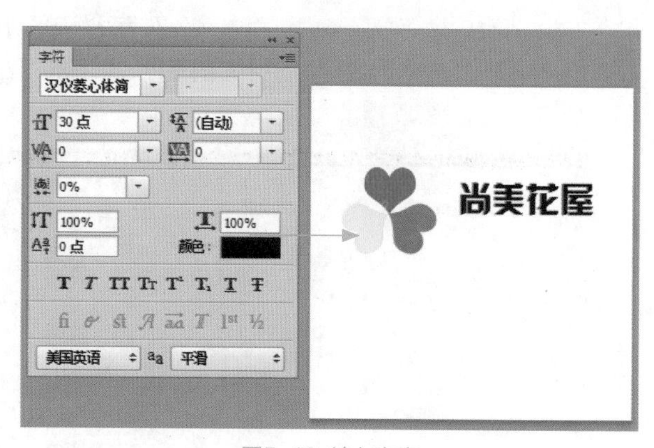

图5-19 输入文字

09 单击“文件”|“打开”命令，打开“文字1.psd”素材图像，运用移动工具将其拖曳至“花店类店招”图像编辑窗口中的合适位置处，创建“花店类店招”图层组，将绘制的形状与文字等拖曳到图层组中，效果如图5-20所示。

10 单击“文件”|“打开”命令，打开“背景1.jpg”素材图像，运用移动工具将图层组中的图像拖曳至背景图像编辑窗口中的合适位置处，效果如图5-21所示。

图5-20 创建图层组

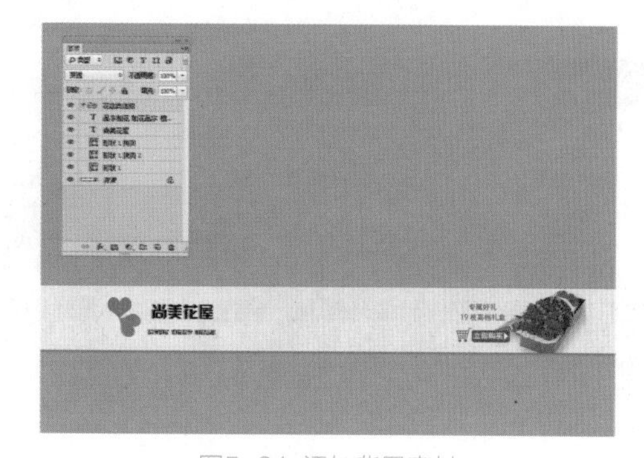

图5-21 添加背景素材

5.2 帮助顾客精确定位——导航条

为了满足卖家放置各种类型的商品，网店/微店都提供了“宝贝分类”功能，卖家可以针对自己店铺的商品建立对应的分类，这就是导航条。

5.2.1 导航条的设计分析

导航条是网店/微店装修设计中不可缺少的部分，它是指通过一定的技术手段，为网店/微店的访问者提供一定的途径，使其可以方便地访问到所需的内容，是人们浏览店铺时可以快速从一个页面转到另一个页面的快速通道。利用导航条，我们就可以快速找到我们想要浏览的页面。

导航条的目的是让网店/微店的层次结构以一种有条理的方式清晰展示，并引导顾客毫不费力地找到并管理信息，让顾客在浏览店铺过程中不至于迷失。因此，为了让网店/微店的信息可以有效地传递给顾客，导航一定要简洁、直观、明确。

1. 尺寸规格

在设计网店/微店导航条的过程中，各网店/微店平台都对于导航条的尺寸有一定的限制。例如，淘宝网规定导航条的尺寸为950像素的宽度，50像素的高度，如图5-22所示。

导航条尺寸：950×50

如左图所示，可以看到这个尺寸的导航条空间十分有限，除了可以对颜色和文字内容进行更改之外，很难有更深层次的创作，但是随着网页编辑软件的逐渐普及，很多设计师都开始对网店/微店首页的导航倾注更多的心血，通过对首页整体进行切片来扩展首页的装修效果。

图5-22 导航条的尺寸规格

2. 色彩和字体风格

在网店/微店的导航条装修设计中，其次需要考虑的便是导航条的色彩和字体的风格，应该从整个首页装修的风格出发，定义导航条的色彩和字体，毕竟导航条的尺寸较小，使用太突兀的色彩会形成喧宾夺主的效果。如图5-23所示，为使用绿底白字进行色彩搭配的导航条。

图5-23 使用绿底白字进行色彩搭配的导航条

鉴于导航条的位置都是固定在店招下方的，因此只要力求和谐和统一，就能够创作出满意的效果，如图5-24所示的店铺导航条，它与整个店铺的风格一致。

图5-24 店铺导航条与整个店铺的风格一致

另外，很多设计师还会挖空心思设计出更有创意的作品，从而提升店铺装修的品质感和视觉感，如图5-25所示，就是使用较为独特外形设计出来的导航条。

图5-25 较为独特外形设计出来的导航条

5.2.2 实例：儿童玩具店铺导航条设计与详解

导航条可以方便顾客从一个页面跳转至另一个页面，查看店铺的各类商品及信息。因此，有条理的导航条能够保证更多页面被访问，使店铺中更多的商品信息、活动信息被顾客发现。尤其是顾客从宝贝详情页进入到其他页面，如果缺乏导航条的指引，将极大地影响店铺转化率。下面以儿童玩具店铺为例，介绍导航条的设计与制作方法，本实例最终效果如图5-26所示。

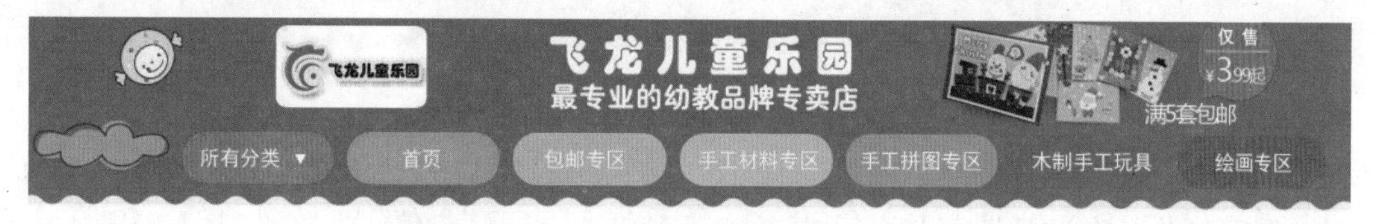

图5-26 实例效果

- **素材文件** | 素材\第5章\文字2.psd、背景2.jpg
- **效果文件** | 效果\第5章\儿童玩具店铺导航条.psd、儿童玩具店铺导航条.jpg
- **视频文件** | 视频\第5章\5.2.2 实例：儿童玩具店铺导航条设计与详解.mp4

操作步骤

01 单击“文件”|“打开”命令，打开“背景2.jpg”素材图像，如图5-27所示。

02 选取工具箱中的圆角形状工具，在工具属性栏中设置“填充”为红色（RGB参数值分别为246、78、26）、“半径”为20像素，如图5-28所示。

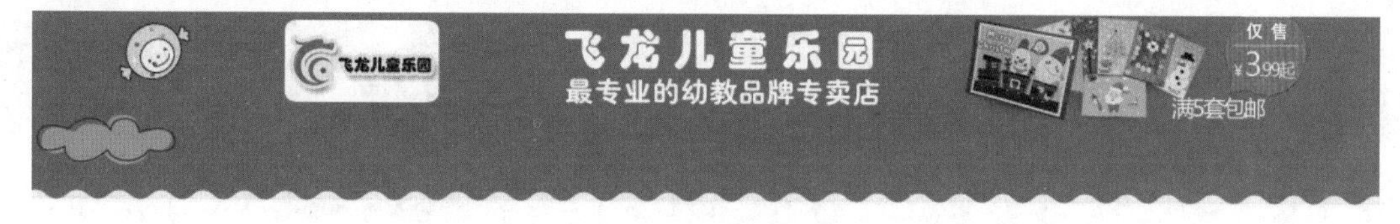

图5-27 打开素材图像

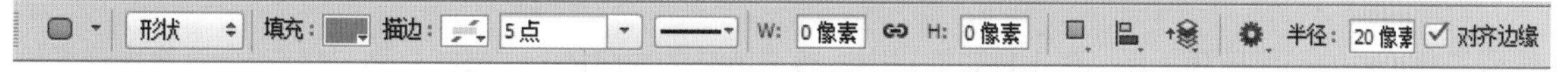

图5-28 设置工具属性

03 在图像编辑窗口中单击鼠标左键，弹出“创建圆角矩形”对话框，设置“宽度”为125像素、“高度”均为42像素，单击“确定”按钮创建形状，并调整其位置，效果如图5-29所示。

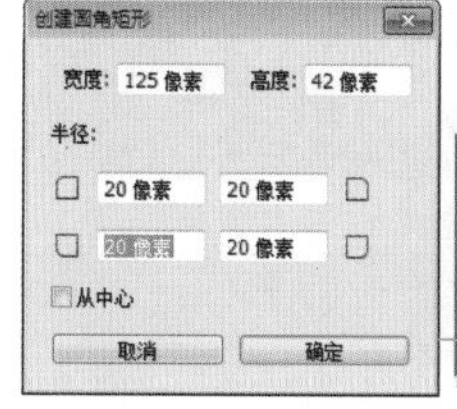

图5-29 创建形状

04 复制形状，适当调整其位置，在工具属性栏中设置“填充”为橘黄色（RGB参数值分别为255、138、0），效果如图5-30所示。

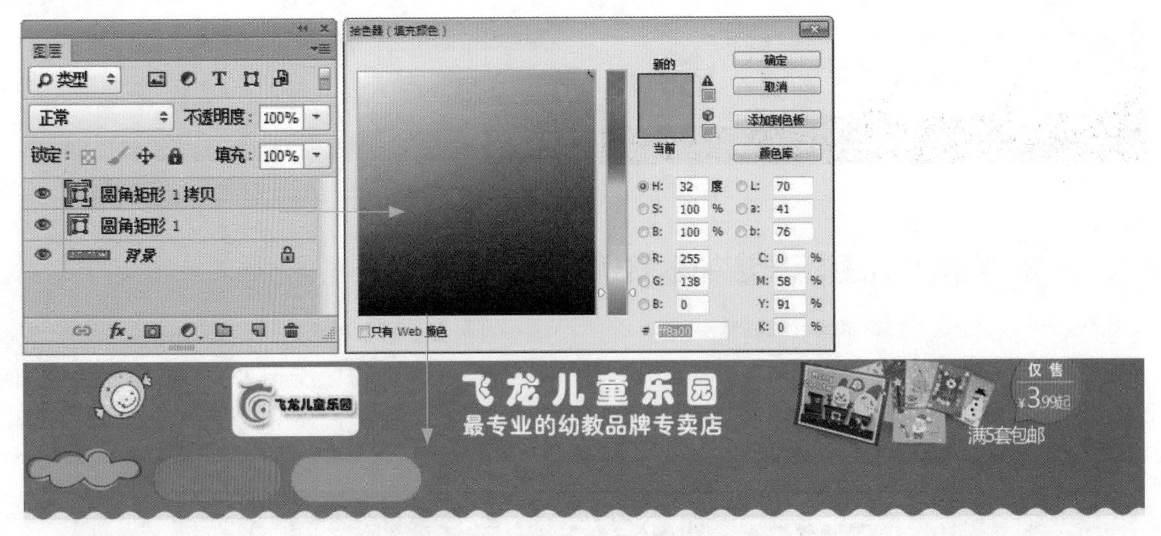

图5-30 复制并修改形状颜色

05 继续复制5个形状，适当调整其位置，并在工具属性栏中依次设置其“填充”为黄色（RGB参数值分别为240、181、0）、绿色（RGB参数值分别为153、196、3）、浅蓝色（RGB参数值分别为12、161、191）、深蓝色（RGB参数值分别为18、94、163）、紫色（RGB参数值分别为108、58、169），效果如图5-31所示。

06 单击“文件”|“打开”命令，打开“文字2.psd”素材图像，运用移动工具将其拖曳至背景图像编辑窗口中的合适位置处，效果如图5-32所示。

图5-31 复制并修改形状颜色

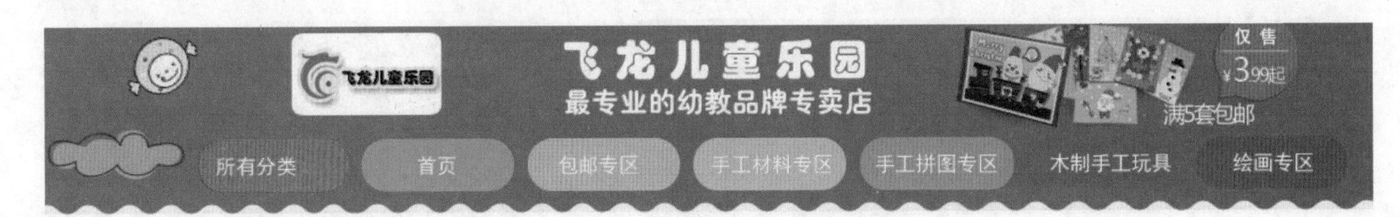

图5-32 添加文字素材

07 选取工具箱中的自定形状工具，在工具属性栏中设置“填充”为白色、“形状”为“标志3”，在图像编辑窗口中合适位置绘制形状，效果如图5-33所示。

图5-33 绘制标志形状

5.3 巧用心思赢得回头客——店铺收藏区

在网店/微店中，收藏区是装修设计的一部分，添加收藏区可以提醒顾客对店铺进行及时的收藏，以便下次再在此购物，可以增加顾客的回头率。

5.3.1 收藏区的设计分析

网店/微店的收藏区通常显示在首页中，很多网店/微店平台都提供了固定区域，都会用统一的按钮或者图标对店铺收藏进行提醒，如图5-34所示。

收藏区：下图所示为淘宝网店首页“收藏店铺”的置顶显示效果，但是商家为了提升店铺的人气，增加顾客的回头率，往往还会在店铺的其他位置设计和添加收藏区。

图5-34 网店/微店的收藏区

通过网店/微店中的收藏功能，顾客可以将自己感兴趣的店铺或商品添加到收藏夹中，以便再次访问时可以轻松地找到相应的商品，如图5-35所示。

图5-35 店铺收藏页面与宝贝收藏页面

在网店/微店的装修设计中，收藏区可以存在店铺首页或者详情页面的多个位置处，例如，将收藏区设计到店招和网店首页底部的效果，如图5-36所示。

图5-36 灵活的店铺收藏区

网店/微店的收藏区通常是内容较为单一的文字和广告语，当然，也有商家为了吸引顾客的注意力，将一些宝贝图片、素材图片、Flash动画等添加到其中，达到推销商品和提高收藏量的目的，如图5-37所示。

图5-37 内容丰富的店铺收藏区

网店/微店的收藏区通常都是采用JPG格式的静态图片来进行表现，但也可以使用GIF格式的动态图片，这种闪烁的图片效果可以使其更容易引起顾客的注意力，提高店铺的收藏数量，如图5-38所示。

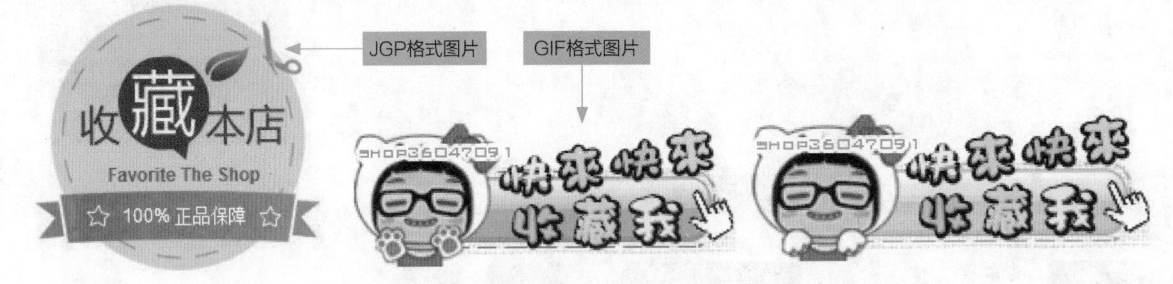

图5-38 JPG格式的静态图片与GIF格式的动态图片

5.3.2 实例：店铺收藏区设计与详解

每一个商品页面都有一个收藏链接，而每个店铺都有店铺的收藏链接，做一个精美的图片，再配上收藏链接，这样可以大大提高收藏量，还可以提高店铺整体层次。下面介绍收藏区的设计与制作方法，本实例最终效果如图5-39所示。

图5-39 实例效果

- **素材文件** | 素材\第5章\装饰.psd
- **效果文件** | 效果\第5章\店铺收藏区.psd、店铺收藏区.jpg
- **视频文件** | 视频\第5章\5.3.2　实例：店铺收藏区设计与详解.mp4

操作步骤

01 单击“文件”|“新建”命令，弹出“新建”对话框，设置“名称”为“店铺收藏区”、“宽度”为200像素、“高度”为150像素、“分辨率”为300像素/英寸、“颜色模式”为“RGB颜色”、“背景内容”为“白色”，单击“确定”按钮，新建一个空白图像，如图5-40所示。

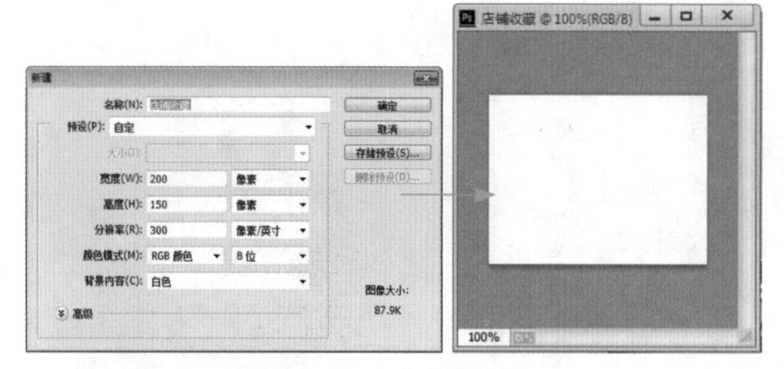

图5-40 新建空白图像

02 选取工具箱中的渐变工具，设置渐变色为红色（RGB参数值分别为149、24、86）到深红色（RGB参数值分别为88、12、46）的径向渐变，如图5-41所示。

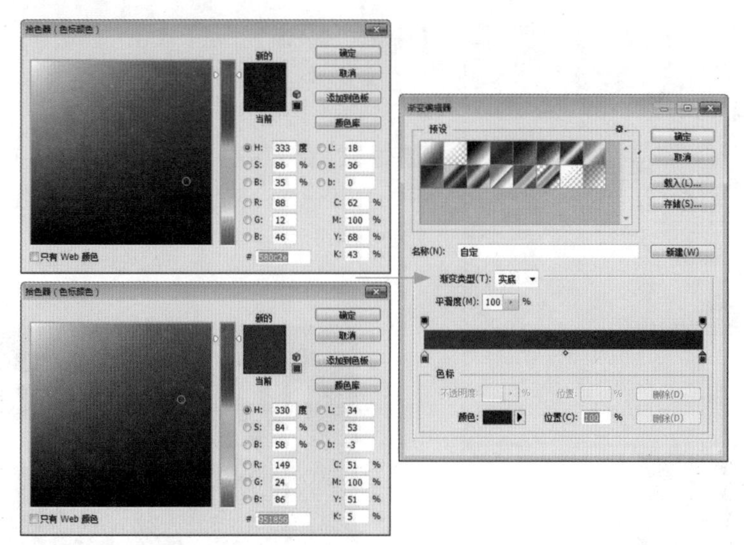

图5-41 设置渐变色

03 将鼠标指针移至图像中间，单击并向上拖曳鼠标左键，即可填充渐变色，效果如图5-42所示。

04 选取工具箱中的横排文字工具，输入文字“收藏店铺”，展开“字符”面板，设置“字体系列”为“方正粗宋简体”、“字体大小”为10点、“颜色”为白色，根据需要适当地调整文字的位置，效果如图5-43所示。

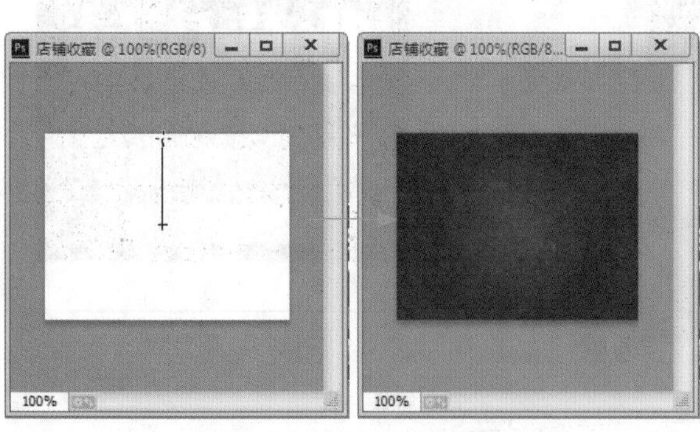

图5-42 填充渐变色

图5-43 输入文字

05 运用横排文字工具输入文字“BOOK MARK”，设置“字体系列”为“Times New Roman”、“字体大小”为4点、“颜色”为白色，根据需要适当地调整文字的位置，效果如图5-44所示。

06 单击“文件”|“打开”命令，打开“装饰.psd”素材图像，运用移动工具将其拖曳至背景图像编辑窗口中的合适位置处，效果如图5-45所示。

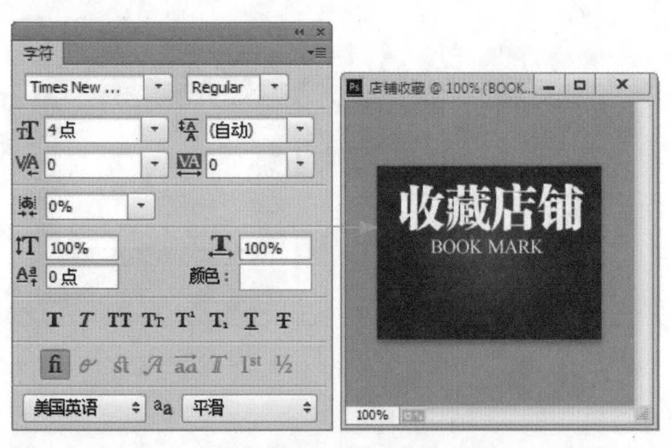

图5-44 输入文字

图5-45 添加装饰素材

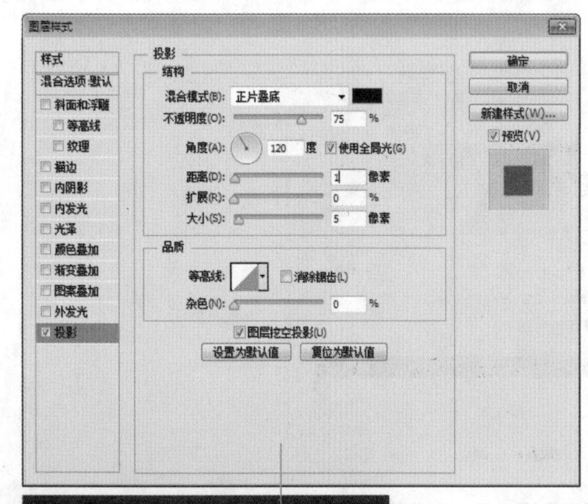

图5-46 添加“投影”图层样式

07 双击“装饰”图层，弹出“图层样式”对话框，选中“投影”复选框，设置“距离”为1像素、“大小”为5像素，单击“确定”按钮，效果如图5-46所示。

08 选取工具箱中的圆角形状工具，在工具属性栏中设置“半径”为20像素，在图像编辑窗口中绘制一个圆角矩形形状，如图5-47所示。

图5-47 绘制圆角矩形形状

09 双击“圆角矩形1”形状图层，弹出“图层样式”对话框，选中“渐变叠加”复选框，单击“点按可编辑渐变”色块，如图5-48所示。

10 弹出“渐变编辑器”对话框，设置渐变色为黄色（RGB参数值分别为233、177、66）到浅黄色（RGB参数值分别为255、240、215），如图5-49所示。

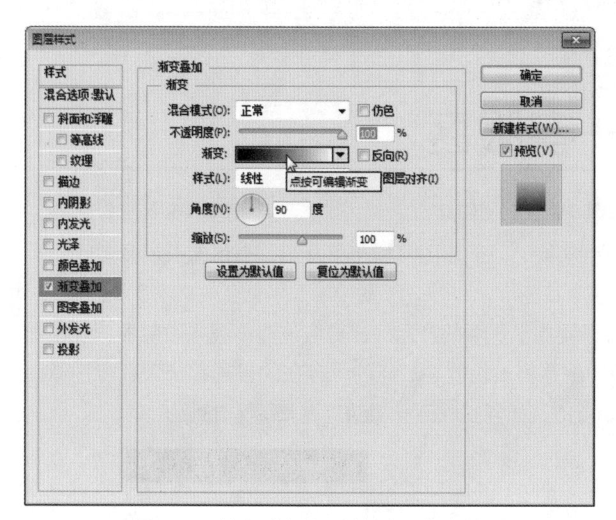

图5-48 单击“点按可编辑渐变”色块

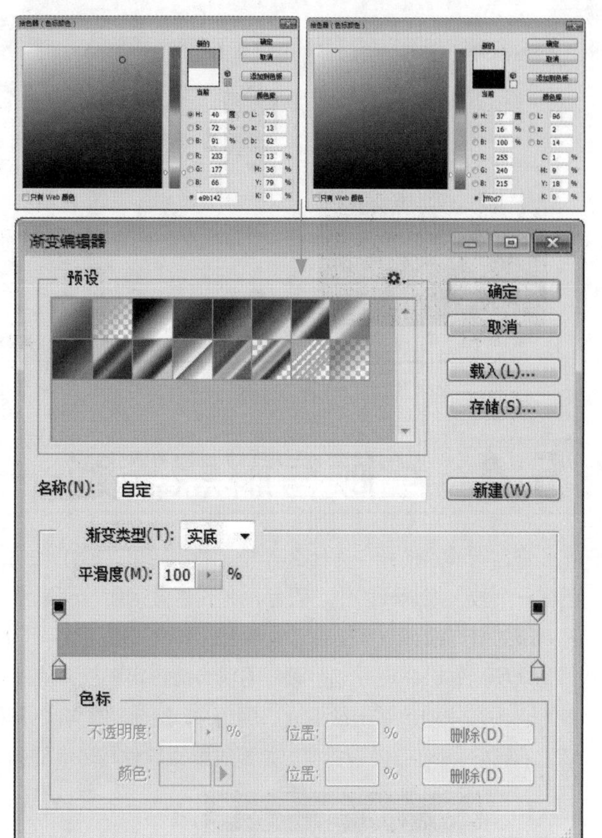

图5-49 设置渐变色

11 单击“确定”按钮返回“图层样式”对话框，选中“投影”复选框，设置“不透明度”为30%，如图5-50所示。

12 单击“确定”按钮，应用图层样式，效果如图5-51所示。

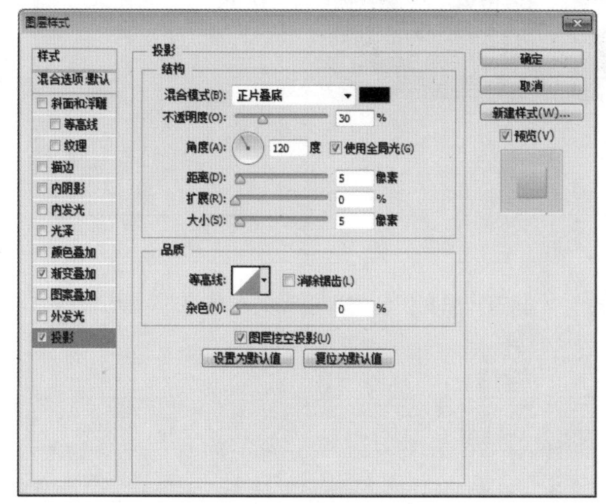

图5-50 设置选项

图5-51 应用图层样式

13 运用横排文字工具输入文字“点击收藏”，设置“字体系列”为“黑体”、“字体大小”为4.5点、“颜色”为深红色（RGB参数值分别为131、55、64），根据需要适当地调整文字的位置，效果如图5-52所示。

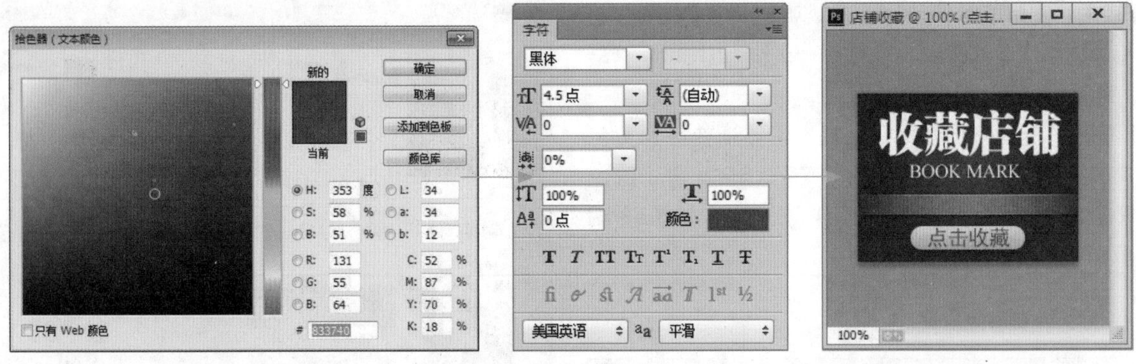

图5-52 输入文字

5.4 给顾客解惑答疑——客服区

常常有卖家说："为什么有些人来我店里，问了几句就没消息了，不买了呢？"其实，卖东西不单有售后服务，还有一个被大家忽视的售前服务，尤其是做网店，买家看不到实物，只能靠图片和文字介绍，有可能有很多疑问，所以买家的咨询很可能直接决定他是否最终购买产品。

众所周知，在现今竞争激烈的网络销售市场里，卖家除了要提供优质的产品外，更应该提高服务的质量，争取更多的回头客才能让你走得更远。网店/微店的客服与实体店中的销售员功能是一样的，存在的目的都是为顾客答疑解惑，不同的是网店/微店的客户是通过聊天软件与顾客进行交流的，如阿里旺旺、微信等，如图5-53所示。

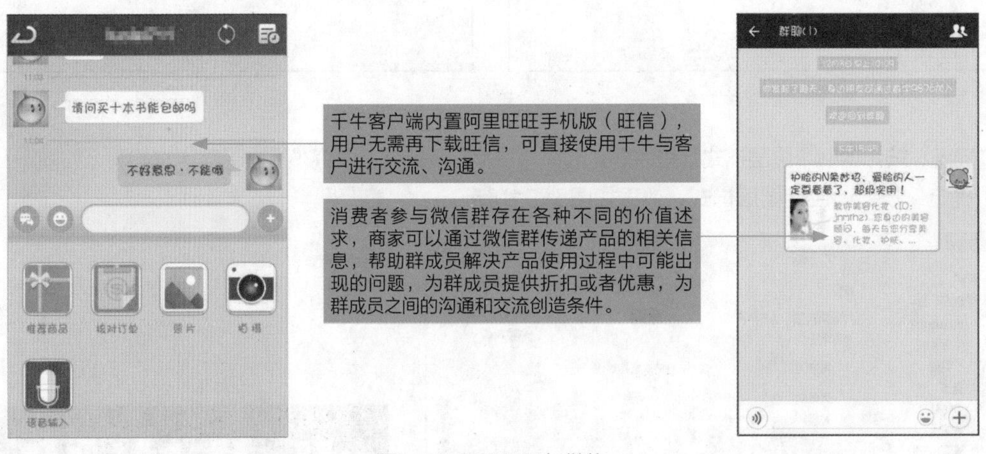

图5-53 阿里旺旺与微信

那么，设计成什么样子的客服区、放在哪个位置，才能提升顾客咨询的兴趣呢？本节将对网店/微店客服区的设计规范进行讲解。

5.4.1 客服区的设计分析

为了提示品牌竞争优势，商家必须重点突出"服务"战略，利用各种客服工具不断完善对客户的服务质量。客服是网店/微店的一种服务形式，利用网络和网商聊天软件，给顾客提供解答和售后等服务。

例如，在淘宝网中，网店客服就是使用阿里软件提供给淘宝掌柜的在线客户服务系统，旨在让淘宝掌柜更高效地管理网店，及时把握商机消息，从容应对繁忙的生意。如图5-54所示，为网店中的客服区的设计效果。

图5-54 网店客服区

网店中的客服区会存在于网店首页的多个区域，如图5-55所示。另外，很多电商平台都会在网店首页的最顶端统一定制客服的图标。

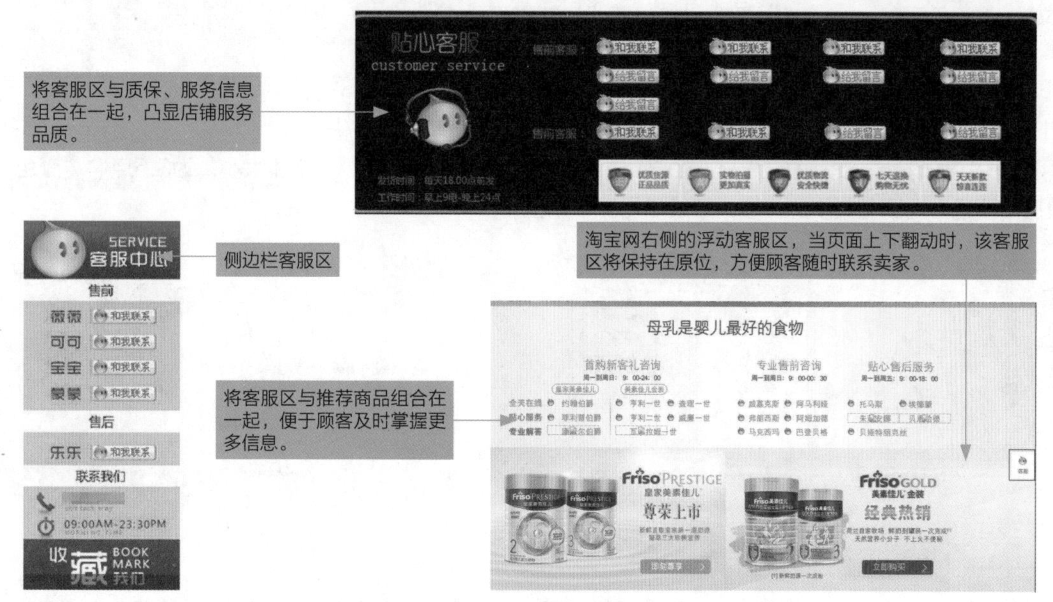

图5-55 客服区可以位于多个区域

> **提示**
>
> 需要注意的是，网店的客服区对于聊天软件的图标尺寸是有具体要求的。以淘宝中的旺旺头像为例，使用单个旺旺的图标作为客服的链接，那么旺旺图标的尺寸为 16 像素 ×16 像素；如果使用添加了“和我联系”或者“手机在线”字样的旺旺图标，图标的尺寸则为 77 像素 ×19 像素。制作过程中一定要以规范的尺寸来进行创作。

5.4.2 实例：奶粉店铺客服区设计与详解

本案例是为某品牌的婴幼儿奶粉店铺设计的客服区，在设计中将商品图片与店铺客服区组合在一起，本实例最终效果如图5-56所示。

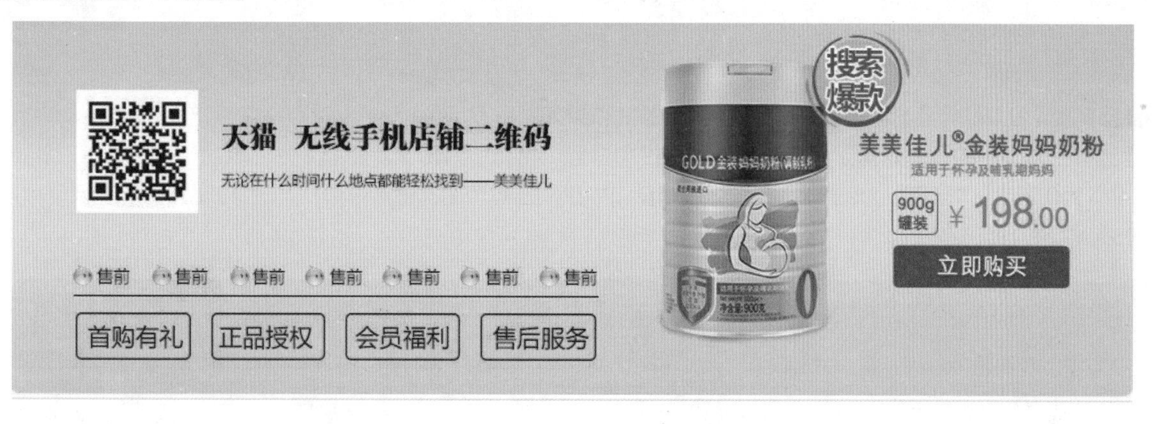

图5-56 实例效果

- **素材文件** | 素材\第5章\旺旺图标.psd、二维码.psd、背景3.jpg
- **效果文件** | 效果\第5章\奶粉店铺客服区.psd、奶粉店铺客服区.jpg
- **视频文件** | 视频\第5章\5.4.2 实例：奶粉店铺客服区设计与详解.mp4

操作步骤

01 单击“文件”|“打开”命令，打开“背景3.jpg”素材图像，如图5-57所示。

02 运用横排文字工具输入相应文字，设置“字体系列”为“微软雅黑”、“字体大小”为3.5点、“颜色”为黑色，根据需要适当地调整文字的位置，效果如图5-58所示。

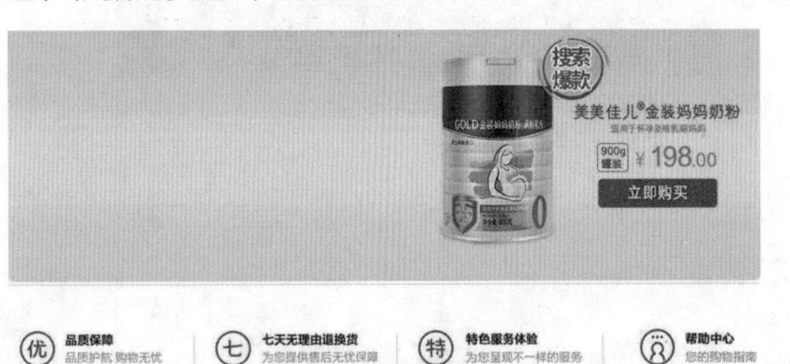

图5-57 打开素材图像

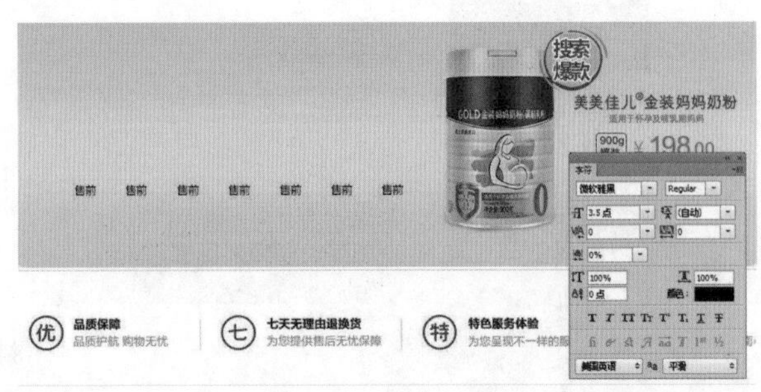

图5-58 输入相应文字

03 选取工具箱中的直线工具，在工具属性栏中设置“填充”为黑色、“粗细”为1像素，在图像编辑窗口中绘制一条直线形状，效果如图5-59所示。

04 单击“文件”|“打开”命令，打开“旺旺图标.psd”素材图像，运用移动工具将其拖曳至背景图像编辑窗口中的合适位置处，效果如图5-60所示。

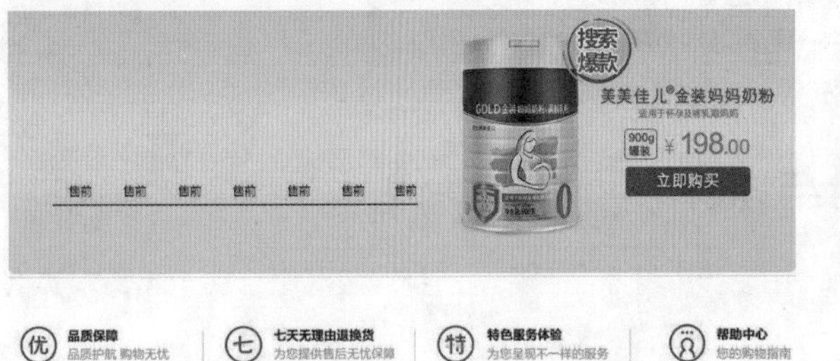

图5-59 绘制直线形状

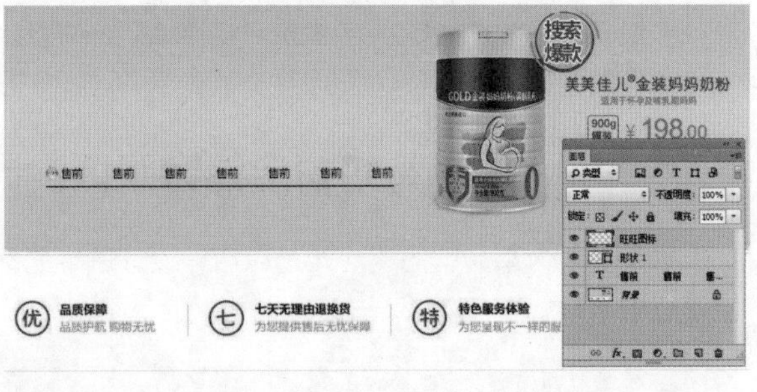

图5-60 添加旺旺图标素材

05 复制多个旺旺图标素材图像，并适当调整其位置，效果如图5-61所示。

06 选取工具箱中的圆角矩形工具，在工具属性栏中设置“填充”为无、“描边”为“黑色”、“设置形状描边宽度”为0.3点、“半径”为5像素，在图像编辑窗口中绘制出黑色的圆角矩形边框，效果如图5-62所示。

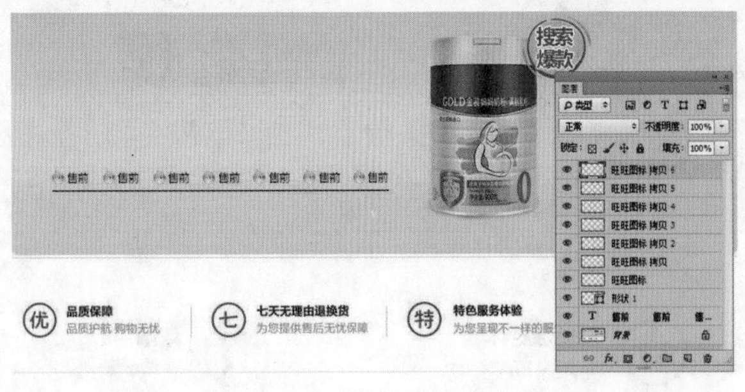

图5-61 复制并调整图像位置

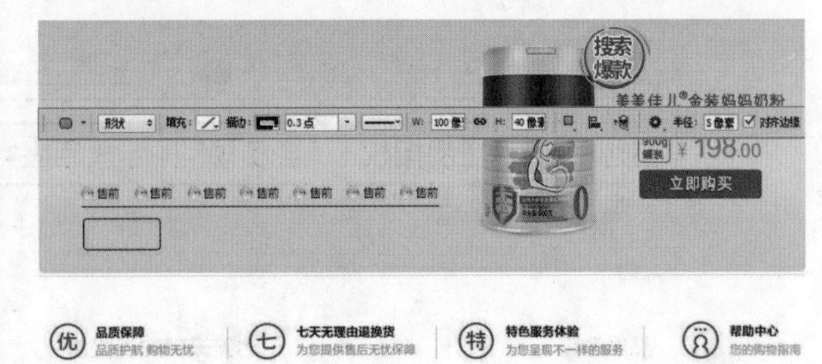

图5-62 绘制圆角矩形边框

07 复制多个圆角矩形边框，并适当调整其位置，效果如图5-63所示。

08 运用横排文字工具输入相应文字，设置“字体系列”为“微软雅黑”、“字体大小”为5点、“颜色”为黑色，根据需要适当地调整文字的位置，效果如图5-64所示。

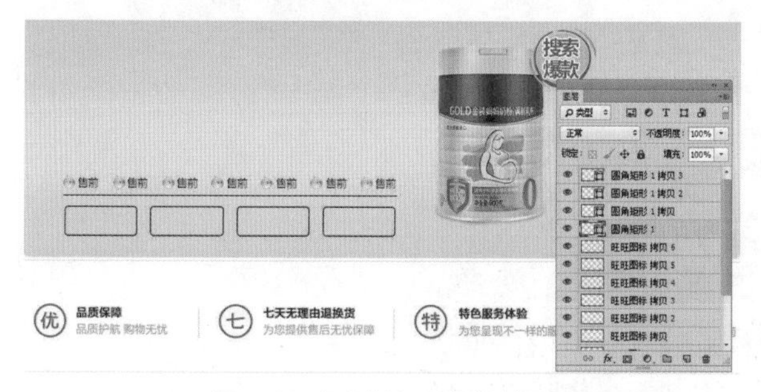

图5-63 复制并调整图像位置

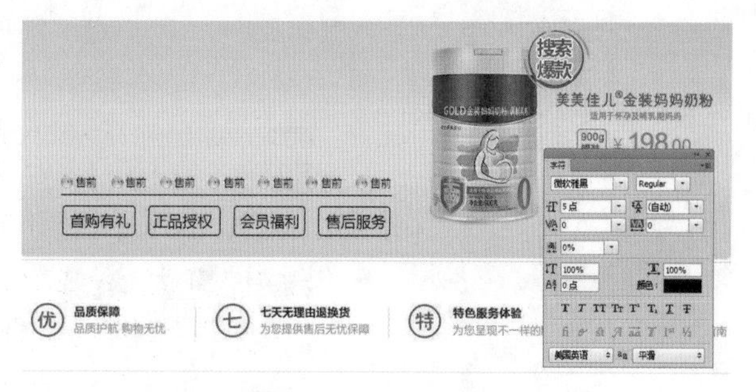

图5-64 输入相应文字

09 单击“文件”|“打开”命令，打开“二维码.psd”素材图像，运用移动工具将其拖曳至背景图像编辑窗口中的合适位置处，效果如图5-65所示。

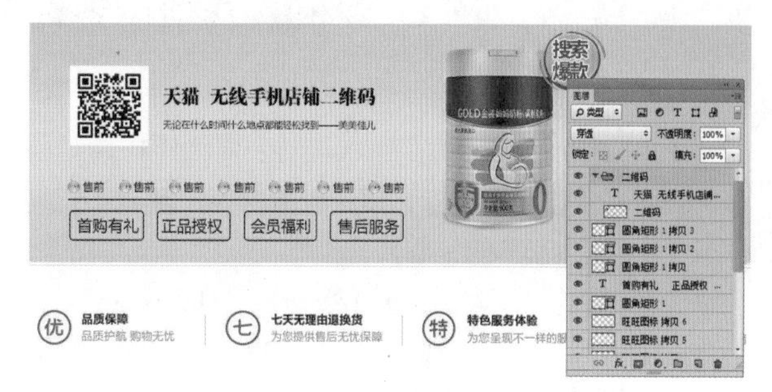

图5-65 添加素材图像

5.5 方便顾客了解店铺信息——公告栏

公告栏是发布店铺最新信息、促销信息或店铺经营范围等内容的区域。通过公告栏发布内容，可以方便顾客了解店铺的重要信息。图5-66所示为在公告栏中加入了商品的促销信息。

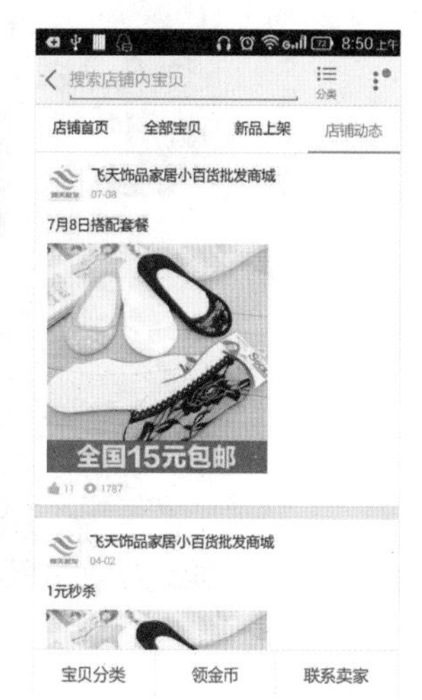

图5-66 公告栏

5.5.1 公告栏的设计分析

公告栏是指放置在人流动性较大的地方，用于张贴公布公文、告示、启示等提示性内容的展示用品。在网店/微店的装修设计中，店铺公告是准客户了解你店铺的一个窗口，同时也是店铺的一个宣传窗口。通过店铺公告，你可以让顾客迅速地了解你，同时你也可以通过店铺公告宣传你的店铺产品，一举两得。所以，写好店铺公告对一个店铺而言就显得很重要。

例如，当卖家在淘宝网开店后，淘宝网已经为店铺提供了公告栏的功能，卖家可以在“管理我的店铺”页面中设置公告栏的内容。卖家在制作公告栏前，需要了解并注意一些事项，以便制作出效果更好的公告栏。

（1）淘宝店铺的公告栏具有默认样式，如图5-67所示。卖家只能在默认样式的公告栏上添加公告内容。

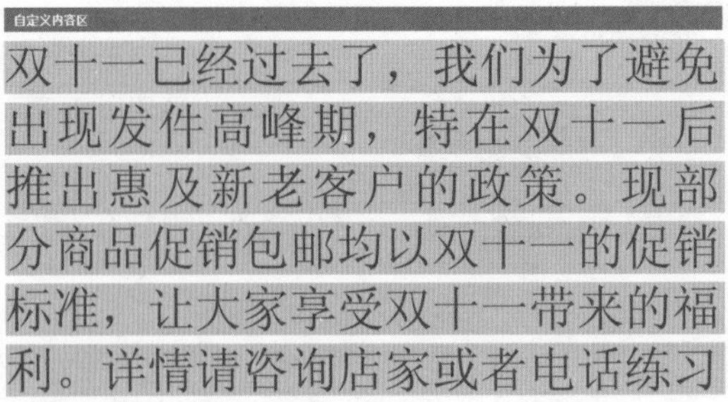

图5-67 公告栏

（2）由于店铺已经存在默认的公告栏样式，而且这个样式无法更改，因此卖家在制作公告栏时，可以将默认的公告栏效果作为参考，使公告的内容效果与之搭配。

（3）淘宝基本店铺的公告栏默认设置了滚动效果，在制作时无须再为公告内容添加滚动设置。

（4）公告栏内容的宽度不要超过480像素，否则超过部分将无法显示，而公告栏的高度可以随意设置。如果公告栏的内容为图片，那么需要指定图片在互联网的位置。

网店/微店的店铺公告写法有很多种，大体分类如图5-68所示。

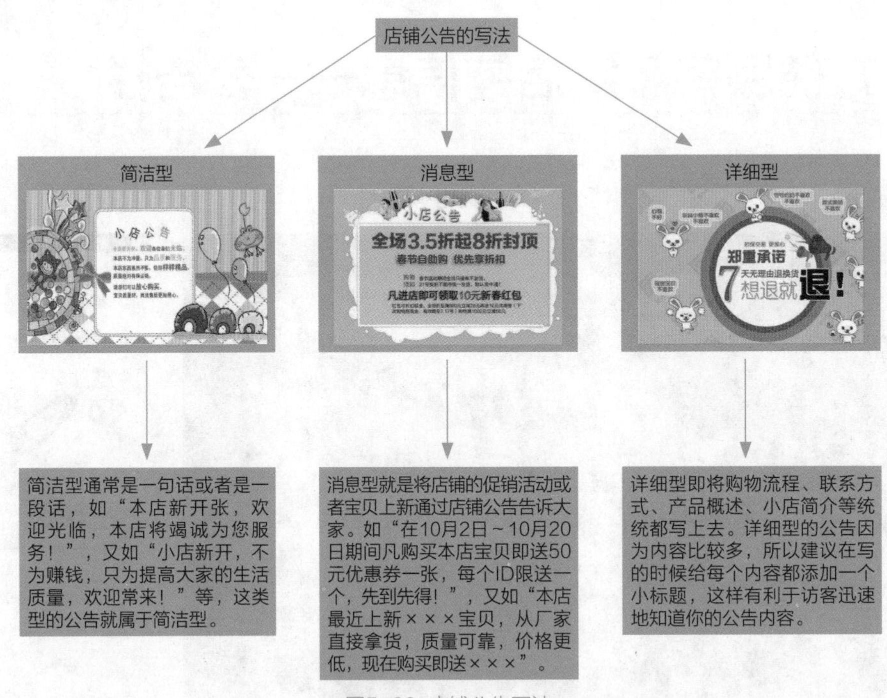

图5-68 店铺公告写法

其实，店铺公告怎么写，不同的写法有不同的优势，难断优劣。最好的办法就是根据自己的实际情况如实地填写，这样容易使访客产生信任感。当然，所写的公告也不能太过离谱，至少不能够文不对题、逻辑不清。

提示

另外，店铺公告并不是一成不变的。当你的店铺要搞活动的时候，也需要用到店铺公告。这方面可根据自己的实际情况灵活变动。如果自己不会写店铺公告，可以在网上搜索，然后进入别人的店铺看看别人的公告是怎么写的，可以挑选自己觉得不错的，稍微组合一下即可。

5.5.2 实例：店铺公告栏设计与详解

本案例讲述如何设计美观的公告栏，最终效果如图5-69所示。先使用Photoshop设计公告栏的图片，要以图片作为公告栏的内容，就需要将图片上传到互联网上，产生一个对应的地址，卖家利用该地址将图片指定为公告栏内容，即可将图片插入到公告栏内。

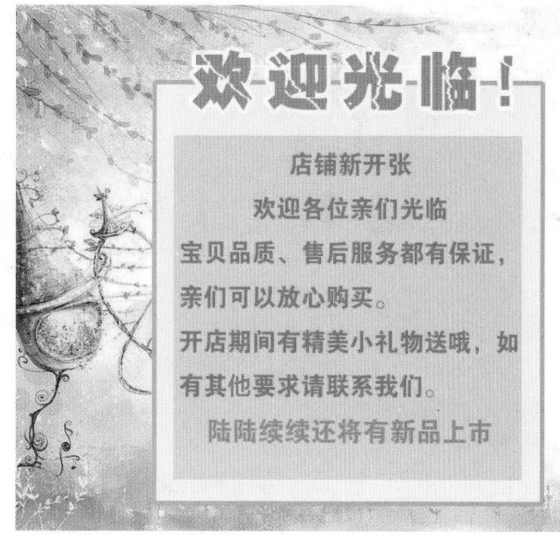

图5-69 实例效果

- **素材文件** | 素材\第5章\文字3.psd、背景4.jpg
- **效果文件** | 效果\第5章\店铺公告栏.psd、店铺公告栏.jpg
- **视频文件** | 视频\第5章\5.5.2 实例：店铺公告栏设计与详解.mp4

操作步骤

01 单击“文件”|“打开”命令，打开“背景4.jpg”素材图像，如图5-70所示。

02 选取工具箱中的圆角矩形工具，在工具属性栏中设置“填充颜色”为浅红色（RGB参数值分别为255、247、247）、“描边颜色”为粉红色（RGB参数值分别为255、156、197），如图5-71所示。

图5-70 打开素材图像

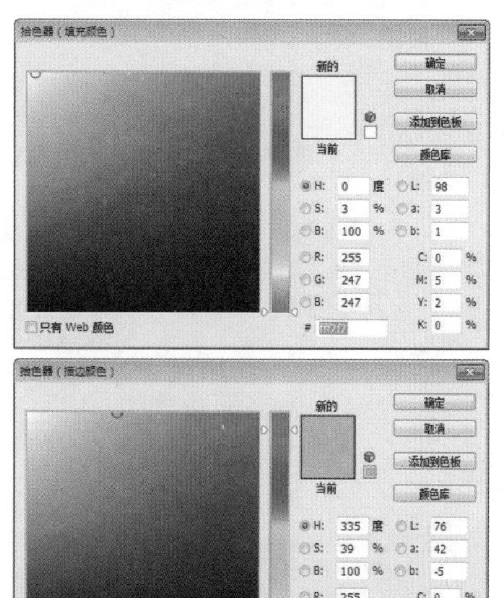

图5-71 设置颜色选项

03 继续设置“设置形状描边宽度”为5点、“半径”为5像素，在图像编辑窗口中绘制出圆角矩形形状，并在“属性”面板中设置“宽度”为450像素、“高度”为470像素，效果如图5-72所示。

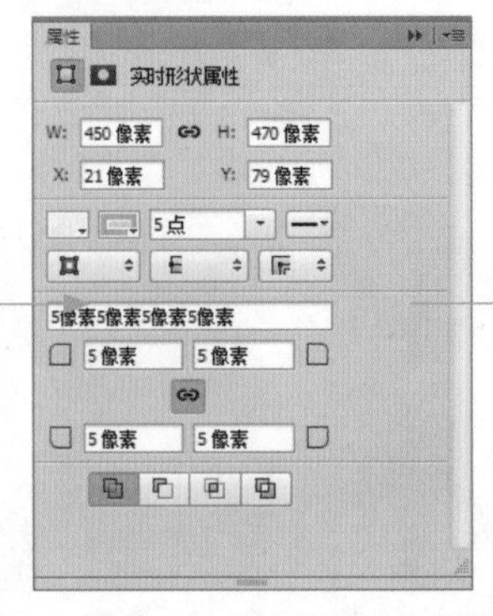

图5-72 绘制圆角矩形形状

04 选取工具箱中的矩形工具，绘制一个矩形形状，在“属性”面板中设置“宽度”为400像素、“高度”为380像素、“填充颜色”为浅红色（RGB参数值分别为255、214、230），效果如图5-73所示。

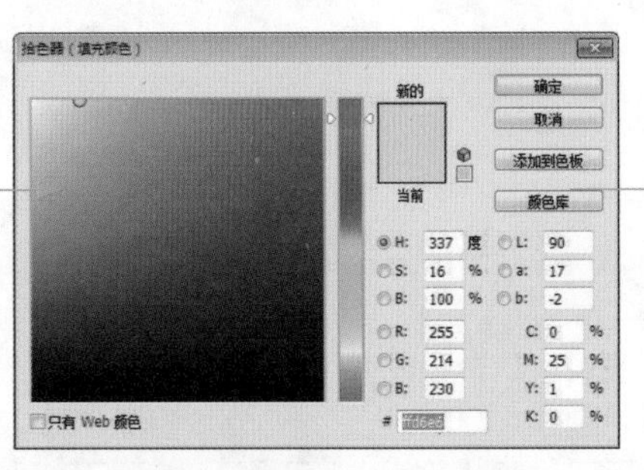

图5-73 绘制矩形形状

05 运用横排文字工具输入相应文字，设置“字体系列”为“文鼎霹雳体”、“字体大小”为72点、“颜色”为红色（RGB参数值分别为255、99、140），根据需要适当地调整文字的位置，效果如图5-74所示。

06 双击文字图层，弹出“图层样式”对话框，选中“描边”复选框，设置“大小”为5像素、“颜色”为白色，单击“确定”按钮，效果如图5-75所示。

图5-74 输入相应文字

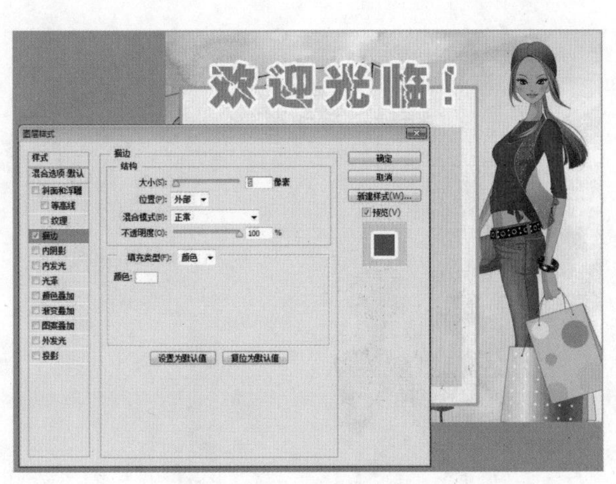

图5-75 添加“描边”图层样式

07 单击"文件"|"打开"命令，打开"文字3.psd"素材图像，运用移动工具将其拖曳至背景图像编辑窗口中的合适位置处，效果如图5-76所示。

图5-76 添加文字素材

第 06 章

首页设计——引人注目的第一印象

本章知识提要

首页欢迎模块的设计分析

实例：女装网店首页设计

实例：农产品微店首页设计

6.1 首页欢迎模块的设计分析

网店与微店的首页欢迎模块是对店铺最新商品、促销活动等信息进行展示的区域，位于店铺导航条的下方，其设计面积比店招和导航条都要大，是顾客进入店铺首页中观察到的最醒目的区域，接下来将对首页的设计规范和技巧进行讲解。

6.1.1 了解首页欢迎模块

由于欢迎模块在店铺首页开启的时候占据了大面积的位置，如图6-1所示，因此其设计的空间也增大，需要传递的信息也更有讲究，如何找到产品卖点、设计创意，怎样让文字与产品结合，达到与店铺风格更好地融合，是设计首页需要考虑的一个较大的问题。

图6-1 首页欢迎模块

店铺首页的欢迎模块与店铺的店招不同的是，它会随着店铺的销售情况进行改变，当店铺迎合特定节日或者店庆等重要日子时，首页设计会以相关的活动信息为主；当店铺最近新添加了新的商品时，首页设计内容则以“新品上架”为主要的内容；当店铺有较大的变动时，首页还可以充当公告栏的作用，给顾客告知相关的信息。

首页欢迎模块的主要类别如图6-2所示。

首页欢迎模块分类

活动信息

新品上架

店铺公告

图6-2 首页欢迎模块的主要类别

专家提醒

店铺首页的欢迎模块根据其内容的不同，设计的侧重点也是不同的，例如新品上架为主题的欢迎模块，其画面主要表现新上架的商品，其设计风格也应当与新品的风格和特点一致，这样才能让设计的画面完整地传达出店家所要表现的思想，如图6-3所示。

图6-3 新品上架为主题的首页欢迎模块

6.1.2 首页欢迎模块的设计要点

在设计首页欢迎模块之前，必须明确设计的主要内容和主题，根据设计的主题来寻找合适的创意和表现方式，设计之前应当思考这个欢迎模块画面设计的目的，如何让顾客轻松地接受，了解顾客最容易接受的方式是什么，最后还要对同行业、同类型的欢迎模块的设计进行研究，得出结论后才开始着手首页欢迎模块的设计和制作，这样创作出来的作品才更加容易被市场和顾客认可。

1. 首页欢迎模块设计的准备工作

总结首页欢迎模块设计的前期准备，通过图示进行表现，如图6-4所示。

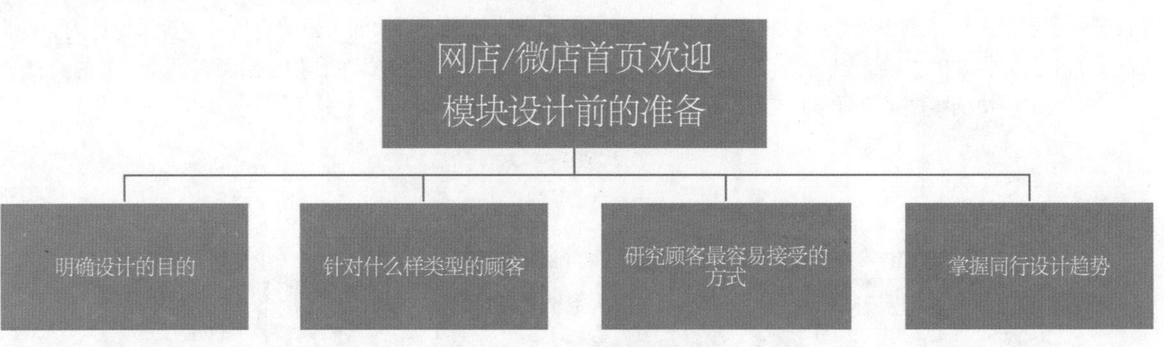

图6-4 首页欢迎模块设计的前期准备

2. 首页欢迎模块设计的注意事项

在进行首页欢迎模块的页面设计时，要将文案梳理清晰，要知道自己表达内容的中心，主题是什么，用于衬托的文字又是哪些。主题文字尽量最大化让其占据整个文字布局画面，可以考虑用英文来衬托主题，背景和主体元素要相呼应，体现出平衡和整合，最好有疏密、粗细、大小的变化，在变化中追求平衡，并体现出层次感，这样做出来的首页整体效果就比较舒服。

在设计首页的欢迎模块时，需要注意一些什么因素呢？具体如图6-5所示。

图6-5 首页欢迎模块设计的注意事项

专家提醒

人类天生具有好奇的本能，这类标题专在这点上着力，一下子把读者的注意力抓住，在他们寻求答案的过程中不自觉地产生兴趣。譬如有这样一则眼镜广告，其标题是“救救你的灵魂”，初听之时令人莫明其妙；正文接着便说出一句人所共知的名言“眼睛是心灵的窗户。”救眼睛便是救心灵，妙在文案人员省去了这个中介，就获得了一种特殊效果。

6.1.3 首页欢迎模块的设计技巧

一张优秀的首页欢迎模块页面设计，通常都具备了3个元素，那就是合理的背景、优秀的文案和醒目的产品信息，如图6-6所示。如果设计的欢迎模块的画面看上去不满意，一定是这3个方面出了问题，常见的有背景亮度太高或太复杂，如蓝天白云草地做背景，很可能会减弱文案及产品主题的体现。如图6-6所示的欢迎模块的背景色彩和谐而统一，让整个首页看上去简洁大气。

图6-6 首页欢迎模块页面中的3个元素

1. 注意信息元素的间距

在首页欢迎模块设计的页面中主要信息有主标题、副标题、附加内容，设计的时候可以分为三段，段间距要大于行间距，上下左右也要有适当的留白。

如图6-7所示为首页欢迎模块中文字的表现，可以看到其中文字的间距非常有讲究，能够让顾客非常容易抓住重点，易于阅读。

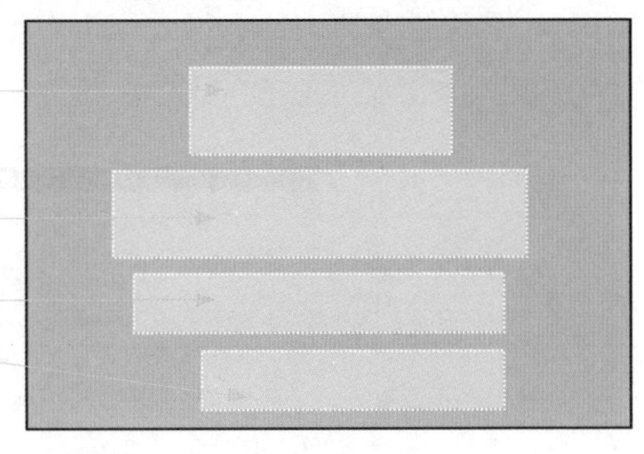

图6-7 首页欢迎模块中文字的表现

2. 文案的字体不能超过3种

在店铺首页欢迎模块的文案设计中，需要使用不同的字体来提升文本的设计感和阅读感，但是不能超过3种字体，很多看上去画面凌乱的首页，就是因为字体使用太多而显得不统一。针对突出主题这个目的，可以用粗大的字体，副标题小一些。

如图6-8所示，该店铺的中文字体就使用了3种不同的风格进行创作，将文案中的主题内容、副标题和说明性文字的主次关系呈现得非常清晰，让顾客在浏览过程中能够轻松抓住画面信息的重点，提高阅读的体验。

图6-8 3种不同风格的首页欢迎模块文字

3. 画面的色彩不宜繁多

一张首页欢迎模块画面中，配色是十分关键的，画面的色调会在信息传递到顾客脑海之前营造出一种氛围，尽量不要超过3种以上的颜色。在具体的配色中，可以针对重要的文字信息，用高亮醒目的颜色来进行强调和突出。

如图6-9所示，店铺的首页欢迎模块使用了色彩明度较低的颜色来对标题文字进行填充，而背景和商品的色彩明度都偏高，这样清晰的明暗对比度能够让画面信息传递更醒目。

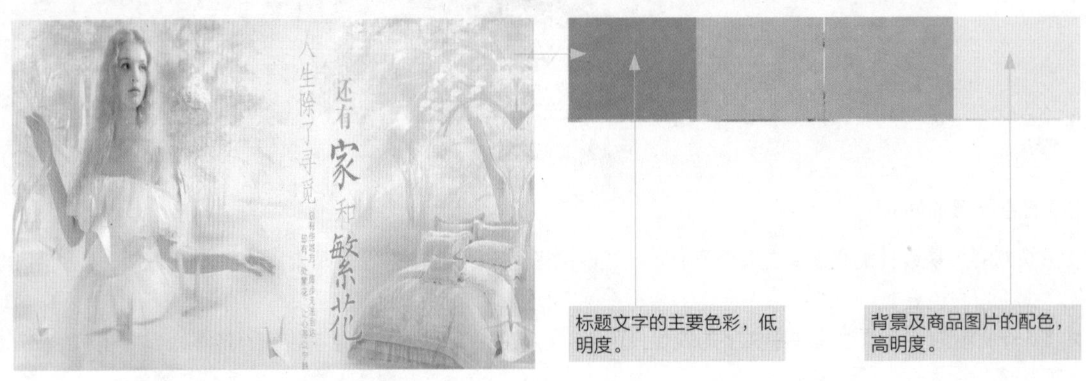

图6-9 色彩明度的表现

6.2 实例：女装网店首页设计

本案例是为女装网店设计的促销首页，在其中使用了较为鲜艳的色彩来进行表现，同时将画面进行合理的分配，通过这些设计让浏览者体会到商家的活动内容和活动所营造的喜庆气氛，增加点击率和浏览时间，提高店铺装修的转化率。本实例最终效果如图6-10所示。

图6-10 实例效果

- **素材文件** | 素材\第6章\图像1.jpg
- **效果文件** | 效果\第6章\女装网店首页设计.psd、女装网店首页设计.jpg
- **视频文件** | 视频\第6章\6.2 实例：女装网店首页设计.mp4

6.2.1 制作首页背景效果

操作步骤

01 单击“文件”|“新建”命令，弹出“新建”对话框，设置“名称”为“女装网店首页设计”、“宽度”为800像素、“高度”为500像素、“颜色模式”为“RGB颜色”、“背景内容”为“白色”，单击“确定”按钮，新建一个空白图像，如图6-11所示。

02 单击“图层”|“新建填充图层”|“渐变”命令，弹出“新建图层”对话框，保持默认设置，单击“确定”按钮，如图6-12所示。

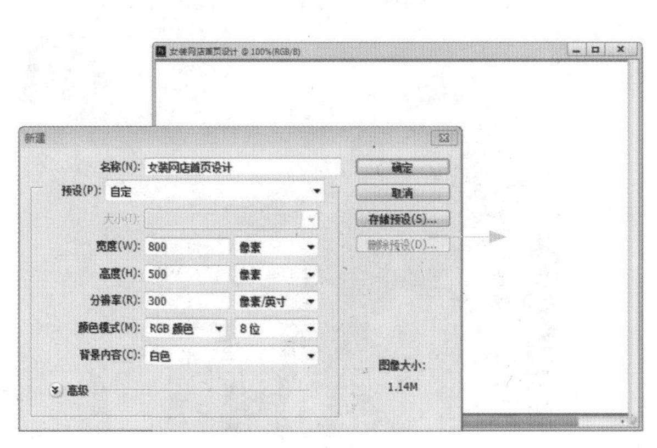

图6-11 新建空白图像

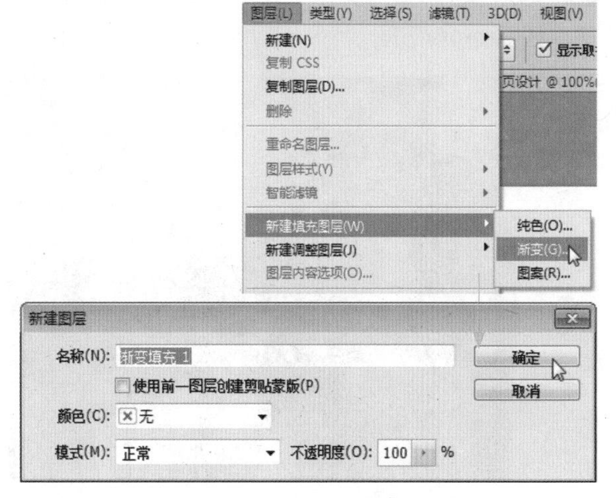

图6-12 “新建图层”对话框

03 弹出“渐变填充”对话框，单击“点按可编辑渐变”色块，弹出“渐变编辑器”对话框，单击第一个色标，如图6-13所示。

04 弹出“拾色器（色标颜色）”对话框，设置RGB参数值均为239，单击“确定”按钮保存设置；用同样的方法设置第二个色标颜色的RGB参数值分别为251、238、245，如图6-14所示。

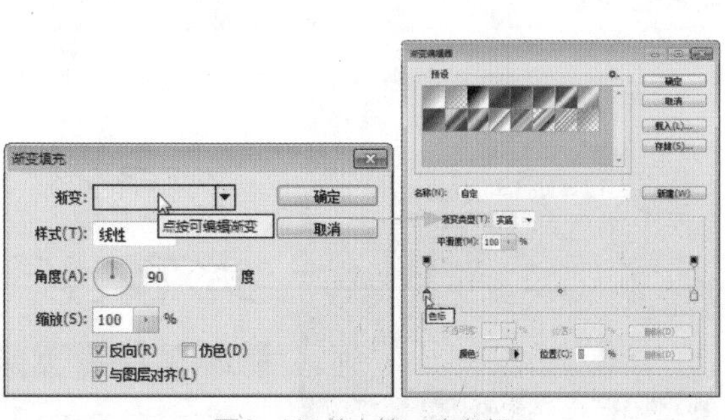
图6-13 单击第一个色标

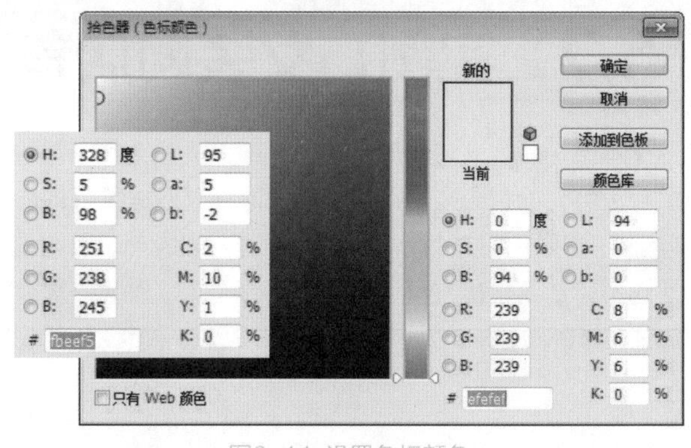
图6-14 设置色标颜色

05 依次单击“确定”按钮，即可制作首页欢迎模块的背景效果，如图6-15所示。

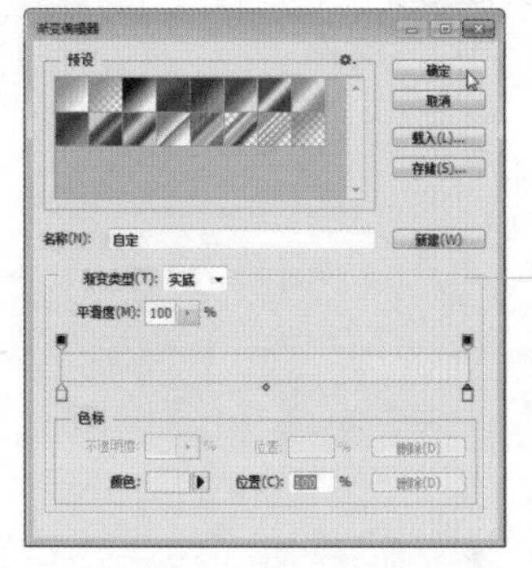

图6-15 首页背景效果

6.2.2 制作商品图像效果

操作步骤

01 单击“文件”|“打开”命令，打开一幅商品素材图像，运用矩形选框工具在图像上创建相应大小的矩形选区，如图6-16所示。

图6-16 创建矩形选区

提示

在进行网店装修的过程中，为了获得最佳的画面效果，会使用很多素材对画面进行修饰，例如使用光线对文字和金属质感的商品进行修饰，利用花卉素材对标题栏或者标题进行点缀，用碎花素材对画面的背景进行布置等，在这些操作中都需要用到设计素材。

02 选取工具箱中的移动工具，将商品素材图像拖曳至背景图像编辑窗口中的合适位置处，如图6-17所示。

图6-17 拖入商品素材

03 单击“图像”|“调整”|“自然饱和度”命令，弹出“自然饱和度”对话框，设置“自然饱和度”为100、“饱和度”为5，单击“确定”按钮，增加商品画面的色彩，效果如图6-18所示。

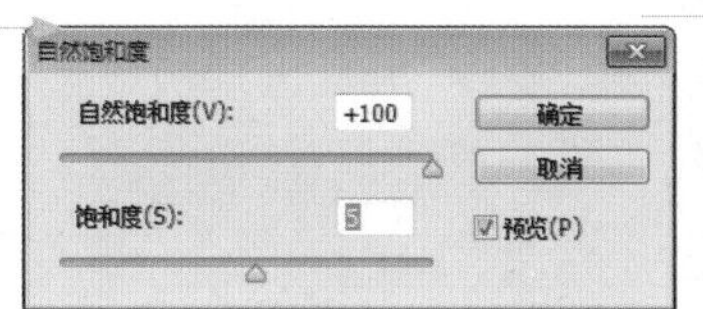

图6-18 增加商品画面的色彩

提示

与商品照片素材不同的是，设计素材大部分都起着修饰和点缀的作用，其大部分都为矢量素材。如图 6-19 所示为不同风格的网店装修素材，将这些图像进行合理的应用，可以让装饰的画面更加精致。

图6-19 不同风格的网店装修素材

6.2.3 制作宣传文案效果

提示

在现实生活中，有很多朗朗上口的广告文案，几乎都是一句话或不超过 3 句话的广告文案，如“怕上火，就喝王老吉”“特步飞一般的感觉”“只溶在口，不溶在手”等，都是斟称经典的广告文案。这些文案都是讲究语句的结构、语法的正确性，并且以产品特点、消费者需求等因素进行创作，并不是华丽的辞藻胡乱堆积的，也并不是一味讲求诗一般的意境。只有求真、朴实，在消费者需求上制造出的创意，才能以一句话来打动消费者。

操作步骤

01 选取工具箱中的横排文字工具，输入英文文字“NEW STYLE”，展开“字符”面板，设置“字体系列”为Vladimir Script、“字体大小”为18点、“颜色”为黑色，激活“仿粗体”图标，根据需要适当地调整文字的位置，效果如图6-20所示。

图6-20 输入并设置英文文字

02 选取工具箱中的横排文字工具，输入中文文字“秋装新品第五波”，展开“字符”面板，设置“字体系列”为“文鼎霹雳体”、“字体大小”为10点、“颜色”为红色（RGB参数值分别为201、25、46），激活“仿粗体”图标，根据需要适当地调整文字的位置，效果如图6-21所示。

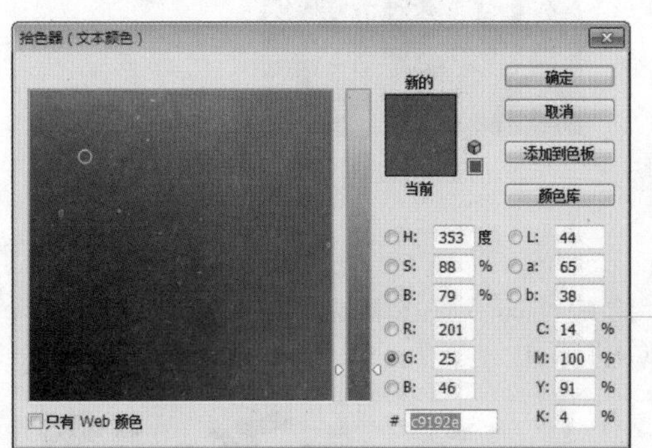

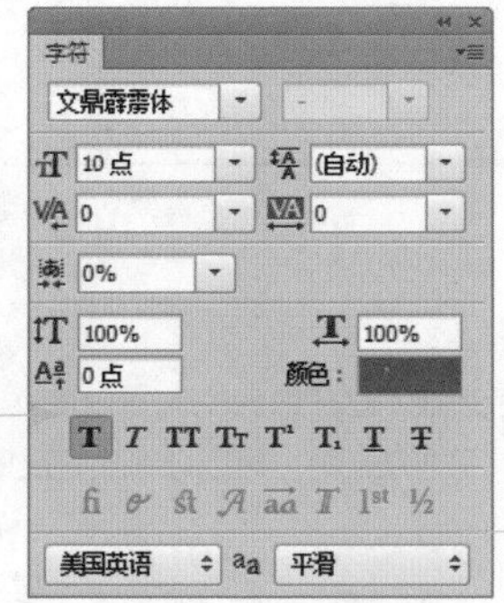

图6-21 输入并设置中文文字

03 在“图层”面板中，使用鼠标左键双击中文文字图层，弹出“图层样式”对话框，选中“投影”复选框，设置“距离”为3像素、“扩展”为7%、“大小”为2像素，单击“确定”按钮，为文字添加投影图层样式，效果如图6-22所示。

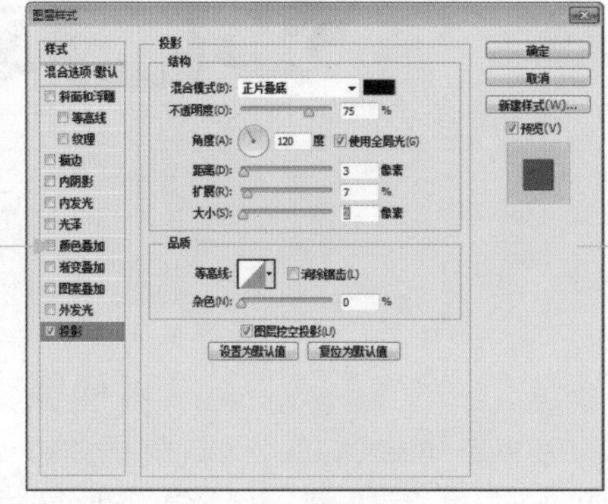

图6-22 为文字添加投影图层样式

提示

“图层样式”可以为当前图层添加特殊效果，如投影、内阴影、外发光、浮雕等样式，在不同的图层中应用不同的图层样式，可以使整幅图像更加真实和突出，如图 6-23 所示。

图6-23 添加图层样式的网店文字效果

04 选取横排文字工具，输入其他的文字，根据需要适当地调整文字的位置，并运用矩形选框工具为其添加边框效果，完成本例的编辑，如图6-24所示。

图6-24 输入其他的文字

6.3 实例：农产品微店首页设计

本案例是为农产品微店设计的首页欢迎模块，在画面的配色中借鉴商品的色彩，并通过大小和外形不同的文字来表现店铺的主题内容，使用同一色系的颜色来提升画面的品质，让设计的整体效果更加协调统一。本实例最终效果如图6-25所示。

图6-25 实例效果

- **素材文件** | 素材\第6章\图像2.jpg
- **效果文件** | 效果\第6章\农产品微店首页设计.psd、农产品微店首页设计.jpg
- **视频文件** | 视频\第6章\6.3 实例：农产品微店首页设计.mp4

6.3.1 制作首页背景效果

操作步骤

01 单击“文件” | “新建”命令，弹出“新建”对话框，设置“名称”为“农产品微店首页设计”、“宽度”为700像素、“高度”为350像素、“颜色模式”为“RGB颜色”、“背景内容”为“白色”，单击“确定”按钮，新建一个空白图像，如图6-26所示。

02 单击工具箱底部的前景色色块，弹出“拾色器（前景色）”对话框，设置RGB参数值分别为255、180、55，单击“确定”按钮，如图6-27所示。

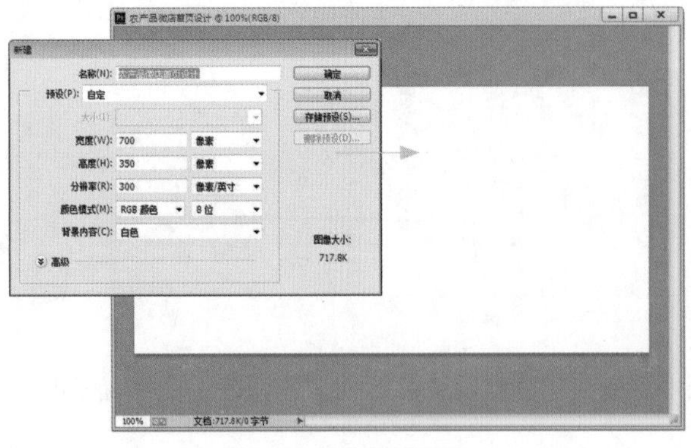

图6-26 新建空白图像

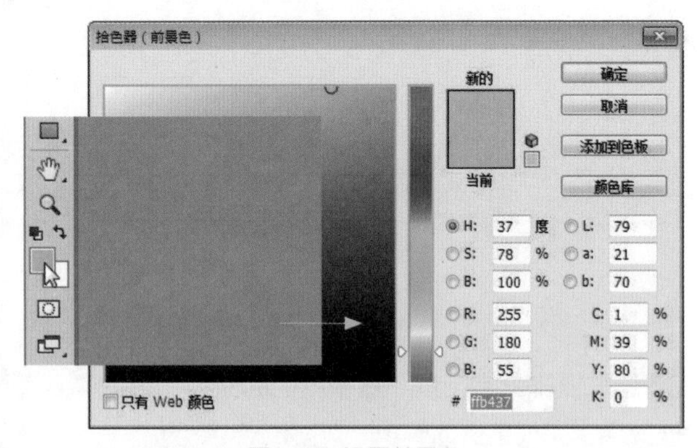

图6-27 设置前景色

03 单击“编辑”|“填充”命令，弹出“填充”对话框，设置“使用”为“前景色”，单击“确定”按钮，即可填充颜色，如图6-28所示。

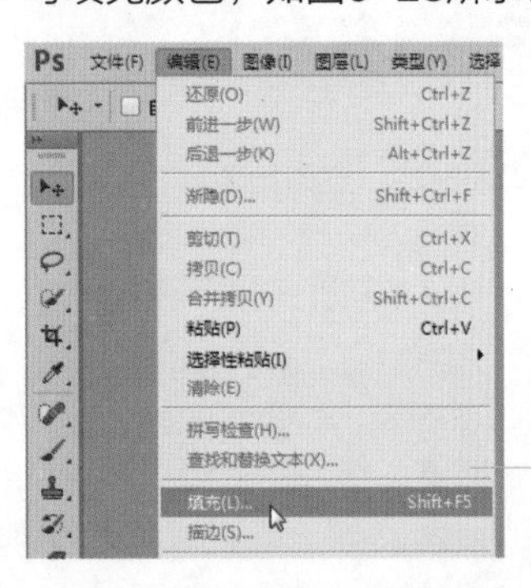

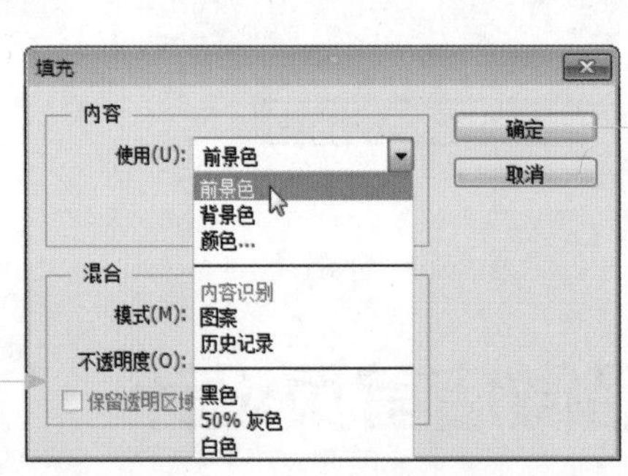

图6-28 填充前景色

6.3.2 制作商品图像效果

操作步骤

01 单击“文件”|“打开”命令，打开一幅商品素材图像，选取工具箱中的魔棒工具，在工具属性栏中设置“容差”为32，在图像上的白色区域单击创建不规则选区，如图6-29所示。

图6-29 创建选区

第1篇 基础入门篇
第2篇 核心技能篇
第3篇 行业实战篇

提示

选区是选择图像时比较重要和常用的手段之一。当用户对图像的局部进行编辑时，可以根据需要使用这些工具创建不同的选区，灵活巧妙地应用这些选区，可以帮助用户制作出许多意想不到的效果。
创建选区后，选区的边界会显现出不断交替闪烁的虚线，将选区内的图像区域进行隔离。此时可以对选区内的图像进行复制、移动、填充、校正颜色以及滤镜等操作，而选区外的图像不会受到影响，如图 6-30 所示。

图6-30 利用选区更换图像颜色

02 单击工具属性栏中的“添加到选区”按钮，在图像中的相应位置单击鼠标左键，添加白色区域选区，如图6-31所示。
03 单击“选择”|“反向”命令，反选选区，如图6-32所示。

图6-31 添加选区

图6-32 反选选区

04 单击“选择”|“修改”|“羽化”命令，弹出“羽化选区”对话框，设置“羽化半径”为5像素，单击“确定”按钮，即可羽化选区，如图6-33所示。

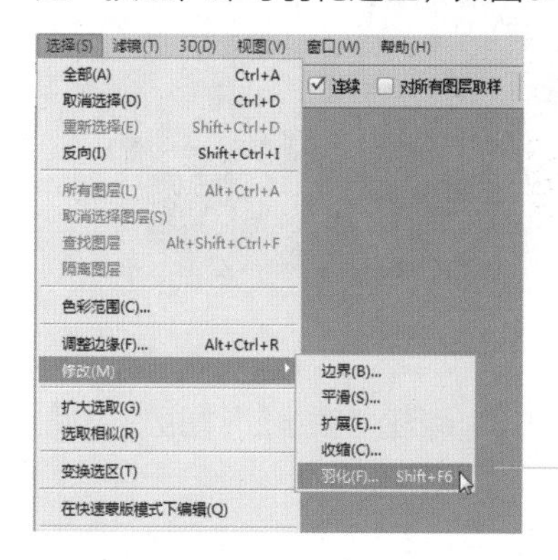

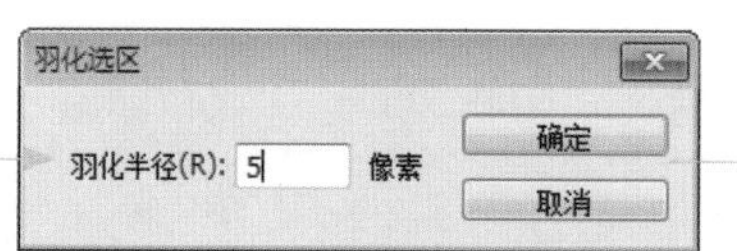

图6-33 羽化选区

提示

在 Photoshop 里，羽化是针对选区的一项编辑，一般来说，是一个抽象的概念，初学者很难理解这个词，但是只要实际操作下就能理解了。羽化是通过建立选区和选区周围像素之间的转换边界来模糊边缘的，这种模糊方式将丢失选区边缘的一些图像细节。羽化原理是令选区内外衔接的部分虚化，起到渐变的作用，从而达到自然衔接的效果。在设计作图中使用很广泛。实际运用过程中具体的羽化值完全取决于经验。所以掌握这个常用工具的关键是经常练习。羽化值越大，虚化范围越宽，也就是说颜色递变越柔和。羽化值越小，虚化范围越窄。可根据实际情况进行调节，把羽化值设置小一点，反复羽化是羽化的一个技巧。

05 按【Ctrl+C】组合键，复制选区内的图像，切换至“农产品微店首页设计”图像编辑窗口，按【Ctrl+V】组合键粘贴图像，并适当调整图像的大小和位置，效果如图6-34所示。

图6-34 调整图像

6.3.3 制作首页文案效果

操作步骤

01 选取工具箱中的横排文字工具，输入文字“新农人”，展开“字符”面板，设置“字体系列”为“华文新魏”、“字体大小”为12点、“颜色”为白色、“所选字符的字距调整”为100，激活“仿粗体”图标，根据需要适当地调整文字的位置，效果如图6-35所示。

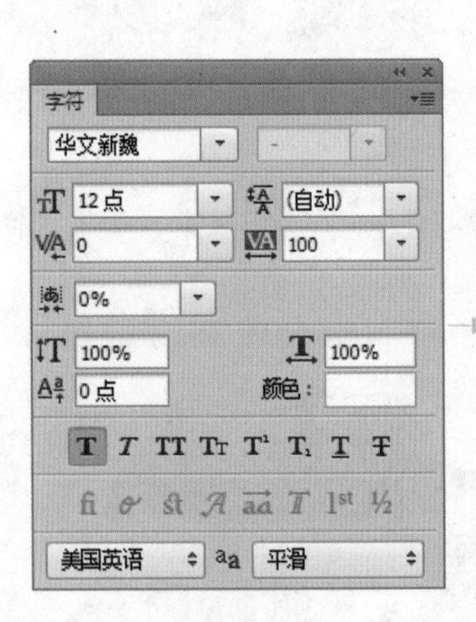

图6-35 输入并设置文字

02 展开“图层”面板，选择“图层1”图层，单击底部的“创建新图层”按钮，新建“图层2”图层，如图6-36所示。

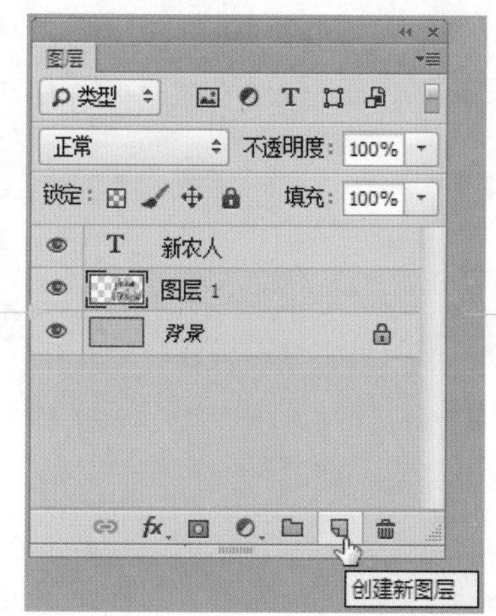

图6-36 新建“图层2”图层

03 选取工具箱中的椭圆工具，设置“选择工具模式”为“像素”，设置“前景色”为褐色（RGB参数值分别为125、63、7），给每个文字绘制一个合适大小的正圆形作背景，如图6-37所示。

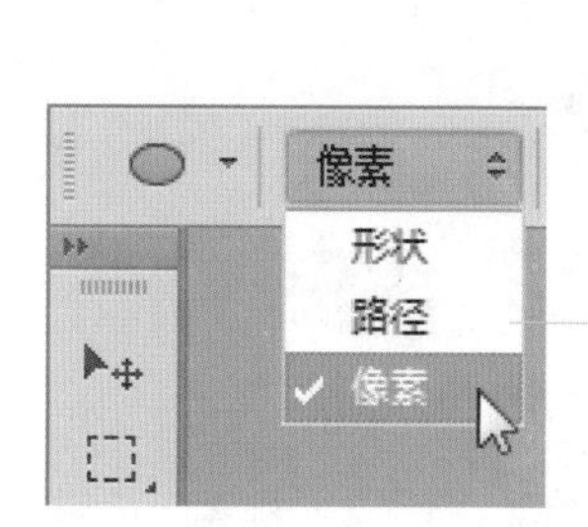

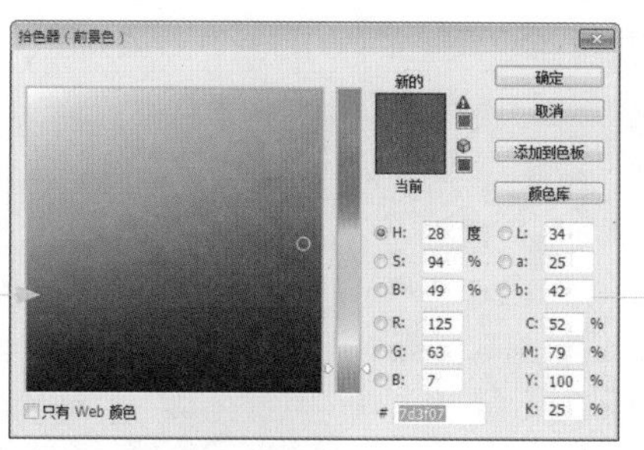

图6-37 绘制正圆形

04 复制所绘制的正圆形，并适当调整其位置，效果如图6-38所示。

图6-38 复制正圆形

05 选取工具箱中的横排文字工具，输入文字“梦想发源地”，展开“字符”面板，设置“字体系列”为“方正大黑简体”、“字体大小”为13点、“颜色”为褐色（RGB参数值分别为126、66、16）、“所选字符的字距调整”为0，激活“仿粗体”图标，根据需要适当地调整文字的位置，效果如图6-39所示。

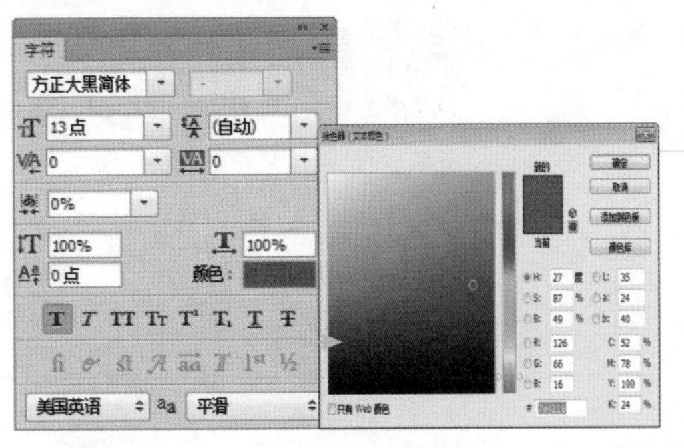

图6-39 输入并设置文字

提示

一个好的文案除了可以与消费者产生情感上的共鸣之外，还需要语句简短、无生僻字、易发音、无不良歧义、具有流行语潜质，讲究文采。很多电商企业都会用“一个价值点+一个触动力”的方式，进行“一句话”营销，将这些脍炙人口的广告语文案，深深印入消费者的脑海中，使他们过目不忘、回味良久。一个好的文案之所以打动消费者，是因为这些文案可以在消费者的情感上产生共鸣，从而使得消费者认同它、接受它，甚至主动传播它。

06 选取工具箱中的横排文字工具，输入文字“共筑新农人梦想”，展开“字符”面板，设置“字体系列”为“黑体”、“字体大小”为6点、“颜色”为褐色（RGB参数值分别为126、66、16）、“所选字符的字距调整”为0，激活“仿粗体”图标，根据需要适当地调整文字的位置，效果如图6-40所示。

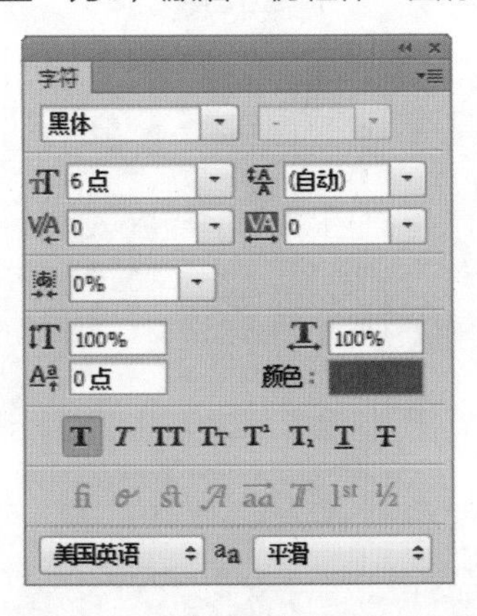

图6-40 输入并设置文字

07 选取工具箱中的矩形选框工具，在文字周围创建一个矩形选区，如图6-41所示。

08 设置“前景色”为浅黄色（RGB参数值分别为230、158、0），新建“图层3”图层，为选区填充前景色，如图6-42所示。

图6-41 输入并设置文字

图6-42 创建并填充选区

09 按【Ctrl+D】组合键取消选区，选择“图层3”图层，将其移至文字图层的下方，调整图层的顺序，效果如图6-43所示。

图6-43 调整图层的顺序

提示

优秀的网店微店首页都是由文字+图片的模式而形成的，所以有“一句话”是不够的，还必须有能配合“一句话”并能展现出产品特性，或促销信息，抑或活动主题的“一幅图”，才能形成优秀电商文案。

在电商圈里，一次成果的电商视觉营销和一个优秀的电商文案，都需要在图片上下工夫，只有一幅好的图片与符合主题的文案结合在一起，才能吸引消费者的注意力，勾起消费者的购买欲望，使电商企业活动盈利。

第07章

主图优化——增加商品直观视觉效果

本章知识提要

- 商品主图优化的设计分析
- 实例：电脑网店主图优化
- 实例：玩具微店主图优化

7.1 商品主图优化的设计分析

使用橱窗、店铺推荐位可以提高店铺的浏览量，增加店铺的成交量，尤其对于手机微店的卖家而言橱窗位的商品主图优化更是一种十分重要的营销手段。淘宝天猫以及微店上的商品种类繁多，通过使用橱窗推荐可以使卖家的商品脱颖而出。

7.1.1 收集装修图片素材

店铺装修用到的所有图片都要依靠图片素材完成。因此，需要提前收集大量的图片素材。这些素材可以在网络上收集，如在百度中搜索“素材”一词，就会在网页中显示很多素材网站，如图7-1所示。在不涉及版权的情况下，都可以下载使用。

图7-1 搜索图片素材

打开其中一个提供图片素材的网站，即可看到很多素材图片，如图7-2所示。找到合适的图片保存在本地计算机中，方便设计店铺主图时使用。此外也可以购买一些素材图库，图库越丰富，素材越全面，设计时就越容易。

图7-2 图片素材

7.1.2 一定要配有清晰的图片

好的商品图片在网络营销中起着重要的作用，不但可以增加在商品搜索列表中被发现的概率（如图7-3所示），而且直接影响到买家的购买决策。那么什么是好的商品图片呢？好的商品图片应该反映出商品的类别、款式、颜色、材质等基本信息。在此基础上，要求商品图片拍得清晰、主题突出以及颜色准确等。

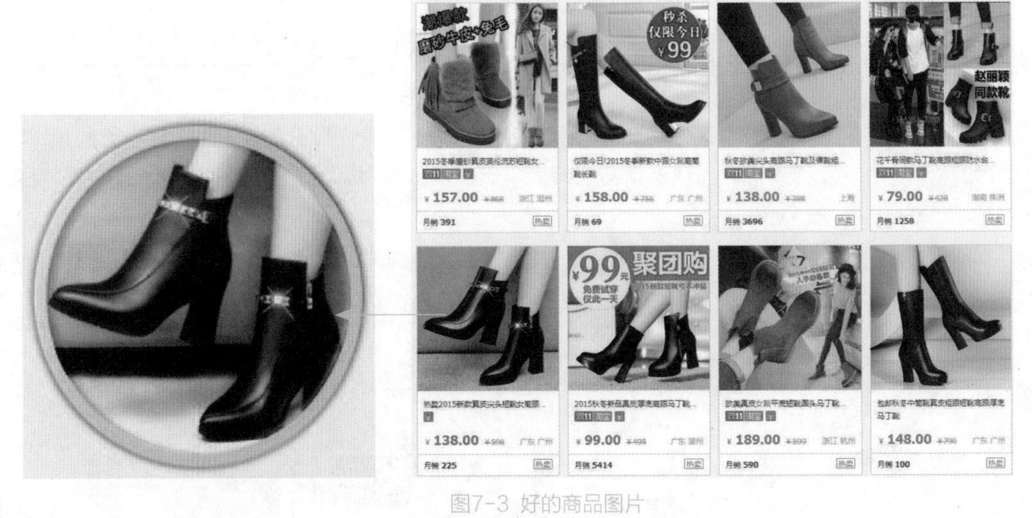

图7-3 好的商品图片

要把一件商品完整地呈现在买家面前，让买家对商品在整体上、细节上都有一个深层次的了解，刺激买家的购买欲望，一件商品的主图至少要有整体图和细节图，如图7-4所示。

图7-4 通过不同角度的商品图片进行展示

1. 整体图

通过整体图买家可以对商品有一个总体的了解。特别是卖服装的卖家，可先用1~2张整体效果图告诉买家，穿上这件衣服的整体感觉，包括正面、侧面、背面整体效果。只有从整体上吸引了买家，买家才会产生下一步的行动。如图7-5所示，为商品的整体效果图。

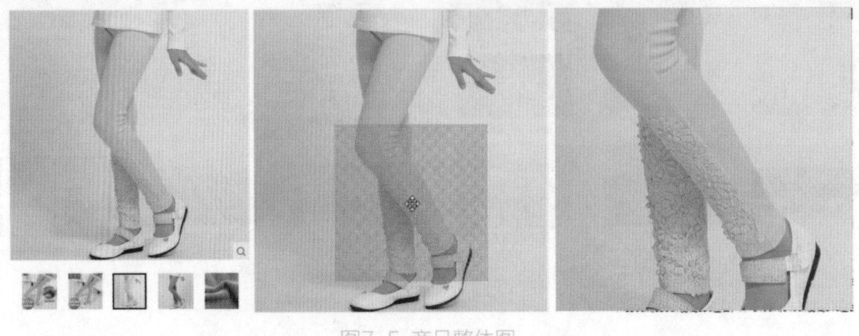

图7-5 商品整体图

提示

在拍摄整体商品图片时，应该注意以下几个方面。

- 注意背景问题。在拍摄商品时，适当加上背景可以更好地展示商品。如图 7-6 所示，为添加了适当背景的商品图片。
- 商品的配件。顾名思义，就是配点缀衬托的商品的饰品，饰品不能太大，不然就喧宾夺主了，如图 7-7 所示。
- 有条件的卖家推荐用真人模特。因为以上两点只是给买家一个纯物件的概念，真的佩带穿起来是什么效果，买家心里没有底。如果有真人示范，就是给买家最好的定心丸，如图 7-8 所示。

图片的背景要尽可能简单合适，能让买家一眼就看出你卖的是什么商品。

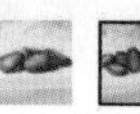

图7-6 添加了适当背景的商品图片

图7-7 使用简单的配件修饰衬托商品

2. 细节图

因为上面的几点讲到的图片只是整体上的，买家缺乏对细节上的了解，有可能放弃，所有适当加入1～2张商品的细节图有助于买家对商品的细节部位有所认识，如图7-9所示。

利用模特拍摄时，首先要计划好到底要拍摄什么效果的照片。如果事先不做任何计划，只按照临时的想法单纯依靠模特，不但会拖延拍摄时间，而且也无法达到满意的效果。模特的使用时间越长，费用也越高，会增加不必要的成本。

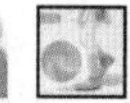

图7-8 使用真人模特

图7-9 添加细节图

提示

- 图片要清晰，包括画面清晰、主次分明。有的图片很模糊，看不清楚，买家当然没有购买的欲望，同时，图片不要喧宾夺主。
- 图片的清晰度跟图片大小也有关系。在保证一定质量的情况下，图片不要太大，否则会影响买家在浏览时的下载速度。
- 商品图片不要过分处理和修饰，要保证真实诚信，否则买家收到后的心里落差很大，自然也就不满意了。

7.2 实例：电脑网店主图优化

本案例是为某品牌的电脑店铺设计的显示器商品主图，在制作的过程中使用充满科技感的背景图片进行修饰，添加“赠品”促销方案，以及简单的广告词来突出产品优势。本实例最终效果如图7-10所示。

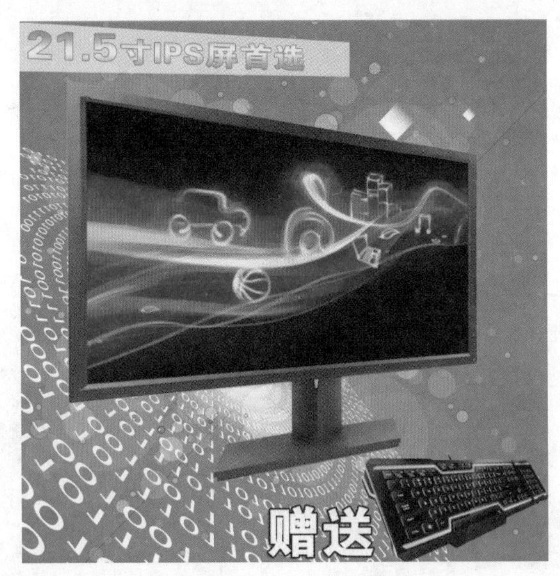

图7-10 实例效果

- **素材文件** | 素材\第7章\电脑网店主图优化.jpg、键盘.jpg、显示器.jpg
- **效果文件** | 效果\第7章\电脑网店主图优化.psd、电脑网店主图优化.jpg
- **视频文件** | 视频\第7章\7.2 实例：电脑网店主图优化.mp4

7.2.1 制作主图背景效果

操作步骤

01 单击“文件”|“打开”命令，打开一幅素材图像，如图7-11所示。

02 选取工具箱中的裁剪工具，在工具属性栏中的“选择预设长宽比或裁剪尺寸”列表框中选择“1:1（方形）”选项，在图像中显示1:1的方形裁剪框，如图7-12所示。

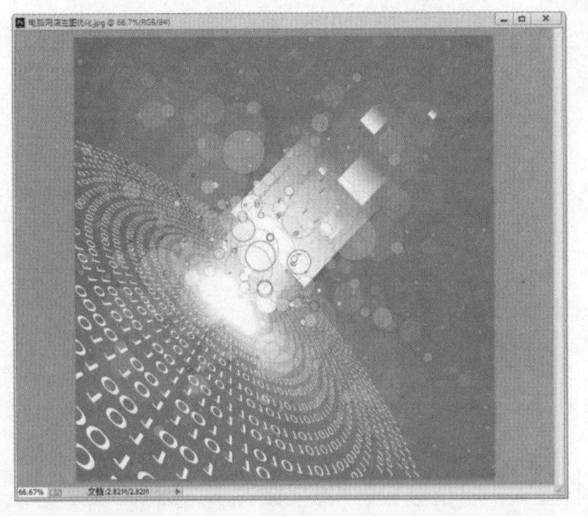

图7-11 打开素材图像

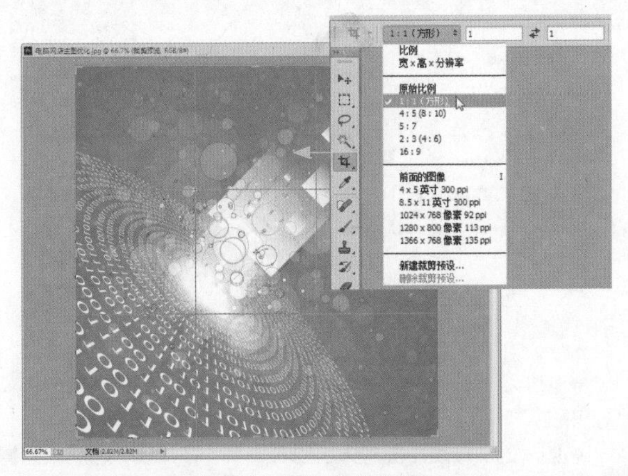

图7-12 显示方形裁剪框

> **提示**
>
> 淘宝橱窗的图片尺寸要小于 1200×1200 像素，700×700 像素或 800×800 像素是比较合适的。

03 单击工具属性栏右侧的“提交当前裁剪操作”按钮，即可裁剪图像，如图7-13所示。

04 单击“图像”|“调整”|“亮度/对比度”命令，弹出“亮度/对比度”对话框，设置“亮度”为15、“对比度”为100，单击“确定”按钮，增强主图背景的对比效果，如图7-14所示。

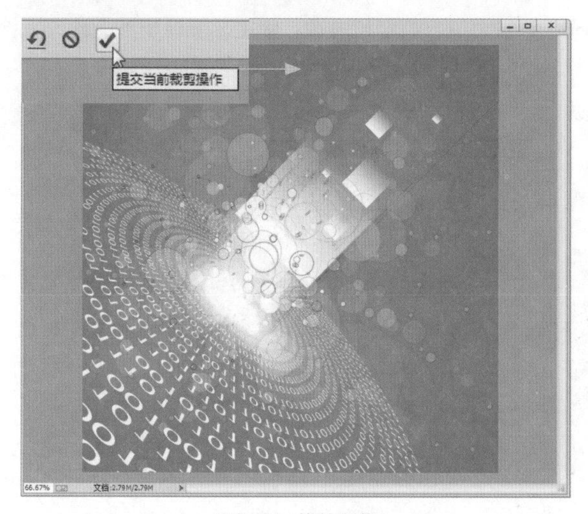

图7-13 裁剪图像

图7-14 增强主图背景的对比效果

7.2.2 制作主图商品效果

操作步骤

01 单击“文件”|“打开”命令，打开一幅商品素材图像，如图7-15所示。

02 运用移动工具将显示器图像拖曳到背景图像编辑窗口中，如图7-16所示。

图7-15 打开素材图像

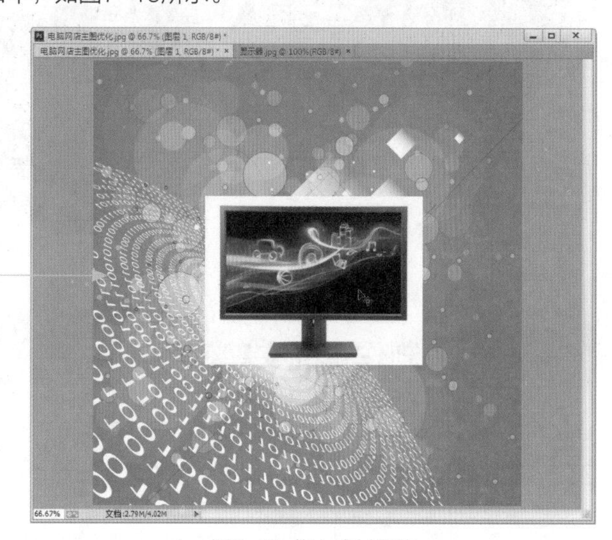

图7-16 拖入素材图像

03 运用魔棒工具，在显示器图像的白色区域创建选区，按【Delete】键删除选区内的图形，并取消选区，如图7-17所示。

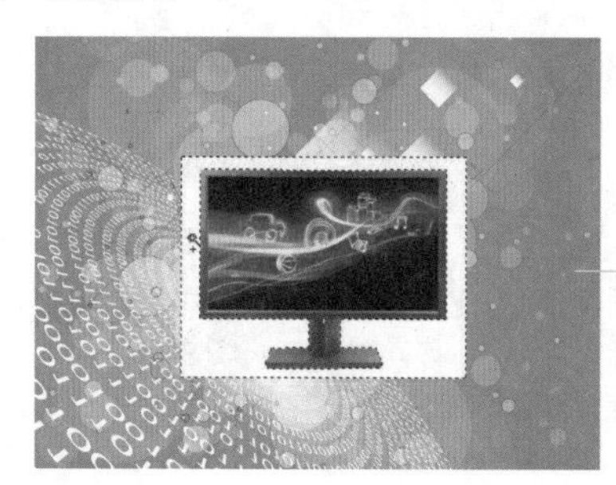

图7-17 抠取商品素材

04 按【Ctrl+T】组合键调出变换控制框，适当调整显示器图像的大小、角度和位置，使主体图像更加突出，如图7-18所示。

图7-18 调整商品素材

05 单击“文件”|“打开”命令，打开一幅商品素材图像，运用移动工具将其拖曳到背景图像编辑窗口中，用以上同样的方法进行抠图处理，并调整图像大小和位置，如图7-19所示。

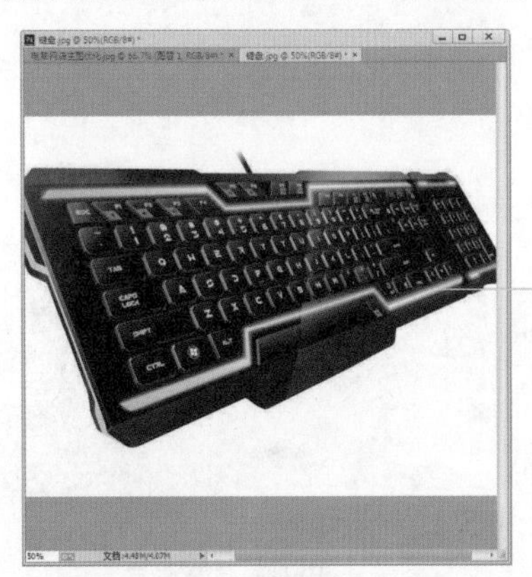

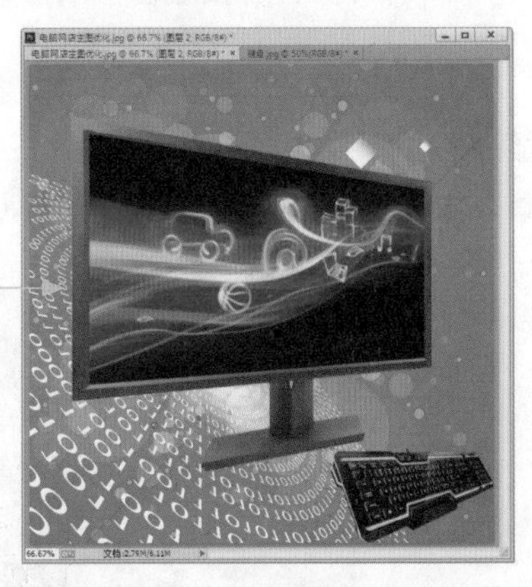

图7-19 添加其他商品素材

7.2.3 制作主图文案效果

操作步骤

01 新建“图层3”图层，运用多边形套索工具，在图像上创建一个多边形选区，如图7-20所示。

图7-20 创建多边形选区

02 设置前景色为浅蓝色（RGB参数值分别为217、251、255），为选区填充前景色，并取消选区，如图7-21所示。

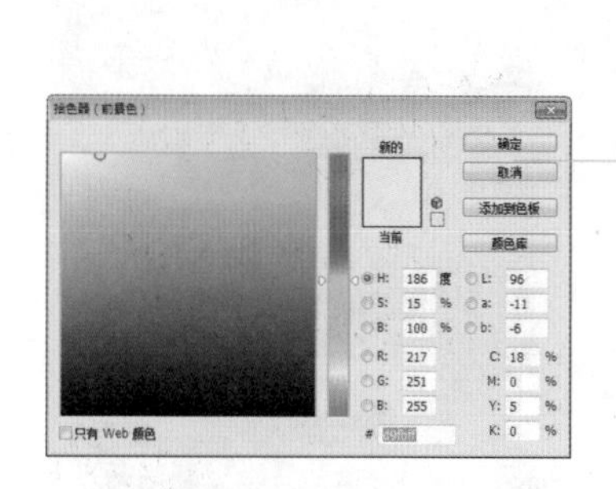

图7-21 填充多边形选区

03 在“图层”面板中设置“图层3”图层的“不透明度”为80%，效果如图7-22所示。

04 选取工具箱中的横排文字工具，输入文字“21.5寸IPS屏首选”，展开“字符”面板，设置“字体系列”为“方正大黑简体”、“字体大小”为50点、“颜色”为黑色，激活“仿粗体”图标，根据需要适当地调整文字的位置，效果如图7-23所示。

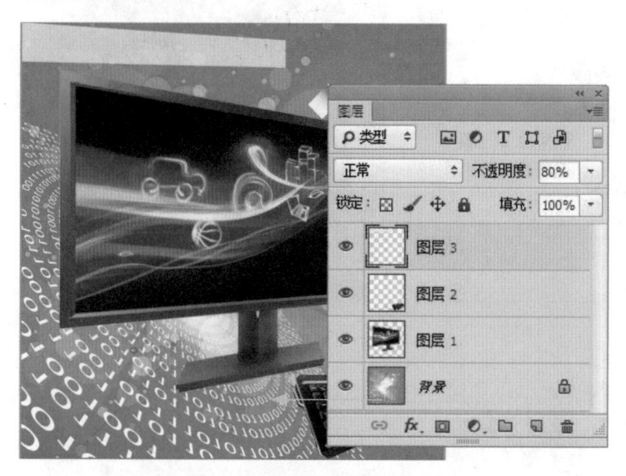

图7-22 设置不透明度效果

图7-23 输入文字

05 选中“21.5”文字，设置其“字体大小”为70点，效果如图7-24所示。

06 双击文字图层，弹出“图层样式”对话框，选中“渐变叠加”复选框，如图7-25所示。

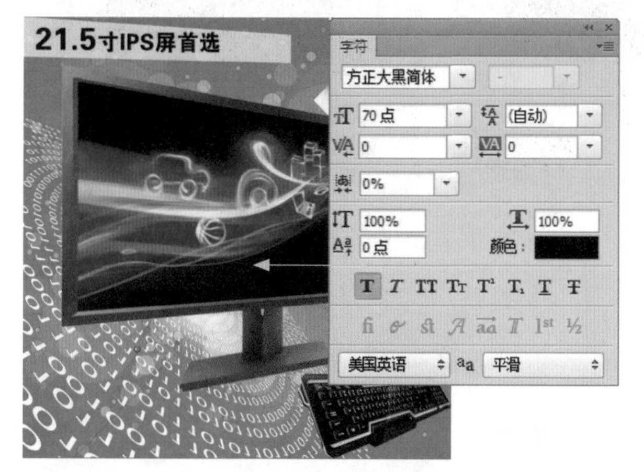

图7-24 设置文字效果

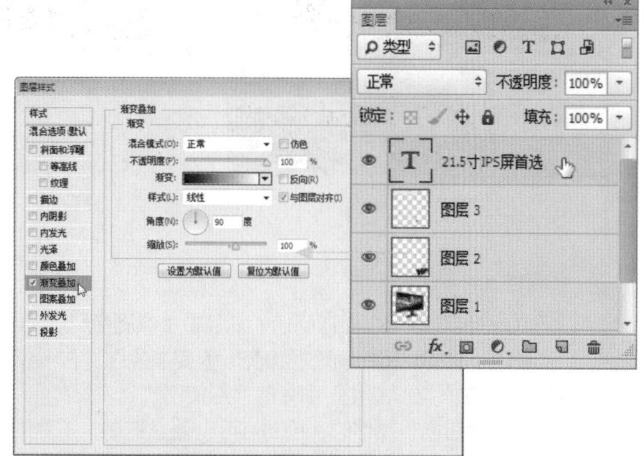

图7-25 选中“渐变叠加”复选框

07 切换至“渐变叠加”参数选项区，单击“点按可编辑渐变”按钮，弹出“渐变编辑器”对话框，设置“渐变”为预设的“橙、黄、橙渐变”，依次单击“确定”按钮，即可为文字添加“渐变叠加”图层样式，效果如图7-26所示。

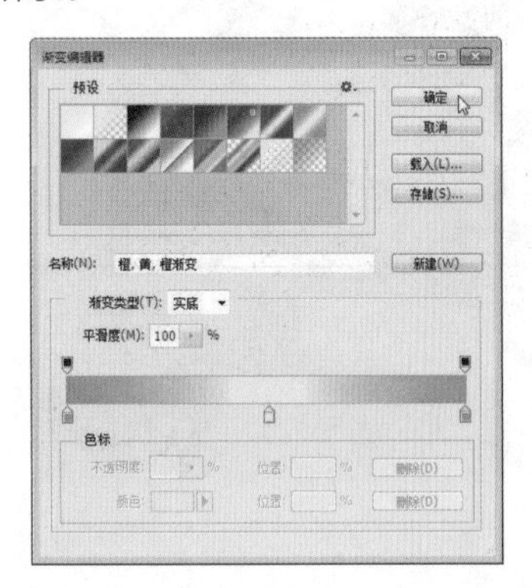

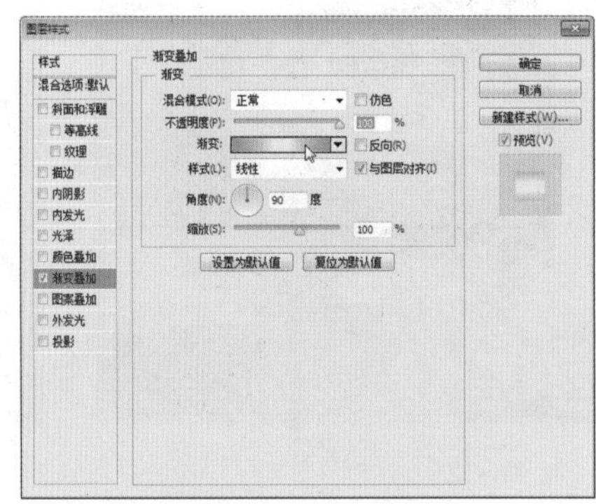

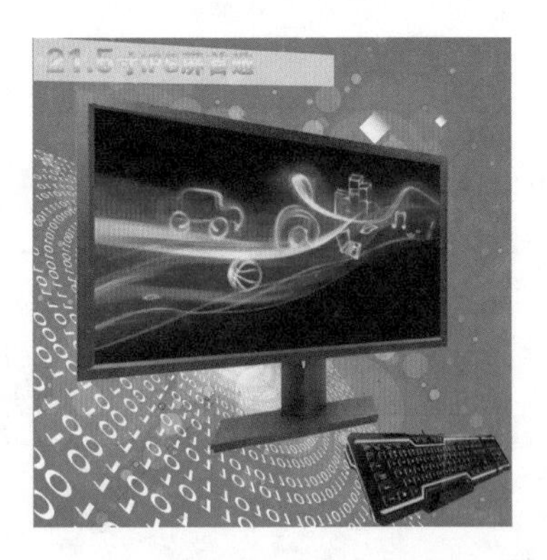

图7-26 为文字添加“渐变叠加”图层样式

08 用以上同样的方法，为文字图层添加“描边”图层样式，效果如图7-27所示。

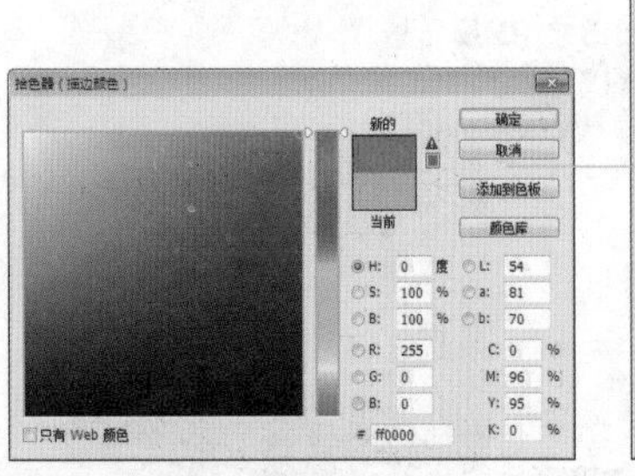

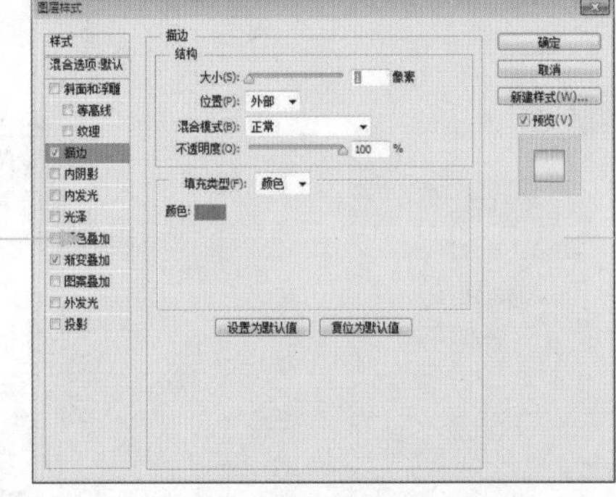

图7-27 添加“描边”图层样式

09 按【Ctrl+T】组合键调出变换控制框，适当调整文字图像的大小、角度和位置，效果如图7-28所示。

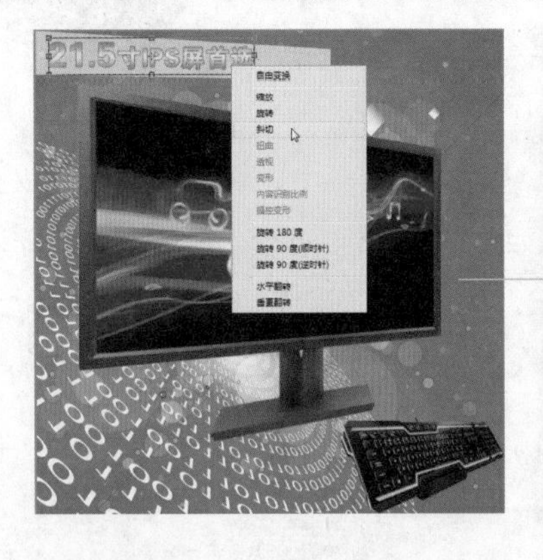

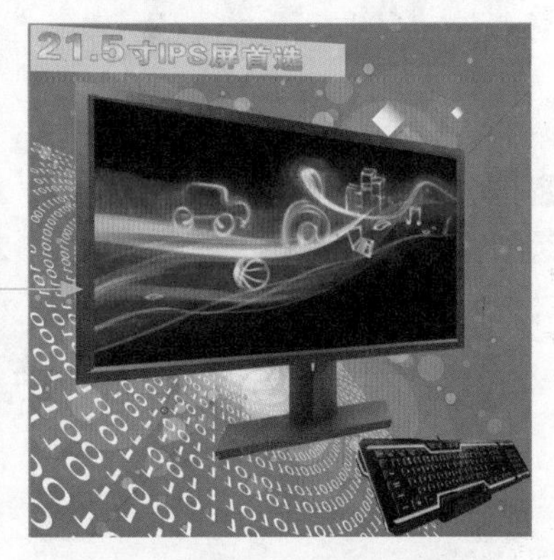

图7-28 调整文字图像

提示

运用 Photoshop CC 处理网店 / 微店的装修图像时，为了制作出某种图像效果，使图像与整体画面和谐统一，用户可以对图像进行斜切、扭曲、透视和变形等变换操作，将图像变换为用户理想的效果。

其中，“扭曲”与“斜切”命令的区别如下。

（1）执行“扭曲”操作时，控制点可以随意拖动，不受调整边框方向的限制。

（2）执行“斜切”操作时，控制点受边框的限制，每次只能沿边框的一个方向移动。

（3）若在拖曳鼠标的同时按住【Alt】键，“扭曲”命令可以实现对称扭曲效果，而“斜切”则会受到调整边框的限制。

10 选取工具箱中的横排文字工具，输入文字“赠送”，展开“字符”面板，设置“字体系列”为“方正大黑简体”、“字体大小”为100点、“颜色”为白色，激活“仿粗体”图标，根据需要适当地调整文字的位置，并为文字添加默认的“描边”和“投影”图层样式，效果如图7-29所示。

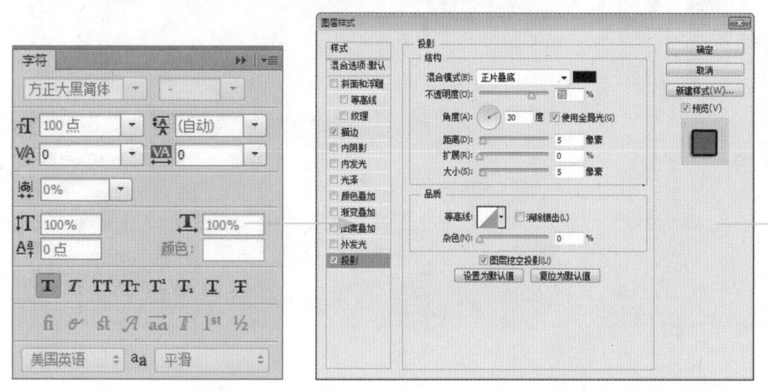

图7-29 输入并设置其他文字

7.3 实例：玩具微店主图优化

本案例是为某玩具微店设计的抱枕商品主图，在制作的过程中首页使用Photoshop的抠图功能在主图上添加相应的细节展示图，体现出产品的细节特点，并运用“特价”口号来吸引消费者的眼球。本实例最终效果如图7-30所示。

图7-30 实例效果

- **素材文件** | 素材\第7章\玩具微店主图优化.jpg、小乌龟抱枕.jpg
- **效果文件** | 效果\第7章\玩具微店主图优化.psd、玩具微店主图优化.jpg
- **视频文件** | 视频\第7章\7.3 实例：玩具微店主图优化.mp4

7.3.1 制作主图背景效果

操作步骤

01 单击“文件”|“打开”命令，打开一幅素材图像，如图7-31所示。

02 选取工具箱中的裁剪工具，在工具属性栏中的“选择预设长宽比或裁剪尺寸”列表框中选择“1:1（方形）”选项，在图像中显示1:1的方形裁剪框，如图7-32所示。

图7-31 打开素材图像

图7-32 显示方形裁剪框

03 移动裁剪控制框，确认裁剪范围，如图7-33所示。

04 单击工具属性栏右侧的“提交当前裁剪操作”按钮，即可裁剪图像，如图7-34所示。

图7-33 确认裁剪范围

图7-34 裁剪图像

7.3.2 制作细节图效果

操作步骤

01 单击“文件”|“打开”命令，打开一幅素材图像，运用移动工具将其拖曳至背景图像编辑窗口中，如图7-35所示。

图7-35 添加素材图像

02 运用椭圆选框工具在细节图上创建一个椭圆选区，使用“变换选区”命令适当调整其大小，并反选选区，如图7-36所示。

图7-36 创建并反选选区

03 按【Delete】键删除选区内的图像，取消选区，并适当调整细节图像的大小和位置，效果如图7-37所示。

图7-37 抠图处理

04 双击“图层1”图层，弹出“图层样式”对话框，选中“外发光”复选框，保持默认设置即可，单击“确定”按钮，应用“外发光”图层样式，效果如图7-38所示。

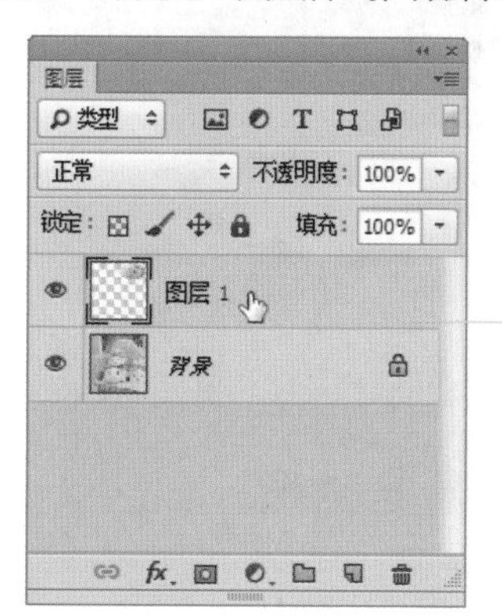

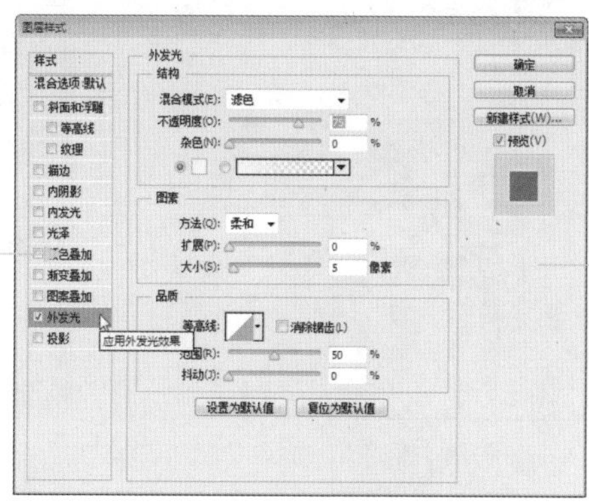

图7-38 应用“外发光”图层样式

7.3.3 制作主图文案效果

操作步骤

01 在“图层”面板中，新建“图层2”图层，如图7-39所示。

02 选取工具箱中的自定形状工具，在工具属性栏中的“形状”下拉列表框中选择“会话1”形状样式，如图7-40所示。

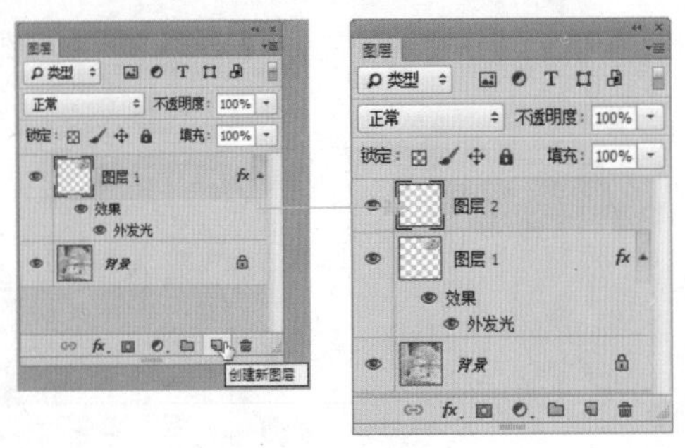

图7-39 新建“图层2”图层

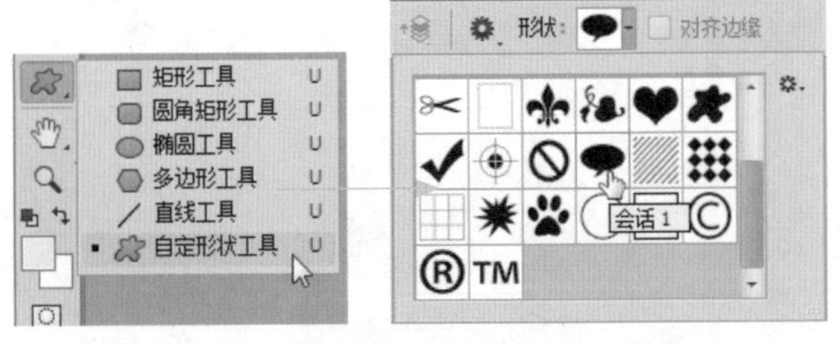

图7-40 选择“会话1”形状样式

03 在工具属性栏中的“选择工具模式”列表框中选择“像素”选项，设置前景色为洋红色（RGB参数值分别为255、125、143），在图像中的合适位置处绘制一个图形，如图7-41所示。

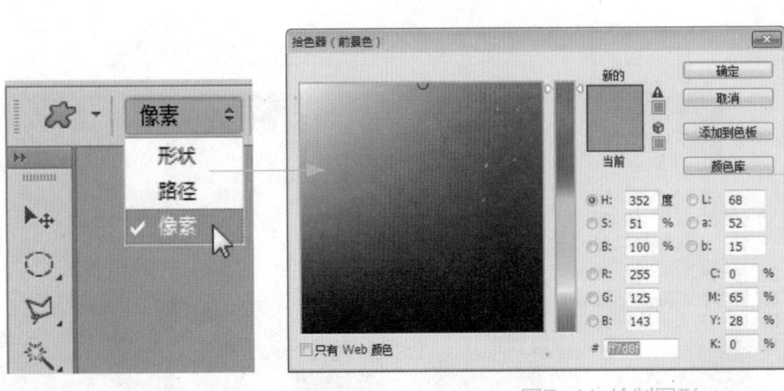

图7-41 绘制图形

04 选取工具箱中的横排文字工具，输入文字“特价”，展开“字符”面板，设置“字体系列”为“方正大黑简体”、“字体大小”为60点、“颜色”为白色，激活“仿粗体”图标，根据需要适当地调整文字的位置，并为文字添加默认的“投影”图层样式，效果如图7-42所示。

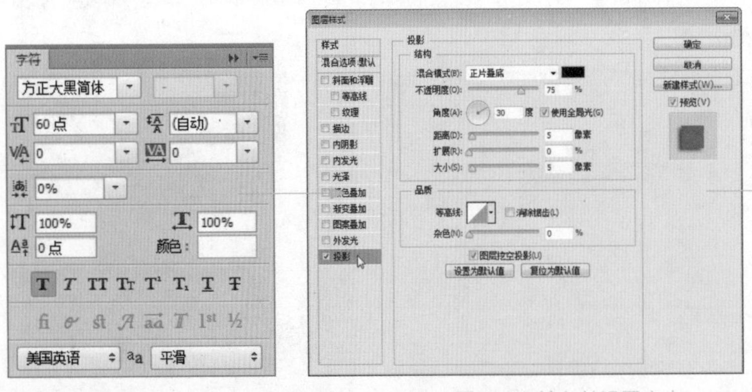

图7-42 输入并设置文字

提示

“图层样式”对话框中主要选项的含义如下。

- 图层样式列表框：该区域中列出了所有的图层样式，如果要同时应用多个图层样式，只需要选中图层样式相对应的名称复选框，即可在对话框中间的参数控制区域显示其参数。
- 参数控制区：在选择不同图层样式的情况下，该区域会即时显示与之对应的参数选项。在 Photoshop CC 中，“图层样式”对话框中增加了“设置为默认值”和“复位为默认值”两个按钮，前者可以将当前的参数保存成为默认的数值，以便后面应用，而后者则可以复位到系统或之前保存过的默认参数。
- 预览区：可以预览当前所设置的所有图层样式叠加在一起时的效果。

第 08 章

广告海报——热销商品页面设计理念

本章知识提要

- 广告海报的设计分析
- 实例：首饰网店广告海报
- 实例：化妆品微店广告海报

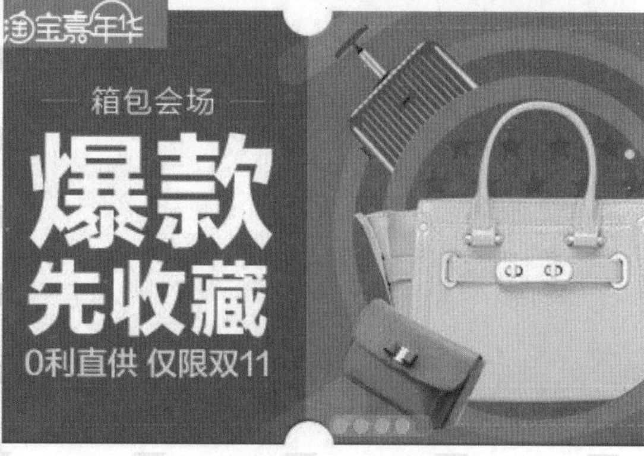

8.1 广告海报的设计分析

网络广告的传播不受时间和空间的限制，Internet将广告信息24小时不间断地传播到世界各地。只要具备上网条件，任何人在任何地点都可以看到这些信息，这是其他广告媒体无法实现的。因此，网店/微店的广告海报设计是店铺营销过程中非常重要的一环。

8.1.1 网络广告海报的分类

网络广告（Wed Ad）是一种新兴的广告形式。网络广告是确定的广告主以付费方式运用互联网媒体对公众进行劝说的一种信息传播活动，或简言之，网络广告是指利用国际互联网这种载体，通过图文或多媒体方式，发布的盈利性商业广告，是在网络上发布的有偿信息传播。图8-1所示为淘宝网店的网络广告。

图8-1 网络广告

网络广告是主要的网络营销方法之一，在网络营销方法体系中具有举足轻重的地位，事实上多种网络营销方法也都可以理解为网络广告的具体表现形式，并不仅仅限于放置在网页上的各种规格的BANNER广告，如电子邮件广告、搜索引擎关键词广告、搜索固定排名等都可以理解为网络广告的表现形式。

网络广告的本质是向互联网用户传递营销信息的一种手段，是对用户注意力资源的合理利用。Internet是一个全新的广告媒体，速度最快效果很理想，是中小企业扩展壮大的很好途径，对于广泛开展国际业务的公司更是如此。图8-2所示为饮料的网络广告。

图8-2 饮料网络广告

1. 按计费分类

（1）按展示计费

- CPM广告（Cost per mille/Cost per Thousand Impressions）：每千次印象费用，即广告条每显示1000次（印象）的费用。CPM是最常用的网络广告定价模式之一。
- CPTM广告（Cost per Targeted Thousand Impressions）：经过定位的用户的千次印象费用（如根据人口统计信息定位）。CPTM与CPM的区别在于，CPM是所有用户的印象数，而CPTM只是经过定位的用户的印象数。

（2）按行动计费

- CPC广告（Cost-per-click）：每次点击的费用，根据广告被点击的次数收费。如关键词广告一般采用这种定价模式。
- PPC广告（Pay-per-Click）：是根据点击广告或者电子邮件信息的用户数量来付费的一种网络广告定价模式。
- CPA广告（Cost-per-Action）：指按广告投放实际效果，即按回应的有效问卷或订单来计费，而不限广告投放量。
- CPL广告（Cost for Per Lead）：按注册成功支付佣金。

- PPL广告（Pay-per-Lead）：指每次通过网络广告产生的引导付费的定价模式。

（3）按销售计费

- CPO广告（Cost-per-Order）：即根据每个订单/每次交易来收费的方式。
- CPS广告（Cost for Per Sale）：以实际销售产品数量来换算广告刊登金额。
- PPS广告（Pay-per-Sale）：根据网络广告所产生的直接销售数量而付费的一种定价模式。

2. 按类型分类

（1）横幅广告：横幅广告又称旗帜广告（Banner），是以GIF、JPG、Flash等格式建立的图像文件，定位在网页中大多用来表现广告内容，如图8-3所示。一般位于网页的最上方或中部，用户注意程度比较高。同时还可使用Java等语言使其产生交互性。用shockwave等插件工具增强表现力，是经典的网络广告形式。

图8-3 手机淘宝中的Banner广告

（2）竖幅广告：竖幅广告位于网页的两侧，广告面积较大，较狭窄，能够展示较多的广告内容，如图8-4所示。

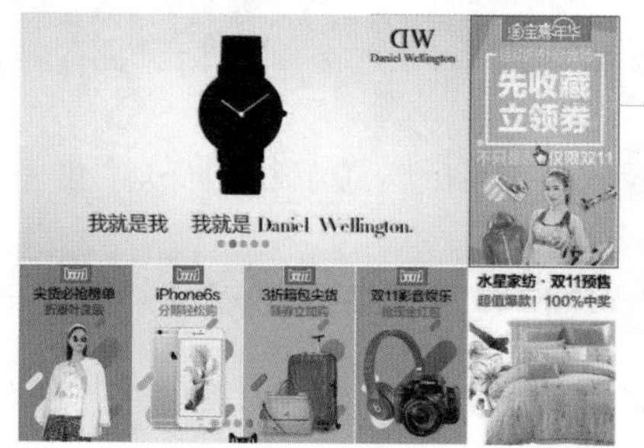

图8-4 单击网页中的竖幅广告即可跳转至活动页面

（3）文本链接广告：文本链接广告是以一排文字作为一个广告，点击链接可以进入相应的广告页面，如图8-5所示。这是一种对浏览者干扰最少，但却较为有效果的网络广告形式。有时候，最简单的广告形式效果却最好。

图8-5 文字广告

（4）电子邮件广告：电子邮件广告具有针对性强（除非肆意滥发）、费用低廉的特点，且广告内容不受限制。它可以针对具体某一个人发送特定的广告，为其他网上广告方式所不及。

（5）按钮广告：按钮广告一般位于页面两侧，根据页面设置有不同的规格，动态展示客户要求的各种广告效果，如图8-6所示。

（6）浮动广告：浮动广告在页面中随机或按照特定路径飞行。

（7）EDM直投：EDM直投通过EDMSOFT、EDMSYS向目标客户，定向投放对方感兴趣或者是需要的广告及促销内容，以及派发礼品、调查问卷，并及时获得目标客户的反馈信息，如图8-7所示。

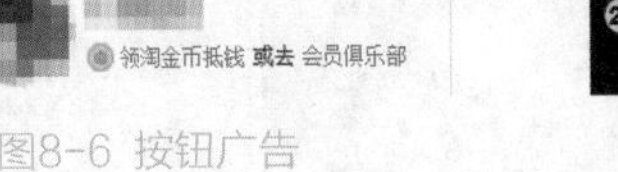

图8-6 按钮广告

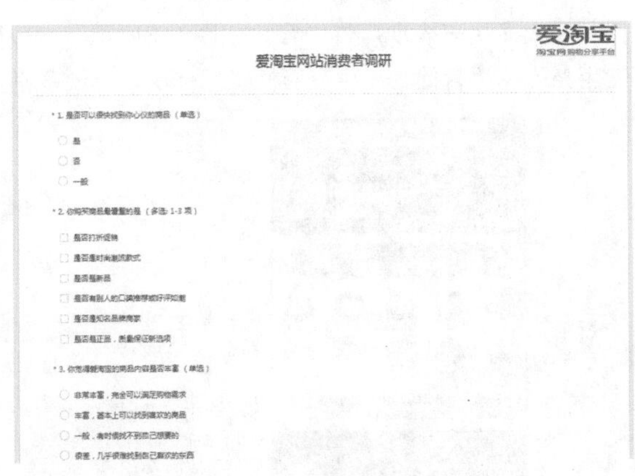

图8-7 调查问卷

（8）插播式广告（弹出式广告）：访客在请求登录网页时强制插入一个广告页面或弹出广告窗口。它们有点类似电视广告，都是打断正常节目的播放，强迫观看。插播式广告有各种尺寸，有全屏的也有小窗口的，而且互动的程度也不同，从静态的到全部动态的都有。

（9）Rich Media：一般指使用浏览器插件或其他脚本语言、Java语言等编写的具有复杂视觉效果和交互功能的网络广告。这些效果的使用是否有效，一方面取决于站点的服务器端设置，另一方面取决于访问者浏览器是否能查看。一般来说，Rich Media能表现更多、更精彩的广告内容。

（10）定向广告：定向广告可按照人口统计特征，针对指定年龄、性别、浏览习惯等的受众，投放广告，为客户找到精确的受众群。

（11）旗帜广告：旗帜广告是目前网络广告中最为常见的一种形式。它通常是一个大小为468×60像素的照片，通过广告语和其他内容表现广告主题，也可用Java Flash等技术做成动画形式。

（12）其他新型广告：其他新型广告有视频广告、路演广告、巨幅连播广告、翻页广告、祝贺广告、论坛版块广告等。

提示

网络广告的辅助工具就是我们常说的营销软件，是以软件的形式模拟手工发布广告。市场上这类软件比较多，应该根据企业的需求选择一款效果显著的软件。网络平台这么多，网络用户也是分散的，发布网络广告的企业也越来越多，竞争很是激烈。要想有显著的效果，就得在多个平台上发布，做多方位的网络广告，而能够实现多方位营销的软件会更有效果。

8.1.2 广告海报设计的要点

与电视、报刊、广播三大传统媒体或各类户外媒体、杂志、直邮、黄页相比，网络媒体集以上各种媒体之大成，具有得天独厚的优势。随着网络的高速发展及完善，它日渐融入现代工作和生活，对于现代营销来说，网络媒体是重要的媒体战略组成部分。

网店与微店中的广告海报设计的技术要点如下。

（1）店内海报设计：店内海报通常应用于营业店面内，做店内装饰和宣传用途，如图8-8所示。

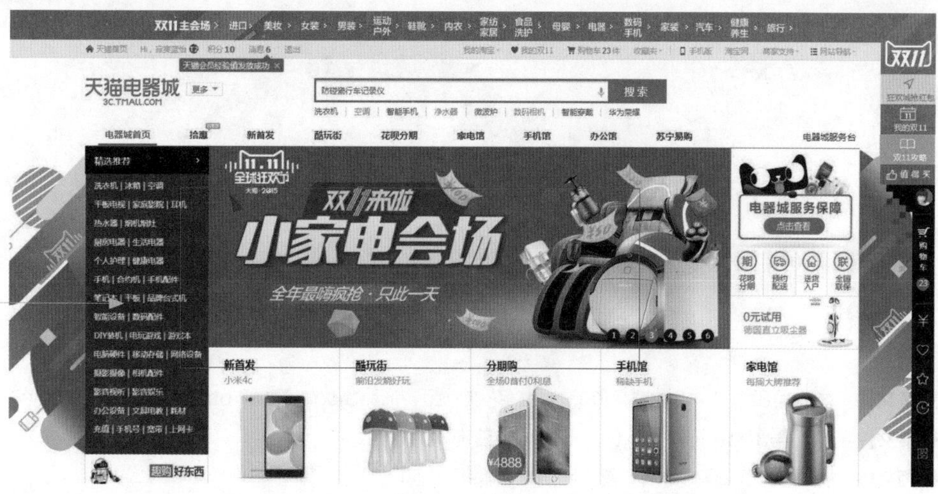

店内海报的设计需要考虑到店内的整体风格、色调及营业的内容，力求与环境相融。

图8-8 天猫电器城中的广告海报

（2）招商海报设计：招商海报通常以商业宣传为目的，采用引人注目的视觉效果达到宣传某种商品或服务的目的，如图8-9所示。

招商海报的设计应明确其商业主题，同时在文案的应用上要注意突出重点，不宜太花哨。

图8-9 招商海报

提示

在淘宝海报设计中，尺寸 750px 宽的海报，高度最小为 200px，最高为 440px，以 14 寸笔记本看的话，200px 高度差不多占去页面近 1/5，440px 的海报差不多占去近一半的屏幕，除此之外主要还是以 300px 高度为主。除了这几个尺寸外，宽度有两个海报比较特别，没有 750px，而是 748px 和 730px，但都接近横屏满屏，都可以采用。

海报作为图片大小有两个概念，一个是长宽尺寸，另外一个就是文件的 KB 大小了。文件占空间越大，图片就越精细，但对网速和买家电脑要求就越高，虽说现在大家电脑配置和带宽都不是问题，但谁都不想在广告海报还没有展示出来之前，买家就已经滚屏到下面看细节图去了吧。因此，设计广告海报时还是要稍微控制一下，以快速呈现为主要目的。在 750px 的海报图中，以 160KB ~ 200KB 居多，当然小于 100KB 的也占去了 1/5，所以建议大家在不损失海报细腻程度的情况下，尽量将广告海报的大小控制在 200KB 以下为宜。

8.2 实例：首饰网店广告海报

本案例是为首饰网店设计的店内广告海报，将饰品图片与宣传文案自然地融合在一起，通过倾斜的排版方式有效地将视觉集中到画面中心的文字区域上，从而通过文字将信息传递给顾客，接下来就对其设计和制作进行简单的讲解。本实例最终效果如图8-10所示。

图8-10 实例效果

- **素材文件** | 素材\第8章\ Logo.psd、彩带.psd、花纹.psd、饰品1.jpg、饰品2.psd、饰品3.psd、文字1.psd、文字2.psd
- **效果文件** | 效果\第8章\首饰网店广告海报.psd、首饰网店广告海报.jpg
- **视频文件** | 视频\第8章\8.2 实例：首饰网店广告海报.mp4

8.2.1 制作广告海报的背景效果

操作步骤

01 单击“文件”|“新建”命令，弹出“新建”对话框，设置“名称”为“首饰网店广告海报”、“宽度”为1225像素、“高度”为768像素、“分辨率”为72像素/英寸、“颜色模式”为“RGB颜色”、“背景内容”为“白色”，单击“确定”按钮，新建一幅空白图像；设置前景色为浅粉色（RGB参数分别为255、229、244），按【Alt+Delete】组合键，填充前景色，如图8-11所示。

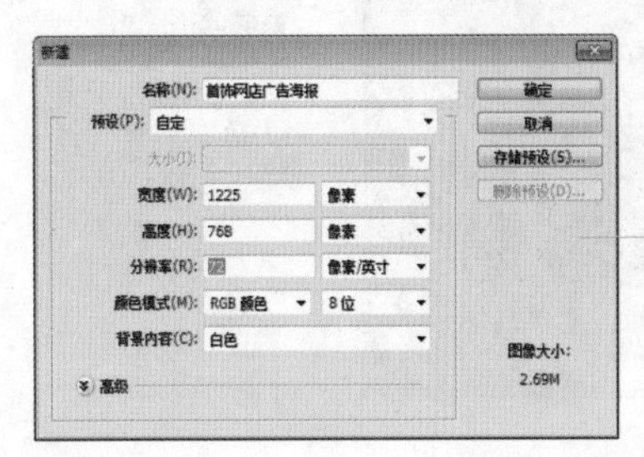

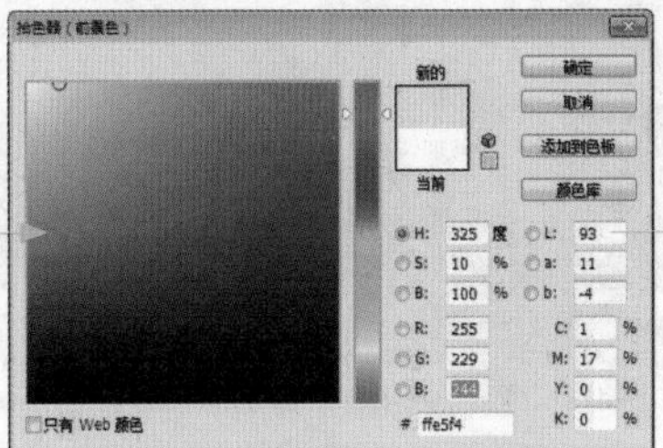

图8-11 新建图像文件并填充前景色

02 按【Ctrl+O】组合键，打开“彩带”素材图像，如图8-12所示。

03 选取工具箱中的移动工具，将其拖曳至新建的图像编辑窗口中，如图8-13所示。

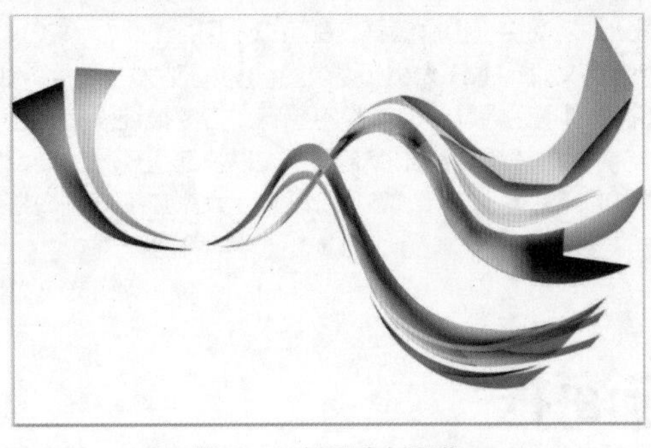

图8-12 打开素材图像

图8-13 移动素材

提示

装修网店可以增加买家在你网店的停留时间，合理地规划和利用好网店内的图片和版块设计，可以有效地吸引和留住并引导有意买家无意地进入你的销售目的圈。所以，店主应该装修好自己的网店，这样才有利于促进网店成交。

04 按【Ctrl+T】组合键，调出变换控制框，如图8-14所示。

05 适当调整其大小和位置，并按【Enter】键确认变换操作，效果如图8-15所示。

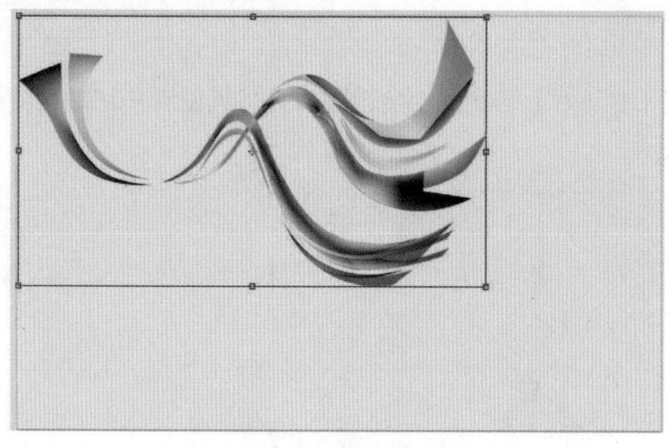

图8-14 调出变换控制框

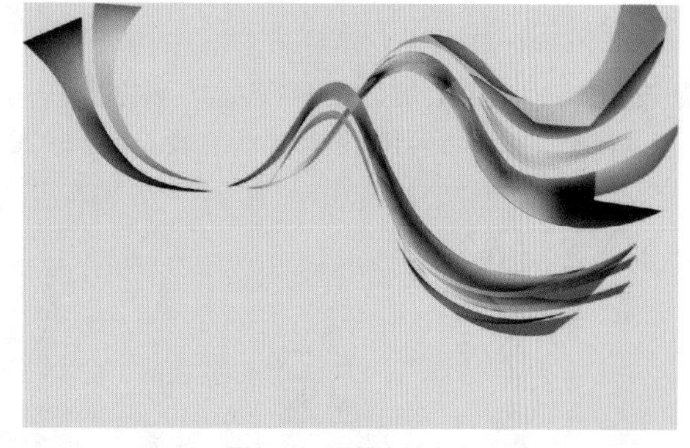

图8-15 调整素材大小

06 设置“图层1”图层的“混合模式”为“滤色”、“不透明度”为60%，即可改变图像效果，如图8-16所示。

07 按【Ctrl+O】组合键，打开“花纹”素材文件，并将其拖曳至新建的图像编辑窗口中的合适位置处，如图8-17所示。

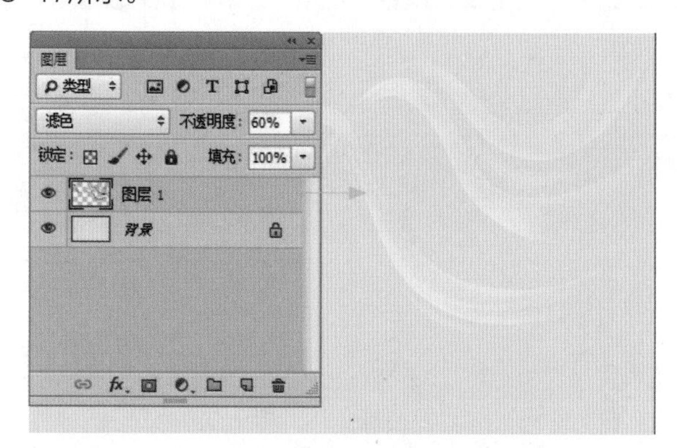

图8-16 设置混合模式效果

图8-17 置入并调整素材

08 连续按两次【Ctrl+J】组合键，复制花纹图像2次，按【Ctrl+T】组合键，调出变换控制框，调整图像的大小、角度和位置，并按【Enter】键确认变换操作，效果如图8-18所示。

09 设置位于图像中间的花纹图像的“混合模式”为“柔光”，即可改变图像效果，如图8-19所示。

图8-18 复制花纹图像

图8-19 设置混合模式效果

8.2.2 制作广告海报的商品效果

操作步骤

01 按【Ctrl+O】组合键，打开“饰品1”素材图像，按【Ctrl+A】组合键，全选图像，将其复制并粘贴至背景图像编辑窗口中，并适当调整其大小和位置，如图8-20所示。

图8-20 添加素材图像

02 选取工具箱中的魔棒工具，在工具属性栏中单击“添加到选区”按钮，设置“容差”为10，在“图层3”图层的背景上多次单击鼠标左键，选中背景区域，如图8-21所示。

03 按【Delete】键，删除背景，效果如图8-22所示。

图8-21 选中背景区域

图8-22 删除背景

04 按【Ctrl+D】组合键，取消选区，按【Ctrl+J】组合键，复制“图层3”图层，得到“图层3 拷贝”图层，如图8-23所示。

05 单击“编辑”|“变换”|“垂直翻转”命令，翻转图像素材，如图8-24所示。

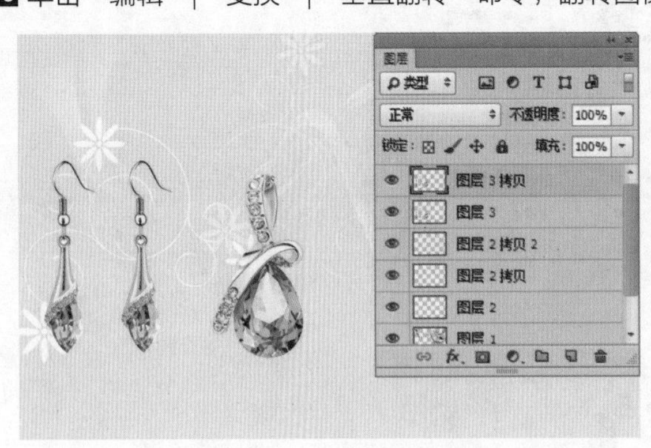

图8-23 复制图层

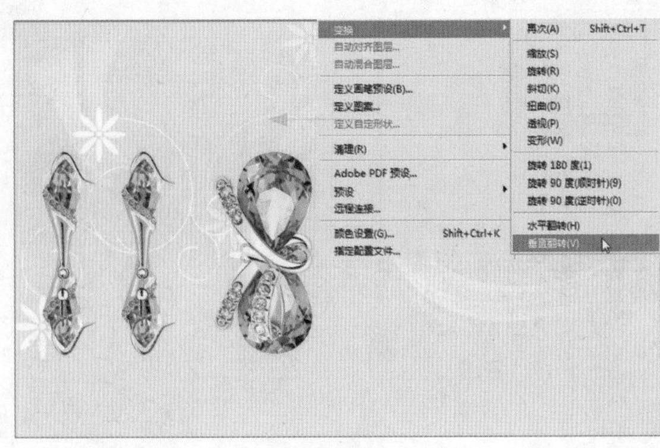

图8-24 翻转图像素材

06 运用移动工具，适当调整其位置，效果如图8-25所示。

07 单击“图层”面板底部的“添加矢量蒙版”按钮，为“图层3 拷贝”图层添加图层蒙版，选取工具箱中的渐变工具，设置黑白渐变填充颜色，如图8-26所示。

图8-25 调整图像位置

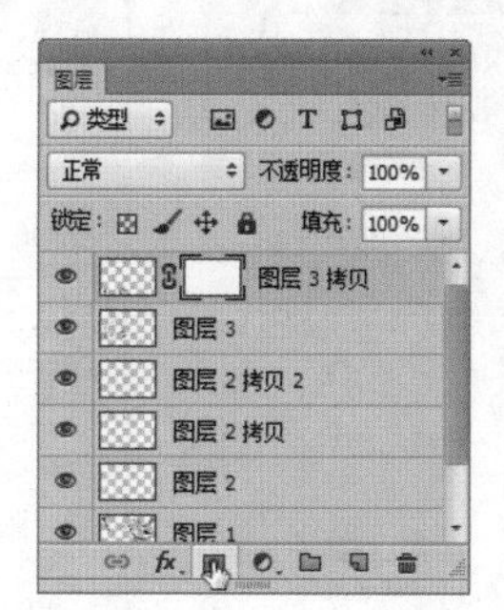

图8-26 添加图层蒙版并设置渐变色

08 在图像下方单击鼠标并向上拖曳，释放鼠标即可填充黑白渐变，效果如图8-27所示。

09 按【Ctrl+O】组合键，打开“饰品2”“饰品3”以及“Logo”素材图像，运用移动工具将各素材拖曳至新建的图像编辑窗口中，并按【Ctrl+T】组合键，调出变换控制框，适当调整素材图像的大小和位置，效果如图8-28所示。

图8-27 填充黑白渐变

图8-28 拖入素材图像

8.2.3 制作广告海报的文案效果

操作步骤

01 选取工具箱中的横排文字工具，在图像编辑窗口适当位置单击鼠标左键，设置“字体”为“方正粗圆简体”、“字体大小”为54点，输入相应文字，按【Ctrl+Enter】组合键确认，如图8-29所示。

02 运用横排文字工具选中“店庆”文字和“送”文字，设置“字体大小”为100点，按【Ctrl+Enter】组合键确认，并将其移至合适位置，如图8-30所示。

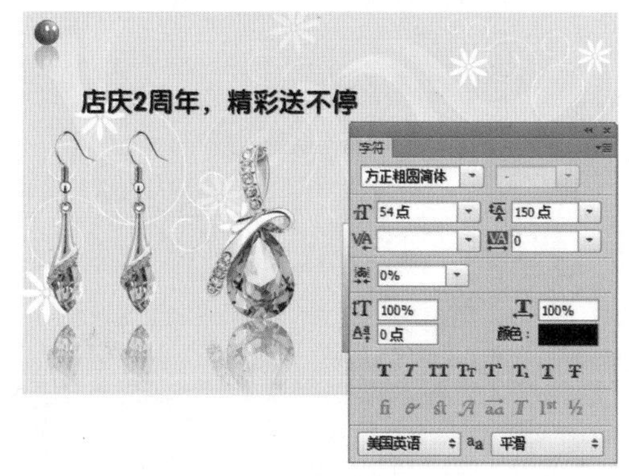

图8-29 输入文字

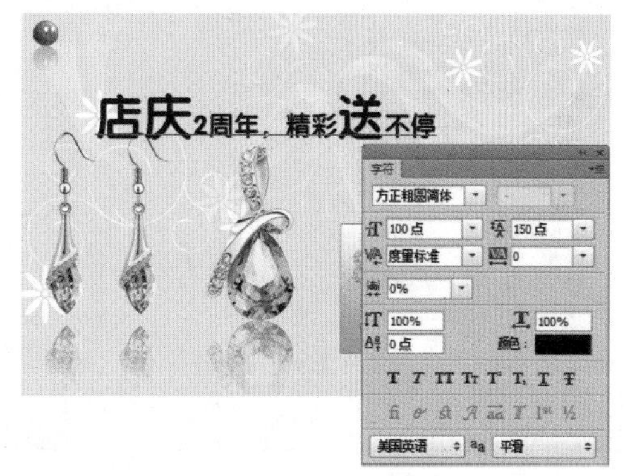

图8-30 改变文字属性

03 在文字图层上单击鼠标右键，在弹出的快捷菜单中，选择“混合选项”选项，如图8-31所示。

04 弹出“图层样式”对话框，选中“渐变叠加”复选框，切换至“渐变叠加”选项卡，如图8-32所示。

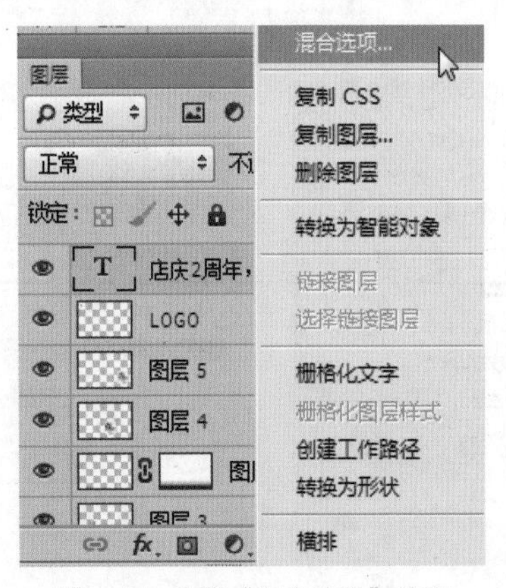

图8-31 选择“混合选项”选项

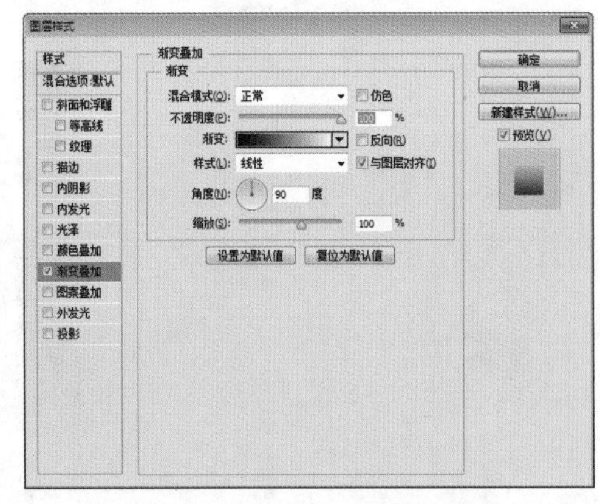

图8-32 选中“渐变叠加”复选框

05 单击“渐变”右侧的色块，弹出“渐变编辑器”对话框，在渐变条上添加3个色标，依次设置为玫红色（RGB参数分别为255、4、146）、黄色（RGB参数分别为255、255、0）和玫红色，如图8-33所示。

06 单击“确定”按钮，返回“图层样式”对话框，如图8-34所示。

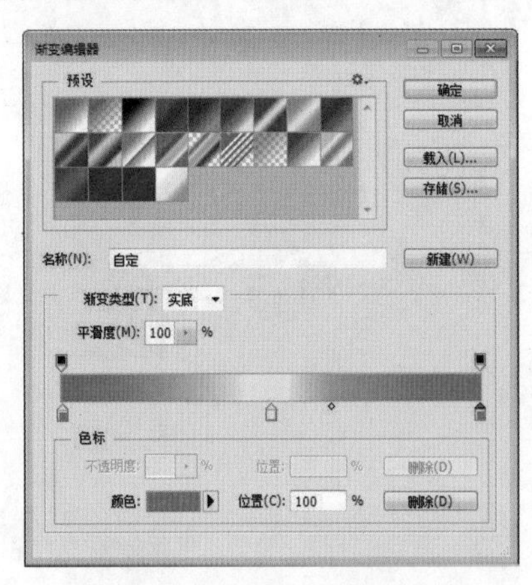

图8-33 “渐变编辑器”对话框

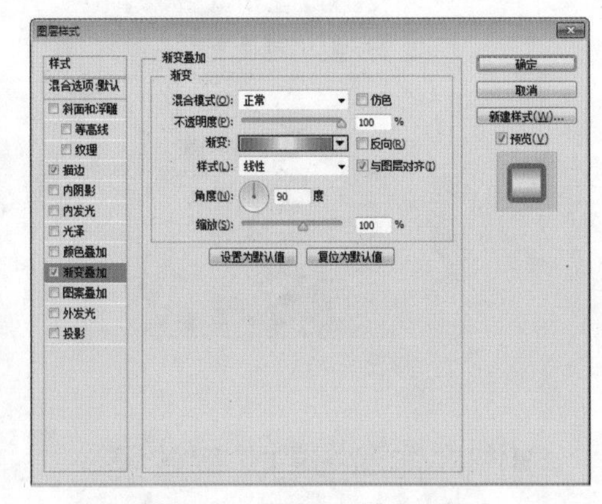

图8-34 “图层样式”对话框

07 选中“描边”复选框，设置“大小”为6、“颜色”为深红色（RGB参数分别为191、82、123），如图8-35所示。

08 单击“确定”按钮，即可为文字添加相应的图层样式，效果如图8-36所示。

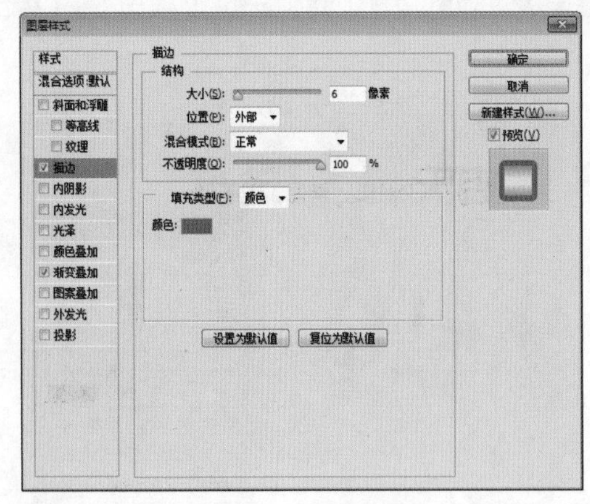

图8-35 设置相应选项

图8-36 添加图层样式

09 按【Ctrl+O】组合键，打开“文字1”素材图像，运用移动工具将其拖曳至新建的图像编辑窗口中的合适位置处，效果如图8-37所示。

10 选择“店庆2周年”文字图层，单击“图层”|“图层样式”|“拷贝图层样式”命令，选择“全场购物”文字图层，单击“图层”|“图层样式”|“粘贴图层样式”命令，其文字效果随之改变，如图8-38所示。

图8-37 拖入文字素材

图8-38 改变文字效果

11 在“全场购物”文字图层的“描边”图层效果上双击鼠标左键，弹出“图层样式”对话框，设置“大小”为4，单击“确定”按钮，即可改变描边图层样式，效果如图8-39所示。

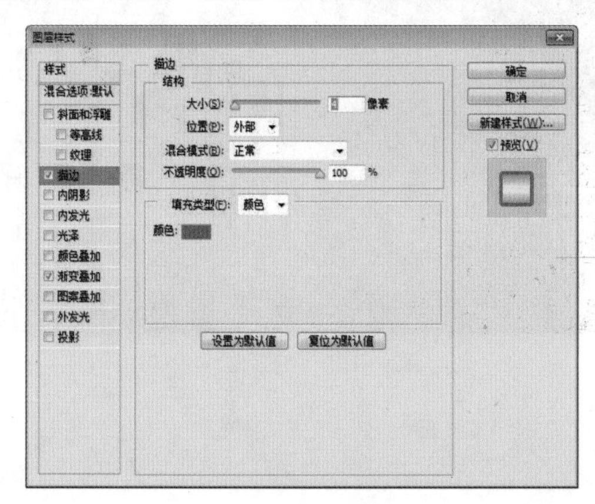

图8-39 改变描边图层样式效果

12 复制“全场购物”文字图层的图层样式，将其粘贴于“满100送50”文字图层上，其文字效果随之改变，如图8-40所示。

13 选择“店庆2周年”文字图层，单击“编辑”|“变换”|“旋转”命令，适当调整图像旋转角度，按【Enter】键确认，并将其调整至合适位置，如图8-41所示。

图8-40 改变文字效果

图8-41 旋转文字

14 用与上同样的方法，适当调整其他文字的角度与位置，效果如图8-42所示。

15 按【Ctrl+O】组合键，打开“文字2”素材图像，运用移动工具将其拖曳至新建的图像编辑窗口中的合适位置处，效果如图8-43所示。

图8-42 旋转文字

图8-43 最终效果

8.3 实例：化妆品微店广告海报

本案例是为化妆品网店设计的广告海报，制作化妆产品宣传广告时，一定要表达出化妆品的功能性，元素不必多，只在于合理运用，同时通过色彩搭配来强调主题。本实例最终效果如图8-44所示。

图8-44 实例效果

- **素材文件** | 素材\第8章\化妆品.psd、化妆品文字.psd
- **效果文件** | 效果\第8章\化妆品微店广告海报.psd、化妆品微店广告海报.jpg
- **视频文件** | 视频\第8章\8.3 实例：化妆品微店广告海报.mp4

8.3.1 制作广告海报的背景效果

操作步骤

01 单击“文件”|“新建”命令，弹出“新建”对话框，设置“名称”为“化妆品微店广告海报”、“宽度”为16厘米、“高度”为9.6厘米、“分辨率”为300像素/英寸、“颜色模式”为“RGB颜色”、“背景内容”为“白色”，如图8-45所示，单击“确定”按钮，即可新建一幅空白图像。

02 单击“视图”|“新建参考线”命令，弹出“新建参考线”对话框，设置“取向”为“垂直”、“位置”为0.1厘米，单击“确定”按钮，即可新建一条垂直参考线，如图8-46所示。

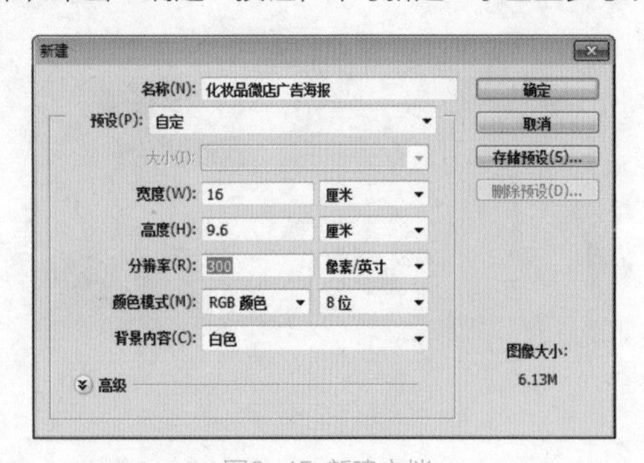

图8-45 新建文档

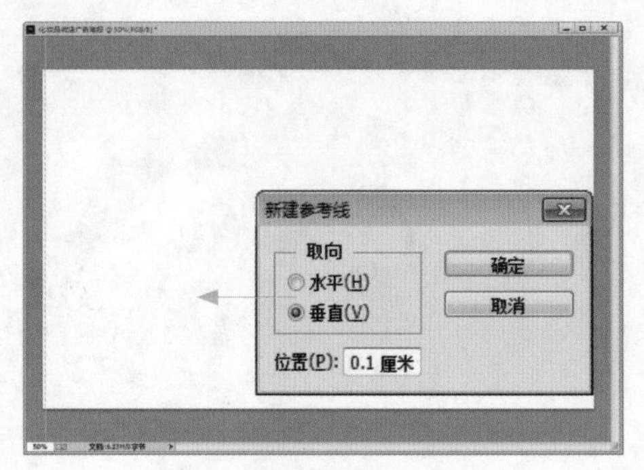

图8-46 新建垂直参考线

03 使用与上同样的方法，分别设置“位置”为8厘米和15.88厘米，创建两条垂直参考线，如图8-47所示。

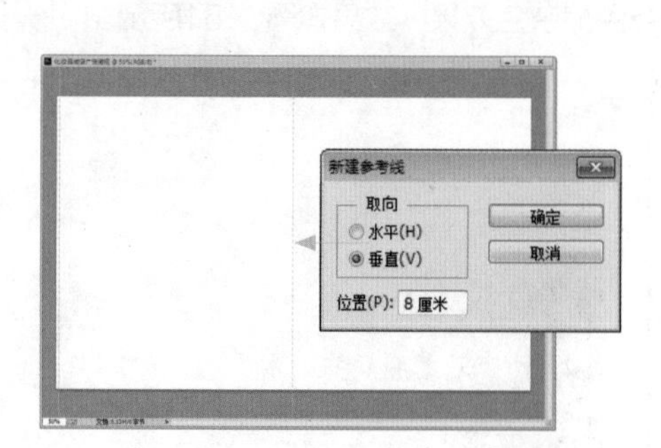

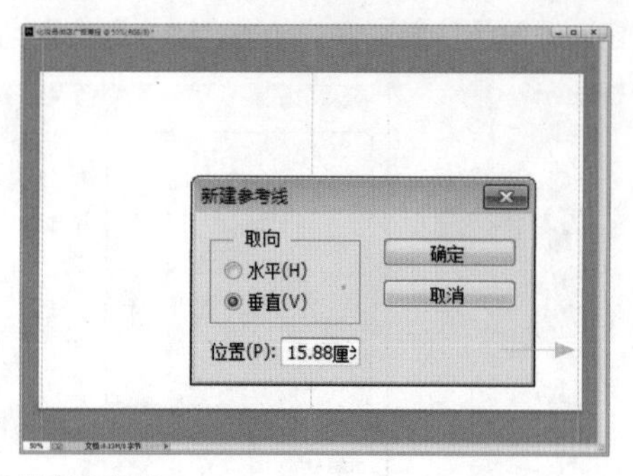

图8-47 创建两条垂直参考线

提示

参考线主要用于协助对象的对齐和定位操作，它是浮在整个图像上而不能被打印的直线。参考线与网格一样，也可以用于对齐对象，但是它比网格更方便，用户可以将参考线创建在图像的任意位置上。拖曳参考线时，按住【Alt】键就能在垂直和水平参考线之间进行切换。

04 单击“视图”|“新建参考线”命令，弹出“新建参考线”对话框，设置“取向”为“水平”，“位置”分别为0.1厘米和9.5厘米，创建两条水平参考线，如图8-48所示。

05 选取工具箱中的渐变工具，调出“渐变编辑器”对话框，设置从白色到深灰色（RGB参数值为65、65、65）渐变色，并设置第一个滑块的“位置”为10%，如图8-49所示，单击“确定”按钮。

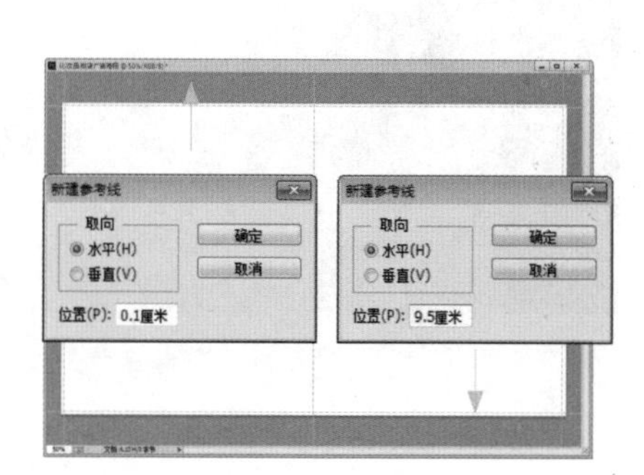

图8-48 创建两条水平参考线

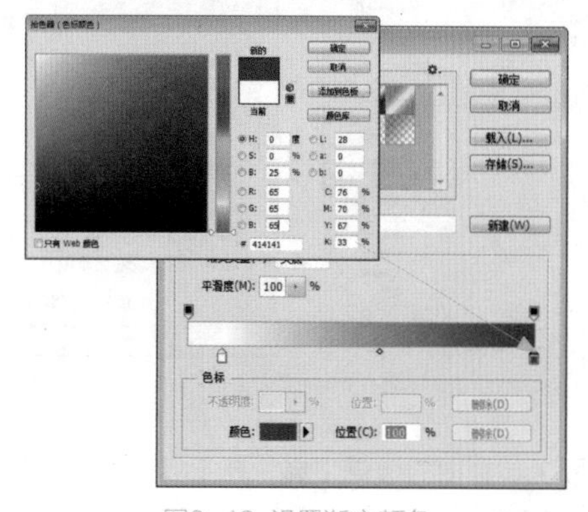

图8-49 设置渐变颜色

06 展开“图层”面板，新建“图层1”图层，在工具属性栏中单击“径向渐变”按钮，将鼠标指针移至图像编辑窗口右侧的合适位置，单击鼠标左键向左下角拖曳鼠标，至合适位置后，释放鼠标左键，填充渐变色，效果如图8-50所示。

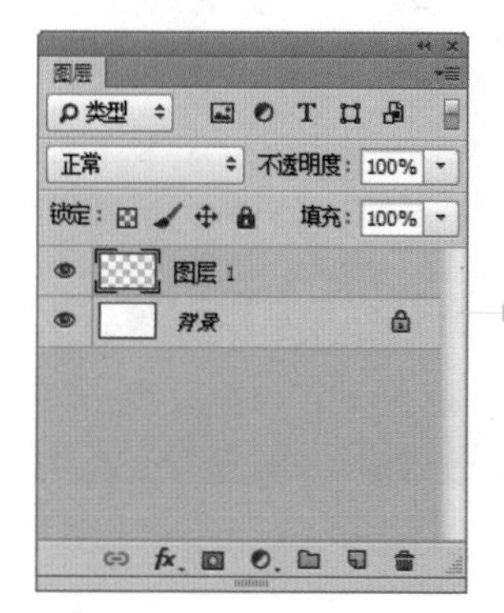

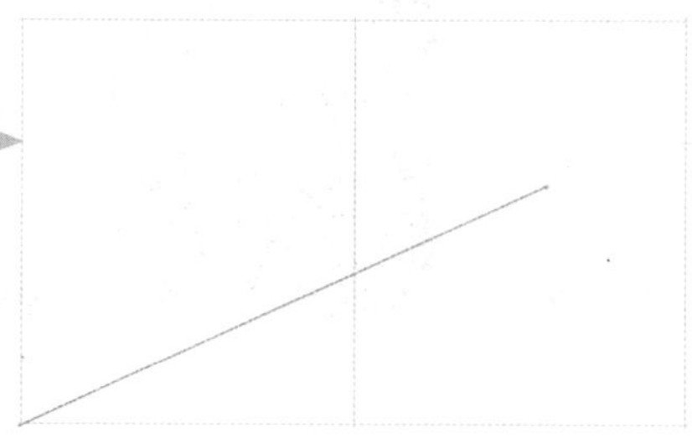

图8-50 填充渐变色

07 单击“滤镜”|“杂色”|“添加杂色”命令，弹出“添加杂色”对话框，设置“数量”为20%，选中“高斯分布”单选按钮和“单色”复选框，单击“确定”按钮为图像添加杂色效果，效果如图8-51所示。

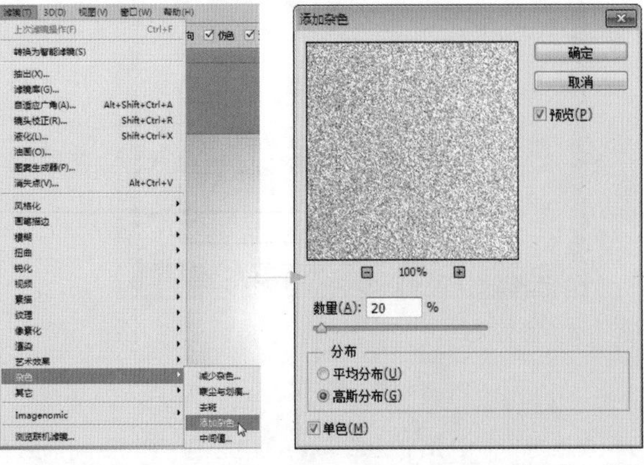

图8-51 添加杂色效果

08 单击“滤镜”|“模糊”|“动感模糊”命令，弹出“动感模糊”对话框，设置“角度”为0度、“距离”为200像素，单击“确定”按钮，为图像制作出相应的动感模糊效果，效果如图8-52所示。

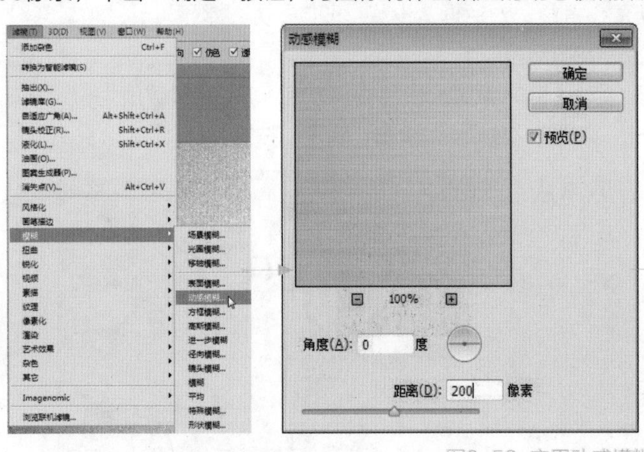

图8-52 应用动感模糊效果

09 选取工具箱中的模糊工具，在工具属性栏上设置“大小”为150、“硬度”为50%、“强度”为100%，将鼠标指针移至图像编辑窗口中的合适位置进行涂抹，如图8-53所示。

10 选取加深工具和减淡工具，并在工具属性栏上设置属性，在图像编辑窗口中的合适位置进行涂抹，效果如图8-54所示。

图8-53 模糊图像

图8-54 修饰图像

8.3.2 制作广告海报的商品效果

操作步骤

01 按【Ctrl+O】组合键，打开“化妆品”素材图像，并将其拖曳至“化妆品微店广告海报”图像编辑窗口中的合适位置处，效果如图8-55所示。

02 选取工具箱中的矩形选框工具，在图像编辑窗口中的左侧创建一个合适大小的矩形选区，如图8-56所示。

图8-55 调整素材位置

图8-56 创建矩形选区

03 展开“图层”面板，新建“图层2”图层，选取工具箱中的渐变工具，调出“渐变编辑器”对话框，设置从深灰色（RGB参数值为111、111、111）到白色到深灰色再到白色的线性渐变，滑块“位置”分别为10%、25%、75%和100%，如图8-57所示。

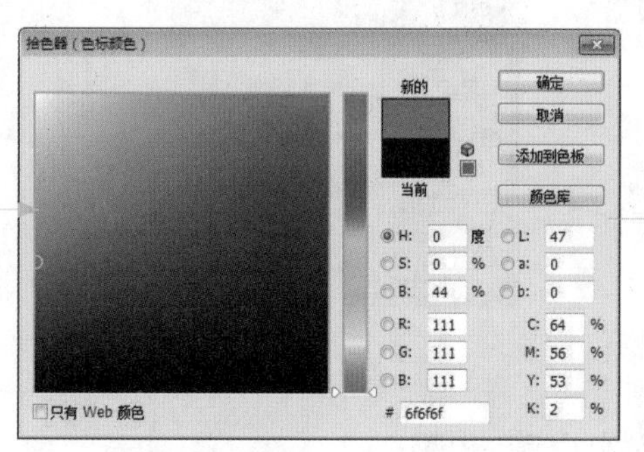

图8-57 新建图层并 设置渐变颜色

04 单击“确定”按钮，在选区内从左至右填充渐变色，如图8-58所示。

05 按【Ctrl+D】组合键，取消选区，如图8-59所示。

图8-58 填充渐变色

图8-59 取消选区

06 在“图层”面板中选中“化妆品套装组”图层，按【Ctrl+J】组合键得到“化妆品套装组拷贝”图层，按【Ctrl+T】组合键调出变换控制框，单击鼠标右键，在弹出的快捷菜单中选择“垂直翻转”选项，对图像的位置进行适当的调整，按【Enter】键确认，效果如图8-60所示。

图8-60 复制并变换图像

07 单击“图层”面板底部的“添加图层蒙版”按钮，为“化妆品套装组拷贝”图层添加图层蒙版，如图8-61所示。

08 选取工具箱中的渐变工具，设置从黑色到白色的线性渐变，将鼠标指针移至图像的下方，单击鼠标左键从下至上拖曳鼠标，至合适位置后释放鼠标，效果如图8-62所示。

图8-61 添加图层蒙版　　图8-62 填充线性渐变

8.3.3 制作广告海报的文案效果

操作步骤

01 选取工具箱中的横排文字工具，在图像编辑窗口中输入相应字母，展开“字符”面板，设置“字体系列”为“方正黑体简体”、“字体大小”为27点、“字符间距”为100、“颜色”为白色，效果如图8-63所示。

02 选取直排文字工具，在图像编辑窗口中输入相应的数字和英文词组，并展开“字符”面板，设置“字体系列”为“方正大标宋简体”、“字体大小”为9点、“字符间距”为100、“颜色”为白色，再将该文字逆时针旋转90°，效果如图8-64所示。

图8-63 输入文字

图8-64 输入文字

03 使用直排文字工具选中“360° ”数字符号，展开“字符”面板，设置“大小”为24点，选取移动工具对该图像的位置进行适当的调整，如图8-65所示。

04 按【Ctrl+O】组合键，打开“化妆品文字”素材图像，并将其拖曳至“化妆品微店广告海报”图像编辑窗口中的合适位置处，效果如图8-66所示。

图8-65 调整文字

图8-66 最终效果

第09章

产品详页——全方位地详细展示商品

本章知识提要

产品详页的设计分析

实例：时尚女包产品详页

实例：电动车产品详页

产品信息卡 Information

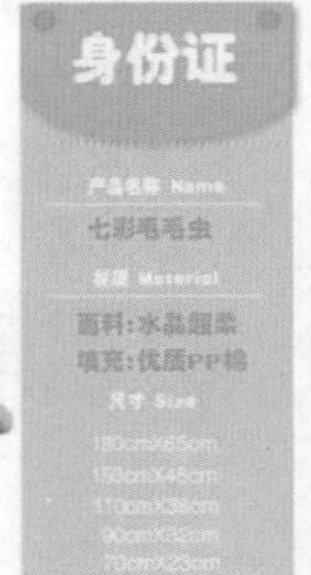

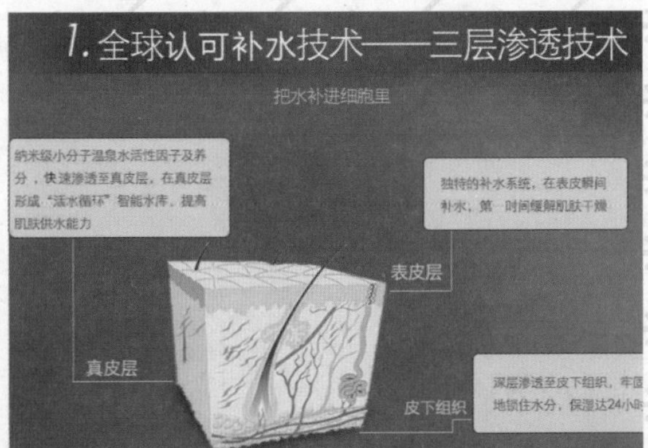

颜色展示

神秘黑色

奔放的红色

优雅的杏色

宝蓝色

9.1 产品详页的设计分析

产品详页的装修设计，就是对网店/微店中销售的单个商品的细节进行介绍，在设计的过程中需要注意很多规范，以求用最佳的图像和文字来展示出商品的特点，其具体的设计原则和技巧如下。

9.1.1 产品详页的设计规范

产品详情页面是对商品的使用方法、材质、尺寸、细节等方面的内容进行展示，同时，有的店家为了拉动店铺内其他商品的销售，或者提升店铺的品牌形象，还会在宝贝详情页面中添加搭配套餐、公司简介等信息，以此来树立和创建商品的形象，提升顾客的购买欲望，如图9-1所示。

通常情况下，产品详情页面的宝贝描述图的宽度是750像素，高度不限，产品详页是直接影响成交转换率的，其中的设计内容要根据商品的具体内容来定义，只有图片处理得合格，才能让店铺看起来比较正规，以及更加的专业，这样对顾客才更有吸引力，这也正是装修产品详页中最基础的要求。

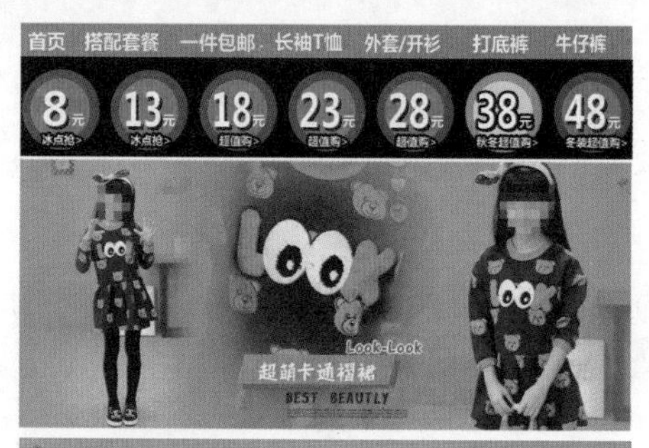

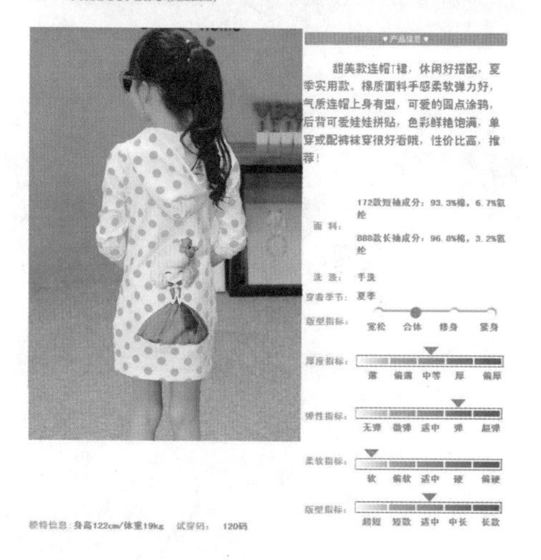

号码	建议身高	衣长	胸围
100号	100cm	52cm	58cm
110号	110cm	57cm	65cm
120号	120cm	62cm	67cm
130号	130cm	66cm	72cm
140号	140cm	70cm	78cm
150号	150cm	76cm	82cm
160号	160cm	80cm	86cm

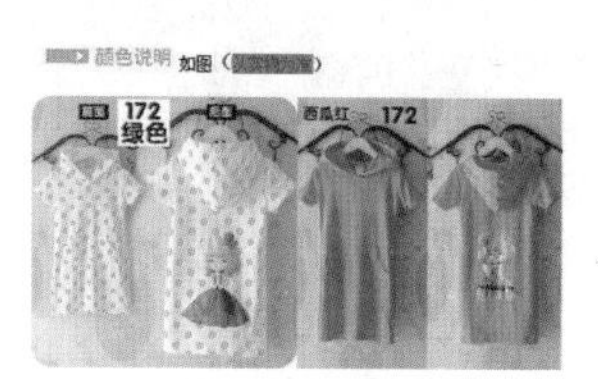

产品详情页面中的图片尺寸通常保持在宽度为750像素，高度不限，通常会使用标题栏的表现形式对页面中各组信息的内容进行分组，便于顾客阅读和理解，并掌握所需的商品信息。

图9-1 产品详页

9.1.2 产品详页的设计要点

在网店/微店交易的整个过程中，没有实物、营业员，也不能口述、不能感觉，此时的产品详页就承担起推销一个商品的所有工作。在整个推销过程中是非常静态的，没有交流、没有互动，顾客在浏览商品的时候也没有现场氛围来烘托购物气氛，因此顾客此时会变得相对理性。

产品详情页面在重新排列商品细节展示的过程中，只能通过文字、图片和视频等沟通方式，就要求卖家在整个产品详页的布局中注意一个关键点，那就是阐述逻辑。图9-2所示为产品详页的基本营销思路。

图9-2 产品详页的基本营销思路

提示

在进行产品详情页面设计的过程中，会遇到几个问题，如商品的展示类型、细节展示和产品规格及参数的设计等，这些图片的添加和修饰都是有讲究的。

1. 商品图片的类型展示

顾客购买商品最主要看的就是商品展示的部分，在这里需要让顾客对商品有一个直观的感觉。通常这部分是以图片的形式来展现的，分为摆拍图和场景图两种类型，具体如图9-3所示。

摆拍图能够最直观地表现产品，画面的基本要求就是能够把产品如实地展现出来，倾向于平实无华路线，有时候这种态度也能打动消费者。实拍的图片通常需要突出主体，用纯色背景，讲究干净、简洁、清晰。

场景图能够在展示商品的同时，在一定程度上烘托商品的氛围，通常需要较高的成本和一定的拍摄技巧，这种拍摄手法适合有一定经济实力，有能力把控产品的展现尺度的卖家。因为场景的引入，如果运用得不好，反而会增加图片的无效信息，分散主体的注意力。

图9-3 摆拍图和场景图

提示

总之，不管是通过场景图还是通过摆拍图来展示商品，最终的目的都是想让顾客掌握更多的商品信息，因此在设计图片的时候，首先要注意的就是图片的清晰度，其次是图片色彩的真实度，力求逼真而完美地表现出商品的特性。

2. 商品细节的展示

在产品详页中，顾客可以找到产品的大致感觉，通过对商品的细节进行展示，能够让商品在顾客的脑海中形成大致的形象，当顾客有意识想要购买商品的时候，商品细节区域的恰当表现就要开始起作用了。细节是让顾客更加了解这个商品的主要手段，顾客熟悉商品才是对最后的成交起到关键作用的一步，而细节的展示可以通过多种方法来表现，如图9-4所示。

提示

需要注意的是，细节图只要抓住买家最需要的展示即可，其他能去掉的就去掉。此外，过多的细节图展示，会让网页中图片显示的内容过多而产生较长的缓冲时间，容易造成顾客的流失。

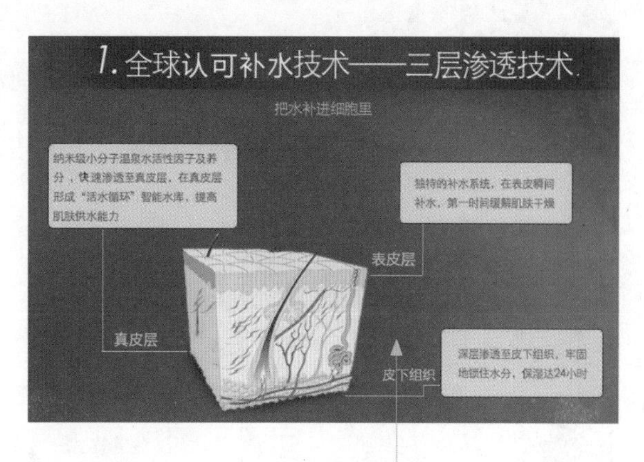

将商品重点部位的细节进行放大，让顾客感受到商品的材质、形状、纹理等信息，这样设计的结果会凸显出商品的主要特点。

通过图解的方式表现出商品的一些物理特征，例如透气性、手感、补水功能等一些触觉和功能上的特点，利用简短的文字说明恰到好处地告知顾客这些信息，准确传递了商品的特点。

图9-4　细节的展示

3. 通过视频展示商品

如今，在网店/微店中出现了越来越多的视频广告，如图9-5所示。利用微视频、微电影进行有效传播，不仅打破传统的营销模式，而且也是微营销模式的一大创新。在网店/微店的产品详页展示视频，有助于提高商品的转化率。

卖家可以在卖家服务中心搜索视频服务，一般都需要5～168元/月，而且还对数量有限制。

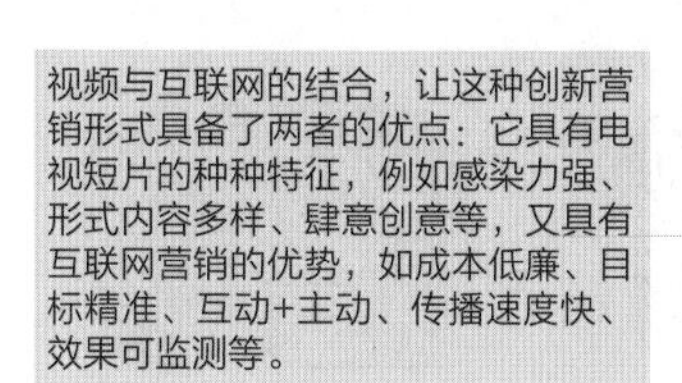

图9-5　视频广告

4. 商品尺寸和规格设置的重要性

网店/微店产品详页中的图片是不能反映商品的真实情况的，因为图片在拍摄的时候是没有参照物的，即便有的商品图片有参照物作为对比，但是没有具体的尺寸进行说明，让顾客进行真实的测量，就不能形成具体的宽度和高度的概念。

经常有买家买了商品以后要求退货，其中很大一部分原因就是比预期相差太多，而商品的预期印象就是商品照片给予顾客的，所以卖家需要在产品详页中加入产品规格参数的模块，才能让顾客对商品有正确的预估，如图9-6所示。

提示

服饰、建材、家居、家电类商品在尺寸上的说明相对于其他的商品而言就显得格外的重要，对于店家来说，在尺寸方面采用尽量接近用户认知的方式去描述，描述的内容尽可能全面，就能在很大程度上避免消费者在尺寸方面遇到的问题与担忧，同时也减少了由于尺寸问题造成的退换货的频率。

以图解的方式表现家具的尺寸，让顾客对商品的规格信息掌握更加直观。

详细说明商品的材质、柔软度等信息，全面地展示商品的规格和质感。

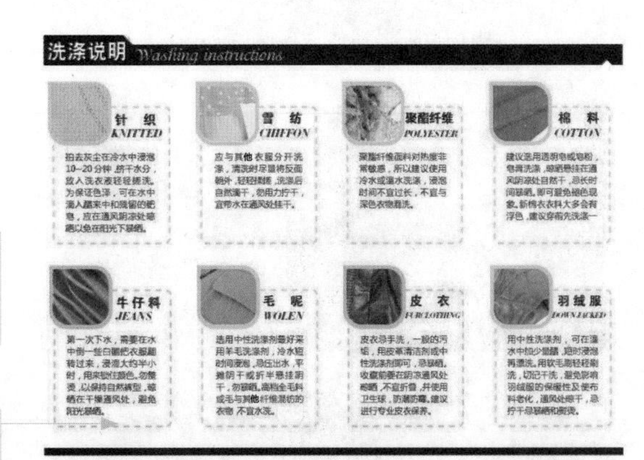

产品信息 Information

面料：毛呢				颜色：灰色	
特别说明：面料无弹性，有口袋，有内衬夹棉、有按扣 ⑦					
尺码	肩宽	胸围	袖长	衣长	重量
S	不限	100	连肩66	80	
M	不限	104	连肩67	82	
L	不限	108	连肩68	84	
XL	不限	112	连肩69	86	

（一口价指标题单品的价钱，不包括所搭配的其他衣服，如打底衬衫、胸花、项链、腰带、包包及饰品、不太明白的地方可以咨询客服姑娘们哟）

图9-6 商品尺寸和规格

9.2 实例：时尚女包产品详页

本案例是为时尚女包网店设计的产品详情页面中的颜色展示部分，画面中采用白色作为底色，就是为了衬托商品的颜色，不影响顾客对商品本身颜色的判断，色彩之间的差异让商品形象更加凸显，同时搭配相关的文字信息，为顾客呈现出完善的商品视觉效果。本实例最终效果如图9-7所示。

● **素材文件** | 素材\第9章\女包1.png、女包2.png、女包3.png、女包4.png

● **效果文件** | 效果\第9章\时尚女包产品详页.psd、时尚女包产品详页.jpg

● **视频文件** | 视频\第9章\9.2 实例：时尚女包产品详页.mp4

颜色展示

神秘黑色

奔放的红色

优雅的杏色

宝蓝色

图9-7 实例效果

9.2.1 制作产品详页的商品效果

操作步骤

01 单击“文件”|“新建”命令，弹出“新建”对话框，设置“名称”为“时尚女包产品详页”、“宽度”为750像素、“高度”为800像素、“分辨率”为72像素/英寸、“颜色模式”为“RGB颜色”、“背景内容”为“白色”，单击“确定”按钮，新建一幅空白图像，如图9-8所示。

02 单击“文件”|“打开”命令，打开“女包1”素材图像，如图9-9所示。

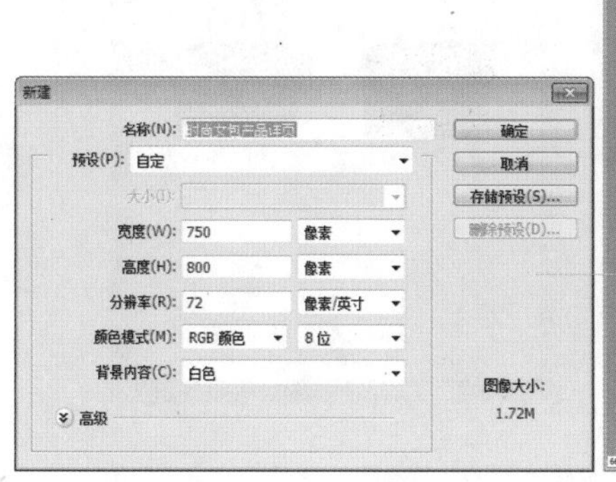

图9-8 新建图像文件

图9-9 打开素材图像

03 运用移动工具将“女包1”素材图像拖曳至新建的图像窗口中，并适当调整其大小和位置，如图9-10所示。

图9-10 调整素材图像

04 运用同样的方法添加“女包2”素材图像，并适当调整其大小和位置，如图9-11所示。

图9-11 调整素材图像

提示

如果用户要启用对齐功能，首先需要选择“对齐”命令，使该命令处于选中状态，然后在相应子菜单中选择一个对齐项目，带有“√”标记的命令表示启用了该对齐功能。

05 展开“图层”面板，选择“图层1”和“图层2”图层，单击工具属性栏上的“顶对齐”按钮，并适当调整素材图像的位置，效果如图9-12所示。

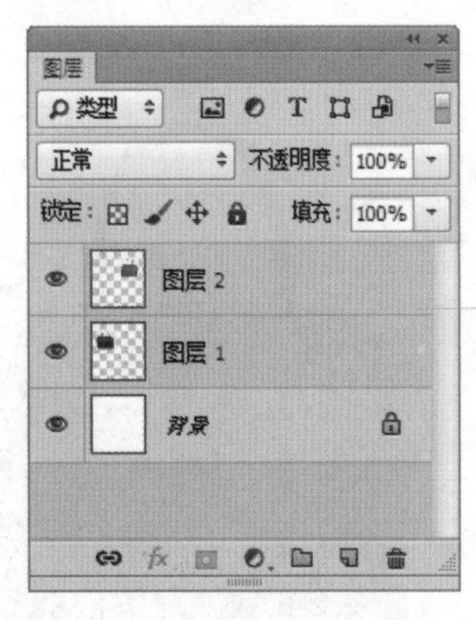

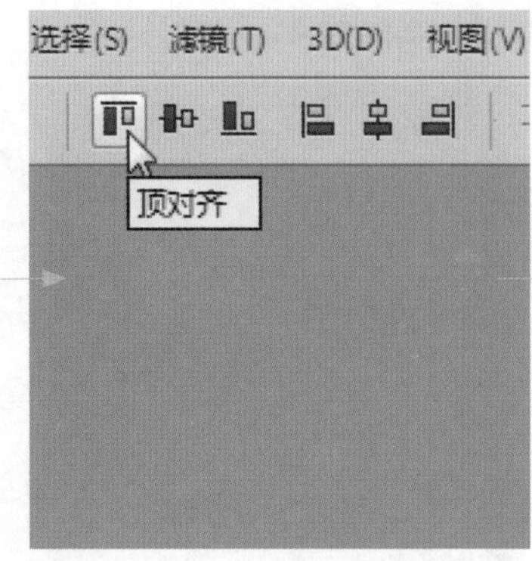

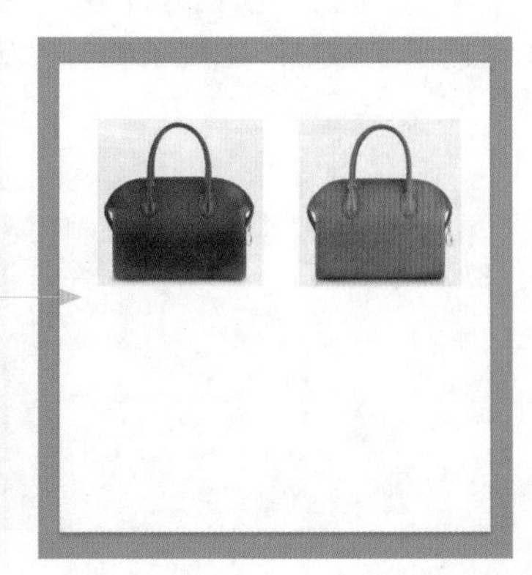

图9-12 调整素材图像位置

06 运用以上同样的方法，在产品详页图像中添加其他的女包商品素材图像，并适当调整其大小和位置，如图9-13所示。

图9-13 添加其他商品素材图像

9.2.2 制作产品详页的文案效果

操作步骤

01 选取工具箱中的直线工具，在工具属性栏中的“选择工具模式”列表框中选择“像素”选项，如图9-14所示。

02 设置前景色为褐色（RGB参数值分别为129、63、3），新建“图层5”图层，如图9-15所示。

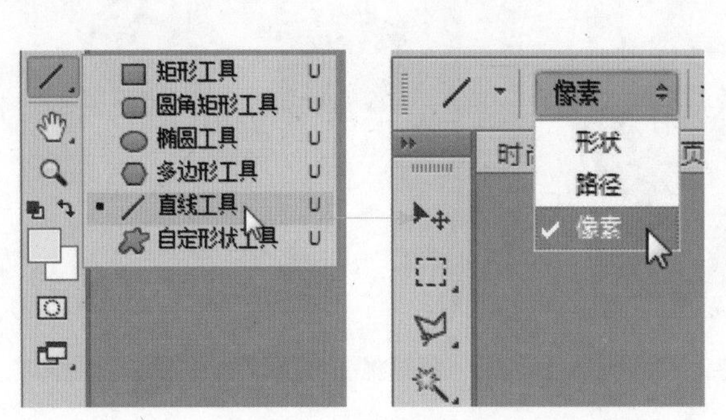

图9-14 设置工具属性

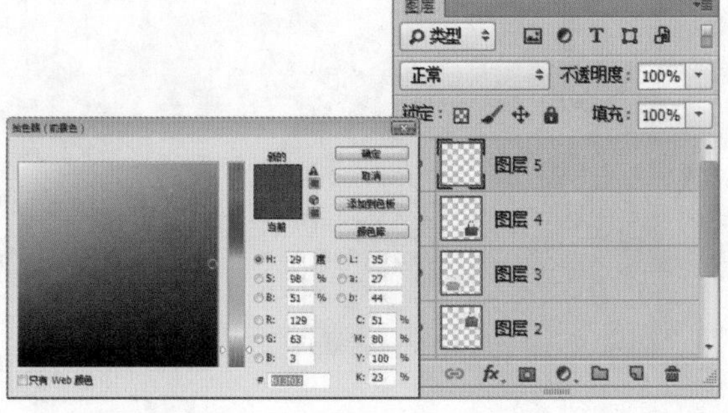

图9-15 设置前景色并新建图层

03 在工具属性栏中设置“粗细”为2像素，运用直线工具在商品图像下方绘制一条相应长度的直线，如图9-16所示。

04 复制3条所绘制的直线，并调整至合适的位置处，如图9-17所示。

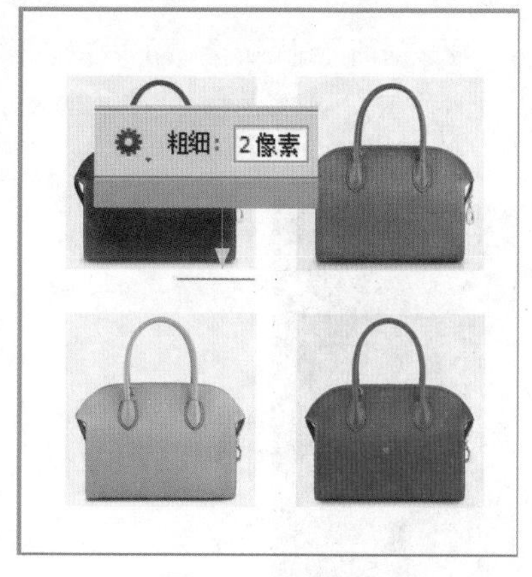

图9-16 绘制直线

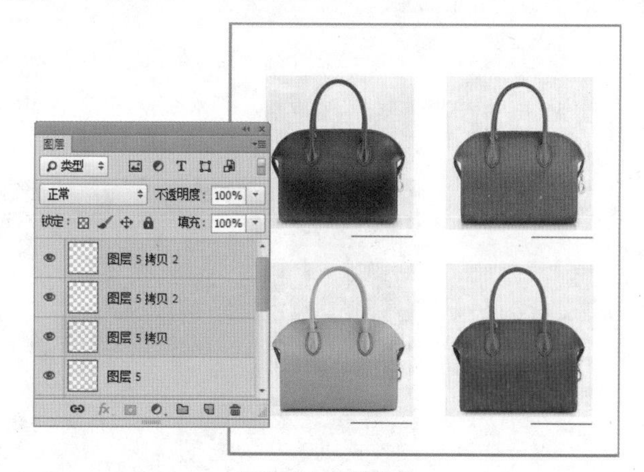

图9-17 复制直线

05 选取工具箱中的横排文字工具，在图像编辑窗口适当位置单击鼠标左键，输入相应文字，设置“字体”为“方正大黑简体”、“字体大小”为72点、“颜色”为黑色，按【Ctrl+Enter】组合键确认，如图9-18所示。

06 运用横排文字工具在图像编辑窗口适当位置单击鼠标左键，输入相应文字，设置“字体”为“黑体”、“字体大小”为24点、“颜色”为黑色，按【Ctrl+Enter】组合键确认，如图9-19所示。

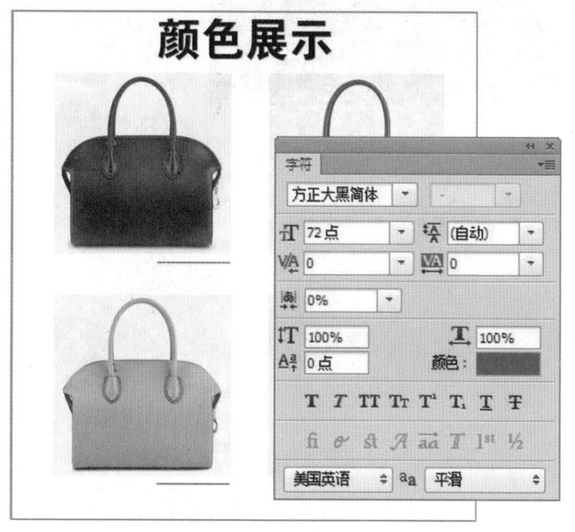

图9-18 输入文字

图9-19 输入文字

07 运用以上同样的方法，输入其他的文字，并调整其位置，效果如图9-20所示。

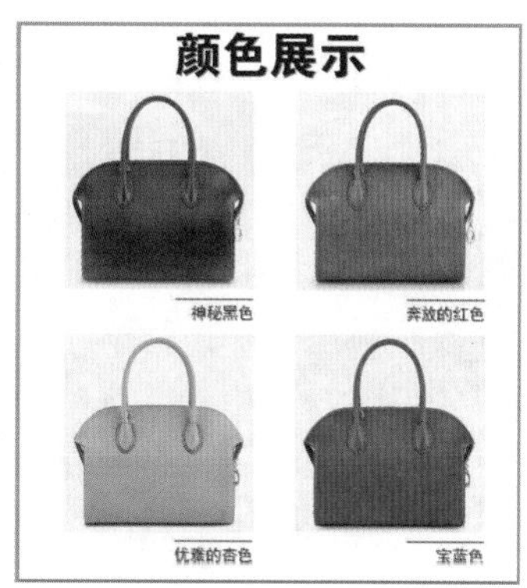

图9-20 输入其他的文字

9.3 实例：电动车产品详页

本案例是为电动车网店/微店设计的产品详情页面中的产品特色展示部分，通过对商品进行指示并配以文字说明来展示出电动车产品的特点和优势，让顾客能够全方位、清晰地认识到商品的细节特性。本实例最终效果如图9-21所示。

图9-21 实例效果

- **素材文件** | 素材\第9章\电动车.jpg、电动车产品详页.jpg
- **效果文件** | 效果\第9章\电动车产品详页.psd、电动车产品详页.jpg
- **视频文件** | 视频\第9章\9.3 实例：电动车产品详页.mp4

9.3.1 制作产品详页的背景效果

操作步骤

01 单击“文件”|“打开”命令，打开一幅素材图像，如图9-22所示。

02 选取工具箱中的裁剪工具，在工具属性栏中设置裁剪框的长宽比为750×600，在图像中显示相应大小的裁剪框，如图9-23所示。

图9-22 打开素材图像

图9-23 显示裁剪框

03 移动裁剪控制框，确认裁剪范围，如图9-24所示。

04 单击工具属性栏右侧的“提交当前裁剪操作”按钮，即可裁剪图像，如图9-25所示。

图9-24 确认裁剪范围

图9-25 裁剪图像

05 单击“滤镜”|“镜头校正”命令，弹出“镜头校正”对话框，切换至“自定”选项卡，在“晕影”选项区中设置“数量”为-100、“中点”为15，如图9-26所示。

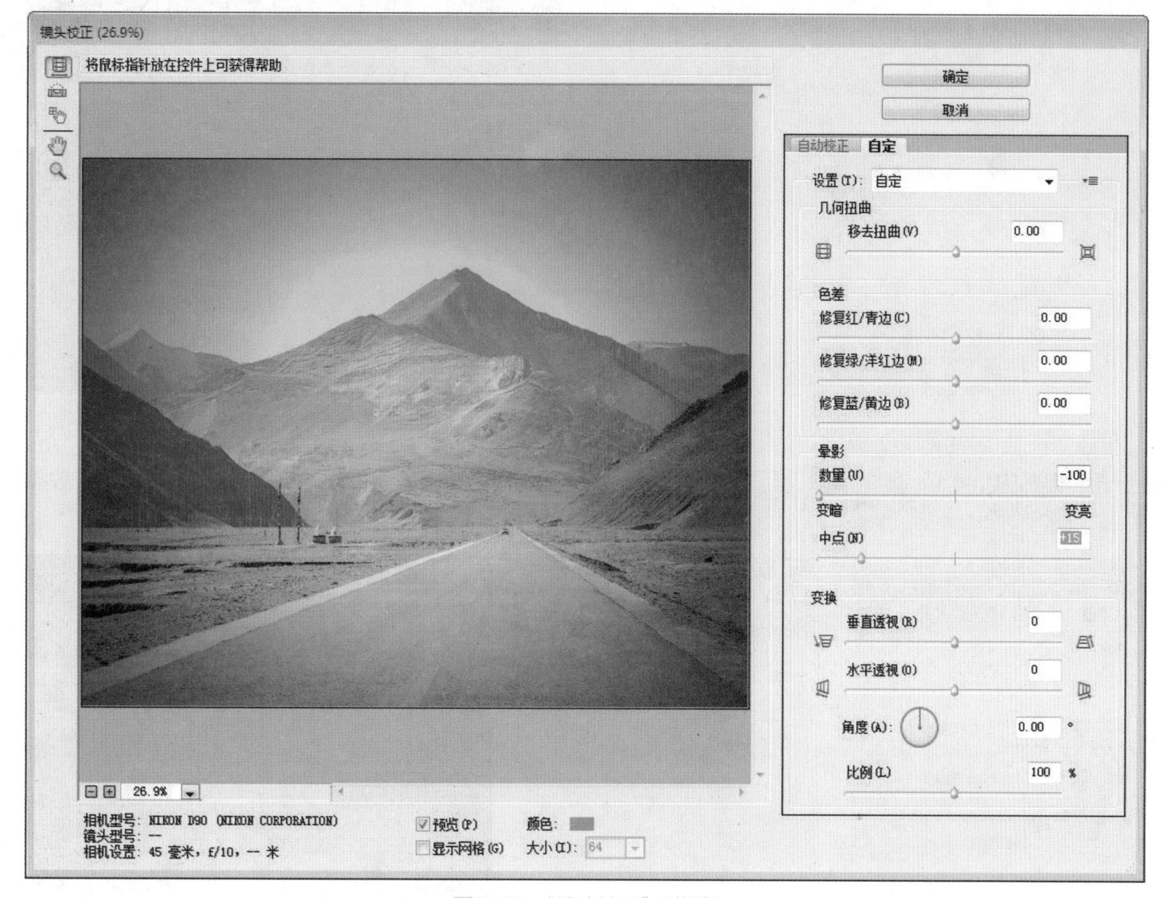

图9-26 “镜头校正”对话框

06 单击“确定”按钮，即可为图像添加“晕影”滤镜特效，效果如图9-27所示。

07 单击“图层”|“新建调整图层”|“照片滤镜”命令，新建“照片滤镜1”调整图层，如图9-28所示。

图9-27 添加“晕影”滤镜特效

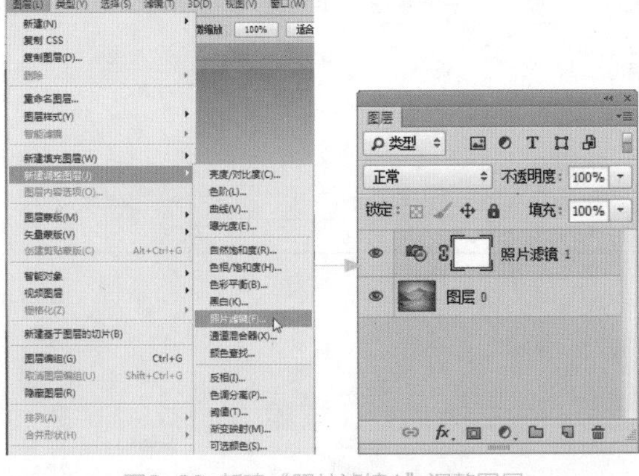

图9-28 新建“照片滤镜1”调整图层

08 展开“属性”面板，设置“滤镜”为“加温滤镜（81）”、“浓度”为66%，效果如图9-29所示。

图9-29 添加“照片滤镜”效果

09 新建“自然饱和度1”调整图层，在“属性”面板中设置“自然饱和度”为60，加深背景图像的色彩，效果如图9-30所示。

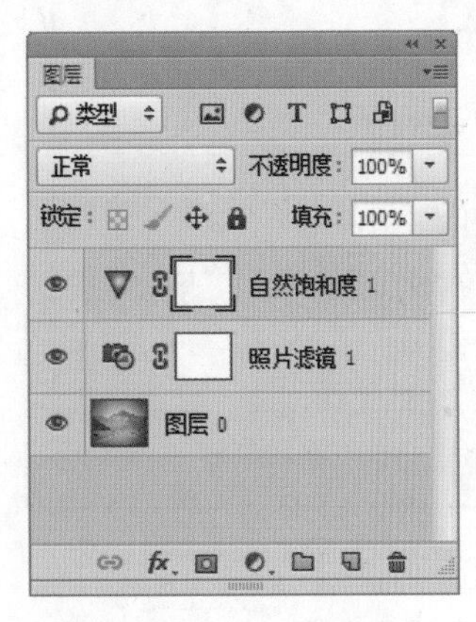

图9-30 加深背景图像的色彩

10 盖印图层，得到“图层1”图层；单击“滤镜”|“模糊”|“动感模糊”命令，弹出“动感模糊”对话框，设置“角度”为-28度、“距离”为108像素，单击“确定”按钮应用滤镜；在“图层”面板中设置“图层1”图层的混合模式为“叠加”，效果如图9-31所示。

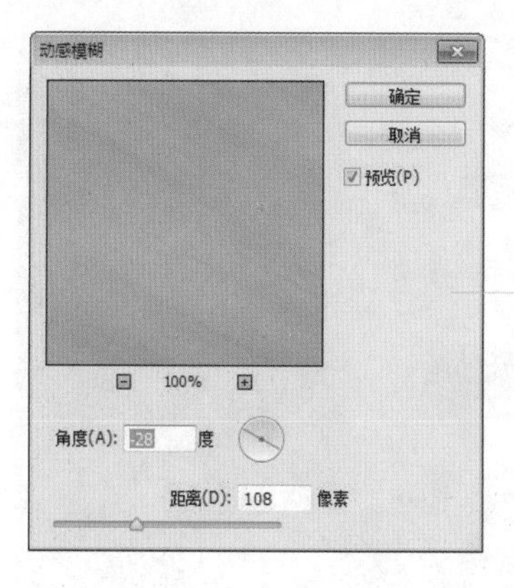

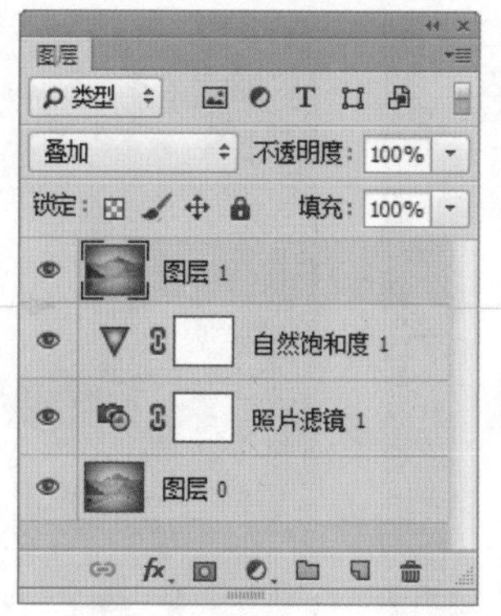

图9-31 添加滤镜效果

9.3.2 制作产品详页的商品效果

操作步骤

01 单击“文件”|“打开”命令，打开“电动车”素材图像，如图9-32所示。

02 运用移动工具将“电动车”素材图像拖曳至背景图像编辑窗口中，并适当调整其大小和位置，如图9-33所示。

图9-32 打开素材图像

图9-33 调整素材图像

03 选择“图层2”图层，单击“编辑”|“变换”|“水平翻转”命令，将电动车素材图像进行水平翻转操作，如图9-34所示。

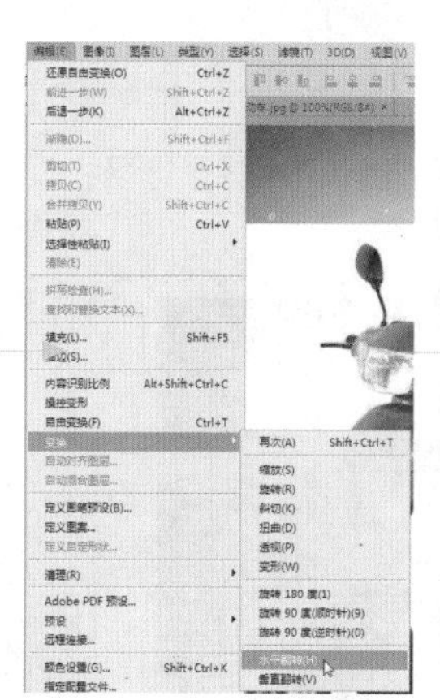

图9-34 水平翻转素材图像

04 运用魔棒工具，设置“容差”为10，在电动车素材图像中的白色区域单击创建选区，如图9-35所示。

05 按【Delete】键删除选区中的图像，如图9-36所示。

图9-35 创建选区

图9-36 删除选区中的图像

06 按【Ctrl+D】组合键，取消选区，如图9-37所示。

07 运用移动工具适当调整电动车图像的位置，效果如图9-38所示。

图9-37 取消选区

图9-38 调整电动车图像的位置

9.3.3 制作产品详页的文案效果

操作步骤

01 新建"图层3"图层，运用椭圆选框工具在图像上创建一个正圆形选区，设置前景色为洋红色（RGB参数值分别为255、0、255），如图9-39所示。

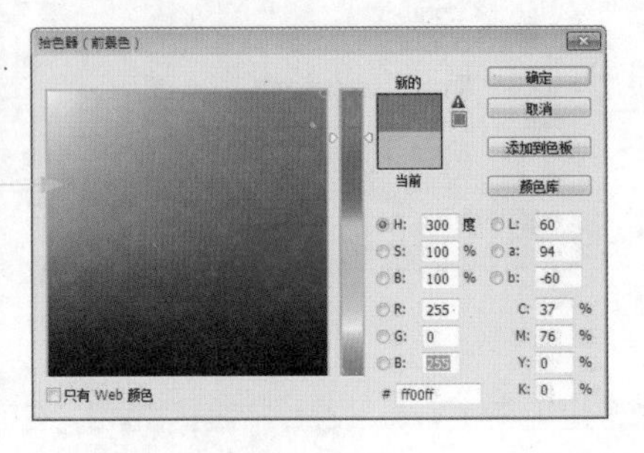

图9-39 创建选区并设置颜色

02 按【Alt+Delete】组合键填充，并按【Ctrl+D】组合键取消选区，如图9-40所示。

03 复制“图层3”图层，并将复制的图像调整至合适位置处，效果如图9-41所示。

图9-40 填充并取消选区

图9-41 复制并调整图像

04 按住【Ctrl】键的同时单击“图层3拷贝”图层的缩览图，将图层载入选区，如图9-42所示。

05 设置前景色为绿色（RGB参数值分别为0、255、0），按【Alt+Delete】组合键填充，并按【Ctrl+D】组合键取消选区，效果如图9-43所示。

图9-42 载入选区

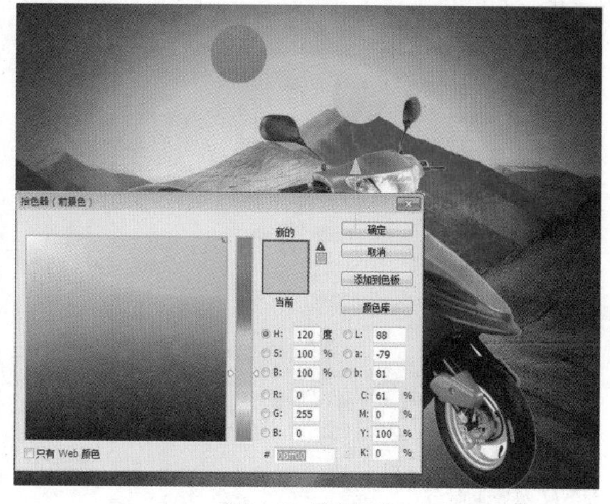

图9-43 填充图像

06 选取工具箱中的横排文字工具，在图像编辑窗口适当位置单击鼠标左键，输入相应文字，设置“字体”为“方正大黑简体”、“字体大小”为20点、“颜色”为白色，激活“仿粗体”图标，按【Ctrl+Enter】组合键确认，如图9-44所示。

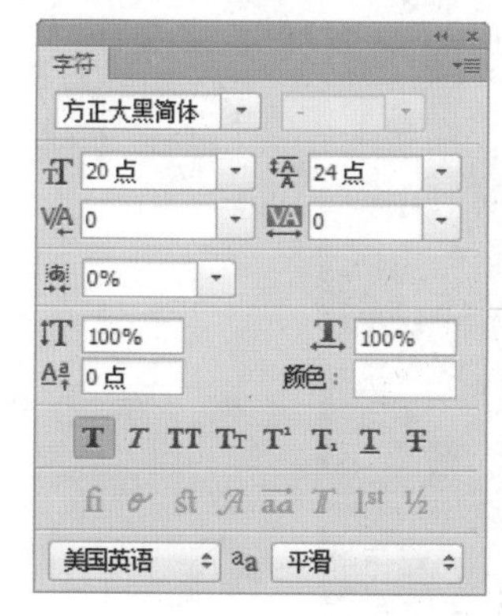

图9-44 输入并设置文字

07 运用横排文字工具在图像编辑窗口适当位置单击鼠标左键，输入相应文字，设置“字体”为“黑体”、“字体大小”为15点、“颜色”为白色，按【Ctrl+Enter】组合键确认，如图9-45所示。

08 运用以上同样的方法，输入并设置其他的文字，效果如图9-46所示。

图9-45 输入文字

图9-46 输入文字

09 运用横排文字工具在图像编辑窗口适当位置单击鼠标左键，输入相应文字，设置“字体”为“黑体”、“字体大小”为36点、“颜色”为白色，按【Ctrl+Enter】组合键确认，如图9-47所示。

10 新建“图层4”图层，运用矩形选框工具创建一个矩形选区，如图9-48所示。

图9-47 输入文字

图9-48 创建矩形选区

11 单击“编辑”|“描边”命令，弹出“描边”对话框，设置“宽度”为2像素、“颜色”为白色，单击“确定”按钮添加描边，并取消选区，如图9-49所示。

图9-49 添加描边

12 运用横排文字工具，输入并设置其他的文字，效果如图9-50所示。

图9-50 输入其他文字

第 10 章

促销方案——让买家心动促成交易

本章知识提要

促销方案的设计分析

实例：汽车用品促销方案

实例：化妆品促销方案

10.1 促销方案的设计分析

商品促销区是旺铺非常重要的特色之一，它的作用是让卖家将一些促销信息或公告信息发布在这个区域上。就像商场的促销一样，如果处理得好，可以最大限度地吸引顾客的目光，让顾客一目了然就知道你的店铺在搞相关活动，有特别推荐或优惠的商品。

10.1.1 商品促销区的制作方法

旺铺的商品促销区包括了基本店铺的公告栏功能，但比公告栏功能更加强大实用。卖家可以通过促销区，装点漂亮的促销宝贝，吸引顾客注意。目前，制作商品促销的方法有3种。

（1）通过互联网寻找一些免费的宝贝促销模块，然后下载到本地并进行修改，或者直接在线修改，在模版上添加自己店铺的促销宝贝信息和公告信息，最后将修改后的模版代码应用到店铺的促销区即可，如图10-1所示。

优点：这种方法方便、快捷，而且不用支付费用。
缺点：在设计上有所限制，个性化不足。

图10-1 互联网的促销模版

（2）自行设计宝贝促销方案。卖家可以先使用图像制作软件设计好商品促销版面，然后进行切片处理并将其保存为网页，接着通过网页制作软件（如Dreamweaver、FrontPage）制作编排和添加网页特效。最后将网页的代码应用到店铺的商品促销区即可，如图10-2所示。

优点：这种方法由于是自行设计，所以在设计上可以随心所欲，可以按照自己的意向设计出独一无二的商品促销效果。
缺点：对卖家的设计能力要求比较高，需要卖家掌握一定的图像设计和网页制作技能。

图10-2 自行设计宝贝促销方案

（3）第3种方法是最省力的，就是卖家从提供淘宝店铺装修的店铺购买整店装修服务，或者只购买宝贝设计服务。目前，淘宝网上有很多专门提供店铺装修服务和出售店铺装修模版的店铺，卖家可以购买这些装修服务，如图10-3所示。

优点：就商品促销方案而言，购买一个精美模版的价格通常在几十元左右。如果卖家不想使用现成的模版，还可以让这些店铺为你设计一个专属的商品促销模版，不过价格比购买现成模版的价格稍贵。这种方法最省心，而且可以定制专属的宝贝促销模版。
缺点：需要花费一定的费用。

图10-3 通过淘宝购买促销模版

10.1.2 促销方案的设计要点

电商搞网店与微店运营，其中一个工作是必需的，那就是策划优惠促销方案，看看现在的各大商城网店等，优惠促销活动常常是遍地开花，如图10-4所示。

卖家要日常定期收集同类优秀店铺的活动设计页面、文案，可以对我们的策划设计思路起到很好的作用。按照折扣促销、顾客互动、二次营销进行分类和归档。收集到十多个后，平时的策划活动就会比较游刃有余了。

促销，简单点讲，就是将产品成功销售出去所采取一切可行手段。

图10-4 各类促销方案

> **提示**
>
> 根据手段方式不同分为折扣促销、抽奖促销、会员制促销、赠品促销等；按照手段的时机可分为开业促销、新产品上市促销、季节性促销、节庆促销、庆典促销等。可根据促销目的的不同采取不同的促销方式，活学活用，一般都是相互结合。

这些活动设计文案只是你搭建自己促销活动的基石，但不是随意堆砌就可以完成店铺活动的设计。在策划你店铺的整体推广方案的时候，先要明确以下两个理念，如图10-5所示。

活动设计要有阶梯

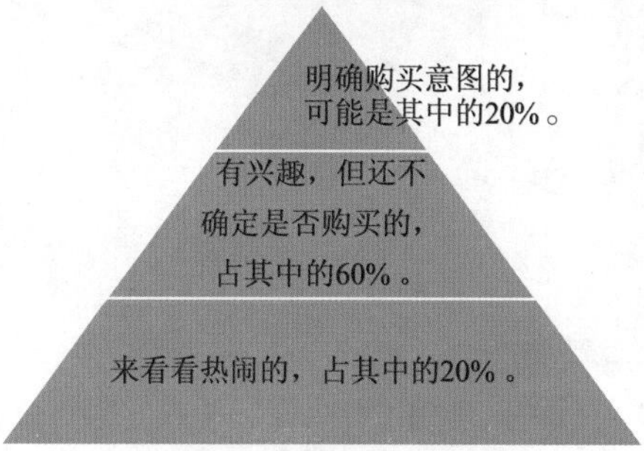

明确购买意图的，
可能是其中的20%。
有兴趣，但还不
确定是否购买的，
占其中的60%。
来看看热闹的，占其中的20%。

通过广告引入到你店铺的人流，按照目的性来画图形，一定是一个金字塔形。

要起到最好的效果，要考虑到适合各个心理状态的顾客的情况，并有针对的活动来满足他们的需求。例如，针对明确定购买意图的顾客，设计打折促销的限时活动，以及买后好评并分享，或者下一次购物的5元抵用券之类的活动。针对有兴趣，但还不确定是否购买的顾客，设计名人见证媒体报道顾客好评的内容，以增加客户的信任感。

以上活动的思路仅供参考，卖家可以考虑到更多地顾客需求点。例如，设计一个10元3个月包邮卡，以此增加顾客的黏度。活动设计，都是从顾客的心理分析出发的。

产品设计要有阶梯

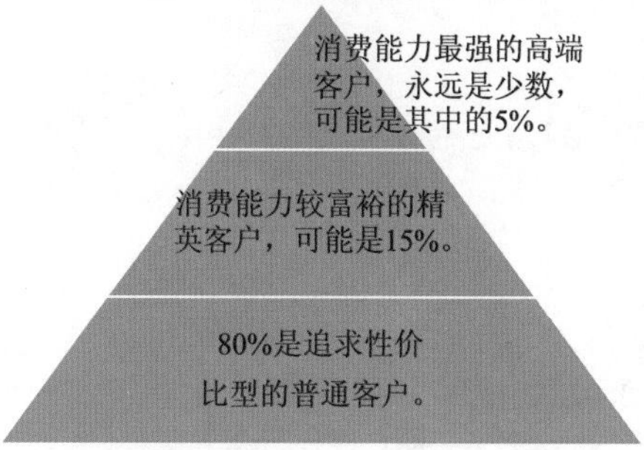

消费能力最强的高端
客户，永远是少数，
可能是其中的5%。
消费能力较富裕的精
英客户，可能是15%。
80%是追求性价
比型的普通客户。

通过广告引入到你店铺的人流，按照目的性来画图形，一定是一个金字塔形。

如果要提高顾客转化率，不能不考虑到80%的普通客户。针对每个客户群，都有适合的产品，是提高顾客转化率，带动销售的重要因素。例如，一家高端品牌化妆品的商家，针对高端客户，有2000元左右的礼盒套装；针对金应客户，有限时5折的4款主打产品；针对普通客户，有一包试用装，限量一个ID限购20条。

促销活动的海报设计要通过紧张气氛、活动力度、降低顾虑、诱导因素和行动按钮几个方面来加强对消费者的吸引力。

图10-5 策划促销方案的基本理念

10.1.3 促销活动的过程与类型

促销活动的主要过程如图10-6所示。在策划促销方案时，卖家必须先确定促销的目标对象，再选择合适的传播方法，比如网上的旺旺消息、签名档、宝贝题目、公告、写贴、微信朋友圈等，网下也可以结合做一些推广，如手机短信、DM单等，这些都是促销信息传播的有效途径。做好这个前提，就不愁没有客户进店了。

顾客确定后，卖家才能选择合适的促销方法。制定促销方案的基本类型如下。

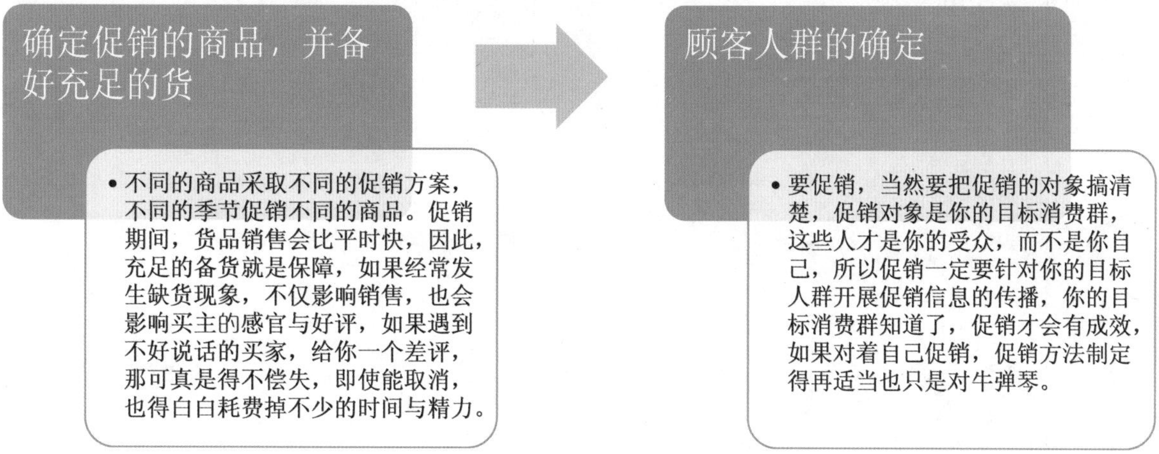

确定促销的商品，并备好充足的货
不同的商品采取不同的促销方案，不同的季节促销不同的商品。促销期间，货品销售会比平时快，因此，充足的备货就是保障，如果经常发生缺货现象，不仅影响销售，也会影响买主的感官与好评，如果遇到不好说话的买家，给你一个差评，那可真是得不偿失，即使能取消，也得白白耗费掉不少的时间与精力。
顾客人群的确定
要促销，当然要把促销的对象搞清楚，促销对象是你的目标消费群，这些人才是你的受众，而不是你自己，所以促销一定要针对你的目标人群开展促销信息的传播，你的目标消费群知道了，促销才会有成效，如果对着自己促销，促销方法制定得再适当也只是对牛弹琴。

图10-6 促销活动的主要过程

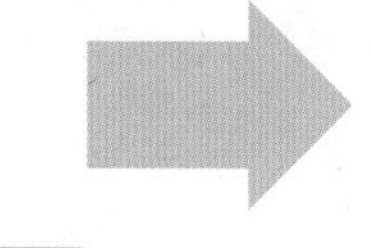

1. 会员、积分促销（如图10-7所示）

采用这种促销方式，可吸引客户再次来店购买以及介绍新客户来店购买，不仅可以使客户得到更多的实惠，同时还能巩固老客户，拓展新客户，增强了客户对网店/微店的忠诚度。
例如，所有购买我公司产品的顾客，都成为我公司的会员，会员不仅可享受购物优惠，同时还可以累计积分，用积分免费兑换商品。

图10-7 会员、积分促销

2. 折扣促销

折价亦称打折、折扣，是目前最常用的一种阶段性促销方式，如图10-8所示。由于折扣促销直接让利于消费者，让客户非常直接地感受到了实惠，因此，这种促销方式是比较有效的。

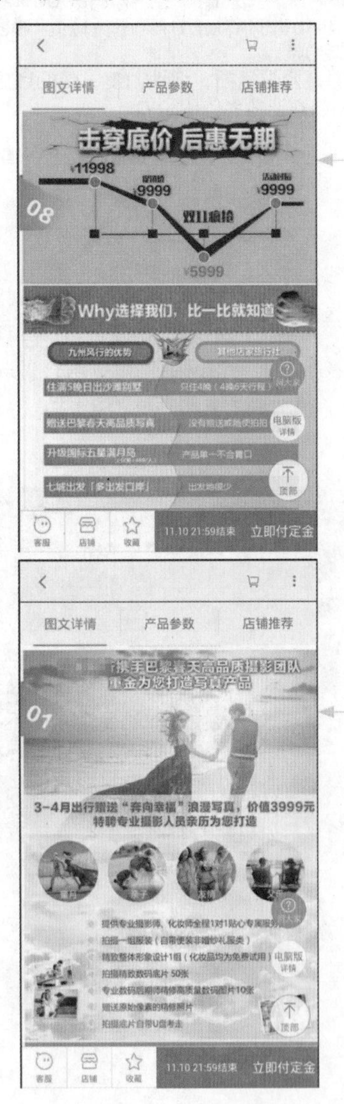

直接折扣：找个借口，进行打折销售。
例如，保健品卖家可以在重要的节日，如春节、情人节、三八节、五一、中秋、重阳、母亲节、圣诞节等，进行8折优惠，因为这样的时候，人们往往会选择购买健康礼品作为表达情意的礼品。此外，卖家往往也在公司周年庆等庆典时折扣促销。
优点：符合节日需求，会吸引更多的人前来购买，虽然折扣后单件利润下降，但销量上去了，总的销售收入不会减少，同时还增加了店内的人气，拥有了更多的客户，对以后的销售也会起到带动作用。
建议：采用这种促销方式的促销效果也要取决于商品的价格敏感度。对于价格敏感度不高的商品，往往徒劳无功。不过，由于网上营销的特殊性，直接的折扣销售容易造成顾客的怀疑，一般不建议使用。
变相折扣
例如，卖家可以在节假日，采取符合节假日特点的打包销售，把几件产品进行组合，形成一个合理的礼品包装，进行一定的折扣销售。
优点：更加人性化，而且折扣比较隐蔽。
建议：产品的组合有很高的学问，组合得好可以让消费者非常满意，但是组合不好那可能就怨声载道。
买赠促销：其实这也是一种变相的折价促销方式，也是一种非常常用而且有效的促销方式之一。
例如，购买旅游赠送浪漫写真。
优点：让顾客觉得自己花同样的钱多买了样产品。
建议：买赠促销应用效果的好坏关键在赠品的选择上，一个贴切、得当的赠品，会对产品销售起到积极的促进作用，而选择不适合的赠品只能是赔了夫人又折兵，你的成本上去了，利润减少了，但客户却不领情。

图10-8 会员、积分促销

3. 增送样品促销

这种促销方案比较适合化妆品和保健食品，如图10-9所示。由于物流成本原因，目前在网上的应用不算太多，在新产品推出试用、产品更新、对抗竞争品牌、开辟新市场情况下利用赠品促销可以达到比较好的促销效果。

图10-9 赠送样品促销

4. 抽奖促销

抽奖促销是一种有博彩性质的促销方式，也是应用较为广泛的促销方式之一。由于选择的大都是有诱惑力的奖品，因此，可以吸引消费者来店，促进产品销售，如图10-10所示。

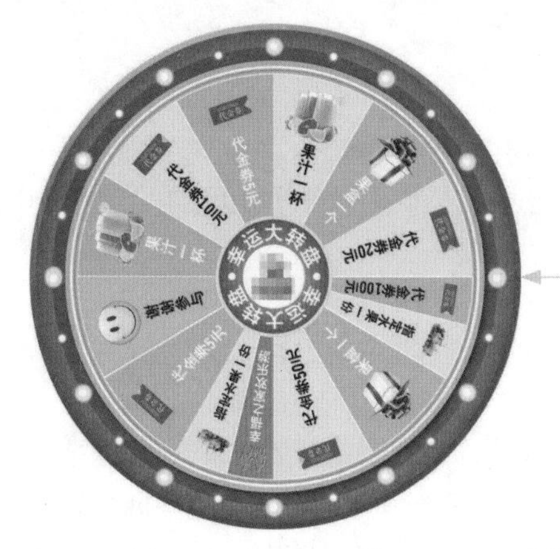

抽奖促销活动应注意的几点：
奖品要有诱惑力，可考虑大额超值的产品吸引人们参加。
活动参加方式要简单化，太过复杂和难度太大的活动较难吸引客户的参与。
抽奖结果的公正公平性，由于网络的虚拟性和参加者的广泛地域性，对抽奖结果的真实性要有一定的保证，并及时通过Email、公告等形式向参加者通告活动进度和结果。

图10-10 抽奖促销

5. 红包促销

红包是淘宝网上专用的一种促销道具，卖家可以根据各自店铺的不同情况灵活制定红包的赠送规则和使用规则，如图10-11所示。

优点：可增强店内的人气，由于红包有使用时限，因此可促进客户在短期内再次购买，有效形成客户的忠诚度。

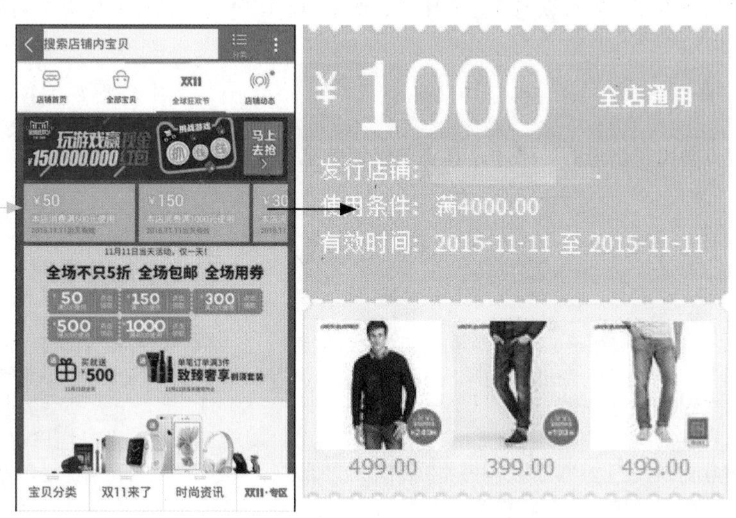

图10-11 红包促销

6. 拍卖促销

拍卖是网上吸引人气最为有效的方法之一，由于“一元拍”和“荷兰拍”在淘宝首页都有专门的展示区，因此进入该区的商品可获得更多的被展示机会，淘宝买家也会因为拍卖的物品而进入卖家店内浏览更多商品，可大大提升商品成交机会，如图10-12所示。

图10-12 拍卖促销

7. 积极参与淘宝网主办的各种促销活动

淘宝不定期会在不同版块组织不同的活动，参与活动的卖家会得到更多的推荐机会，这也是提升店铺人气和促进销售的一个好方法。要想让更多的人关注到你的店铺，这个机会一定要抓住，所以卖家别忘了经常到淘宝的首页、支付页面、公告栏等处关注淘宝举行的活动，并积极参与。

很多店铺在做促销时，店外宣传也做得很不错，可顾客进店一看便扭头就走。究其原因，那就是店内氛围没做好，促销时和没促销时一个样，冷冷清清的，店铺公告没有促销，留言也没有促销信息，进入店内就感觉不到一点儿有人气、有促销氛围的感觉。因此，促销要“有声有色”，冷冷清清很难留住顾客。

最后，卖家还需要对促销效果进行评估，对促销方案进行修正。任何一项促销活动都不可能事先就知道一定是切实可行的，在促销活动执行到一定时间后，卖家就需要对活动效果进行评估，如图10-13所示。如果促销评估的效果与预期目标有所偏离，这就需要查找原因，看是哪一个部分出了问题，并根据出现的问题制定新的促销策略进行修正与完善。

看浏览量和销售量

- **这些数据都需要横向与纵向双方面比较，即用当前浏览量、成交量与历史浏览量、成交量进行对比。**

用同行业竞争对手浏览量、成交量与自己的店铺相比较

- **这样双方面比较出来的结果才是真实的促销效果。**

图10-13 评估促销活动

提示

网店 / 微店的推广不能盲目进行，需要进行效果跟踪和控制。在网店 / 微店推广评价方法中，最为重要的一项指标是网店 / 微店的访问量，访问量的变化情况基本上反映了网店 / 微店推广的成效，因此网店 / 微店访问统计分析报告对店铺推广的成功具有至关重要的作用。

当然，人的创意是无穷的，好的促销方案也是层出不穷的，以上都是一些最常用也比较有效的促销方式，大家可以集思广益，根据各自店铺的不同情况将一些基本的促销方式加以变化和升华，注意可操作性，加强趣味性、新奇性，这样你的店铺就不愁不火了。

10.2 实例：汽车用品促销方案

本案例是为汽车用品店铺设计的买赠促销方案，画面中采用左右分栏的方式进行排版，将画面进行合理的分配，通过这些设计让顾客体会到商家的活动内容和活动所营造的火爆气氛，增加点击率和浏览时间，提高店铺装修的转化率。本实例最终效果如图10-14所示。

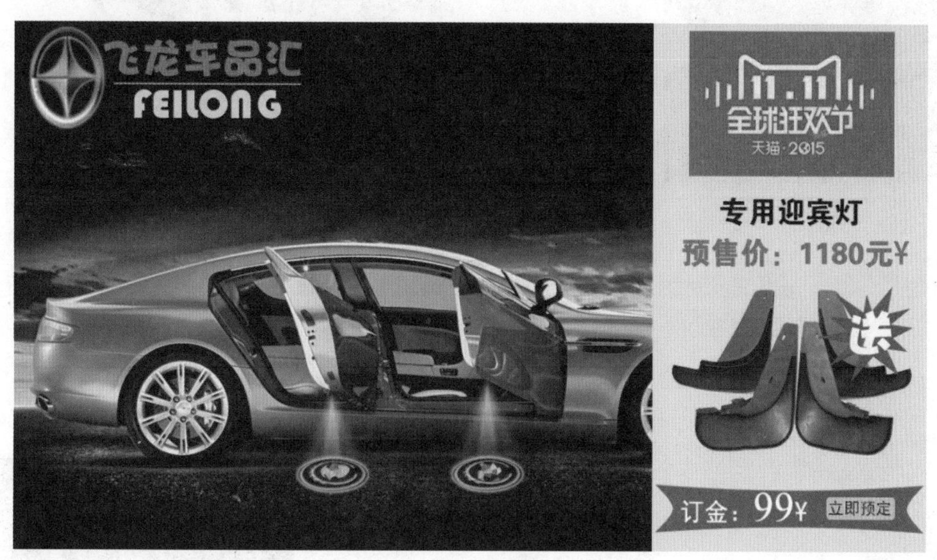

图10-14 实例效果

- **素材文件** | 素材\第10章\汽车用品促销方案.jpg、双十一.psd、标志.psd、赠品.jpg
- **效果文件** | 效果\第10章\汽车用品促销方案.psd、汽车用品促销方案.jpg
- **视频文件** | 视频\第10章\10.2 实例：汽车用品促销方案.mp4

10.2.1 制作促销方案的背景效果

操作步骤

01 单击“文件”|“打开”命令，打开一幅素材图像，如图10-15所示。

02 单击“图像”|“画布大小”命令，弹出“画布大小”对话框，设置“宽度”为40厘米，并设置相应的定位区域，如图10-16所示。

图10-15 打开素材图像

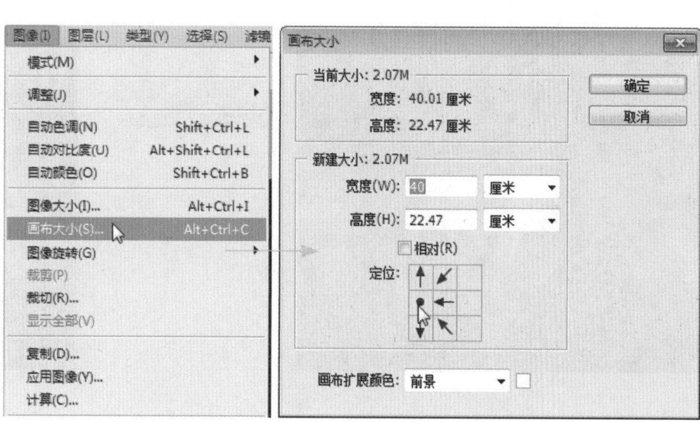

图10-16 “画布大小”对话框

03 单击“确定”按钮，即可拓展画布，如图10-17所示。

04 运用魔棒工具在扩展的白色画布区域单击创建选区，如图10-18所示。

图10-17 拓展画布

图10-18 创建选区

05 新建“图层1”图层，设置前景色为灰色（RGB参数值均为233），按【Alt+Delete】组合键填充颜色，并按【Ctrl+D】组合键取消选区，如图10-19所示。

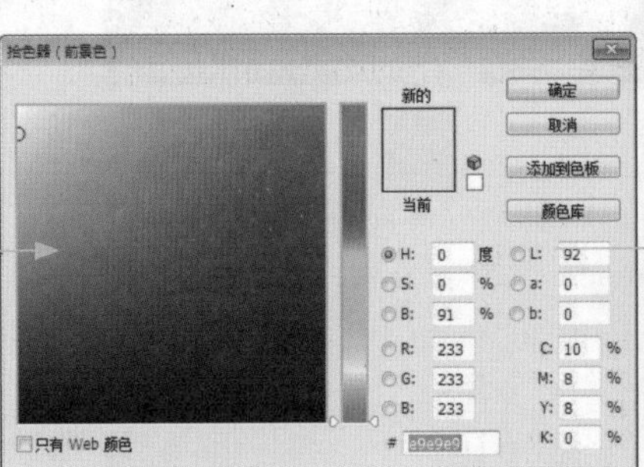

图10-19 填充颜色

06 单击“文件”|“打开”命令，打开“双十一.psd”素材图像，并将其拖曳至背景图像编辑窗口中的合适位置处，如图10-20所示。

07 单击“文件”|“打开”命令，打开“标志.psd”素材图像，并将其拖曳至背景图像编辑窗口中的合适位置处，如图10-21所示。

图10-20 添加促销素材

图10-21 添加标志素材

10.2.2 制作促销方案的整体效果

操作步骤

01 选取工具箱中的横排文字工具，在图像编辑窗口适当位置单击鼠标左键，输入相应文字，设置“字体”为“方正大黑简体”、“字体大小”为36点、“颜色”为黑色，按【Ctrl+Enter】组合键确认，如图10-22所示。

02 运用横排文字工具在图像编辑窗口输入相应文字，设置“字体”为“方正大黑简体”、“字体大小”为36点、“颜色”为红色（RGB参数值分别为255、0、0），并激活“仿粗体”图标，按【Ctrl+Enter】组合键确认，如图10-23所示。

图10-22 输入文字

图10-23 输入文字

03 单击“文件”|“打开”命令，打开“赠品.jpg”素材图像，并将其拖曳至背景图像编辑窗口中的合适位置处，如图10-24所示。

04 运用魔棒工具在赠品图像的白色区域单击创建选区，如图10-25所示。

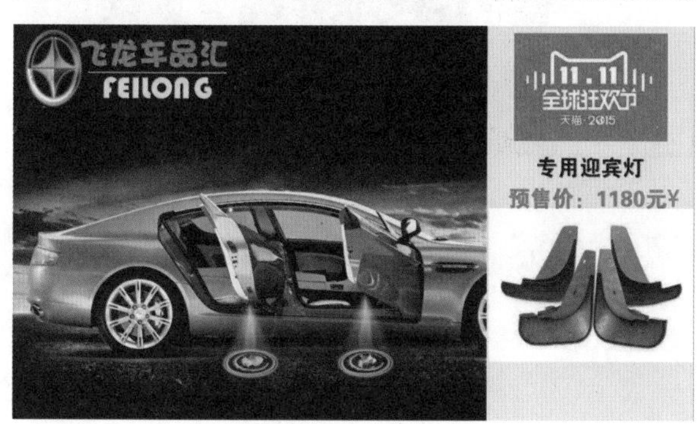

图10-24 添加赠品素材图像

图10-25 创建选区

05 按【Delete】键，删除选区内的图像，并取消选区，效果如图10-26所示。

06 选择工具箱中的自定形状工具，设置“选择工具模式”为“形状”，在“形状”下拉列表框中选择“星爆”形状，并设置前景色为红色（RGB参数值分别为220、12、10），如图10-27所示。

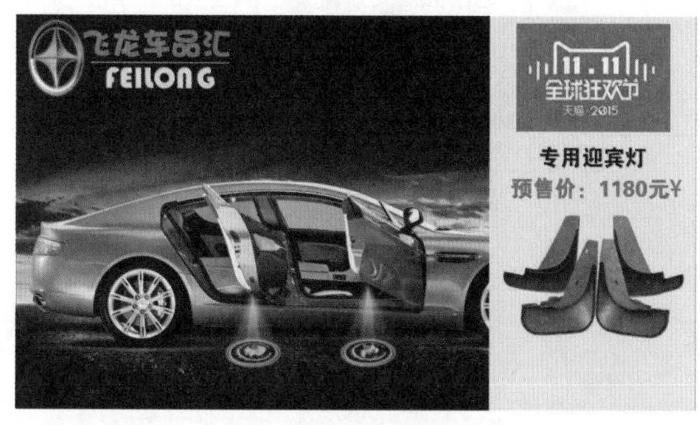

图10-26 抠取图像

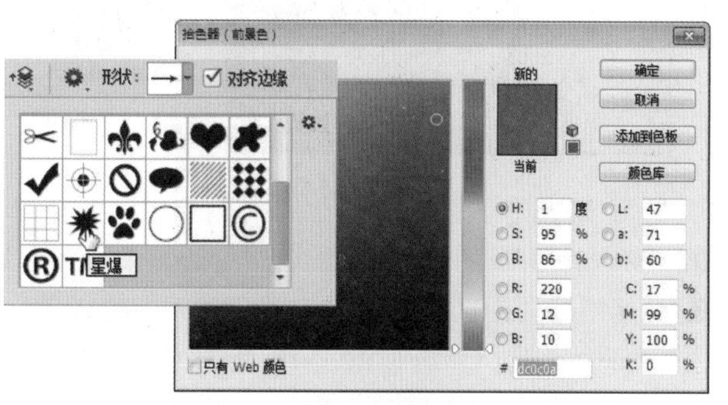

图10-27 设置选项

07 在图像中的合适位置处绘制一个自定形状，如图10-28所示。

08 运用横排文字工具在图像编辑窗口输入相应文字，设置“字体”为“华康海报体”、“字体大小”为60点、“颜色”为白色，并激活“仿粗体”图标，按【Ctrl+Enter】组合键确认，如图10-29所示。

图10-28 绘制自定形状

图10-29 输入文字

09 选择工具箱中的自定形状工具，设置“选择工具模式”为“形状”，在“形状”下拉列表框中选择“横幅3”形状，并设置前景色为红色（RGB参数值分别为220、12、10），在图像窗口中绘制一个自定形状，如图10-30所示。

10 运用横排文字工具在图像编辑窗口输入相应文字，设置“字体”为“黑体”、“字体大小”为30点、“颜色”为白色，并激活“仿粗体”图标，按【Ctrl+Enter】组合键确认，如图10-31所示。

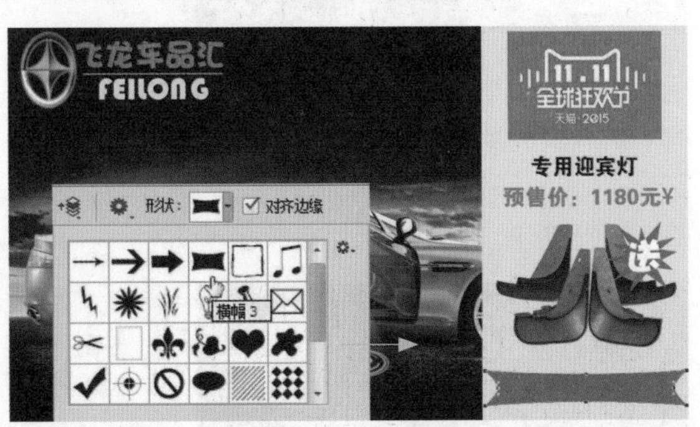

图10-30 绘制自定形状

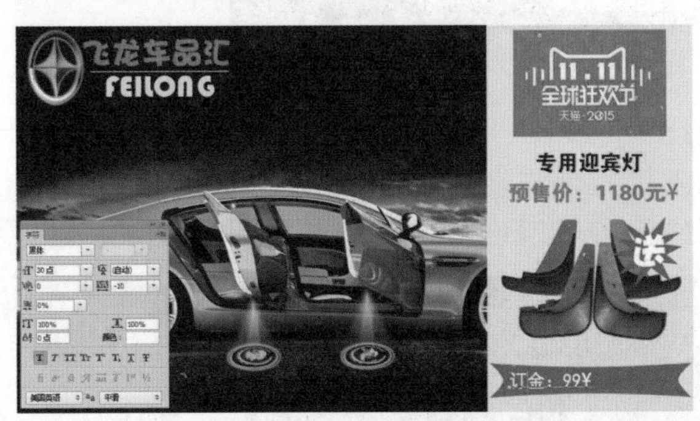

图10-31 输入文字

11 选择“99”文字，在“字符”面版中设置“字体”为“Times New Roman”、“字体大小”为50点，效果如图10-32所示。

12 选取工具箱中的圆角矩形工具，设置“选择工具模式”为“像素”、“半径”为5像素，并设置前景色为黄色（RGB参数值分别为255、208、50），如图10-33所示。

图10-32 设置文字属性

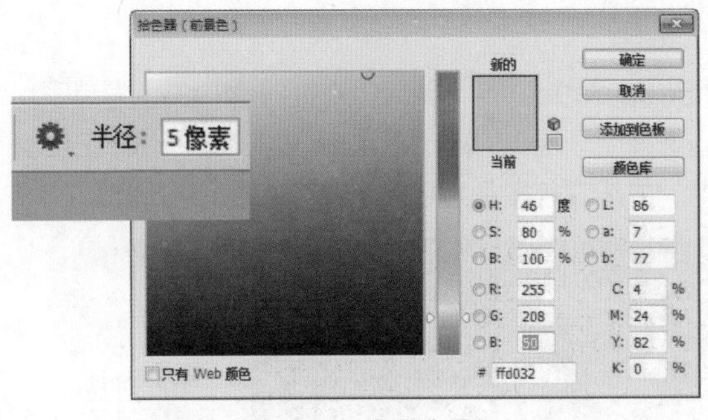

图10-33 设置选项

13 新建“图层6”图层，在图像窗口中绘制一个圆角矩形图形，效果如图10-34所示。

14 运用横排文字工具在图像编辑窗口输入相应文字，设置“字体”为“黑体”、“字体大小”为20点、“颜色”为黑色，按【Ctrl+Enter】组合键确认，效果如图10-35所示。

图10-34 设置文字属性

图10-35 输入文字

提示

自定形状工具可以通过设置不同的形状来绘制形状路径或图形，在“形状”下拉列表框中有大量的特殊形状可供选择，如图 10-36 所示。

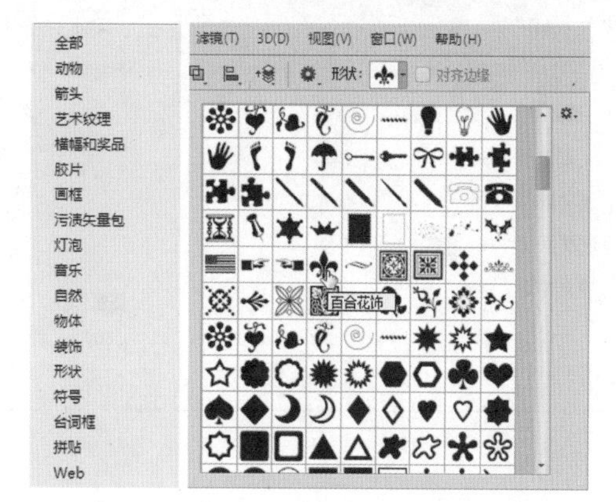

图10-36 设置文字属性

10.3 实例：化妆品促销方案

本案例是为时尚女包网店设计的产品详情页面中的颜色展示部分，画面中采用白色作为底色，就是为了衬托商品的颜色，不影响顾客对商品本身颜色的判断，色彩之间的差异让商品形象更加凸显，同时搭配相关的文字信息，为顾客呈现出完善的商品视觉效果。本实例最终效果如图10-37所示。

图10-37 实例效果

- **素材文件** | 素材\第10章\化妆品.jpg
- **效果文件** | 效果\第10章\化妆品促销方案.psd、化妆品促销方案.jpg
- **视频文件** | 视频\第10章\10.3 实例：化妆品促销方案.mp4

10.3.1 制作促销方案的背景效果

操作步骤

01 单击“文件”|“新建”命令，弹出“新建”对话框，设置“名称”为“化妆品促销方案”、“宽度”为568像素、“高度”为397像素、“分辨率”为300像素/英寸、“颜色模式”为“RGB颜色”、“背景内容”为“白色”，如图10-38所示，单击“确定”按钮，即可新建一幅空白图像。

02 单击“文件”|“打开”命令，打开一幅素材图像，如图10-39所示。

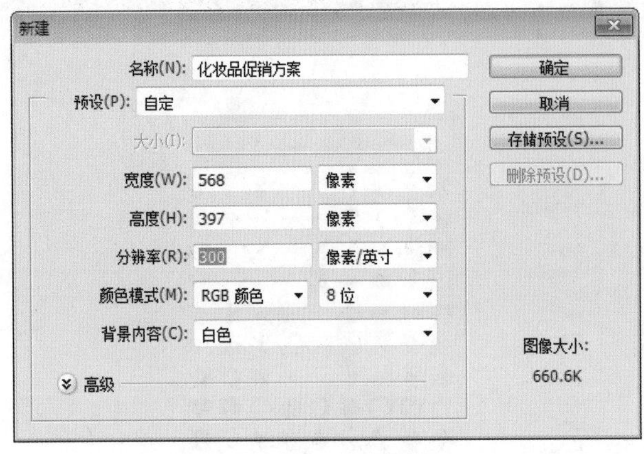

图10-38 新建文档

图10-39 打开素材图像

03 运用魔棒工具在化妆品素材图像上的白色区域创建选区，并反选选区，如图10-40所示。

04 运用移动工具将选区内的图像拖曳至新建的图像编辑窗口中，如图10-41所示。

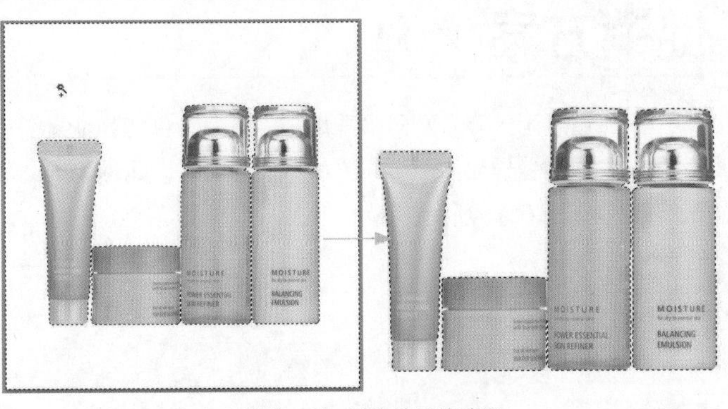

图10-40 创建并反选选区

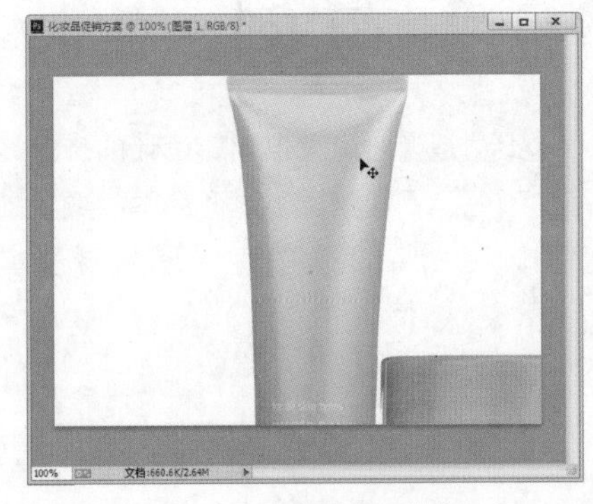

图10-41 移动选区图像

05 按【Ctrl+T】组合键，调出变换控制框，适当调整图像的大小和位置，如图10-42所示。

06 在“图层”面版中选中“图层1”图层，按【Ctrl+J】组合键得到“图层1拷贝”图层，如图10-43所示。

图10-42 调整图像

图10-43 复制图层

提示

“新建”对话框各选项基本含义如下。
- 名称：设置文件的名称，也可以使用默认的文件名。创建文件后，文件名会自动显示在文档窗口的标题栏中。
- 预设：可以选择不同的文档类别，如 Web，A3、A4，打印纸、胶片和视频常用的尺寸预设。
- 宽度 / 高度：用来设置文档的宽度和高度值，在各自的右侧下拉列表框中选择单位，如，像素、英寸、毫米、厘米等。
- 分辨率：设置文件的分辨率。在右侧的列表框中可以选择分辨率的单位，如“像素 / 英寸”“像素 / 厘米”。
- 颜色模式：用来设置文件的颜色模式，如，“位图”模式、“灰度”模式、“RGB 颜色”模式、“CMYK 颜色”模式等。
- 背景内容：设置文件背景内容，如，“白色”“背景色”“透明”。
- 高级：单击“高级”按钮，可以显示出对话框中隐藏的内容，如，“颜色配置文件”和“像素长宽比”等。
- 存储预设：单击此按钮，打开“新建文档预设”对话框，可以输入预设名称并选择相应的选项。
- 删除预设：当选择自定义的预设文件以后，单击此按钮，可以将其删除。
- 图像大小：读取使用当前设置的文件大小。

07 按【Ctrl+T】组合键调出变换控制框，单击鼠标右键，在弹出的快捷菜单中选择“垂直翻转”选项，对图像的位置进行适当的调整，按【Enter】键确认，效果如图10-44所示。

08 单击“图层”面版底部的“添加图层蒙版”按钮，为“图层1拷贝”图层添加图层蒙版，如图10-45所示。

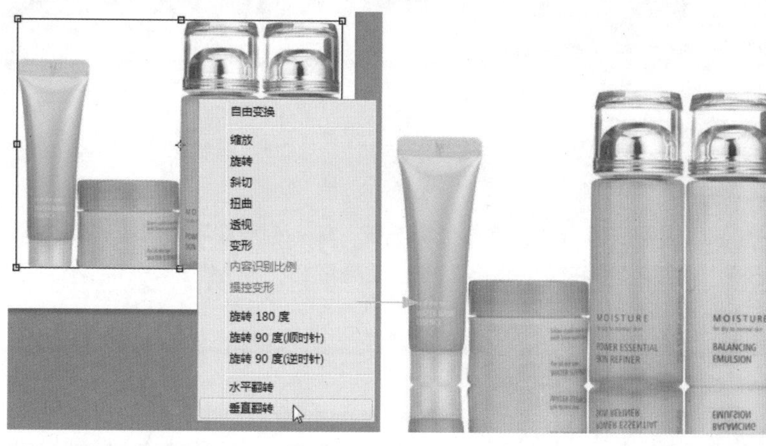

图10-44 垂直翻转图像

图10-45 添加图层蒙版

09 选取工具箱中的渐变工具，设置从黑色到白色的线性渐变，将鼠标指针移至图像的下方，单击鼠标左键从下至上拖曳鼠标，至合适位置后释放鼠标，效果如图10-46所示。

图10-46 制作倒影效果

10.3.2 制作促销方案的整体效果

操作步骤

01 设置前景色为枚红色（RGB参数值分别为231、57、142），并新建“图层2”图层，如图10-47所示。

02 选取工具箱中的椭圆工具，在工具属性栏中设置“选择工具模式”为“像素”，在图像窗口中绘制一个正圆形，如图10-48所示。

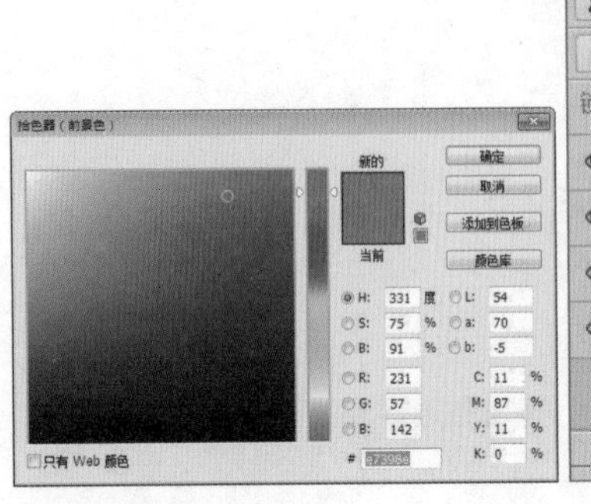

图10-47 设置颜色并创建选区

图10-48 绘制正圆形

03 选取工具箱中的矩形工具，在工具属性栏中设置“选择工具模式”为“像素”，新建“图层3”图层，在图像窗口中绘制一个正方形，如图10-49所示。

04 选取工具箱中的横排文字工具，在图像编辑窗口适当位置单击鼠标左键，输入相应数字，设置“字体”为“方正大黑简体”、“字体大小”为25点、“颜色”为白色，激活“仿粗体”图标，按【Ctrl+Enter】组合键确认，如图10-50所示。

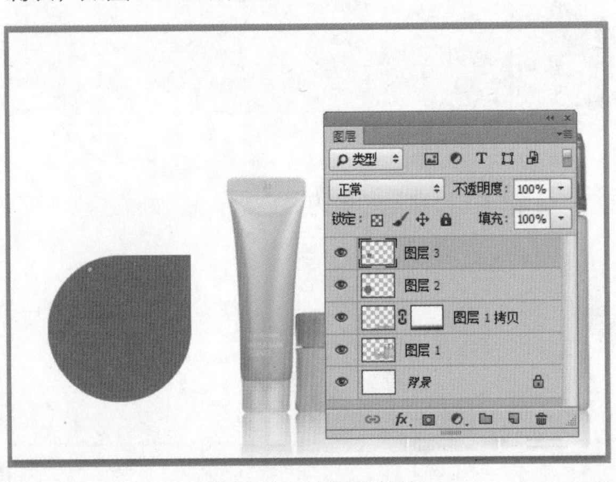

图10-49 绘制正方形

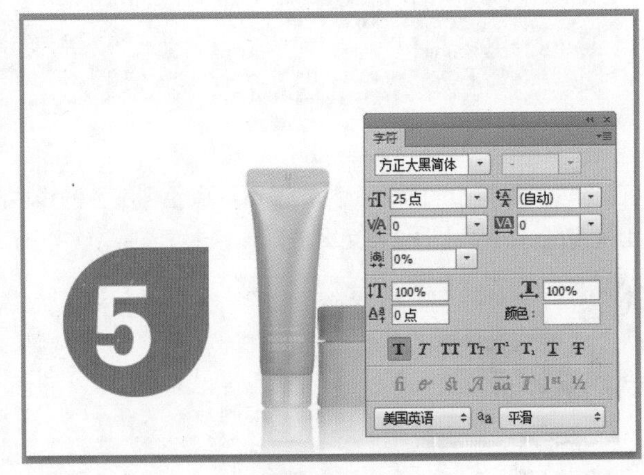

图10-50 输入数字

05 运用横排文字工具在图像编辑窗口输入相应文字，设置“字体”为“黑体”、“字体大小”为6点、“颜色”为白色，按【Ctrl+Enter】组合键确认，如图10-51所示。

06 运用横排文字工具在图像编辑窗口输入相应文字，设置“字体”为“方正大黑简体”、“字体大小”为16点、“颜色”为枚红色（RGB参数值分别为231、57、142），按【Ctrl+Enter】组合键确认，如图10-52所示。

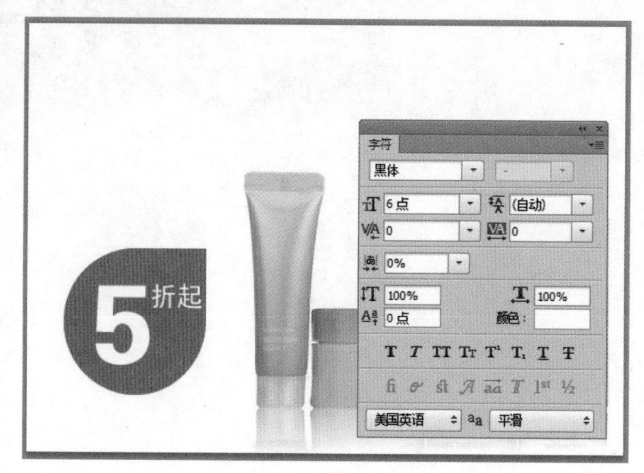

图10-51 输入文字

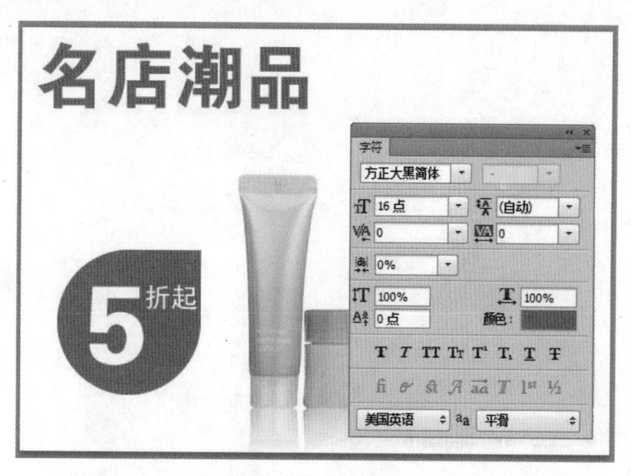

图10-52 输入文字

07 运用横排文字工具在图像编辑窗口输入相应文字，设置“字体”为“黑体”、“字体大小”为9点、“颜色”为枚红色（RGB参数值分别为231、57、142），按【Ctrl+Enter】组合键确认，如图10-53所示。

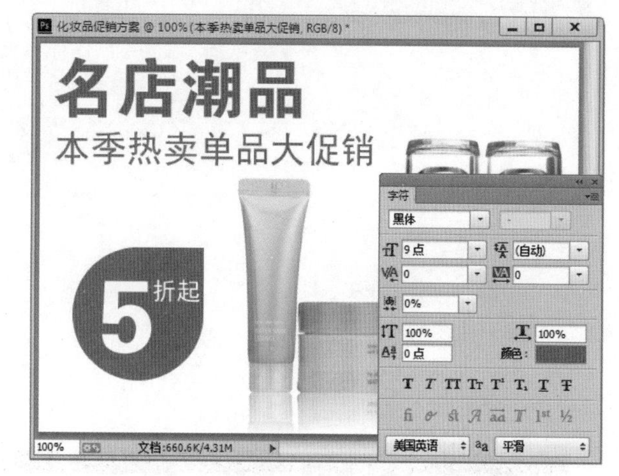

图10-53 输入文字

第 11 章

女包店铺装修实战

本章知识提要

女包店铺装修设计与详解

女包店铺装修实战步骤详解

11.1 女包店铺装修设计与详解

本实例是为某品牌的女包设计和制作的店铺首页，页面中使用了矩形进行布局和分割，体现出简约的风格特点，通过和谐的色彩来传递出宁静、精致的视觉效果。

11.1.1 布局策划解析

本实例的布局如图11-1所示。

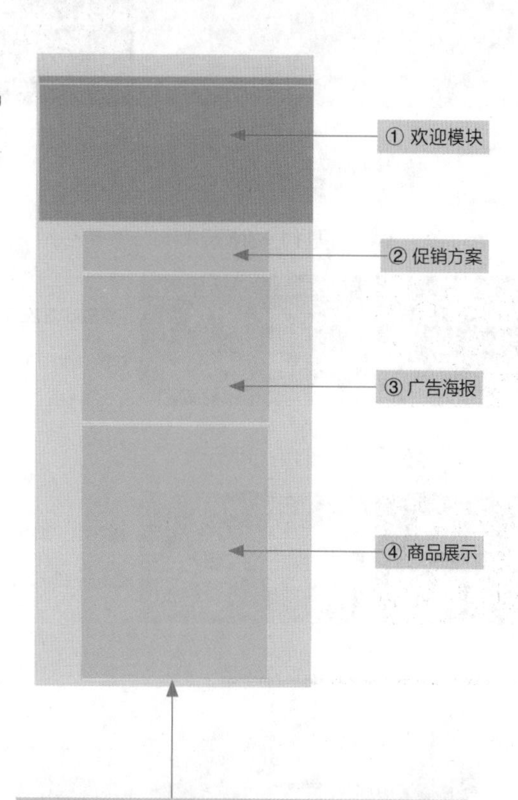

① 欢迎模块：使用宽幅的画面作为欢迎模块的背景，将店铺的主打商品放在界面左侧黄金分割点位置，并使用广告文字对其进行修饰和美化，通过价格的对比来突显出商品的优惠力度，突出活动的内容。
② 促销方案：促销区采用红色作为主色调，突出其促销方案的亮点，并将主要的促销内容通过底纹、图层样式等方式表现出来，让顾客一眼即可看到。
③ 广告海报：用模特形象来展示热销商品的特点，让顾客更直观地了解商品，并通过画龙点睛的文字进行说明，详细地剖析商品的特点。
④ 商品展示：在该区域使用4个大小一致的图像来对商品进行展示，使用图像和文字混排的方式来表现商品的信息，并利用适当的留白让商品的部分信息更加突出。

图11-1 女包店铺布局

11.1.2 主色调：清新蓝色和灰色

本例的页面背景采用简单的白色填充，标题栏、店招和导航等都使用相同的色相进行填充，即蓝色，通过调整其明度和彩度来呈现出不同的特色，表现出一种井然有序的感觉，而蓝色在心理上可以给人一种舒服和安定的感觉，所以这样的配色可以让女性包包的清新、自然之感淋漓尽致地表现出来。除此之外，在辅助色的搭配上使用了白色和纯度较高的红色等对页面进行修饰，赋予了画面生动感和活力感。

1. 设计元素配色：清新的蓝色和灰色

R11、G11、B19	R20、G0、B108	R244、G252、B255	R241、G238、B233	R238、G238、B238
C91、M88、Y79、K72	C100、M100、Y55、K8	C6、M0、Y1、K0	C7、M7、Y9、K0	C8、M6、Y6、K0

2. 辅助配色：纯度较高的色彩

R149、G93、B142	R250、G41、B96	R128、G0、B33	R221、G85、B135	R23、G194、B181
C51、M72、Y24、K0	C0、M91、Y44、K0	C50、M100、Y92、K27	C17、M79、Y24、K0	C11、M30、Y26、K0

11.1.3 案例配色扩展

1. 辅助配色：黄色系（如图11-2所示）

R11、G11、B19	R102、G85、B114	R252、G255、B244	R251、G247、B194	R238、G238、B238
C91、M88、Y79、K72	C70、M72、Y44、K3	C0、M0、Y7、K0	C5、M3、Y32、K0	C8、M6、Y6、K0

2. 辅助配色：粉色系（如图11-3所示）

R11、G11、B19	R202、G56、B118	R251、G194、B202	R255、G246、B244	R238、G238、B238
C91、M88、Y79、K72	C27、M89、Y31、K0	C1、M34、Y12、K0	C0、M6、Y4、K0	C8、M6、Y6、K0

如左图设计的效果为使用黄色作为背景色的效果，整个画面显得更加活泼，在实际制作中，读者可以根据自身喜好或设计需要，为店铺添加其他的装饰素材。

图11-2 黄色系

如左图设计的效果为使用粉色作为背景色的效果，可以看到这样的设计会使整个店铺显得更加“可爱”，符合女性的特征，同时也削弱了商品的表现。在实际的设计中，读者可根据店铺的风格进行更改，使店铺的整体装修风格更协调。

图11-3 粉色系

11.1.4 案例设计流程

本案例的设计流程如图11-4所示。

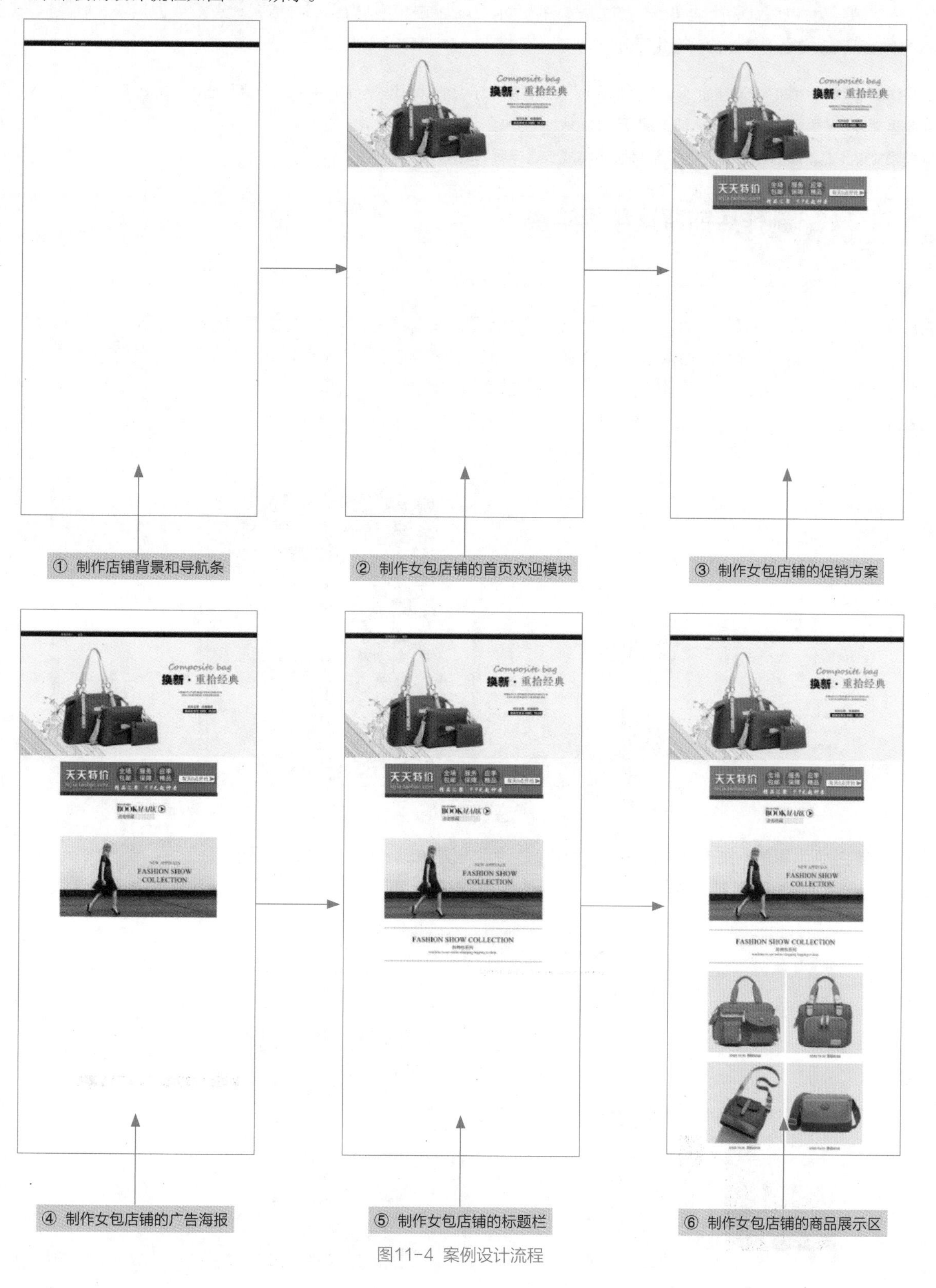

图11-4 案例设计流程

11.2 女包店铺装修实战步骤详解

本节介绍女包店铺装修的实战操作过程，主要可以分为制作店铺背景、导航条、首页欢迎模块、收藏区与促销方案、广告海报、商品展示等几部分。

- **素材文件** | 素材\第11章\边框.psd、海报.psd、收藏区.psd、线条.psd、商品图片1.psd~商品图片5.psd等
- **效果文件** | 效果\第11章\女包店铺装修设计.psd
- **视频文件** | 视频\第11章\11.2 女包店铺装修实战步骤详解.mp4

11.2.1 制作店铺背景和导航条

操作步骤

01 单击“文件”|“新建”命令，弹出“新建”对话框，设置“名称”为“女包店铺装修设计”、“宽度”为1440像素、“高度”为3200像素、“分辨率”为300像素/英寸、“颜色模式”为“RGB颜色”、“背景内容”为“白色”，单击“确定”按钮，新建一幅空白图像，如图11-5所示。

02 新建“图层1”图层，运用矩形选框工具创建一个矩形选区，如图11-6所示。

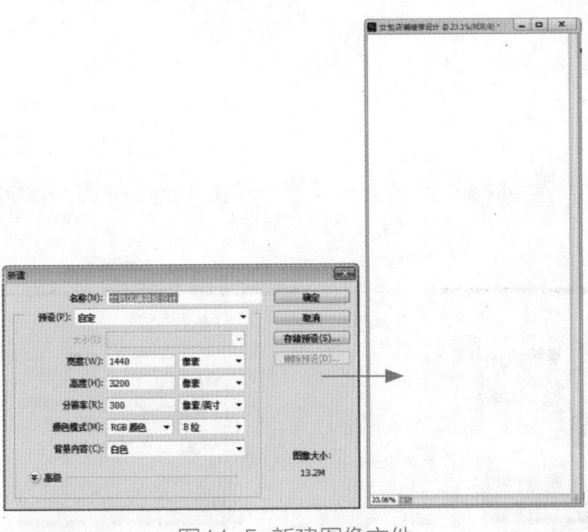

图11-5 新建图像文件

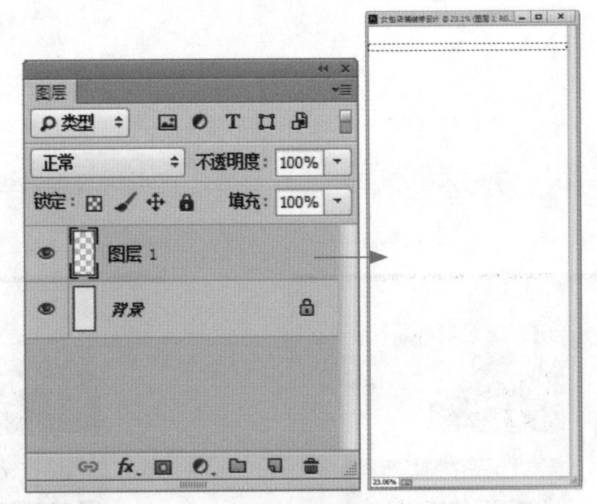

图11-6 创建矩形选区

03 设置前景色为黑色，按【Alt+Delete】组合键，为选区填充前景色，如图11-7所示。

04 取消选区，选取工具箱中的横排文字工具，输入相应文字，设置“字体系列”为“黑体”、“字体大小”为3.5点、“颜色”为白色，如图11-8所示。

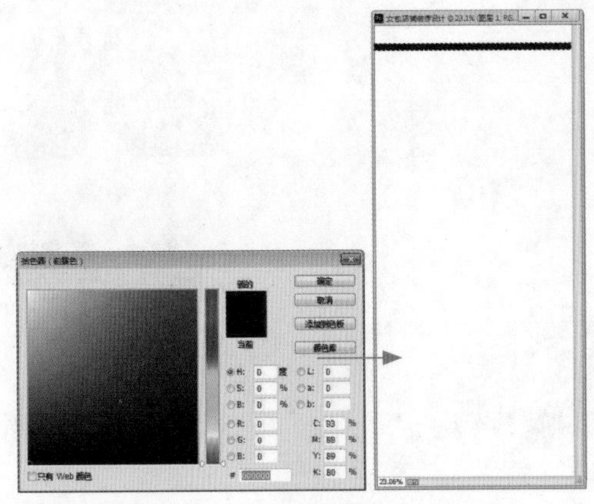

图11-7 为选区填充前景色

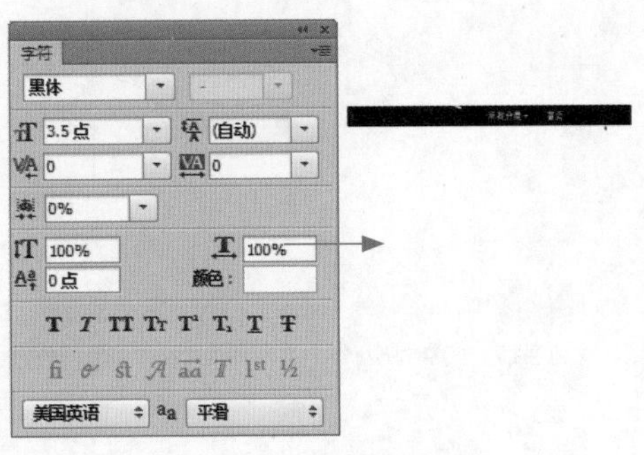

图11-8 输入相应文字

11.2.2 制作首页欢迎模块

操作步骤

01 选取工具箱中的矩形工具，在工具属性栏中设置“选择工具模式”为“形状”，在图像上单击鼠标，弹出“创建矩形”对话框，设置“宽度”为1440像素、“高度”为700像素，单击“确定”按钮，即可创建矩形形状，并设置填充颜色为淡蓝色（RGB参数值分别为244、252、252），如图11-9所示。

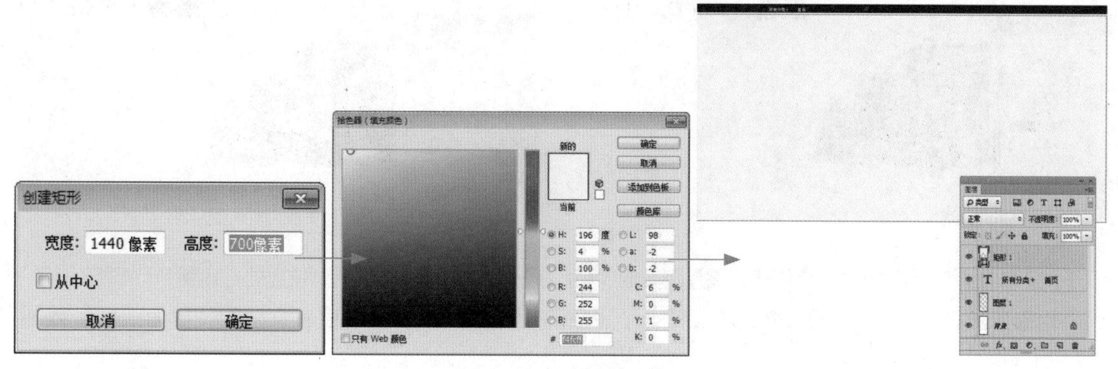

图11-9 创建矩形形状

02 打开“线条.psd”素材图像，运用移动工具将其拖曳至背景图像编辑窗口中的合适位置处，如图11-10所示。

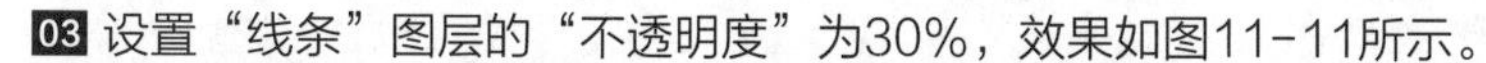

03 设置“线条”图层的“不透明度”为30%，效果如图11-11所示。

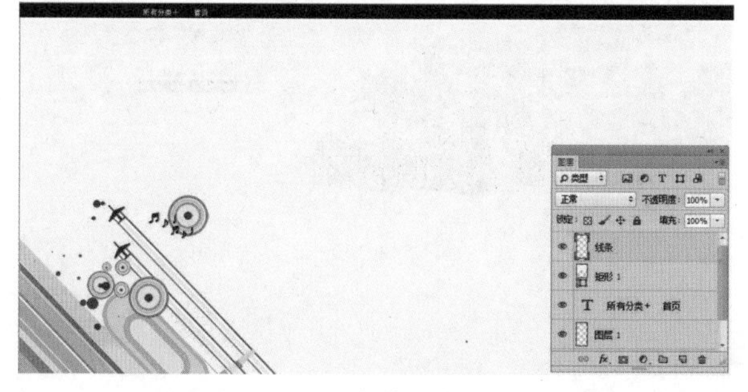

图11-10 添加线条素材图像

图11-11 调整不透明度效果

04 打开“商品图片1.psd”素材图像，运用移动工具将其拖曳至背景图像编辑窗口中的合适位置处，如图11-12所示。

05 选取工具箱中的横排文字工具，在图像编辑窗口适当位置输入相应文字，设置“字体系列”为“华文琥珀”、“字体大小”为16点、“颜色”为黑色，效果如图11-13所示。

图11-12 添加商品素材图像

图11-13 输入相应文字

06 运用横排文字工具选择“重拾经典”文字，在“字符”面版中设置“字体系列”为“宋体”，效果如图11-14所示。

07 运用横排文字工具在图像编辑窗口适当位置输入相应英文“Composite bag”，设置“字体系列”为“Segoe Script”、“字体大小”为12点、“颜色”为黑色，效果如图11-15所示。

图11-14 修改文字属性

图11-15 输入相应英文

08 打开“文字1.psd”素材图像，运用移动工具将其拖曳至背景图像编辑窗口中的合适位置处，如图11-16所示。

09 运用矩形工具在“文字”图层的下方绘制一个黑色的矩形形状，并设置相应文字的颜色为白色，效果如图11-17所示。

图11-16 添加文字素材

图11-17 绘制矩形形状

11.2.3 制作促销方案

操作步骤

01 选取工具箱中的矩形工具，在工具属性栏中设置“选择工具模式”为“形状”，在图像上绘制一个矩形形状，在弹出的“属性”面版中设置“宽度”为950像素、“高度”为200像素、X为250像素、Y为900像素、填充颜色为红色（RGB参数值分别为250、41、96），效果如图11-18所示。

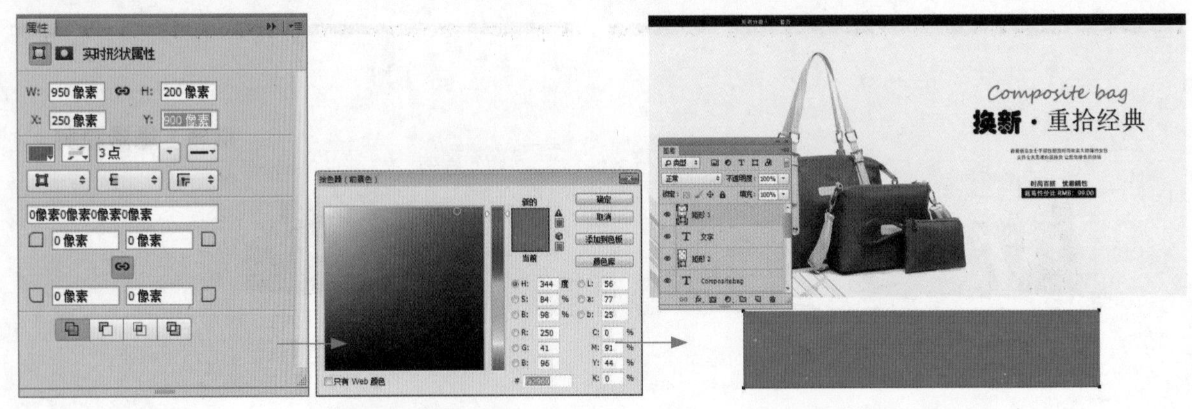

图11-18 创建矩形形状

提示

矩形工具属性栏各选项含义如下。

- 模式：单击该按钮，在弹出的下拉面版中，可以定义工具预设。
- 选择工具模式：该列表框中包含有图形、路径和像素 3 个选项，可创建不同的路径形状。
- 填充：单击该按钮，在弹出的下拉面版中，可以设置填充颜色。
- 描边：在该选项区中，可以设置创建的路径形状的边缘颜色和宽度等。
- 宽度：用于设置矩形路径形状的宽度。
- 高度：用于设置矩形路径形状的高度。

02 打开“边框.psd”素材图像，运用移动工具将其拖曳至背景图像编辑窗口中的合适位置处，如图11-19所示。

03 选取工具箱中的横排文字工具，在图像编辑窗口适当位置输入相应文字，设置“字体系列”为“汉仪菱心体简”、“字体大小”为15点、“所选字符的字距调整”为100、“颜色”为白色，效果如图11-20所示。

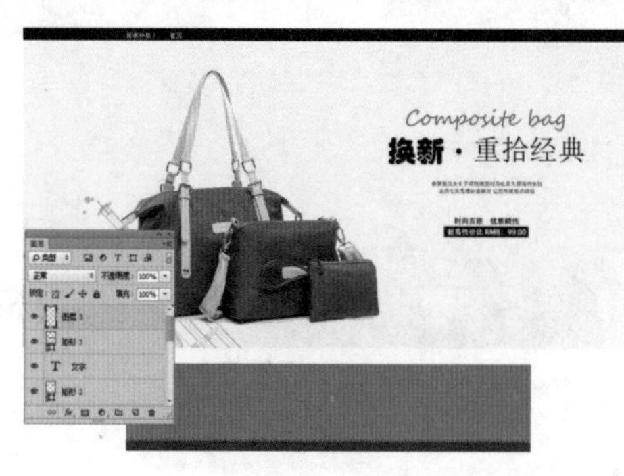

图11-19 添加边框素材

图11-20 输入相应文字

04 双击文字图层，弹出“图层样式”对话框，选中“投影”复选框，保持默认设置，单击“确定”按钮，添加图层样式，效果如图11-21所示。

05 运用以上同样的方法，输入相应英文，并添加“投影”图层样式，效果如图11-22所示。

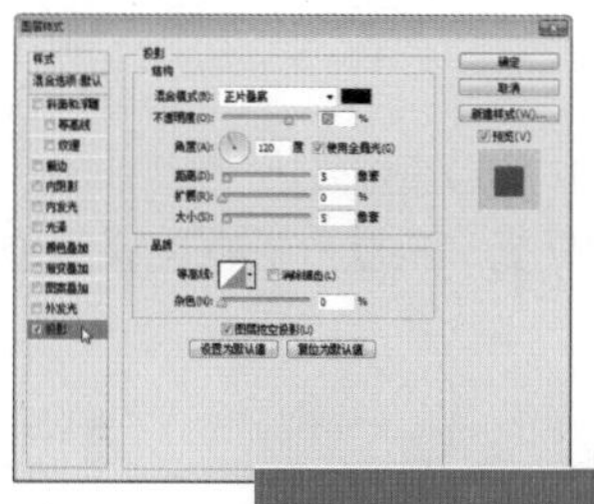

图11-21 添加图层样式

图11-22 输入相应英文

06 运用椭圆选框工具，在促销区图像上创建一个正圆形选区，如图11-23所示。

07 选取工具箱中的矩形选框工具，在工具属性栏中单击“从选区减去”按钮，在椭圆选区下方绘制矩形选区，减去相应的选区区域，如图11-24所示。

图11-23 创建正圆形选区

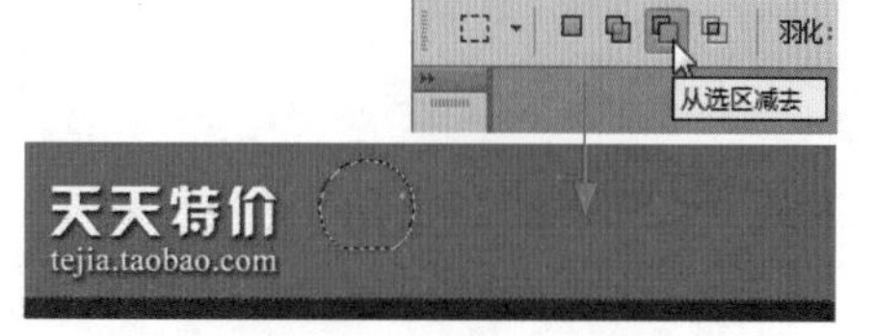

图11-24 减去相应的选区区域

08 新建“图层4”图层，设置前景色为深红色（RGB参数值分别为202、4、57），为选区填充颜色并取消选区，如图11-25所示。

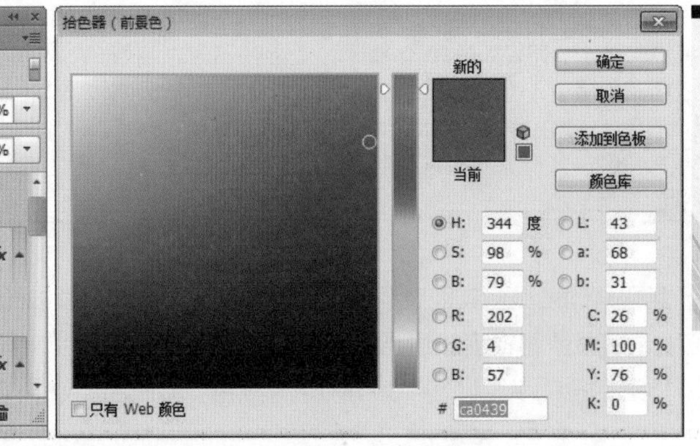

图11-25 填充选区

09 复制“图层4”图层两次，并调整图像至合适位置处，如图11-26所示。

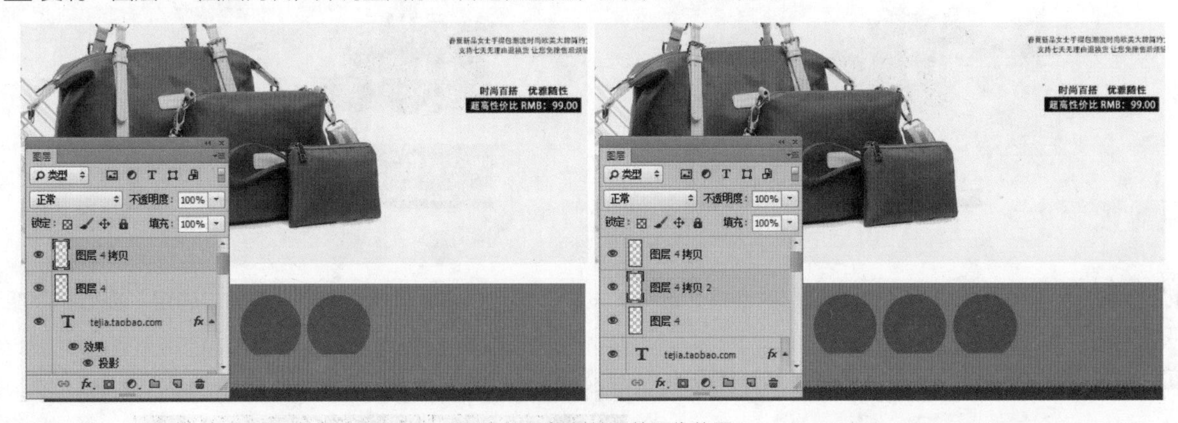

图11-26 复制并调整图像位置

10 打开“文字2.psd”素材图像，运用移动工具将其拖曳至背景图像编辑窗口中的合适位置处，如图11-27所示。

11 选取工具箱中的圆角矩形工具，在工具属性栏中设置“选择工具模式”为“形状”，在图像绘制一个白色的圆角矩形形状，如图11-28所示。

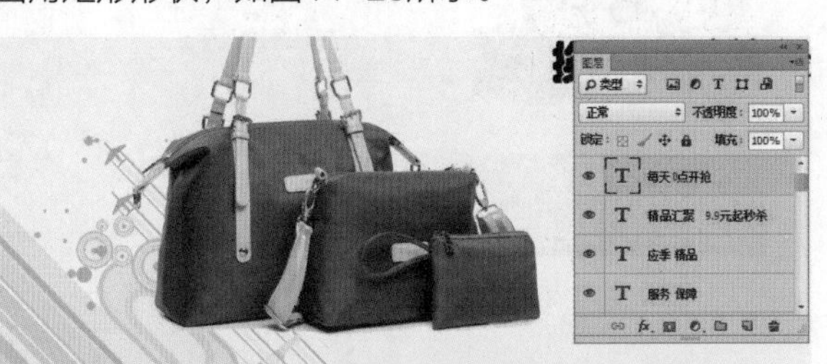
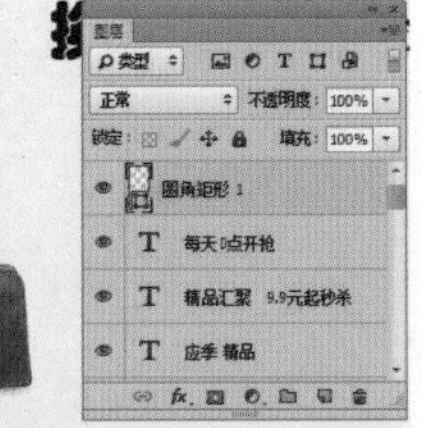

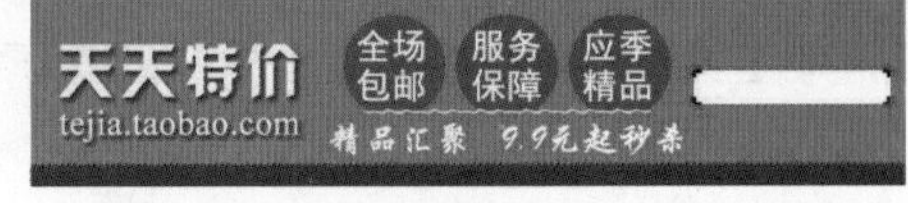

图11-27 添加文字素材　　图11-28 绘制圆角矩形形状

12 双击“圆角矩形1”图层，弹出“图层样式”对话框，选中“投影”复选框，保持默认设置，单击“确定”按钮，添加图层样式，效果如图11-29所示。

13 在“图层”面版中，将“圆角矩形1”图层下移一层，如图11-30所示。

图11-29　添加文字素材

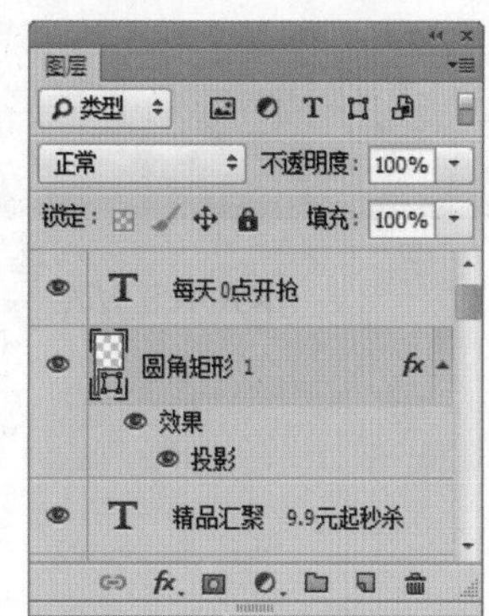

图11-30　绘制圆角矩形形状

14 选择相应文字图层，设置文字颜色为红色（RGB参数值分别为242、50、99），改变文字颜色，效果如图11-31所示。

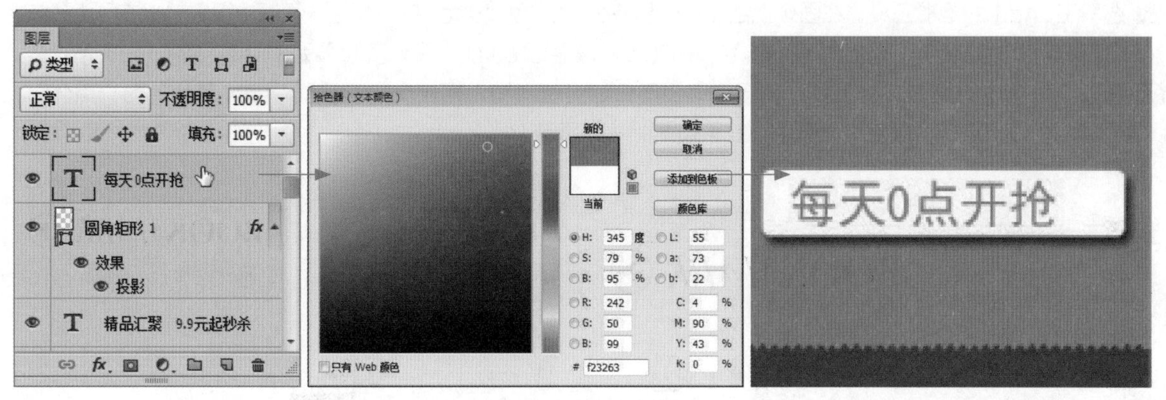

图11-31　改变文字颜色

15 选取工具箱中的自定形状工具，设置“形状”为“箭头6”、填充颜色为红色（RGB参数值分别为242、50、99），绘制一个箭头形状，效果如图11-32所示。

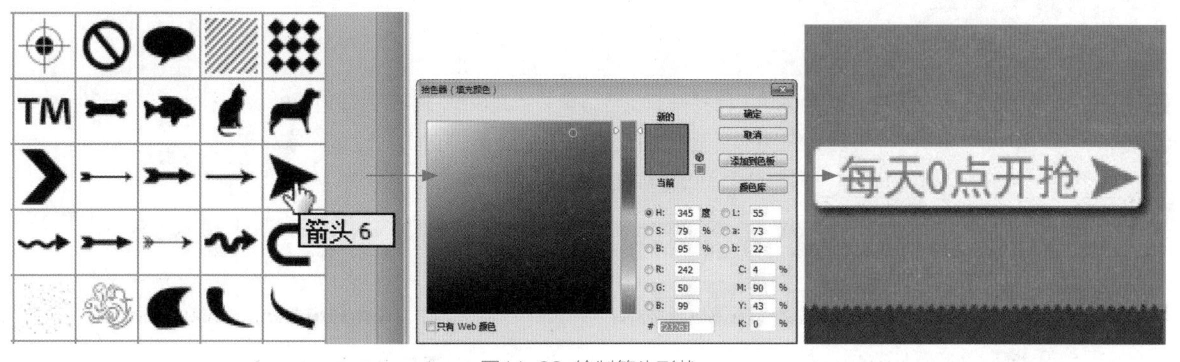

图11-32　绘制箭头形状

11.2.4 制作收藏区与广告海报

操作步骤

01 打开“收藏区.psd”素材图像，运用移动工具将其拖曳至背景图像编辑窗口中的合适位置处，如图11-33所示。

02 选取工具箱中的自定形状工具，设置“形状”为“前进”，绘制一个黑色的“前进”形状，效果如图11-34所示。

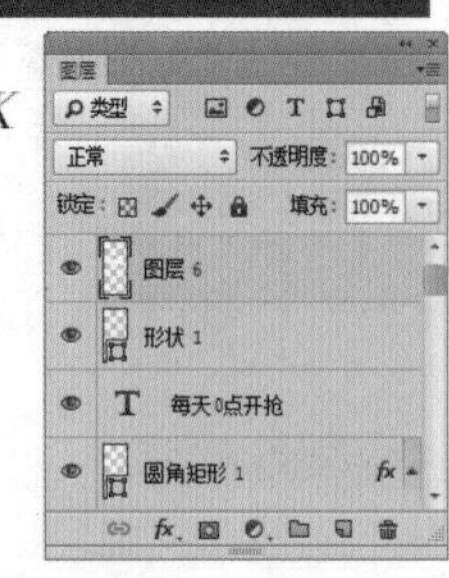

图11-33 添加素材图像

图11-34 绘制“前进”形状

03 选取工具箱中的矩形工具，在图像上绘制一个相应大小的矩形形状，在“属性”面版中设置“填充”为浅灰色（RGB参数值均为245）、“描边”为深灰色（RGB参数值均为160）、“描边宽度”为0.10点，如图11-35所示。

04 选取工具箱中的横排文字工具，在图像编辑窗口适当位置输入相应文字，设置“字体系列”为“黑体”、“字体大小”为6点、“颜色”为黑色，效果如图11-36所示。

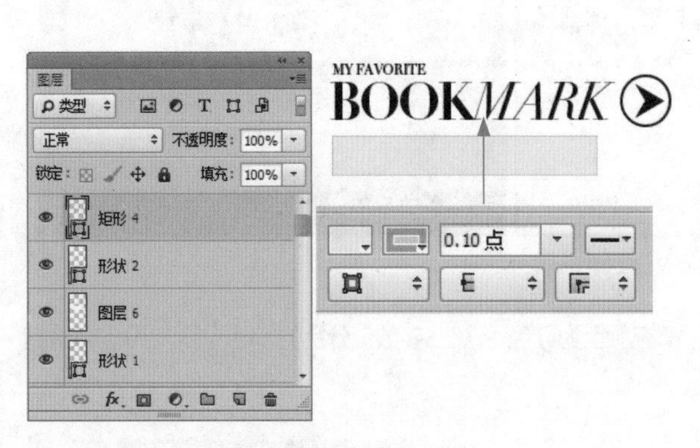

图11-35 绘制矩形形状

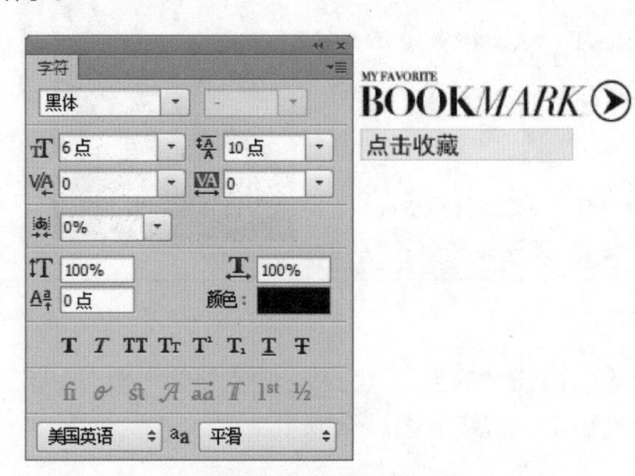

图11-36 输入相应文字

05 打开“海报.psd”素材图像，运用移动工具将其拖曳至背景图像编辑窗口中的合适位置处，如图11-37所示。

06 选取工具箱中的横排文字工具，在图像编辑窗口适当位置输入相应文字，设置“字体系列”为“Times New Roman”、“字体大小”为6点、“颜色”为黑色，效果如图11-38所示。

图11-37 添加海报素材

图11-38 输入相应文字

07 运用横排文字工具在图像编辑窗口适当位置输入其他文字，设置“字体系列”为“Times New Roman”、“字体大小”为10点、“颜色”为黑色、“行距”为12点，激活“仿粗体”图标，效果如图11-39所示。

图11-39 输入其他文字

11.2.5 制作商品展示区

操作步骤

01 选取工具箱中的直线工具，在工具属性栏中设置“选择工具模式”为“路径”，在图像中的合适位置处绘制一条路径，如图11-40所示。

02 选取工具箱中的画笔工具，展开“画笔”面版，设置“大小”为3像素、“间距”为200%，如图11-41所示。

图11-40 绘制路径

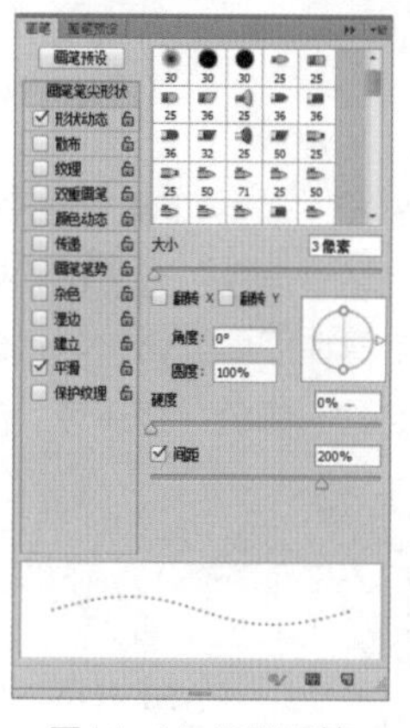

图11-41 设置画笔

03 新建“图层8”图层，展开“路径”面版，选择并右键单击工作路径，在弹出的快捷菜单中选择“描边路径”选项，弹出“描边路径”对话框，设置“工具”为“画笔”，单击“确定”按钮，如图11-42所示。

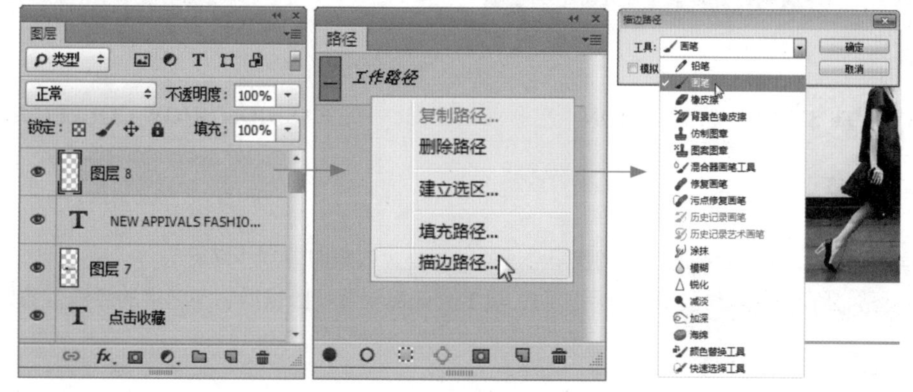

图11-42 设置选项

提示

路径是 Photoshop CC 中的各项强大功能之一，它是基于“贝塞尔”曲线建立的矢量图形，所有使用矢量绘图软件或矢量绘图制作的线条，原则上都可以称为路径。路径是通过钢笔工具或形状工具创建出的直线和曲线，且是矢量图像，因此，无论路径缩小或放大都不会影响其分辨率，并保持原样。

路径多用锚点来标记路线的端点或调整点，当创建的路径为曲线时，每个选中的锚点上将显示一条或两条方向线和一个或两个方向点，并附带相应的控制柄；方向线和方向点的位置决定了曲线段的大小和形状，通过调整控制柄，方向线或方向点随之改变，且路径的形状也将改变。

04 隐藏工作路径，即可描边路径，效果如图11-43所示。

05 复制相应的文字图层，并调整其格式和位置，效果如图11-44所示。

图11-43 描边路径

图11-44 复制文字

06 选取工具箱中的横排文字工具，在图像编辑窗口适当位置输入相应文字，设置“字体系列”为“黑体”、“字体大小”为6点、“颜色”为黑色，效果如图11-45所示。

07 运用横排文字工具在图像编辑窗口适当位置输入其他文字，设置“字体系列”为“Times New Roman”、“字体大小”为5点、“颜色”为黑色，效果如图11-46所示。

图11-45 输入相应文字

图11-46 输入其他文字

08 复制“图层8”图层，将所复制的图像调整至合适的位置处，效果如图11-47所示。

09 打开“商品图片2.psd”素材图像，运用移动工具将其拖曳至背景图像编辑窗口中的合适位置处，效果如图11-48所示。

图11-47 复制图像

图11-48 添加商品素材

10 用以上同样的方法，添加其他的商品素材图像，并调整其位置，效果如图11-49所示。

11 运用横排文字工具在图像编辑窗口适当位置输入文字，设置“字体系列”为“Times New Roman”、“字体大小”为5点、“颜色”为黑色，效果如图11-50所示。

图11-49 添加商品素材

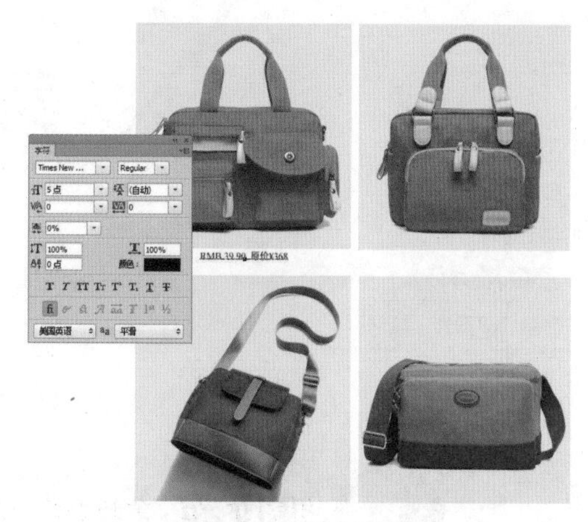

图11-50 输入文字

12 选中相应的文字，单击“字符”面版中的“删除线”按钮，添加“删除线”效果，如图11-51所示。

13 运用同样的方法，输入并设置其他的文字，在图像窗口中可以看到案例最终的制作效果，如图11-52所示。

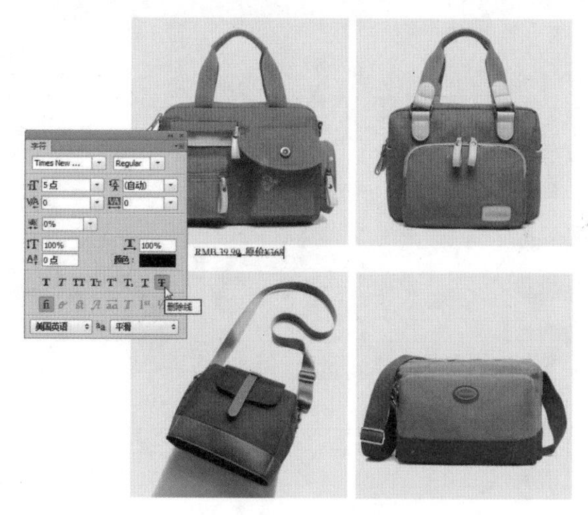

图11-51 添加“删除线”效果

图11-52 最终效果

第12章 美妆店铺装修实战

本章知识提要

美妆店铺装修设计与详解

美妆店铺装修实战步骤详解

12.1 美妆店铺装修设计与详解

本实例是为某品牌的美肤化妆产品设计的店铺首页装修效果，在设计中使用了淡黄色作为背景色调，搭配蓝色来营造出一种淡雅、温暖的视觉效果，具体的制作和分析如下。

12.1.1 布局策划解析

本实例的布局如图12-1所示。

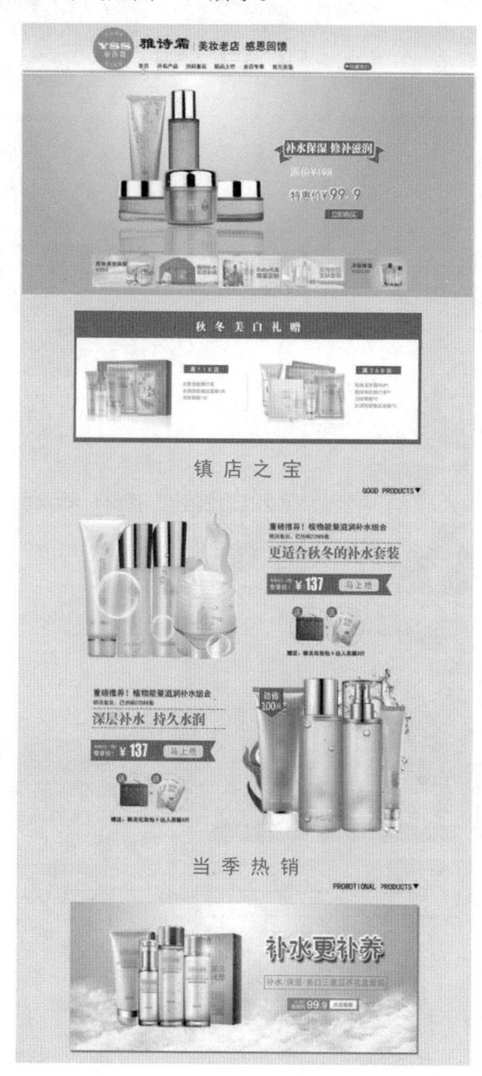

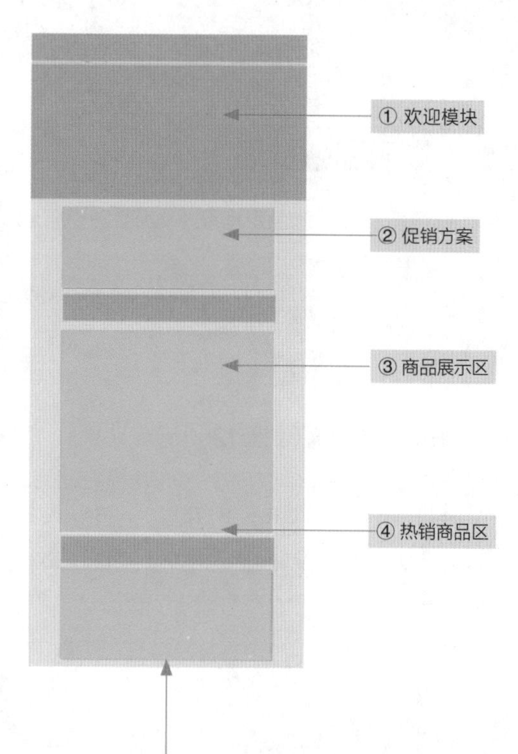

① 欢迎模块：欢迎模块中使用商品图像与标题文字组合的方式进行表现，两者各占据画面的1/2，形成自然的对称效果，平衡了画面的信息表现力。
② 促销方案：该区域使用大小相同的矩形对画面进行分割，显得很整齐，能够完整地表现出每个促销方案的特点和形象。
③ 商品展示区：该区域使用商品图片与文字结合的方式进行表现，每组信息中的文字和产品位置刚好相反，与下面的当季热销区中的商品刚好形成S形的视觉引导线。
④ 热销商品区：该区域背景使用了色彩较明亮的天蓝色进行修饰，避免单一色彩带来的呆板感觉。

图12-1 美妆店铺布局

12.1.2 主色调：淡雅黄色调

本案例在色彩设计的过程中，使用了黄色作为画面的背景，营造出温暖的感觉，而在设计元素的配色上，也迎合黄色的暖色调特点，使用了红色、玫红等色彩对文字、标签等进行修饰，并使用与商品颜色相同的天蓝色作为欢迎模块与热销商品区的背景色调，让画面整体的色彩搭配协调而统一。除此之外，美妆产品的配色主要以高纯度和高明度的色彩为主，能够从整个画面中脱颖而出，显得醒目而清晰。

1. 页面背景及设计元素配色：黄色系

R245、G236、B202	R255、G232、B126	R214、G180、B91	R242、G48、B101	R250、G14、B76
C6、M8、Y25、K0	C4、M11、Y58、K0	C22、M32、Y70、K0	C4、M90、Y42、K0	C0、M95、Y57、K0

2. 商品及商品背景配色：高纯度与高明度色彩

R19、G135、B218	R86、G200、B236	R59、G211、B232	R255、G102、B112	R255、G43、B107
C79、M41、Y0、K0	C61、M4、Y10、K0	C63、M0、Y17、K0	C0、M74、Y43、K0	C0、M90、Y36、K0

12.1.3 案例配色扩展

1. 辅助配色：低纯度、高明度色彩搭配（如图12-2所示）

R152、G148、B207	R168、G194、B146	R226、G237、B220	R241、G246、B239	R200、G160、B108
C48、M43、Y0、K0	C41、M15、Y50、K0	C15、M3、Y18、K0	C8、M2、Y8、K0	C27、M41、Y61、K0

2. 辅助配色：低饱和度色调（如图12-3所示）

R156、G108、B120	R146、G169、B175	R164、G182、B194	R229、G226、B219	R241、G240、B236
C48、M64、Y44、K0	C49、M28、Y28、K0	C42、M24、Y20、K0	C13、M11、Y14、K0	C7、M6、Y8、K0

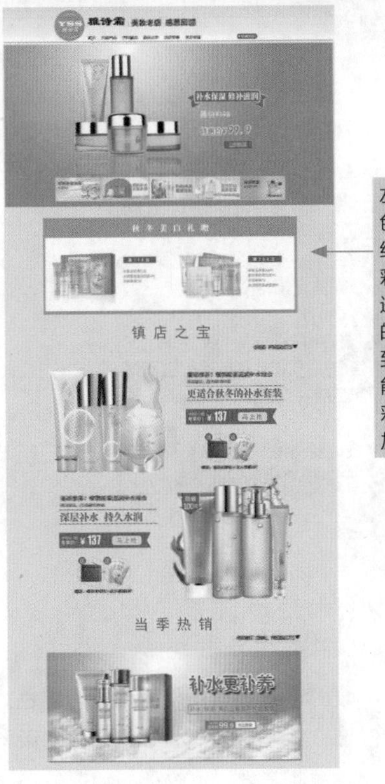

图12-2 低纯度、高明度色彩搭配

左图所示为使用色彩明度较高、纯度较低的色彩，以及浅蓝色进行背景配色后的效果，可以看到浅色的背景色能够让商品的色彩更加突显、更加鲜艳和亮丽。

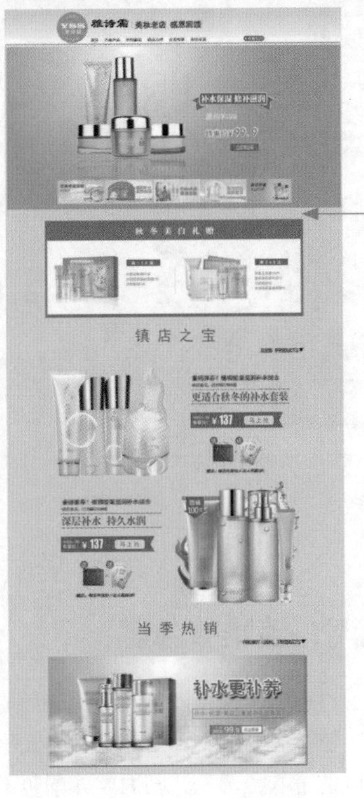

图12-3 低饱和度色调

左图所示为使用降低画面色彩纯度后的设计效果，降低了色彩的饱和度以后，画面会显得略微的偏灰，这样的色彩能够表现出一种中性的美感，提升了商品的档次，突出品质感，也避免了视觉上的疲劳感，有助于提升阅读体验。

12.1.4 案例设计流程

本案例的设计流程如图12-4所示。

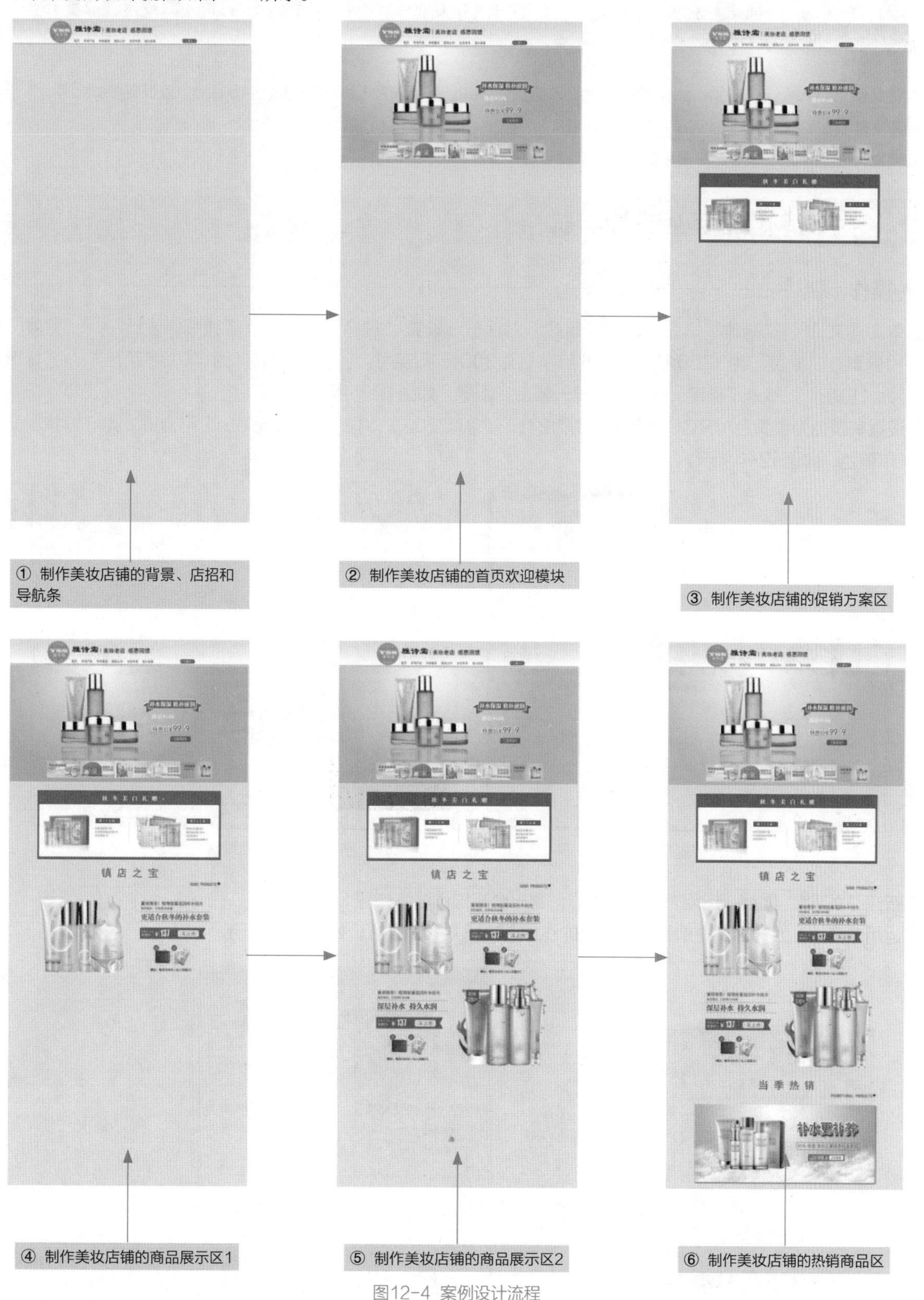

图12-4 案例设计流程

12.2 美妆店铺装修实战步骤详解

本节介绍美妆店铺装修的实战操作过程，主要可以分为制作店招和店铺导航、首页欢迎模块、促销方案、商品展示区、热销商品区等几部分。

- **素材文件** | 素材\第12章\Logo.psd、背景.jpg、收藏按钮.psd、商品图片1.psd~商品图片5.psd、首页链接.psd等
- **效果文件** | 效果\第12章\美妆店铺装修设计.psd
- **视频文件** | 视频\第12章\12.2 美妆店铺装修实战步骤详解.mp4

12.2.1 制作店铺店招和导航

操作步骤

01 单击“文件”|“新建”命令，弹出“新建”对话框，设置“名称”为“美妆店铺装修设计”、“宽度”为1440像素、“高度”为3200像素、“分辨率”为300像素/英寸、“颜色模式”为“RGB颜色”、“背景内容”为“白色”，单击“确定”按钮，新建一幅空白图像，如图12-5所示。

02 设置前景色为淡黄色（RGB参数值分别为245、236、202），按【Alt+Delete】组合键，为“背景”图层填充前景色，如图12-6所示。

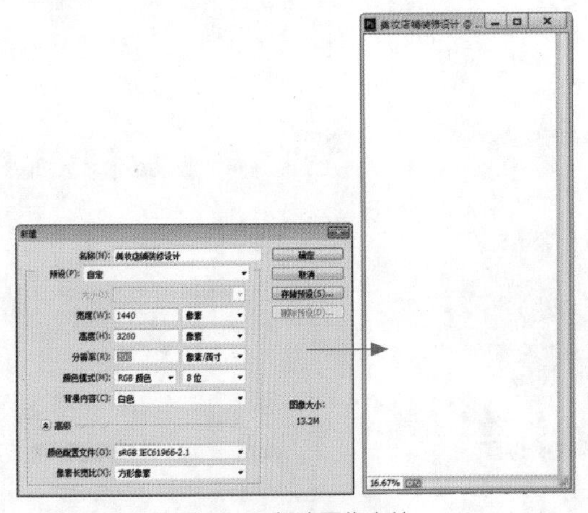

图12-5 新建图像文件

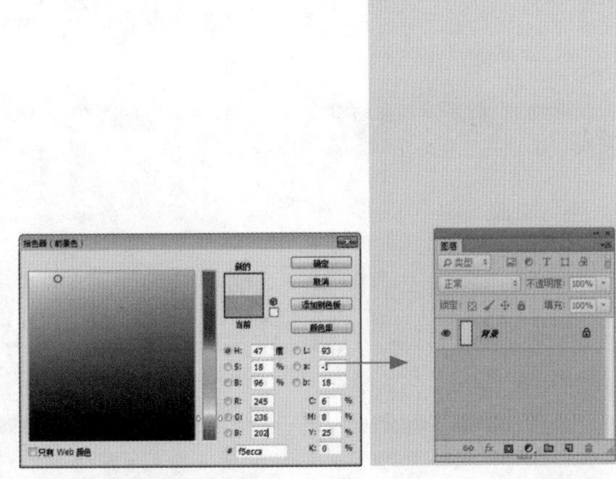

图12-6 填充“背景”图层

03 新建“图层1”图层，运用矩形选框工具创建一个矩形选区，如图12-7所示。

04 运用渐变工具为选区填充前景色到白色的线性渐变，并取消选区，如图12-8所示。

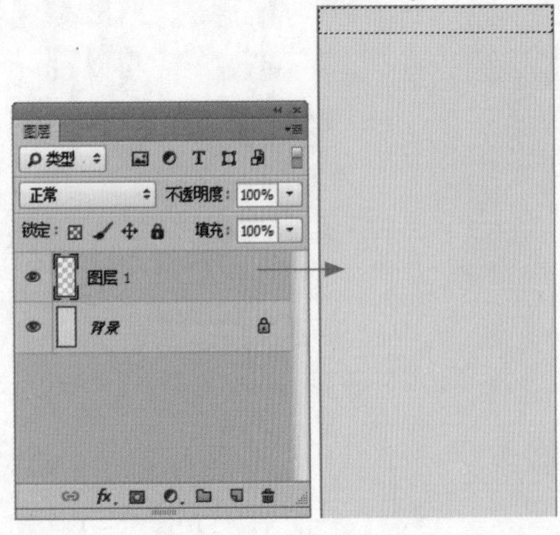

图12-7 创建矩形选区

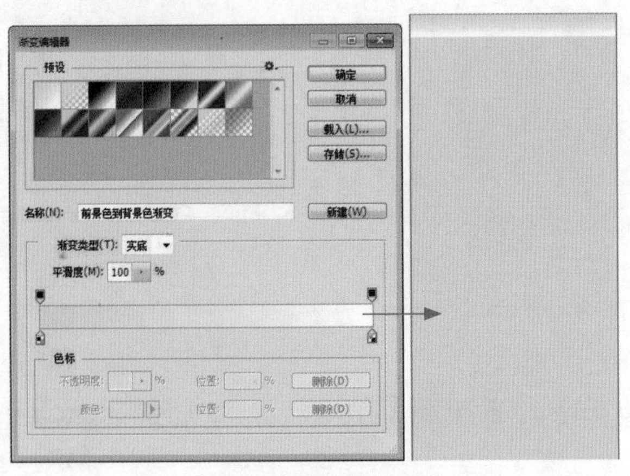

图12-8 为选区填充渐变色

05 打开“Logo.psd”素材图像，运用移动工具将素材图像拖曳至背景图像编辑窗口中的合适位置处，如图12-9所示。

06 选取工具箱中的直线工具，设置描边颜色为土黄色（RGB参数值分别为214、180、91）、“设置形状描边宽度”为5点，在图像中绘制一条直线，效果如图12-10所示。

图12-9 添加Logo素材

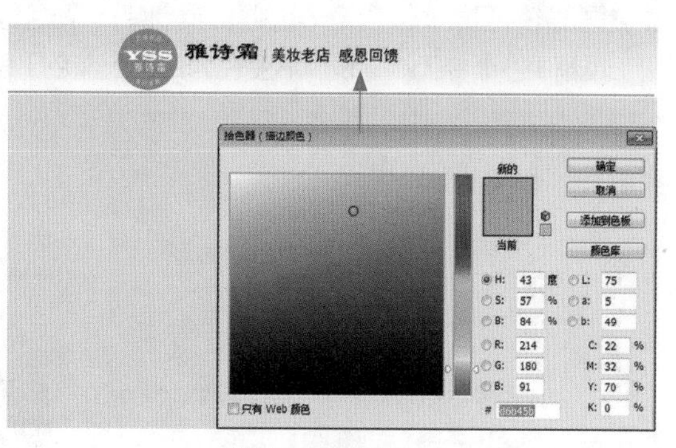

图12-10 绘制直线

07 栅格化形状图层，运用椭圆选框工具在直线上创建一个椭圆选区，并按【Delete】键删除选区内的图像，如图12-11所示。

08 新建“图层2”图层，为选区添加描边，设置“宽度”为2像素、“颜色”为土黄色，并取消选区，效果如图12-12所示。

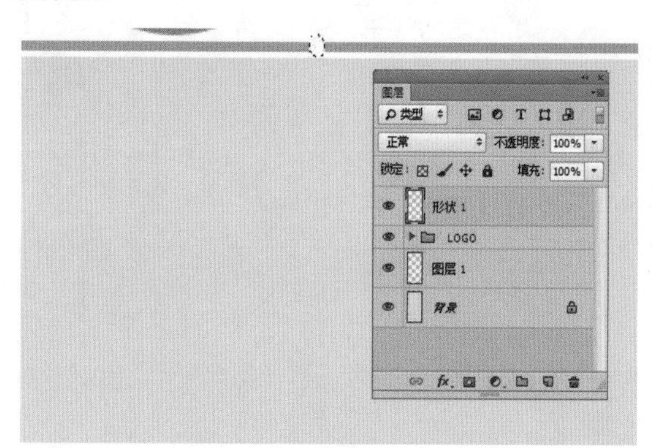

图12-11 删除选区内的图像

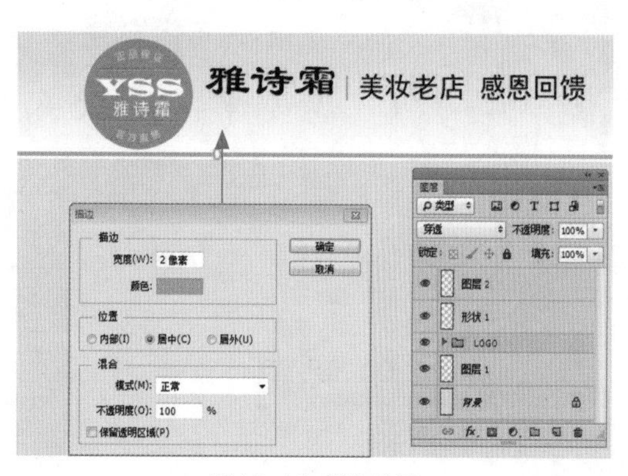

图12-12 描边选区

09 运用横排文字工具输入相应文字，设置“字体系列”为“黑体”、“字体大小”为5点、“颜色”为黑色，效果如图12-13所示。

10 打开“收藏按钮.psd”素材图像，运用移动工具将素材图像拖曳至背景图像编辑窗口中的合适位置处，效果如图12-14所示。

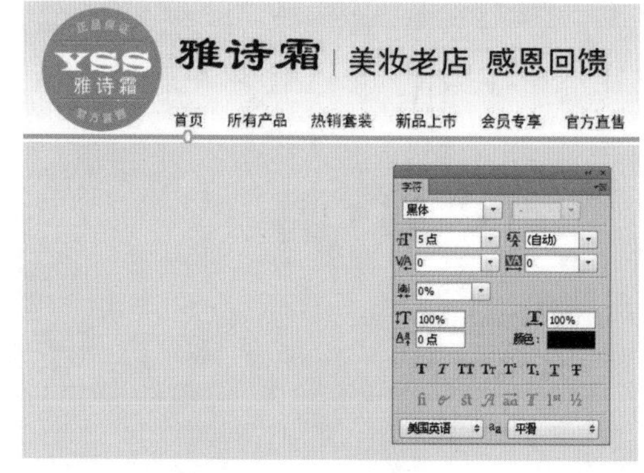

图12-13 输入相应文字

图12-14 添加素材

第1篇 基础入门篇 第2篇 核心技能篇 第3篇 行业实战篇

12.2.2 制作首页欢迎模块

操作步骤

01 新建“图层4”图层，运用矩形选框工具创建一个矩形选区，如图12-15所示。

02 选取工具箱中的渐变工具，设置渐变色为白色到蓝色（RGB参数值分别为86、200、236），如图12-16所示。

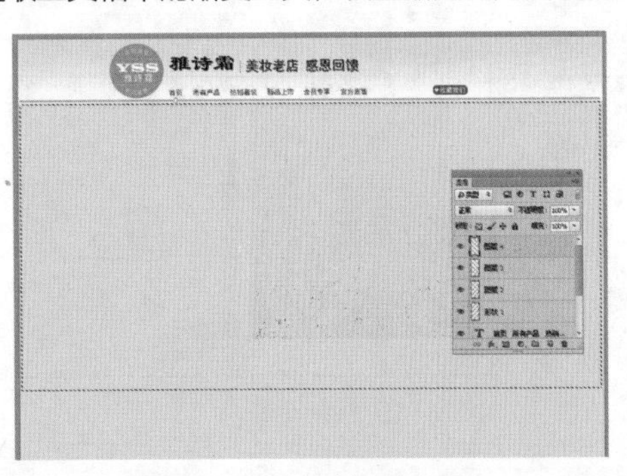

图12-15 创建矩形选区

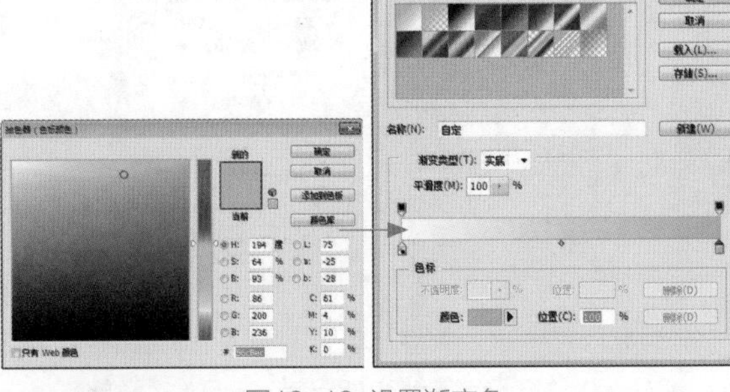

图12-16 设置渐变色

03 在工具属性栏中单击“径向渐变”按钮，在选区内拖曳鼠标填充渐变色，并取消选区，效果如图12-17所示。

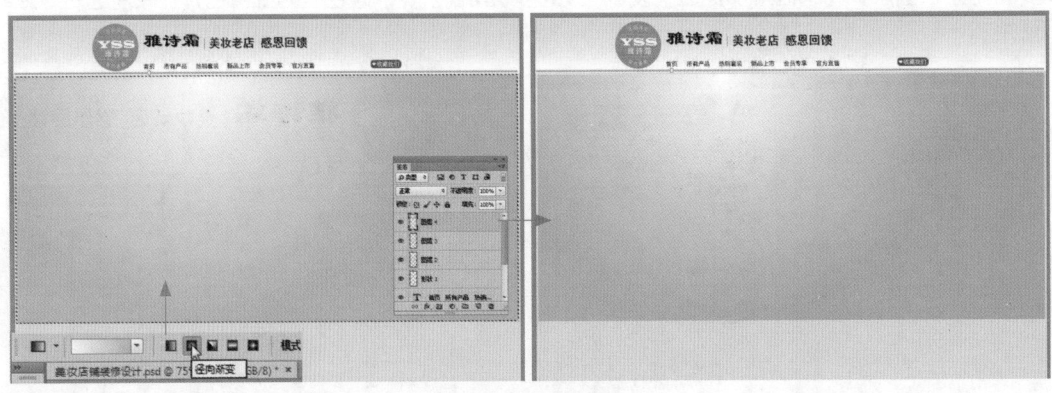

图12-17 填充渐变色

04 打开“商品图片1.psd”素材图像，运用移动工具将素材图像拖曳至背景图像编辑窗口中的合适位置处，如图12-18所示。

05 单击“图像”|“调整”|“亮度/对比度”命令，弹出“亮度/对比度”对话框，设置“亮度”为12、“对比度”为9，单击“确定”按钮，效果如图12-19所示。

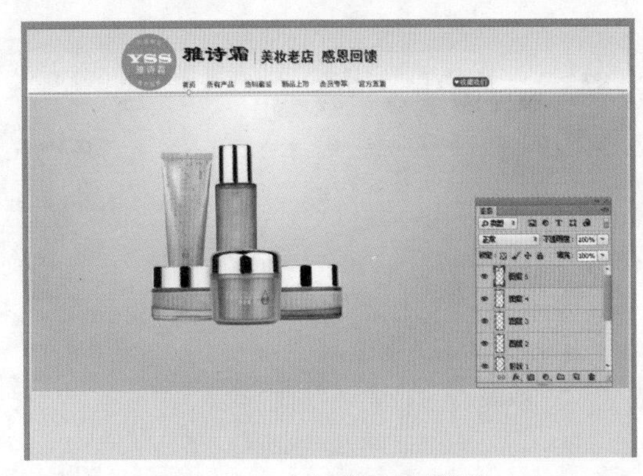

图12-18 添加背景素材图像

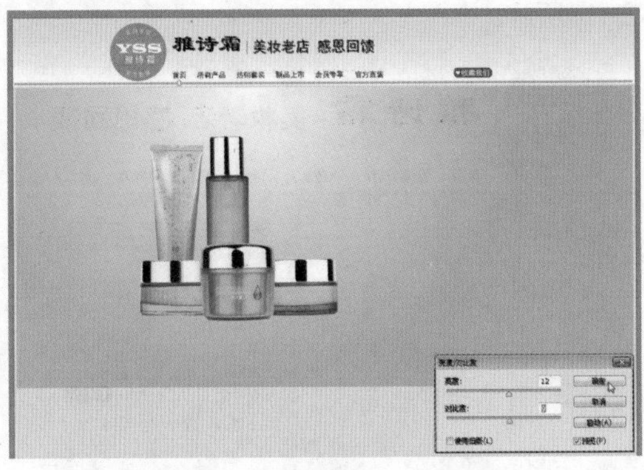

图12-19 调整亮度/对比度

06 复制商品图层，将其进行垂直翻转并调整至合适位置处，效果如图12-20所示。

07 为拷贝的图层添加图层蒙版，并填充黑色到白色的线性渐变，设置图层的“不透明度”为30%，效果如图12-21所示。

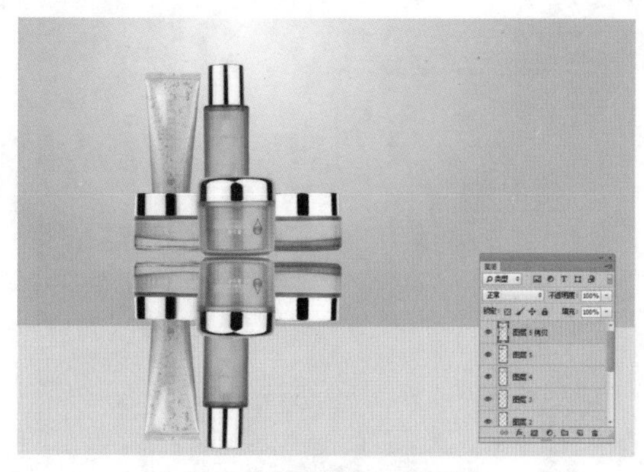

图12-20 复制并调整图像

图12-21 制作倒影效果

08 打开“装饰.psd”素材图像，运用移动工具将素材图像拖曳至背景图像编辑窗口中的合适位置处，如图12-22所示。

09 为“装饰”图层添加默认的“外发光”图层样式，效果如图12-23所示。

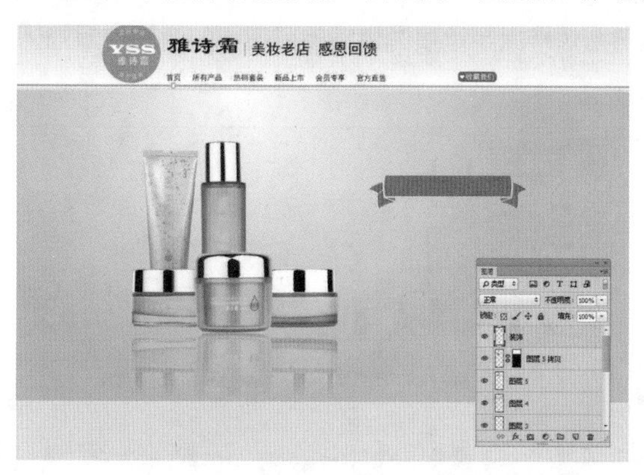

图12-22 添加装饰素材

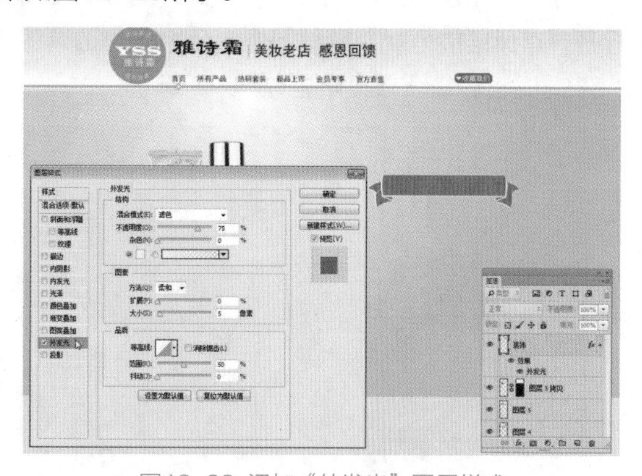

图12-23 添加“外发光”图层样式

10 运用横排文字工具在图像上输入相应文字，设置“字体系列”为“方正粗宋简体”、“字体大小”为8点、“颜色”为白色，如图12-24所示。

11 运用横排文字工具在图像上输入相应文字，设置“字体系列”为“黑体”、“字体大小”为8点、“颜色”为白色，并激活“删除线”图标，效果如图12-25所示。

图12-24 输入文字

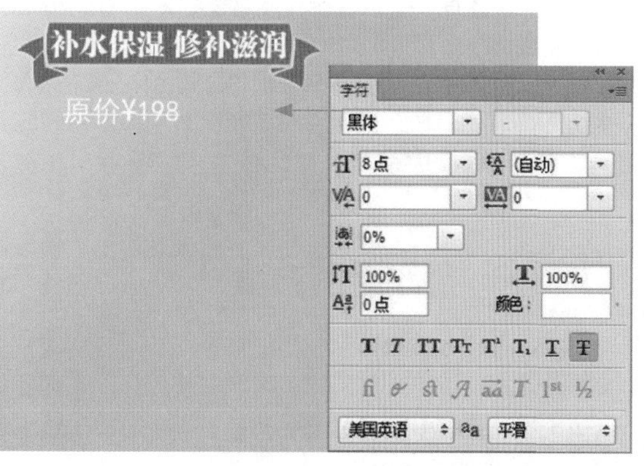

图12-25 输入文字

12 运用横排文字工具在图像上输入相应文字，设置“字体系列”为“黑体”、“字体大小”为8点、“颜色”为红色（RGB参数值分别为242、48、101），如图12-26所示。

13 选中99.9文字，在“字符”面板中设置“字体大小”为12点，效果如图12-27所示。

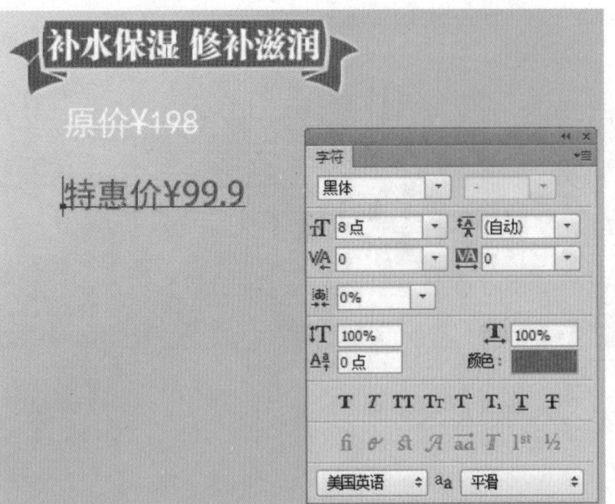

图12-26 输入文字

图12-27 设置文字大小

14 双击文字图层，弹出“图层样式”对话框，选中“描边”复选框，设置“大小”为3像素、“颜色”为白色，单击“确定”按钮，应用图层样式，效果如图12-28所示。

15 打开“首页链接.psd”素材图像，运用移动工具将素材图像拖曳至背景图像编辑窗口中的合适位置处，并适当调整各图像的位置，效果如图12-29所示。

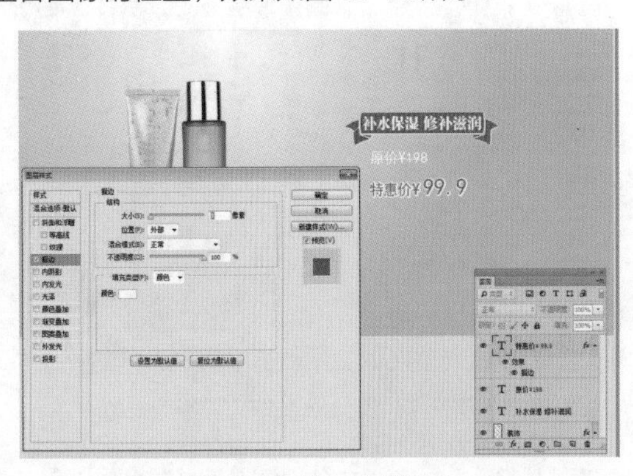

图12-28 添加图层样式

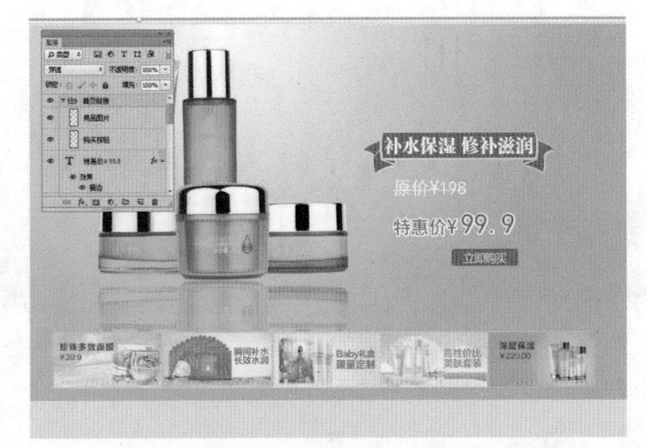

图12-29 调整位置

提示

隐藏图层样式后，可以暂时将图层样式进行清除，并可以重新显示，而删除图层样式，则是将图层中的图层样式进行彻底清除，无法还原。在Photoshop CC中，隐藏图层样式后，可以暂时将图层样式进行清除，并可以重新显示。隐藏图层样式可以执行以下两种操作方法。

- 图标：在“图层”面板中单击图层样式名称左侧的眼睛图标，可将显示的图层样式进行隐藏。
- 快捷菜单：在任意一个图层样式名称上单击鼠标右键，在弹出的菜单列表中选择“隐藏所有效果”即可隐藏当前图层样式效果。

12.2.3 制作促销方案

操作步骤

01 运用矩形工具在欢迎模块下方绘制红色（RGB参数值分别为250、14、76）的矩形形状，如图12-30所示。

02 用同样的方法绘制一个白色的矩形形状，并适当调整其位置，如图12-31所示。

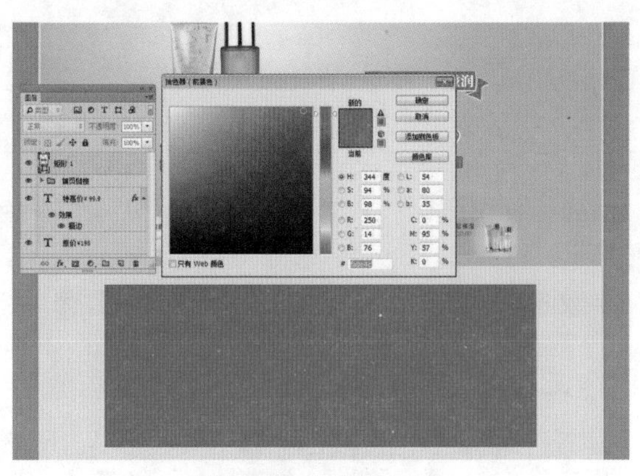

图12-30 绘制矩形形状

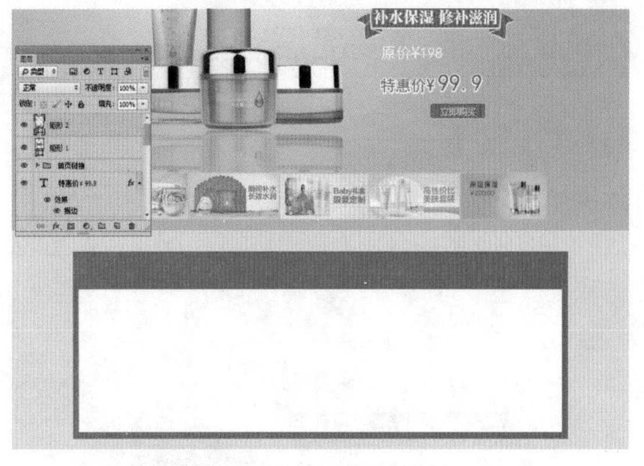

图12-31 绘制矩形形状

03 打开“商品图片2.psd”素材图像，运用移动工具将素材图像拖曳至背景图像编辑窗口中的合适位置处，如图12-32所示。

04 运用横排文字工具在图像上输入相应文字，设置“字体系列”为“方正粗宋简体”、“字体大小”为8点、“所选字符的字距调整”为600、“颜色”为白色，如图12-33所示。

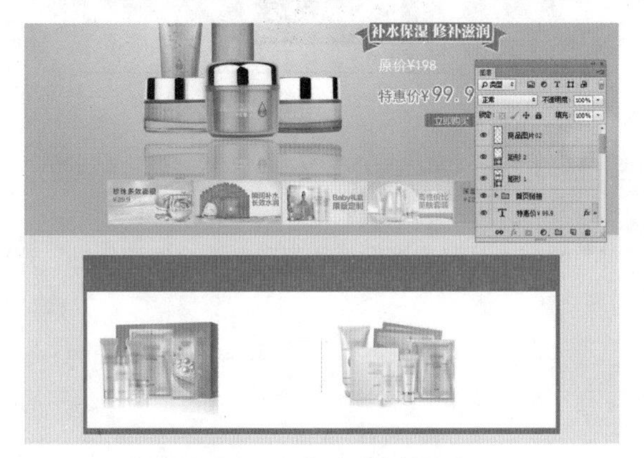

图12-32 添加商品素材图片

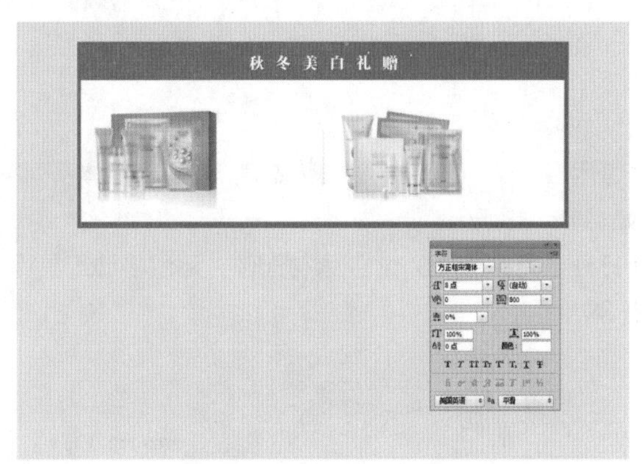

图12-33 输入相应文字

05 运用矩形工具在欢迎模块下方绘制红色（RGB参数值分别为250、14、76）的矩形形状，运用横排文字工具在图像上输入相应文字，设置“字体系列”为“黑体”、“字体大小”为4点、“所选字符的字距调整”为500、“颜色”为白色，激活“仿粗体”图标，效果如图12-34所示。

06 打开“文字1.psd”素材图像，运用移动工具将素材图像拖曳至背景图像编辑窗口中的合适位置处，如图12-35所示。

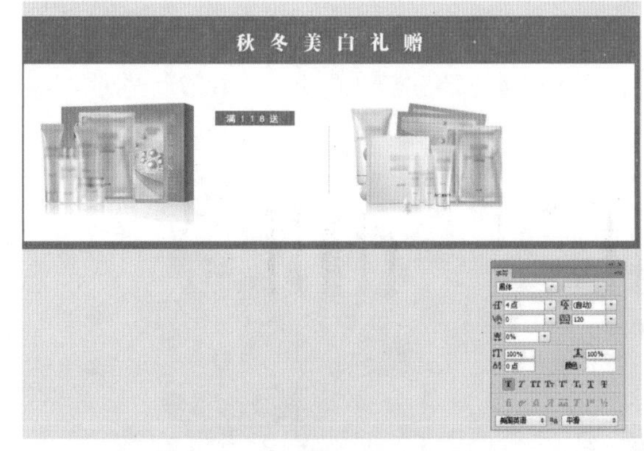

图12-34 绘制矩形并输入文字

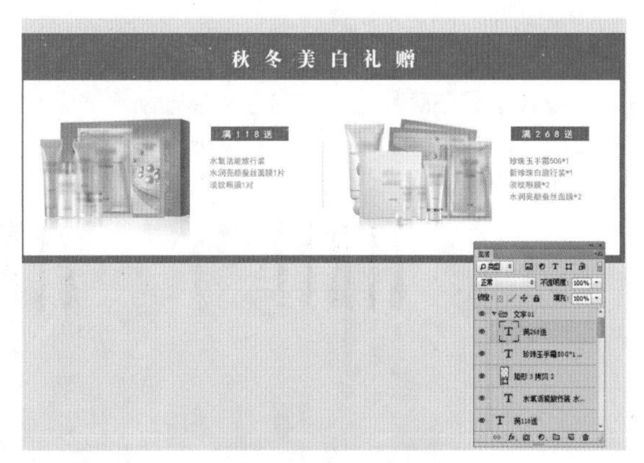

图12-35 添加文字素材

12.2.4 制作商品展示区

操作步骤

01 运用横排文字工具在图像上输入相应文字，设置“字体系列”为“黑体”、“字体大小”为15点、“颜色”为红色（RGB参数值分别为250、14、76），如图12-36所示。

02 选取工具箱中的直线工具，设置填充颜色为灰色（RGB参数值均为215）、“粗细”为2像素，在图像中绘制一条直线，如图12-37所示。

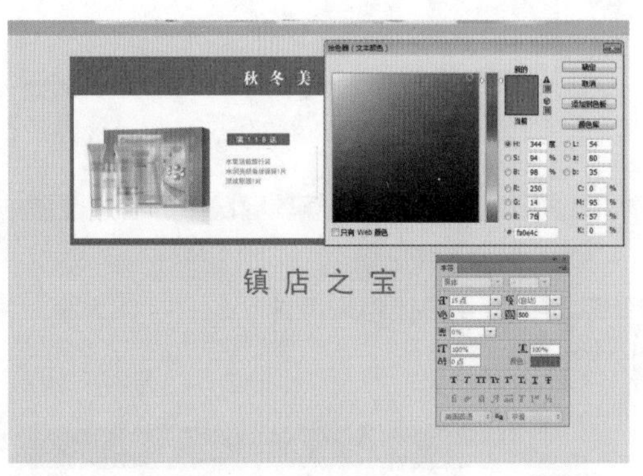

图12-36 输入相应文字

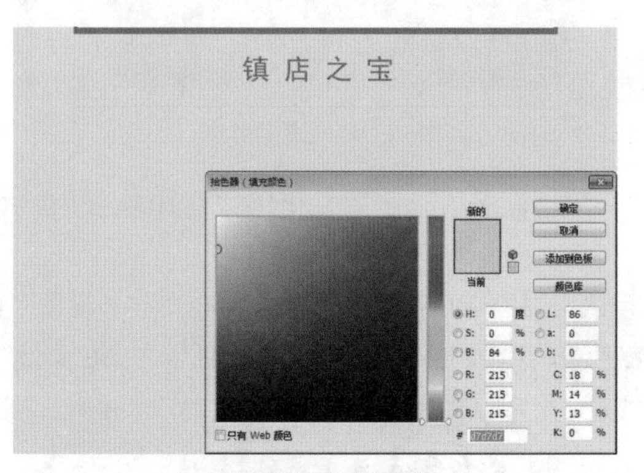

图12-37 绘制直线

03 运用横排文字工具输入相应文字，设置“字体系列”为“黑体”、“字体大小”为6点、“颜色”为黑色，效果如图12-38所示。

04 打开“商品图片3.jpg”素材图像，运用移动工具将素材图像拖曳至背景图像编辑窗口中的合适位置处，如图12-39所示。

图12-38 输入相应文字

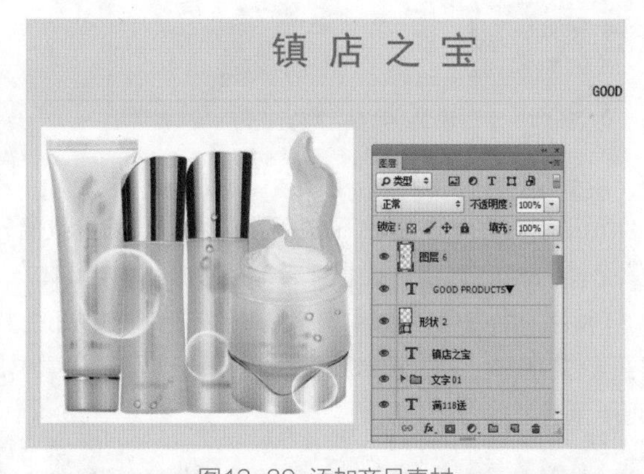

图12-39 添加商品素材

05 运用魔棒工具在商品图片的白色背景上创建选区，按【Delete】键删除选区内的图像，并取消选区，效果如图12-40所示。

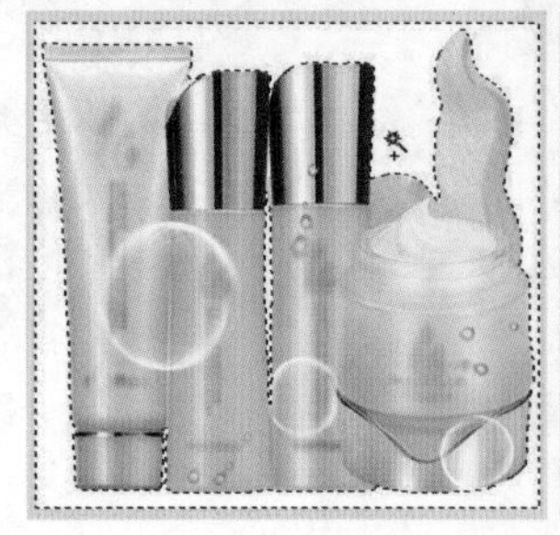

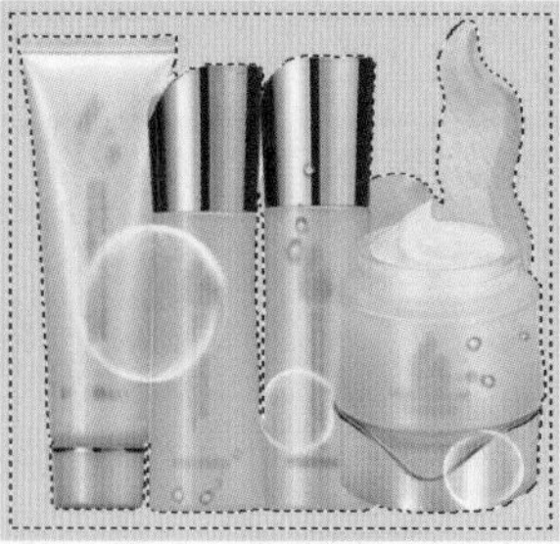

图12-40 抠图

06 打开“文字2.psd”素材图像，运用移动工具将素材图像拖曳至背景图像编辑窗口中，并调整其大小和位置，效果如图12-41所示。

07 运用横排文字工具在图像上输入相应文字，设置“字体系列”为“方正粗宋简体”、“字体大小”为10点、“颜色”为红色（RGB参数值分别为255、43、107），如图12-42所示。

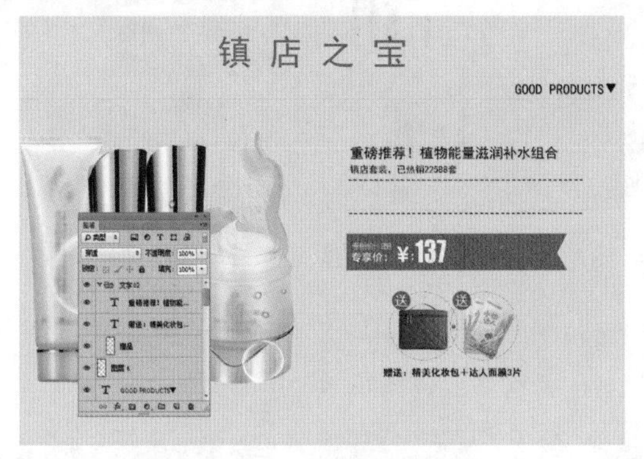

图12-41 添加文字装饰素材

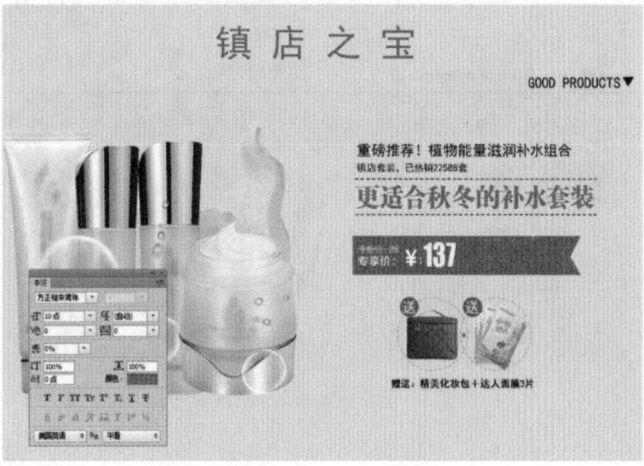

图12-42 输入相应文字

08 设置前景色为淡黄色（RGB参数值分别为255、232、126），运用圆角矩形工具绘制一个“半径”为10像素的圆角矩形形状，如图12-43所示。

09 运用横排文字工具在图像上输入相应文字，设置“字体系列”为“黑体”、“字体大小”为6点、“所选字符的字距调整”为200、“颜色”为红色（RGB参数值分别为255、43、107），如图12-44所示。

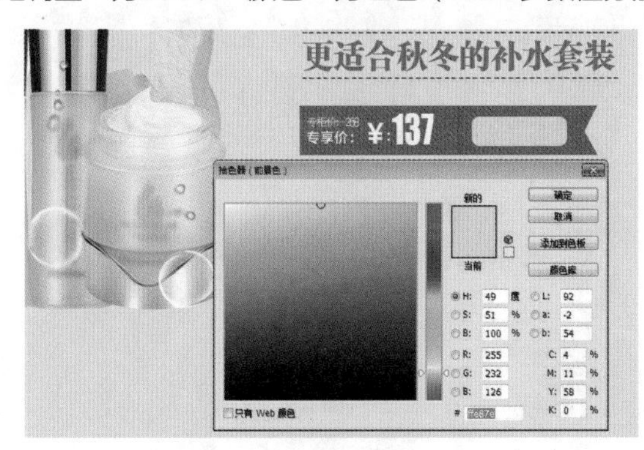

图12-43 绘制圆角矩形形状

图12-44 输入相应文字

10 打开“商品图片4.psd”素材图像，运用移动工具将素材图像拖曳至背景图像编辑窗口中的合适位置处，如图12-45所示。

11 将前面的相应图层添加到“文字02”图层组，并复制该图层组，将图像调整至合适位置处，效果如图12-46所示。

图12-45 添加商品素材

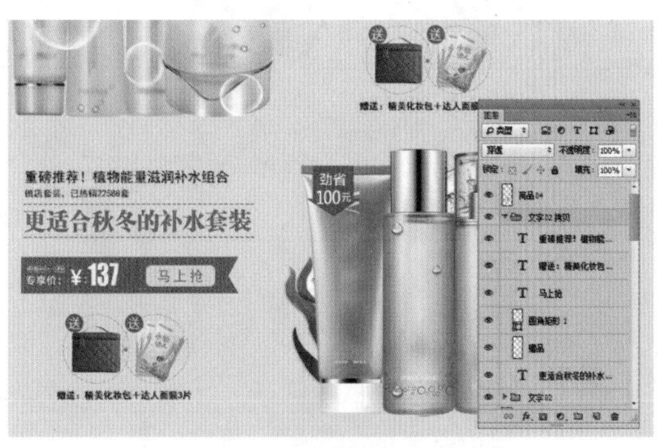

图12-46 复制并调整图像位置

12 运用横排文字工具修改相应的文字内容，如图12-47所示。

13 执行操作后，即可完成广告商品区的制作，效果如图12-48所示。

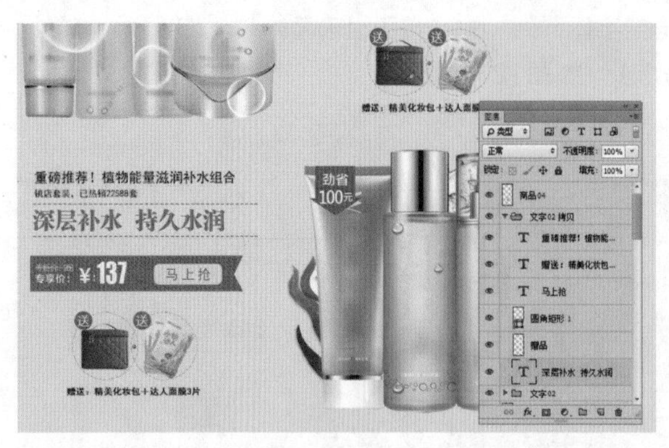

图12-47 修改文字

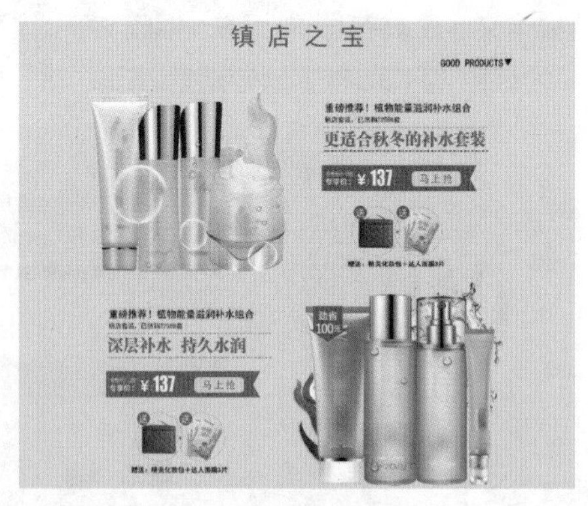

图12-48 广告商品区

12.2.5 制作热销商品区

操作步骤

01 创建“文字03”图层组，将前面制作的标题栏相关图层移动到其中，并复制该图层组，将复制后的图像移动至合适位置处，如图12-49所示。

02 运用横排文字工具修改相应的文字内容，效果如图12-50所示。

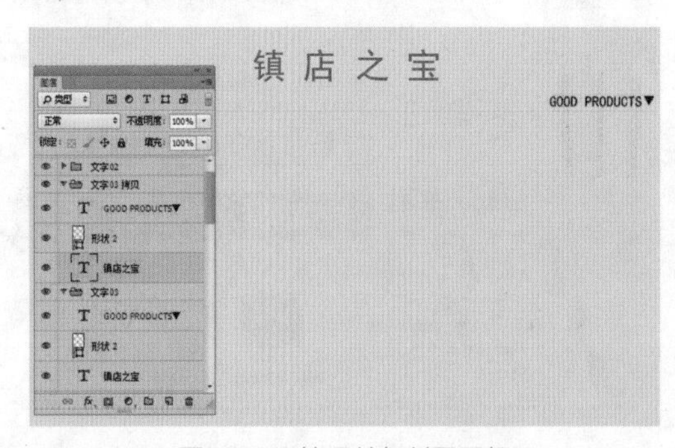

图12-49 管理并复制图层组

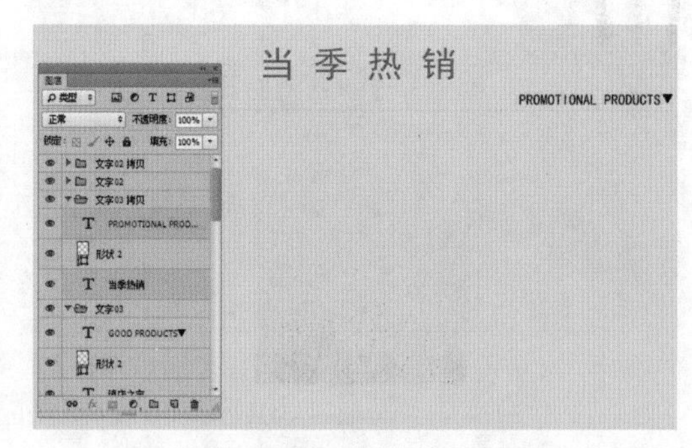

图12-50 修改文字内容

03 打开“背景.jpg”素材图像，运用移动工具将素材图像拖曳至背景图像编辑窗口中的合适位置处，如图12-51所示。

04 为背景图像图层添加默认的“投影”图层样式，效果如图12-52所示。

图12-51 添加背景素材图像

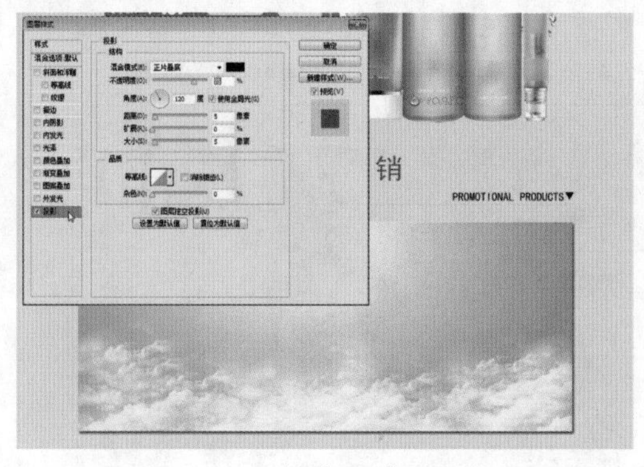

图12-52 添加“投影”图层样式

05 打开“商品图片5.psd”素材图像，运用移动工具将素材图像拖曳至背景图像编辑窗口中的合适位置处，并调整其大小，如图12-53所示。

06 单击“滤镜”|“渲染”|“镜头光晕”命令，弹出“镜头光晕”对话框，设置“镜头类型”为“50-100毫米变焦”，单击“确定”按钮应用滤镜，效果如图12-54所示。

图12-53 添加商品素材图像

图12-54 添加“镜头光晕”滤镜

07 运用横排文字工具在图像上输入相应文字，设置“字体系列”为“汉仪秀英体简”、“字体大小”为18点、“颜色”为红色（RGB参数值分别为250、17、76），如图12-55所示。

08 为文字图层添加“描边”图层样式，设置“大小”为5像素、“颜色”为白色，效果如图12-56所示。

图12-55 添加文字素材

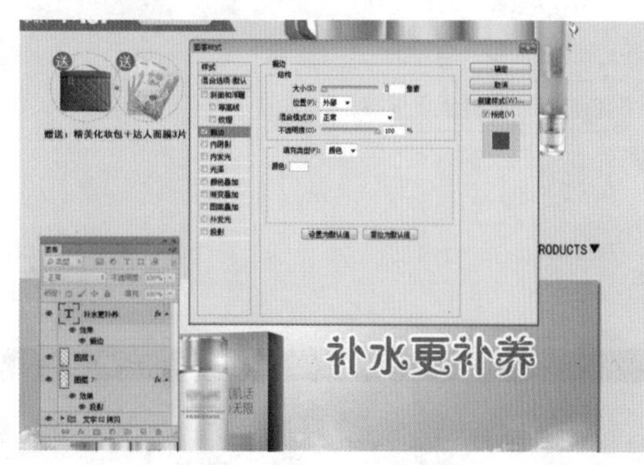

图12-56 添加“描边”图层样式

09 为文字图层添加“投影”图层样式，设置“距离”为13像素、“扩展”为20%、“大小”为8像素，效果如图12-57所示。

10 打开“文字3.psd”素材图像，运用移动工具将素材图像拖曳至背景图像编辑窗口中的合适位置处，效果如图12-58所示。

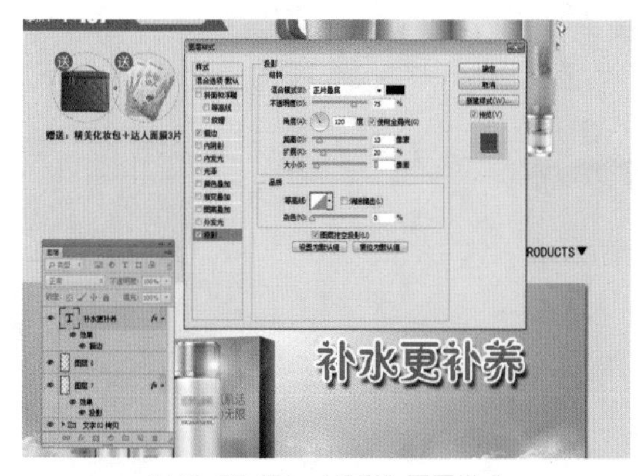

图12-57 添加“投影”图层样式

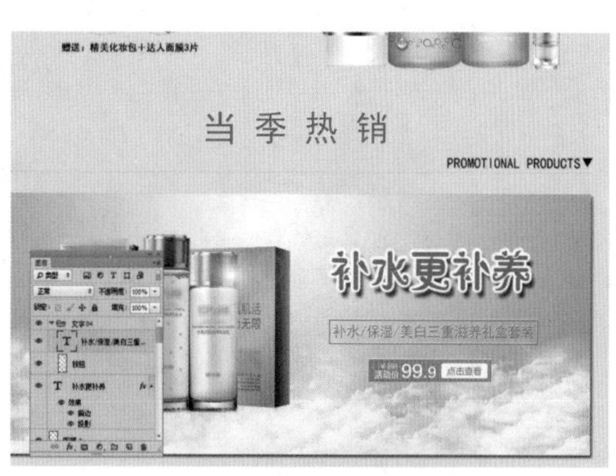

图12-58 添加文字素材

第 13 章

手机店铺装修实战

本章知识提要

手机店铺装修设计与详解

手机店铺装修实战步骤详解

13.1 手机店铺装修设计与详解

本实例是为手机数码产品设计和制作的店铺首页，页面中黑白灰3色作为画面的主色调，利用简单的矩形图形来对画面进行分割，其具体的制作和分析如下。

13.1.1 布局策划解析

本实例的布局如图13-1所示。

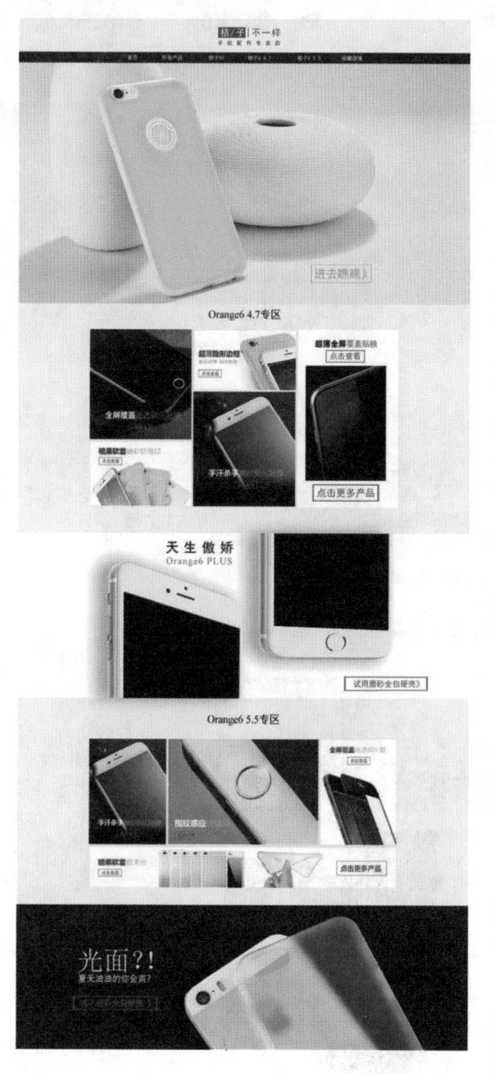

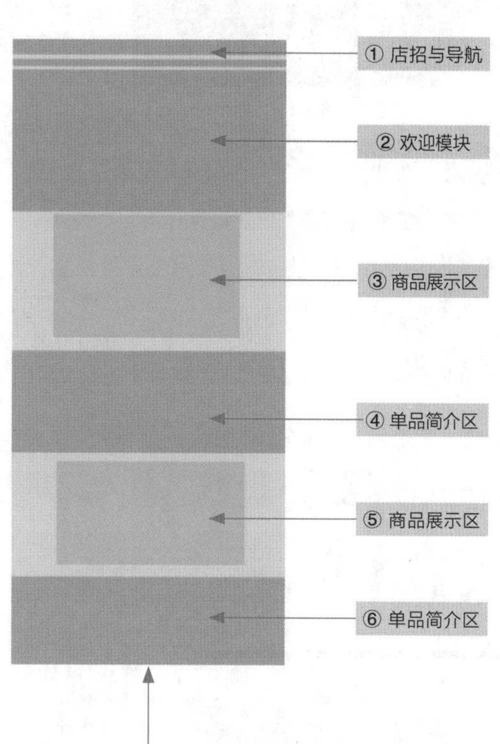

① 店招与导航：在店招中将店铺Logo、店铺特色与店铺的主要业务进行展示，直截了当地突出店铺的主题。导航区使用简单的黑色底纹加白色文字，对比明显。
② 欢迎模块：通过加框的宣传文字，并搭配上色彩分明的背景和商品图片，重点表现出店铺的销售内容和渠道。
③ 商品展示区：采用瀑布流式布局，视觉表现为参差不齐的多栏布局，随着页面滚动条向下滚动，将一切美妙精彩的商品图片呈现在顾客眼前。
④ 单品简介区：通过白色和黑色两个单品展示区，突出不同商品的特色，并搭配简单的商品特色文案，以及相关的商品链接，让顾客更容易了解商品并购买商品。

图13-1 手机店铺布局

13.1.2 主色调：黑白灰多层次搭配

本例在色彩设计的过程中，使用了黑白灰3种色彩对画面进行分割，色相从暖色逐渐过渡到冷色，给人一种自然的渐变效果，带来一种视觉上的色彩变换感，也营造出一种韵律。在文字及商品的配色中，参考了页面背景的色彩，使用了冷色调和明度较暗的色彩进行搭配，给人理智、专业的感觉，有助于提升商品的档次，表现出商品的品质。

1. 页面背景及商品配色：黑白灰多层次搭配

R33、G33、B33 C83、M78、Y77、K60	R119、G119、B119 C62、M52、Y50、K1	R191、G191、B191 C25、M19、Y18、K0	R247、G247、B247 C4、M3、Y3、K0	R255、G255、B255 C0、M0、Y0、K0

2. 文字及欢迎模块配色：黄绿红

R206、G182、B108 C26、M29、Y64、K0	R207、G29、B29 C24、M98、Y99、K0	R160、G218、B220 C42、M2、Y18、K0	R254、G243、B189 C3、M6、Y33、K0	R249、G228、B15 C10、M10、Y87、K0

13.1.3 案例配色扩展

1. 辅助配色：绿色系（如图13-2所示）

R28、G206、B84 C69、M0、Y84、K0	R31、G203、B253 C66、M0、Y4、K0	R141、G224、B236 C46、M0、Y14、K0	R203、G250、B255 C23、M0、Y6、K0	R220、G163、B198 C17、M45、Y5、K0

2. 辅助配色：紫色系（如图13-3所示）

R28、G90、B206 C87、M65、Y0、K0	R146、G10、B253 C72、M80、Y0、K0	R166、G120、B229 C49、M57、Y0、K0	R219、G187、B255 C22、M31、Y0、K0	R218、G199、B158 C19、M23、Y41、K0

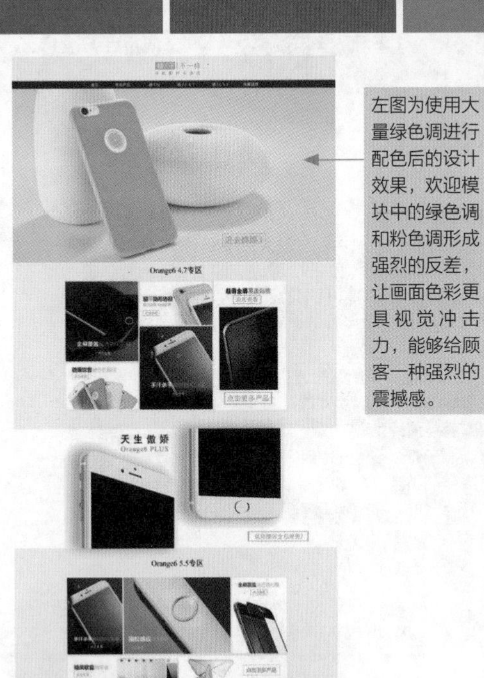

左图为使用大量绿色调进行配色后的设计效果，欢迎模块中的绿色调和粉色调形成强烈的反差，让画面色彩更具视觉冲击力，能够给顾客一种强烈的震撼感。

图13-2 绿色系

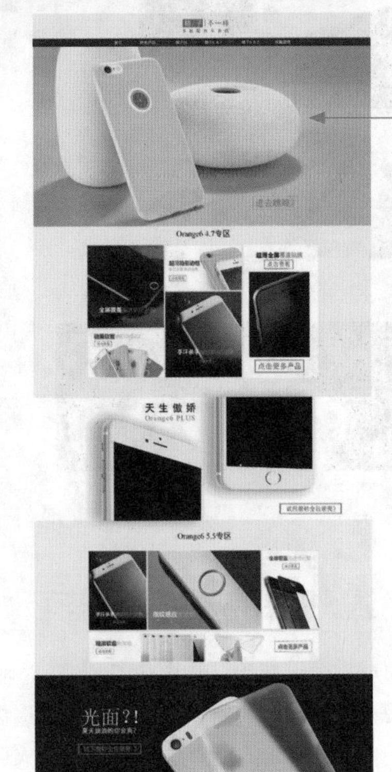

左图为使用大量紫色调进行配色后的设计效果，因为紫色具有高贵典雅的气质，淡紫色能够给人一种雅致的特点，同时在画面中使用适量的淡黄色，让商品和重要信息更加醒目、清晰。

图13-3 紫色系

13.1.4 案例设计流程

本案例的设计流程如图13-4所示。

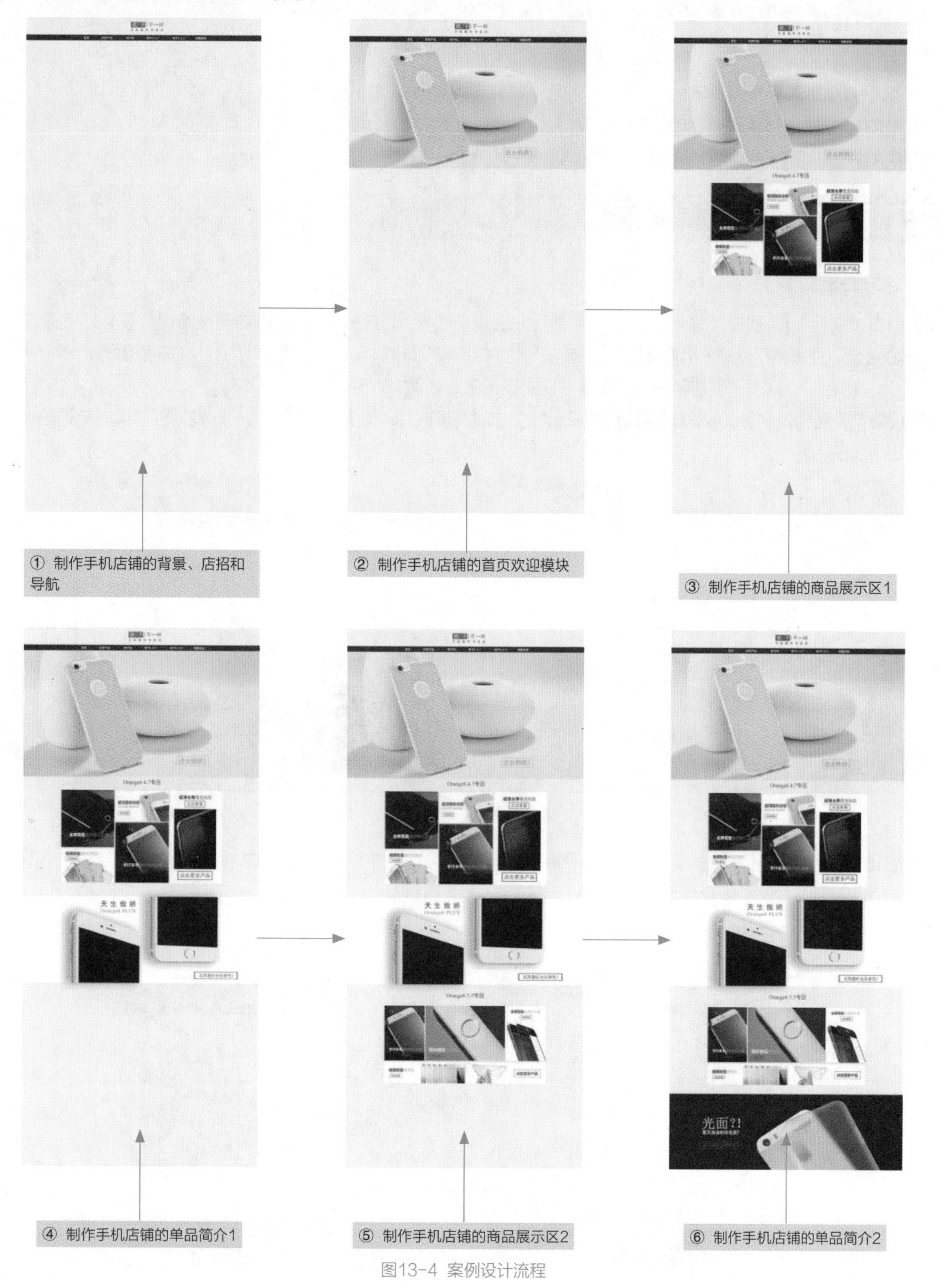

图13-4 案例设计流程

13.2 手机店铺装修实战步骤详解

本节介绍手机店铺装修的实战操作过程，主要可以分为制作店铺背景和店招、首页欢迎模块、商品展示区、单品简介区等几部分。

- **素材文件** | 素材\第13章\导航条.psd、商品图片1.jpg ~ 商品图片8.psd、商品展示.jpg、文字1.psd、文字2.psd
- **效果文件** | 效果\第13章\手机店铺装修设计.psd
- **视频文件** | 视频\第13章\13.2 手机店铺装修实战步骤详解.mp4

13.2.1 制作店铺背景和店招

操作步骤

01 单击“文件”|“新建”命令，弹出“新建”对话框，设置“名称”为“手机店铺装修设计”、“宽度”为1440像素、“高度”为3200像素、“分辨率”为300像素/英寸、“颜色模式”为“RGB颜色”、“背景内容”为“白色”，单击“确定”按钮，新建一幅空白图像，如图13-5所示。

02 设置前景色为浅灰色（RGB参数值均为247），按【Alt+Delete】组合键，为“背景”图层填充前景色，如图13-6所示。

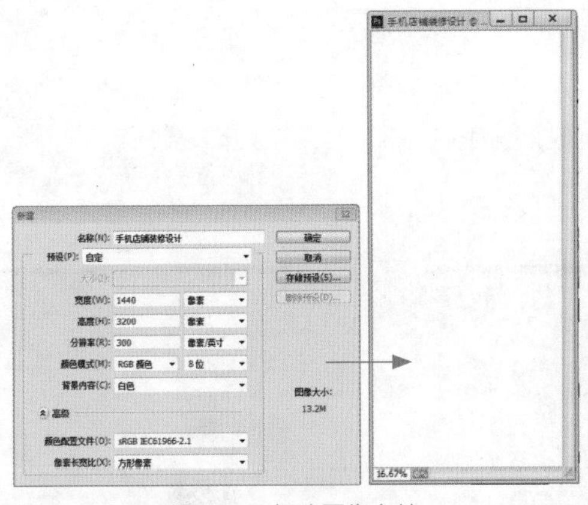

图13-5 新建图像文件

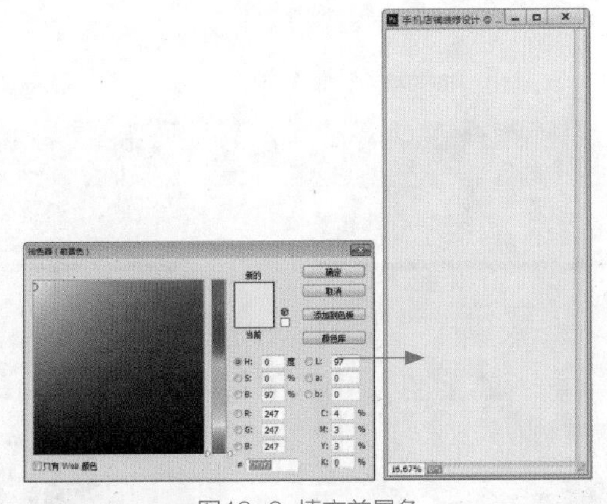

图13-6 填充前景色

03 运行矩形工具在图像上方绘制一个矩形路径，在“属性”面板中设置W为87像素、H为33像素、X为634像素、Y为18像素，如图13-7所示。

04 在“路径”面板中单击“将路径作为选区载入”按钮，将路径转换为选区，如图13-8所示。

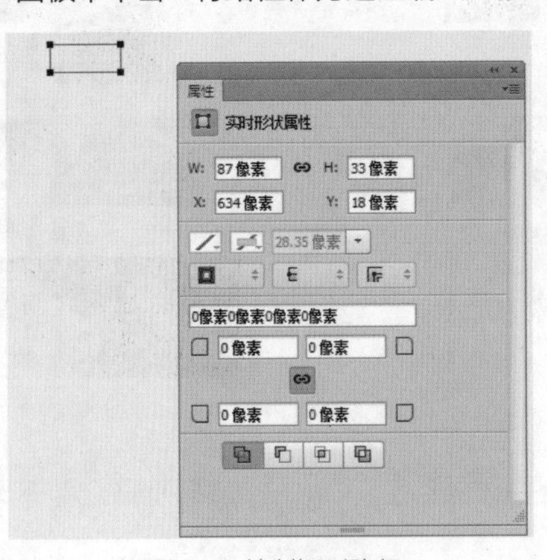

图13-7 绘制矩形路径

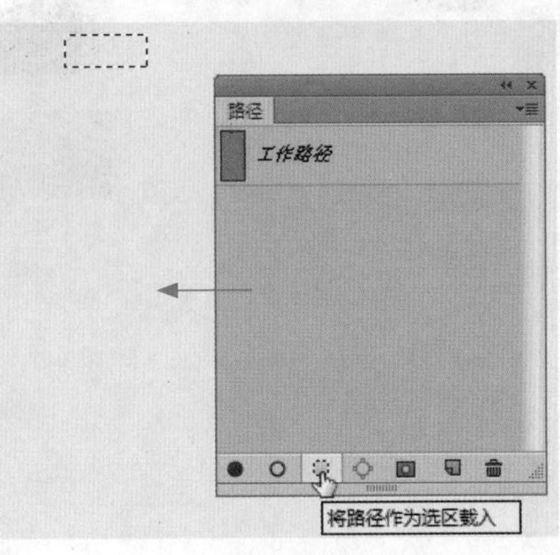

图13-8 将路径转换为选区

05 新建“图层1”图层，设置前景色为红色（RGB参数值分别为206、28、28），按【Alt+Delete】组合键，为“图层1”图层填充前景色，并取消选区，如图13-9所示。

06 在图像上输入相应的文字，设置“字体系列”为黑体、“字体大小”为7点、“所选字符的字距调整”为100，并为文字设置不同的颜色，如图13-10所示。

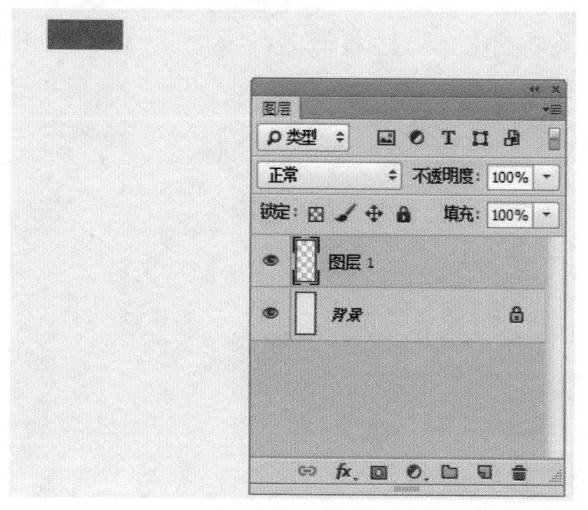

图13-9 填充选区

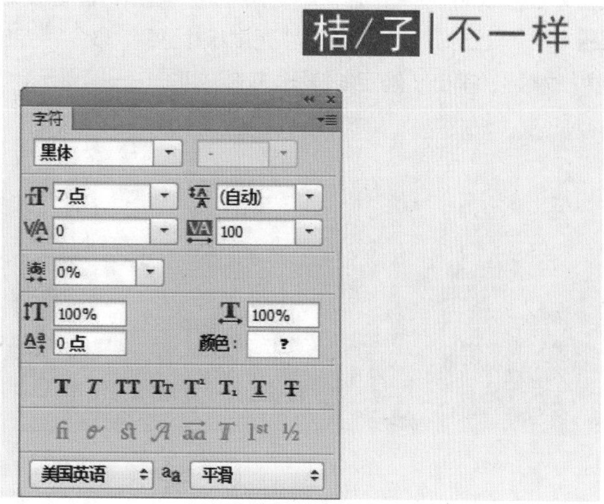

图13-10 输入并设置文字

07 在图像上输入相应的文字，设置“字体系列”为黑体、“字体大小”为4点、“所选字符的字距调整”为800、“颜色”为红色（RGB参数值分别为206、28、28），如图13-11所示。

08 打开“导航条.psd”素材图像，运用移动工具将其拖曳至背景图像编辑窗口中的合适位置处，如图13-12所示。

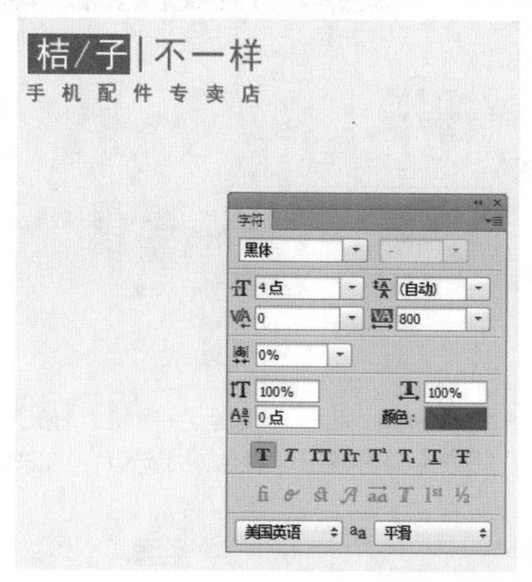

图13-11 输入其他文字

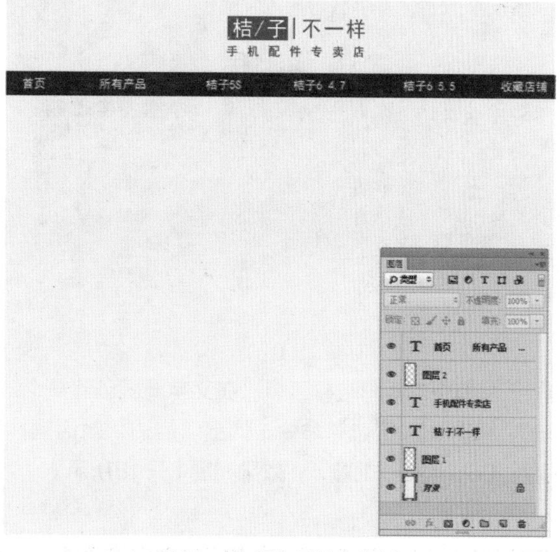

图13-12 添加导航条素材

提示

Adobe 提供了描述 Photoshop 软件功能的帮助文件，单击“帮助”|“Photoshop 联机帮助”命令或者单击“帮助”|“Photoshop 支持中心”命令，就可链接到 Adobe 网站的版主社区查看帮助文件。

Photoshop 帮助文件中还提供了大量的视频教程的链接地址，单击相应链接地址，就可以在线观看由 Adobe 专家录制的各种详细 Photoshop CC 的功能演示视频，以便用户可以自行学习。在 Photoshop CC 的帮助资源中还具体介绍了 Photoshop 常见的问题与解决方法，用户可以根据不同的情况来进行查看。

13.2.2 制作首页欢迎模块

操作步骤

01 单击“文件”|“打开”命令，打开一幅素材图像，如图13-13所示。

02 单击“图像”|“调整”|“亮度/对比度”命令，弹出“亮度/对比度”对话框，设置“亮度”为15、“对比度”为28，单击“确定”按钮，效果如图13-14所示。

图13-13 打开素材图像

图13-14 调整亮度/对比度

03 运用移动工具将素材图像拖曳至背景图像编辑窗口中的合适位置处，效果如图13-15所示。

04 运用横排文字工具在图像上输入相应的文字，设置“字体系列”为黑体、“字体大小”为9点、“颜色”为深黄色（RGB参数值分别为191、171、108），如图13-16所示。

图13-15 移动素材图像

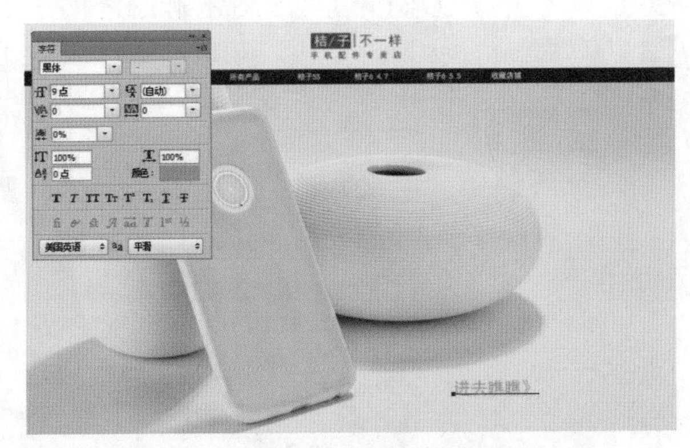

图13-16 输入相应文字

05 选取工具箱中的矩形选框工具，在文字周围创建一个矩形选区，并新建“图层4”图层，如图13-17所示。

06 单击“编辑”|“描边”命令，弹出“描边”对话框，设置“宽度”为2像素、“颜色”为淡黄色（RGB参数值分别为206、182、108），效果如图13-18所示。

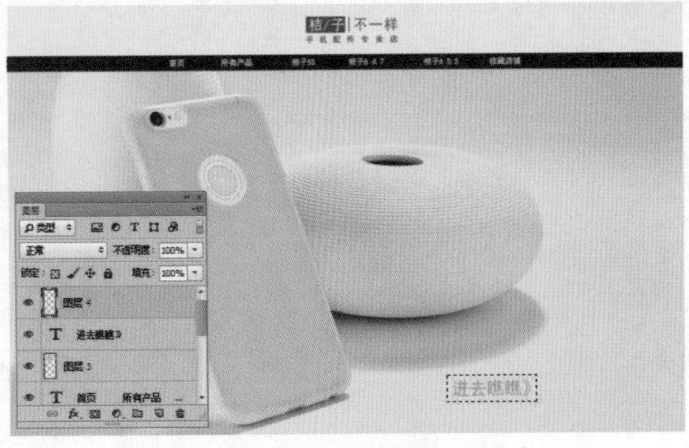

图13-17 创建选区与图层

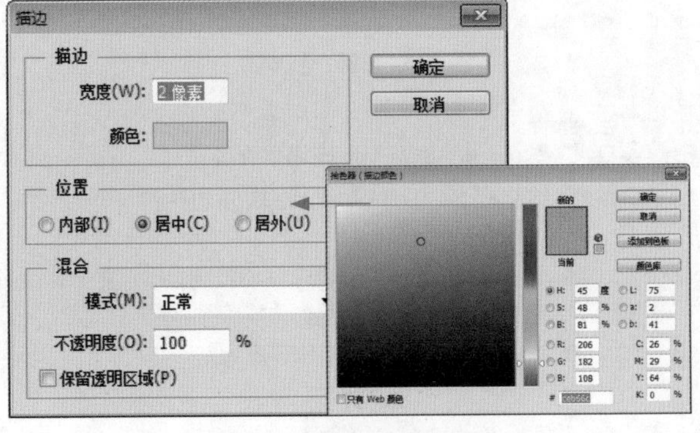

图13-18 设置描边选项

提示

在 Photoshop CC 中，如果菜单中的命令呈现灰色，则表示该命令在当前编辑状态下不可用；如果菜单命令右侧有一个三角形符号，则表示此菜单包含有子菜单，将鼠标指针移动到该菜单上，即可打开其子菜单；如果菜单命令右侧有省略号“…”，则执行此菜单命令时将会弹出与之有关的对话框。

07 单击“确定”按钮，即可添加描边效果，并取消选区，效果如图13-19所示。

08 为“图层4”图层添加默认的“外发光”图层样式，效果如图13-20所示。

图13-19 添加描边效果

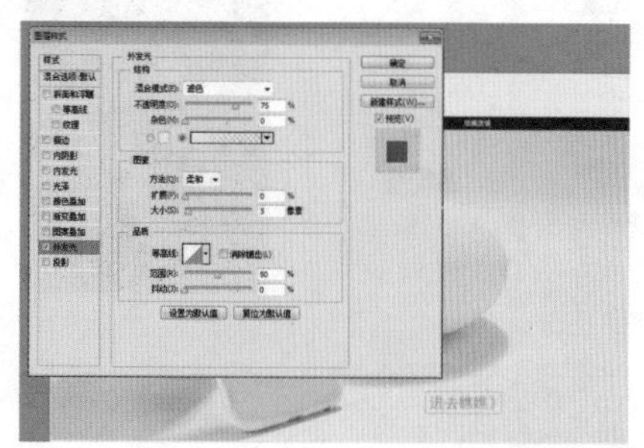

图13-20 添加“外发光”图层样式

13.2.3 制作商品展示区

操作步骤

01 运用横排文字工具输入相应文字，并设置相应的字体和字号，效果如图13-21所示。

02 新建“图层5”图层，创建一个矩形选区，如图13-22所示。

图13-21 输入相应文字

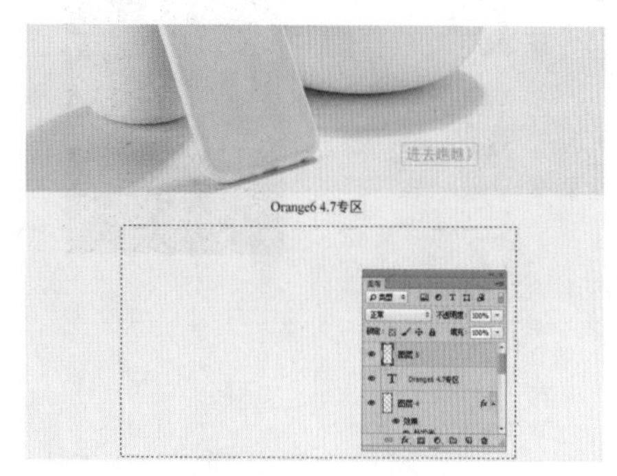

图13-22 创建矩形选区

03 为选区填充白色并取消选区，如图13-23所示。

04 打开“商品图片6.jpg”素材图像，运用移动工具将素材图像拖曳至背景图像编辑窗口中的合适位置处，效果如图13-24所示。

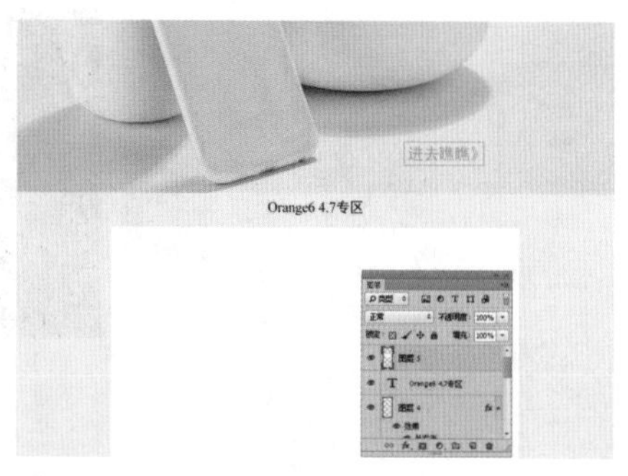

图13-23 取消选区

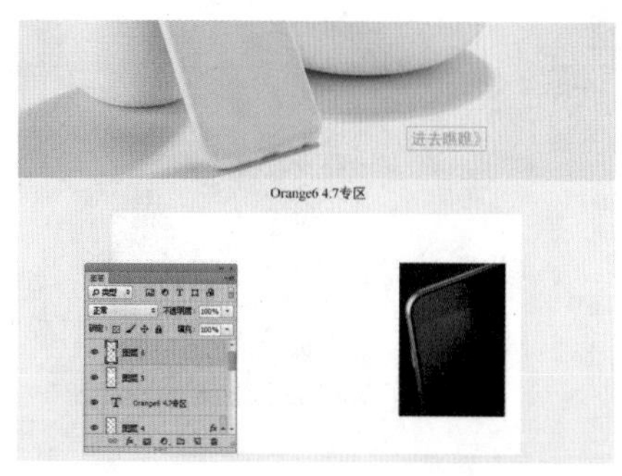

图13-24 添加商品素材

05 运用横排文字工具在图像上输入相应的文字，设置“字体系列”为“方正大黑简体”、“字体大小”为6点、“颜色”为黑色，如图13-25所示。

06 选择相应的文字，设置“字体系列”为“黑体”、“颜色”为深灰色（RGB参数值分别为100、97、97），效果如图13-26所示。

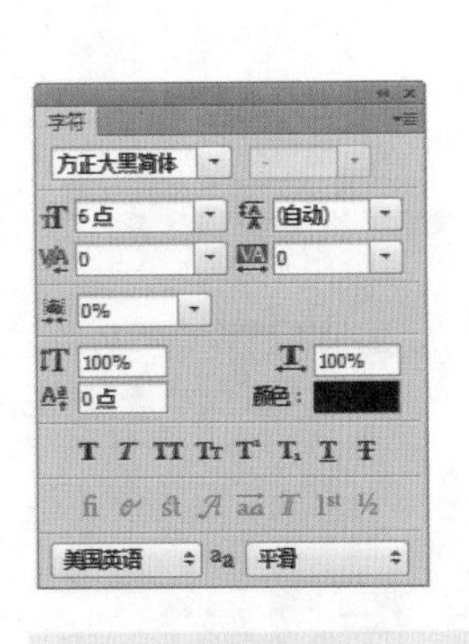
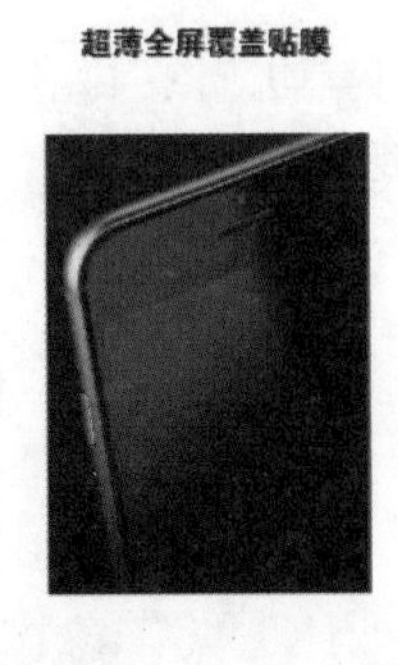

图13-25 输入文字

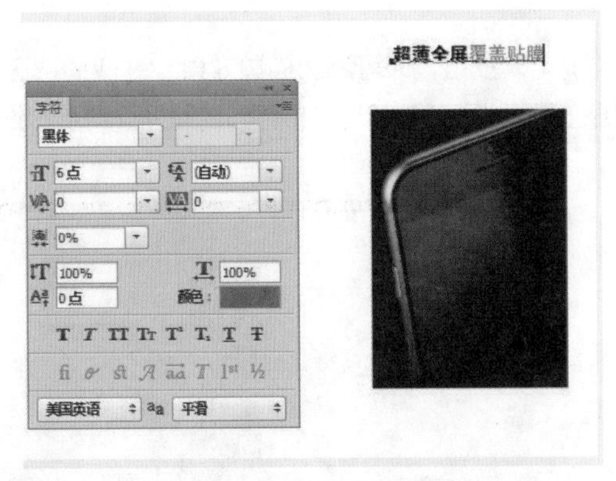

图13-26 设置字符属性

07 运用横排文字工具在图像上输入相应的文字，设置“字体系列”为“黑体”、“字体大小”为6点、“颜色”为红色（RGB参数值分别为207、29、29），如图13-27所示。

08 选取工具箱中的矩形选框工具，在文字周围创建一个矩形选区，并新建“图层7”图层，如图13-28所示。

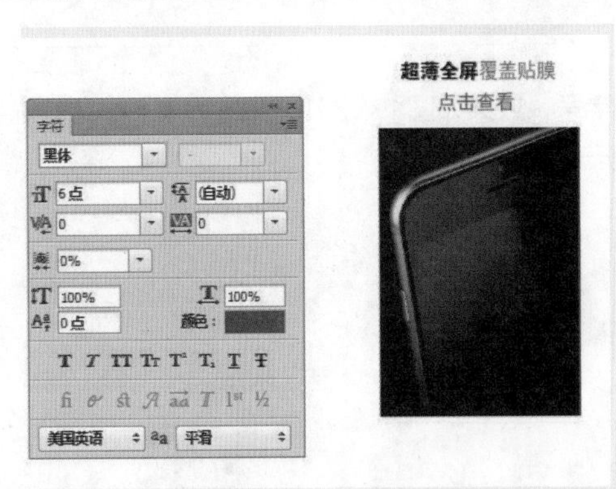

图13-27 输入文字

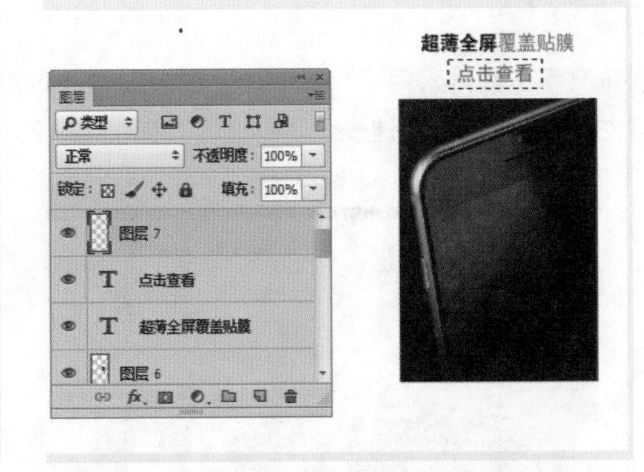

图13-28 创建选区与图层

09 单击“编辑”|“描边”命令，弹出“描边”对话框，设置“宽度”为2像素、“颜色”为红色（RGB参数值分别为207、29、29），效果如图13-29所示。

10 单击“确定”按钮，即可添加描边效果，并取消选区，效果如图13-30所示。

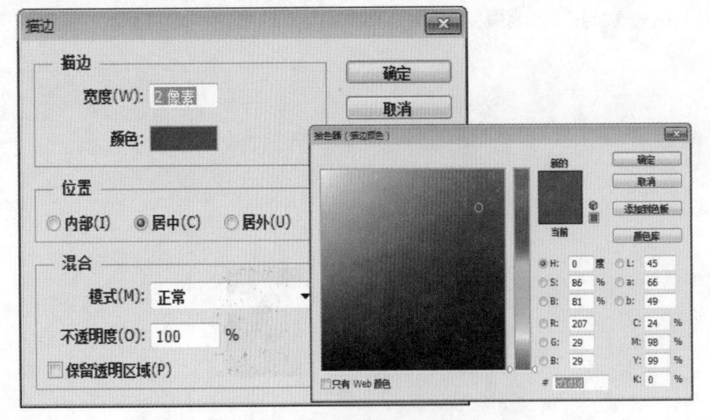

图13-29 设置描边属性

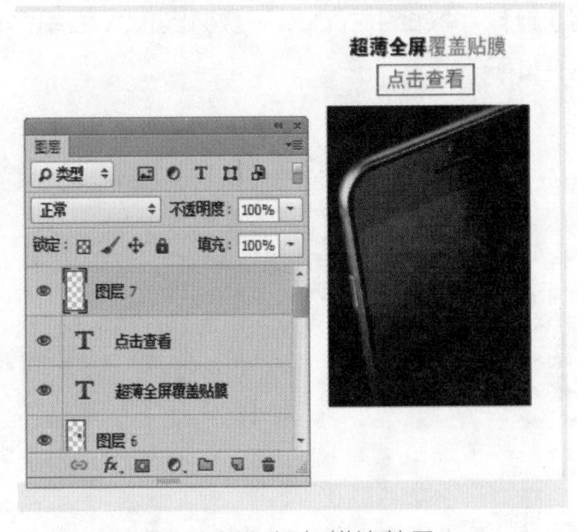

图13-30 添加描边效果

11 复制相应的图层，调整其位置和大小，效果如图13-31所示。

12 运用横排文字工具修改相应的文字内容，效果如图13-32所示。

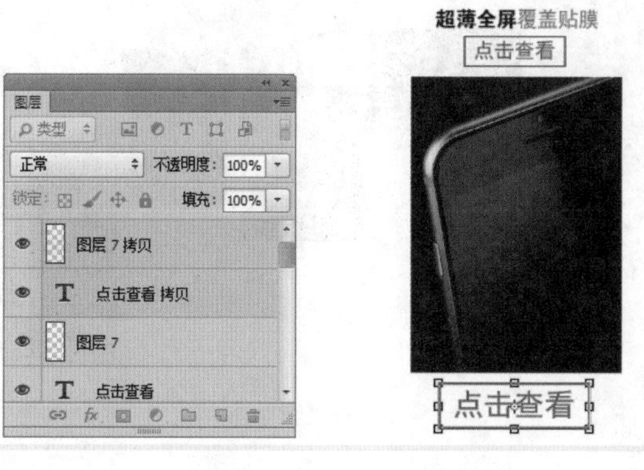

图13-31 复制图像

图13-32 修改文字内容

13 打开“商品图片2.jpg”素材图像，运用移动工具将素材图像拖曳至背景图像编辑窗口中的合适位置处，效果如图13-33所示。

14 使用同样的方法，添加其他的商品素材图像，效果如图13-34所示。

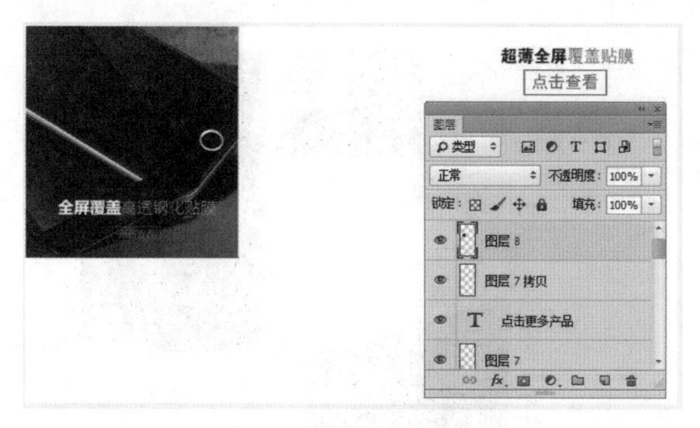

图13-33 添加商品图片

图13-34 添加其他的商品素材图像

13.2.4 制作单品简介区

操作步骤

01 新建“图层12”图层，创建一个矩形选区，如图13-35所示。

02 为选区填充白色并取消选区，如图13-36所示。

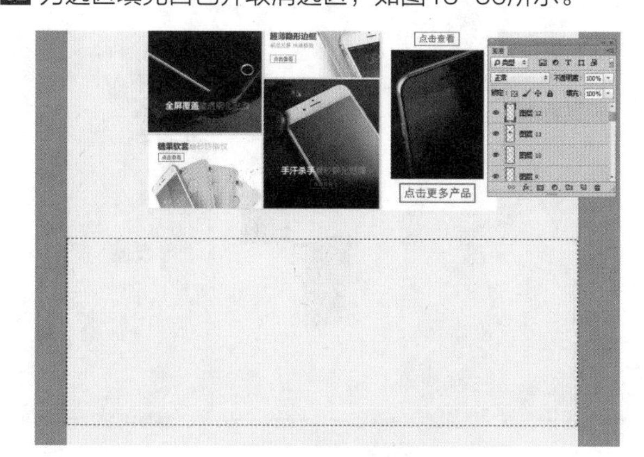

图13-35 创建矩形选区与图层

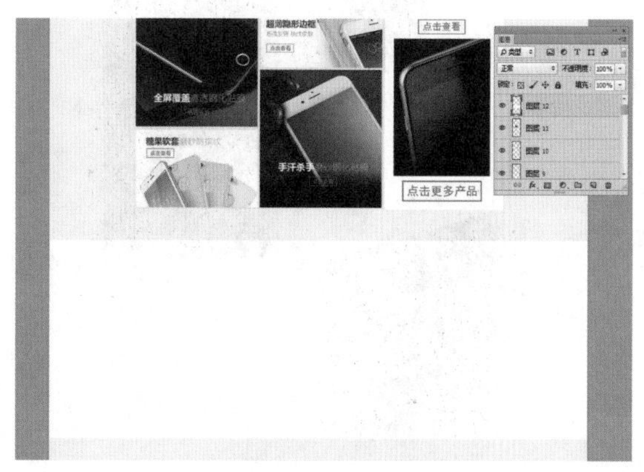

图13-36 填充白色

03 打开“商品图片7.jpg”素材图像，运用移动工具将素材图像拖曳至背景图像编辑窗口中的合适位置处，运用魔棒工具在白色背景上创建选区，如图13-37所示。

04 按【Delete】键删除选区内的图像，取消选区，将商品图片调整至合适位置处，如图13-38所示。

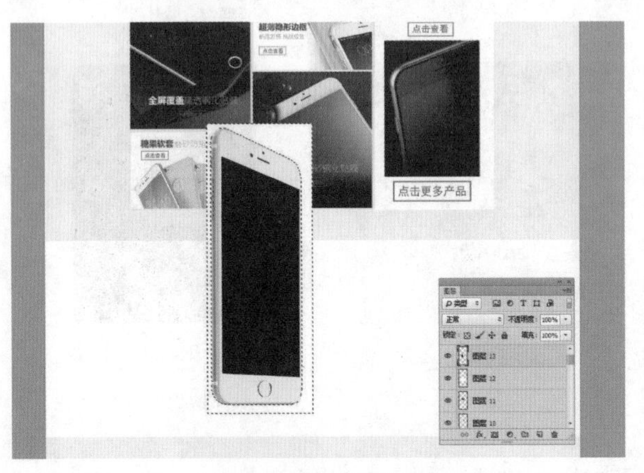

图13-37 创建选区

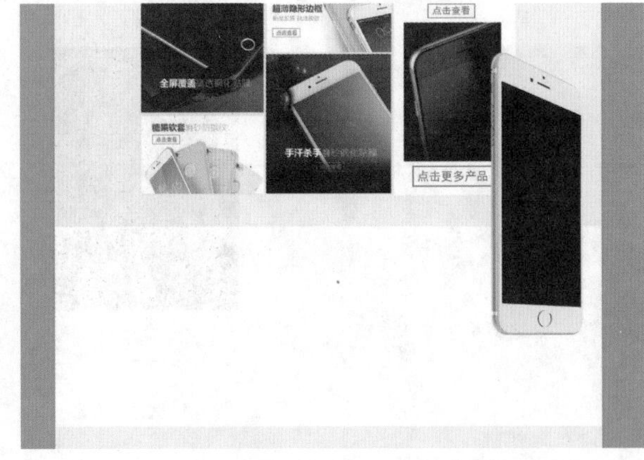

图13-38 抠图并调整图像位置

05 适当调整图像的大小，如图13-39所示。

06 复制图像，适当调整其位置和图层顺序，效果如图13-40所示。

图13-39 调整图像的大小

图13-40 复制图像

07 按住【Ctrl】键的同时单击“图层12”图层的缩览图，将其载入选区，如图13-41所示。

08 合并“图层13”图层和“图层13拷贝”图层，并反选选区，如图13-42所示。

图13-41 载入选区

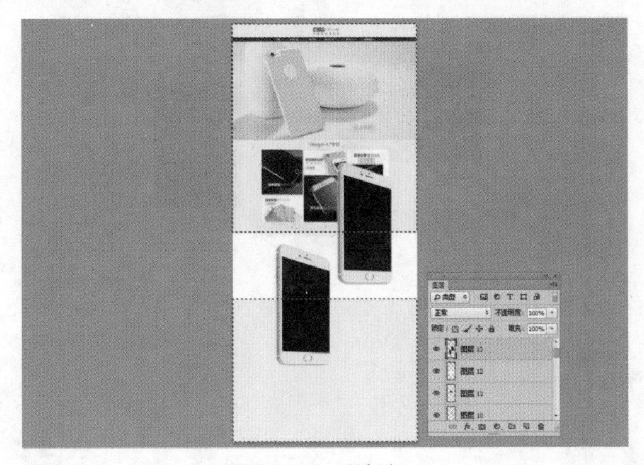

图13-42 反选选区

提示

工具属性栏一般位于菜单栏的下方，主要用于对所选择工具的属性进行设置，它提供了控制工具属性的选项，其显示的内容会根据所选工具的不同而发生变化。在工具箱中选择相应的工具后，工具属性栏将随之显示该工具可使用的功能，例如选择工具箱中的矩形选框工具，属性栏中就会出现与矩形选框相关的参数设置。

09 按【Delete】键删除选区中的图像，并取消选区，如图13-43所示。

10 为合并后的图层添加“投影”图层样式，并在“图层样式”对话框中设置“不透明度”为30%、“角度”为0度、“距离”为30像素、“扩展”为5%、“大小”为50像素，效果如图13-44所示。

图13-43 删除相应图像

图13-44 添加“投影”图层样式

11 单击“图像”|“调整”|“黑白”命令，弹出“黑白”对话框，保持默认设置，单击“确定”按钮，效果如图13-45所示。

12 打开“文字1.psd”素材图像，运用移动工具将素材图像拖曳至背景图像编辑窗口中的合适位置处，如图13-46所示。

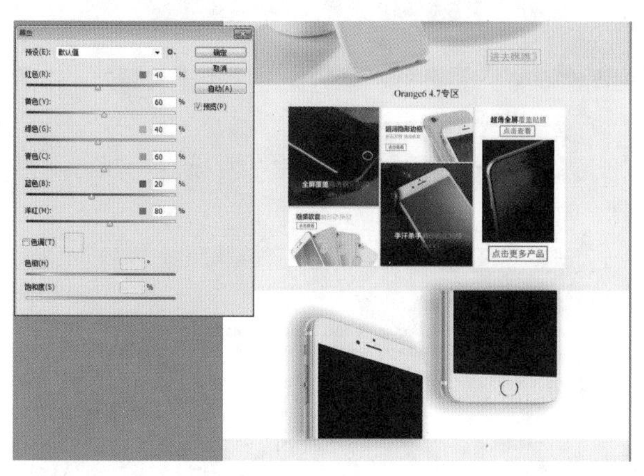

图13-45 转换为黑白效果

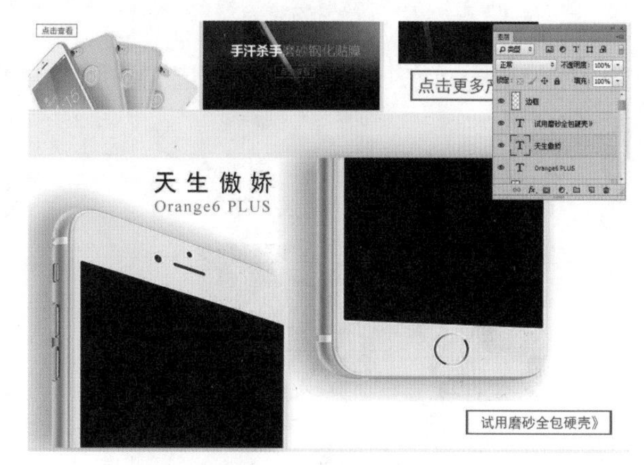

图13-46 添加文字素材

13.2.5 制作其他商品区

操作步骤

01 复制相应的文字图层，并调整其位置和内容，如图13-47所示。

02 打开“商品展示.jpg”素材图像，运用移动工具将素材图像拖曳至背景图像编辑窗口中的合适位置处，效果如图13-48所示。

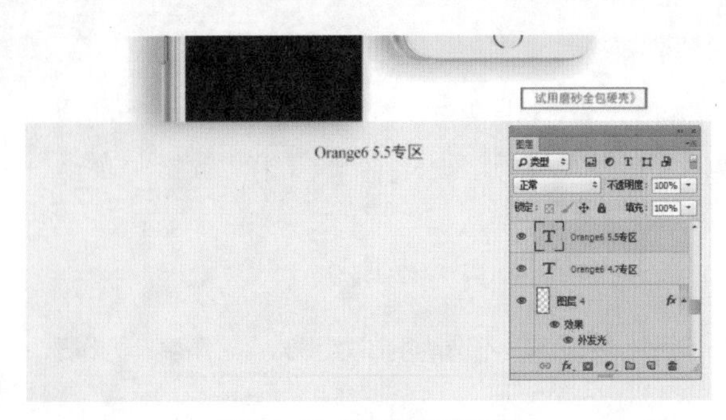

图13-47 复制并修改文字

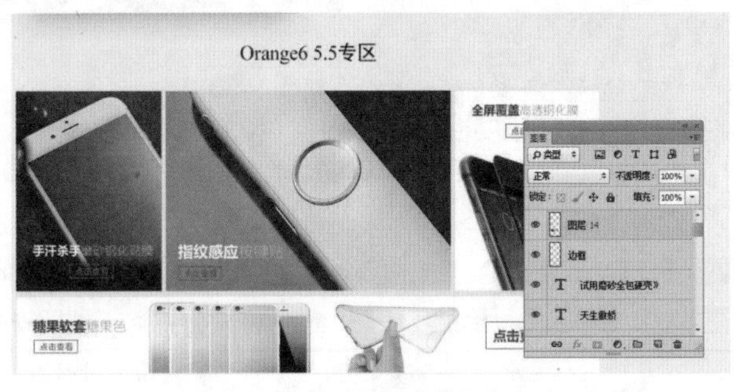

图13-48 添加素材图像

03 新建"图层15"图层，创建矩形选区，并填充黑色，如图13-49所示。

04 取消选区，单击"滤镜"|"杂色"|"添加杂色"命令，弹出"添加杂色"对话框，设置"数量"为15%、"分布"为"高斯模糊"，选中"单色"复选框，单击"确定"按钮，效果如图13-50所示。

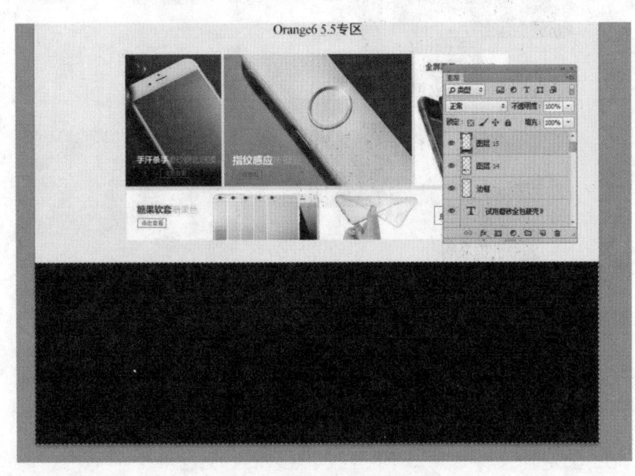

图13-49 填充黑色

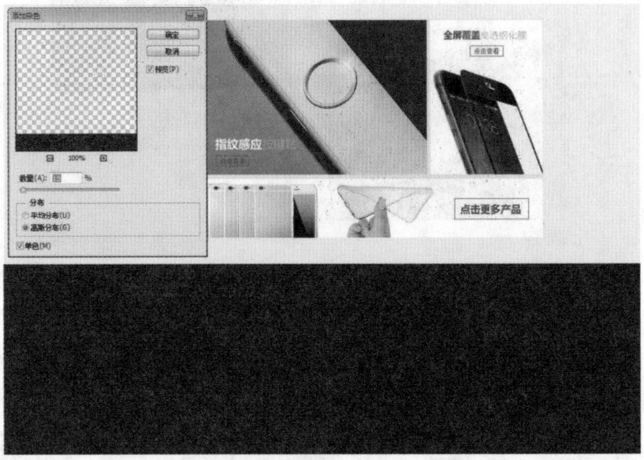

图13-50 添加杂色效果

05 打开"商品图片8.psd"素材图像，运用移动工具将素材图像拖曳至背景图像编辑窗口中的合适位置处，如图13-51所示。

06 双击"图层16"图层，弹出"图层样式"对话框，选中"投影"复选框，设置"不透明度"为75%、"角度"为0度、"距离"为30像素、"扩展"为5%、"大小"为50像素，如图13-52所示。

图13-51 添加商品素材

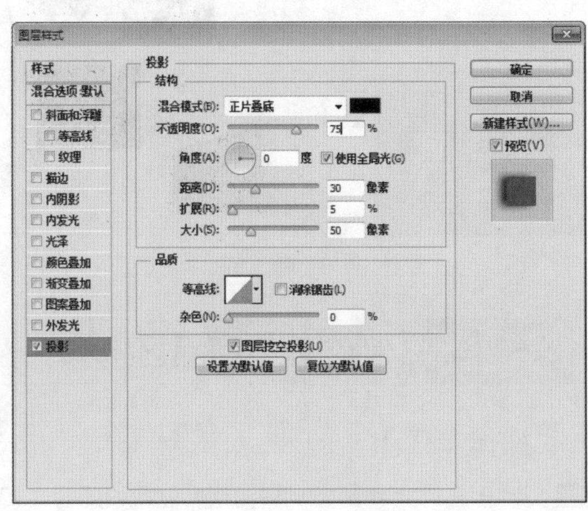

图13-52 设置选项

07 单击“确定”按钮，即可添加“投影”图层样式，效果如图13-53所示。

08 打开“文字2.psd”素材图像，运用移动工具将素材图像拖曳至背景图像编辑窗口中的合适位置处，效果如图13-54所示。

图13-53 添加“投影”图层样式

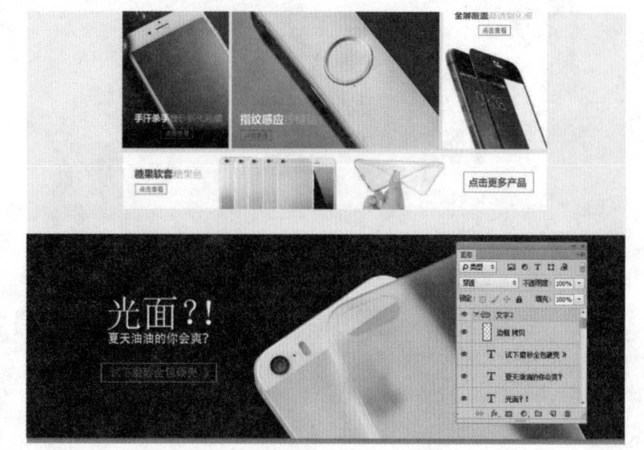

图13-54 添加文字素材

第14章

家居店铺装修实战

本章知识提要

家居店铺装修设计与详解

家居店铺装修实战步骤详解

14.1 家居店铺装修设计与详解

本实例是为家居产品设计和制作的店铺首页，设计中通过使用倾斜的对象来营造出动态的感觉，其具体的制作和分析如下。

14.1.1 布局策划解析

本实例的布局如图14-1所示。

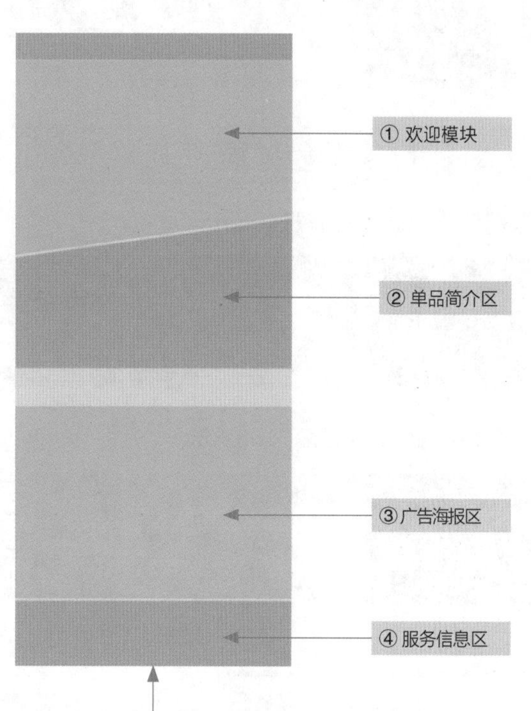

① 欢迎模块：欢迎模块中使用商品图片、场景图片与标题文字组合的方式进行表现，其中商品图片和标题文字各占据画面的1/2，形成自然的对称效果，平衡了画面的信息表现力。

② 单品简介区：单个商品区域使用菱形对画面进行分割和布局，并错落有致地放置了商品图片和介绍文字，给人一种节奏感和韵律感。

③ 广告海报区：广告商品区域使用商品图片与文字结合的方式进行表现，并使用径向渐变来突出表现出文字和商品，能够完整地表现出商品的特点和形象。

④ 服务信息区：信息区域使用3个大小相同的正圆形等距排列的方式来进行表现，有助于信息的分类，对顾客的阅读体验也有所提升。

图14-1 家居店铺布局

14.1.2 主色调：棕色暖色调

本例在色彩设计的过程中，使用了大量的棕色，包括店铺背景、修饰的形状和文字等，均使用了棕色进行配色，高明度的暖色让整个画面显得通透而明亮，能够给人一种阳光、轻松的感觉，有助于提升家居生活用品的用途，符合商品特点和功能的形象。从整体画面的色调倾向来讲，本案例的色调偏暖，第一印象能够传递出温暖、舒适的感觉。

1. 页面背景配色：暖色调

R49、G49、B49	R170、G153、B137	R211、G195、B169	R234、G230、B210	R235、G235、B229
C79、M74、Y72、K47	C40、M40、Y44、K0	C22、M24、Y34、K0	C9、M10、Y20、K0	C10、M7、Y11、K0

2. 商品图像配色：补色

R115、G215、B39	R133、G193、B243	R84、G234、B248	R255、G119、B0	R197、G11、B26
C57、M0、Y93、K0	C50、M15、Y0、K0	C54、M0、Y15、K0	C0、M66、Y92、K0	C37、M100、Y100、K3

14.1.3 案例配色扩展

1. 辅助配色：紫色系（如图14-2所示）

R11、G18、B179	R182、G0、B255	R155、G137、B170	R228、G210、B236	R238、G234、B239
C100、M91、Y1、K0	C62、M80、Y0、K0	C47、M49、Y20、K0	C13、M21、Y0、K0	C8、M9、Y4、K0

2. 辅助配色：红色系（如图14-3所示）

R185、G20、B36	R221、G85、B105	R255、G116、B73	R255、G180、B182	R255、G233、B226
C35、M100、Y99、K2	C16、M80、Y45、K0	C0、M68、Y68、K0	C0、M41、Y19、K0	C0、M13、Y10、K0

左图为使用淡紫色作为画面背景颜色的设计效果，让画面更显华丽，有助于提升商品的档次。

图14-2 紫色系

左图为使用橡皮红作为背景颜色的设计效果，由于橡皮红的色彩中带有少量的灰色，因此画面色彩给人非常柔和的感觉，并不会因为大面积的红色而显得刺眼，此外，欢迎模块的颜色也与橡皮红的颜色类似，更显示出和谐和统一。

图14-3 红色系

14.1.4 案例设计流程

本案例的设计流程如图14-4所示。

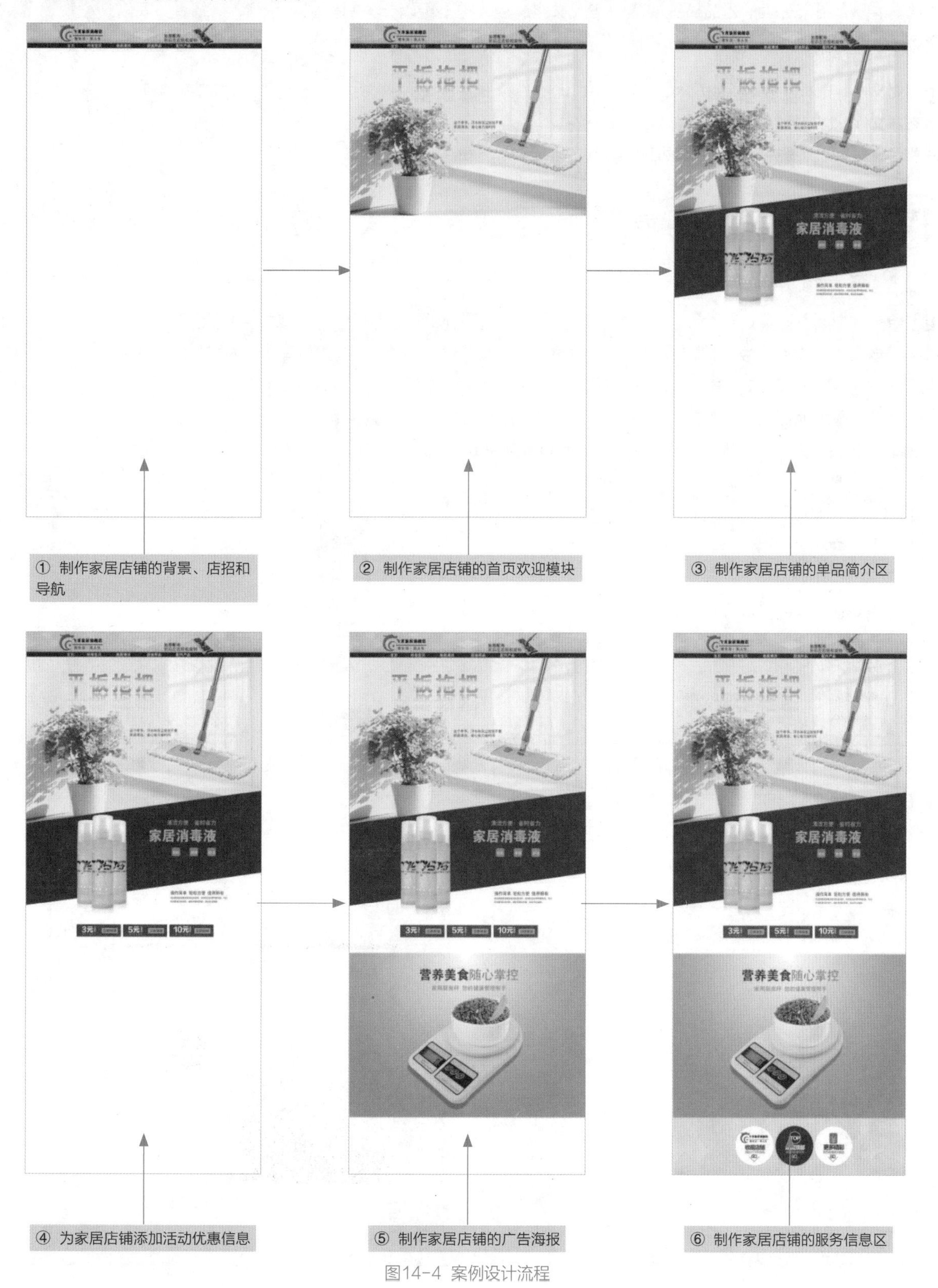

图14-4 案例设计流程

14.2 家居店铺装修实战步骤详解

本节介绍家居生活用品店铺装修的实战操作过程，主要可以分为制作店铺导航和店招、首页欢迎模块、单品简介区、广告海报、服务信息区等几部分。

- **素材文件** | 素材\第14章\Lgog.psd、商品图片1.jpg ~ 商品图片5.jpg、底纹.jpg、文字1.psd、文字2.psd等
- **效果文件** | 效果\第14章\家居店铺装修设计.psd
- **视频文件** | 视频\第14章\14.2 家居店铺装修实战步骤详解.mp4

14.2.1 制作店铺导航和店招

操作步骤

01 单击“文件”|“新建”命令，弹出“新建”对话框，设置“名称”为“家居店铺装修设计”、“宽度”为1440像素、“高度”为3200像素、“分辨率”为300像素/英寸、“颜色模式”为“RGB颜色”、“背景内容”为“白色”，单击“确定”按钮，新建一幅空白图像，如图14-5所示。

02 打开“底纹.jpg”素材图像，运用移动工具将其拖曳至背景图像编辑窗口中的合适位置处，如图14-6所示。

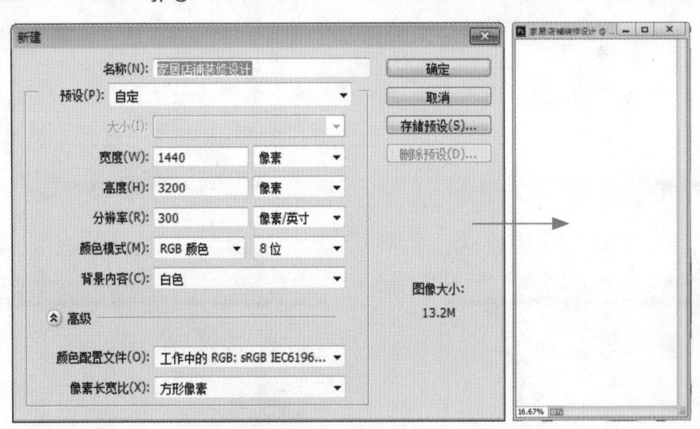

图14-5 新建图像文件

图14-6 添加底纹素材

03 新建“图层1”图层，运用矩形选框工具创建一个矩形选区，如图14-7所示。

04 设置前景色为深褐色（RGB参数值分别为56、29、22），按【Alt+Delete】组合键，为选区填充前景色，如图14-8所示。

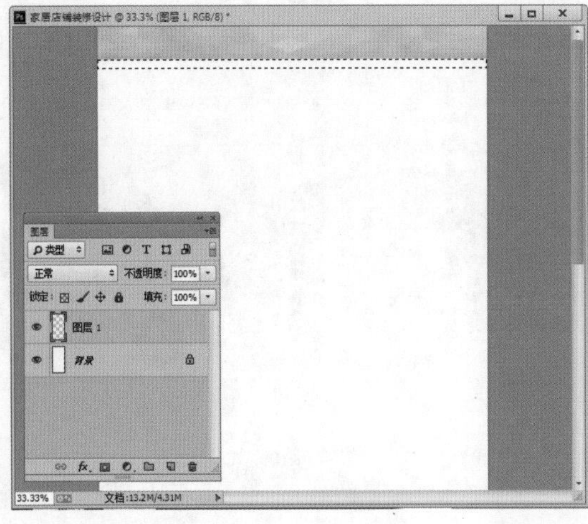

图14-7 创建矩形选区

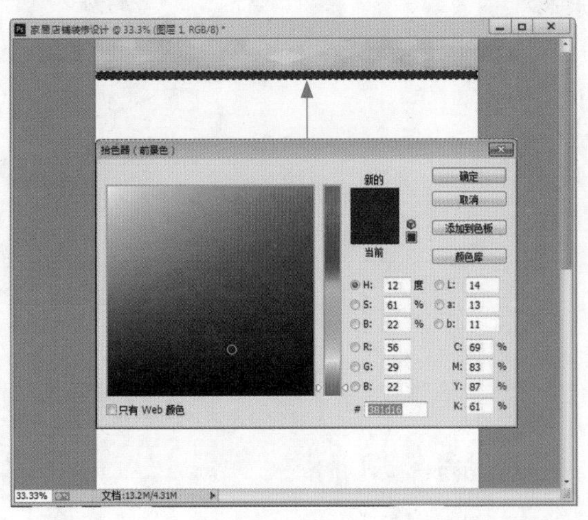

图14-8 为选区填充前景色

05 取消选区，选取工具箱中的横排文字工具，输入相应文字，设置“字体系列”为“黑体”、“字体大小”为5.3点、“颜色”为白色，如图14-9所示。

06 选择“首页”文字，在“字符”面板中设置“颜色”为黄色（RGB参数值分别为255、243、4），如图14-10所示。

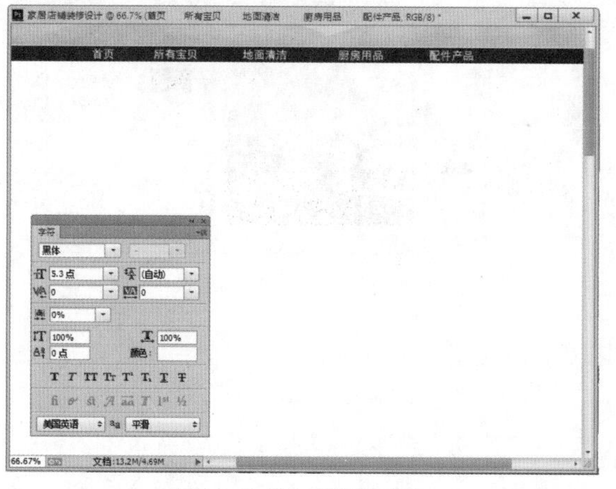

图14-9 输入并设置文字

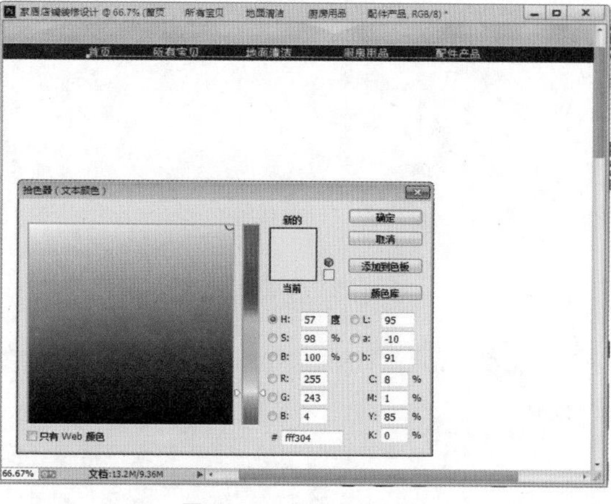

图14-10 设置文字颜色

07 打开“商品图片1.jpg”素材图像，运用移动工具将素材图像拖曳至背景图像编辑窗口中的合适位置处，运用魔棒工具在白色背景上创建选区，如图14-11所示。

08 按【Delete】键删除选区内的图像，取消选区，将商品图片调整至合适大小和位置处，如图14-12所示。

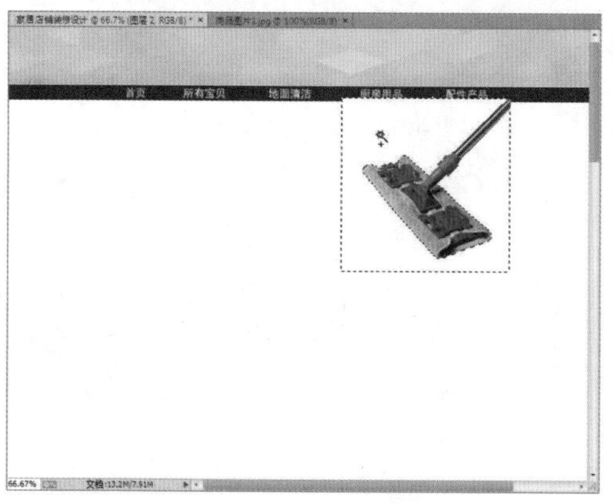

图14-11 添加商品素材

图14-12 调整素材图像

提示

在 Photoshop CC 中，用户在处理图像过程中，如果界面的图像编辑窗口中同时打开多幅素材图像时，用户可以根据需要在各窗口之间进行切换，让工作界面变得更加方便、快捷，从而提高工作效率。在 Photoshop CC 工具界面的中间，呈灰色区域显示的即为图像编辑工作区。当打开一个文档时，工作区中将显示该文档的图像窗口，图像窗口是编辑的主要工作区域，图形的绘制或图像的编辑都在此区域中进行。在图像编辑窗口中可以实现所有 Photoshop CC 中的功能，也可以对图像窗口进行多种操作，如改变窗口大小和位置等。当新建或打开多个文件，图像标题栏的显示呈灰白色时，即为当前编辑窗口，此时所有操作将只针对该图像编辑窗口；若想对其他图像编辑窗口进行编辑，使用鼠标单击需要编辑的图像窗口即可。

09 运用横排文字工具输入相应文字，设置“字体系列”为“黑体”、“字体大小”为6点、“行距”为6点、“颜色”为黑色，如图14-13所示。

10 选择相应文字，在“字符”面板中设置“颜色”为蓝色（RGB参数值分别为25、44、139），如图14-14所示。

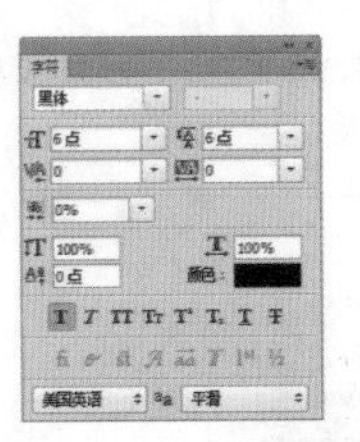

图14-13 输入相应文字

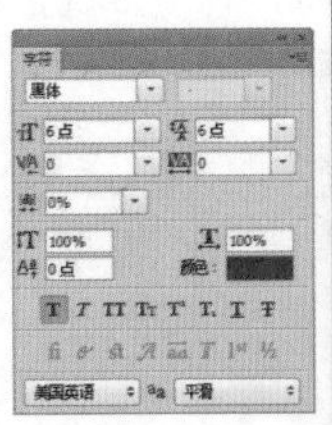

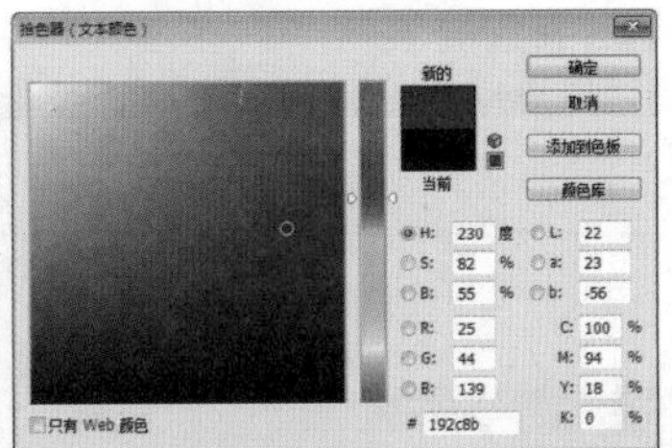

图14-14 设置文字颜色

11 打开“Logo.psd”素材图像，运用移动工具将素材图像拖曳至背景图像编辑窗口中的合适位置处，如图14-15所示。

图14-15 添加店铺Logo素材

14.2.2 制作首页欢迎模块

操作步骤

01 单击“文件”|“打开”命令，打开一幅素材图像，运用移动工具将素材图像拖曳至背景图像编辑窗口中的合适位置处，如图14-16所示。

02 单击“图像”|“调整”|“亮度/对比度”命令，弹出“亮度/对比度”对话框，设置“亮度”为8、“对比度”为58，单击“确定”按钮，效果如图14-17所示。

图14-16 添加背景素材图像

图14-17 调整亮度/对比度

03 适当调整素材图像的大小和位置，效果如图14-18所示。

04 打开“商品图片2.jpg”素材图像，运用移动工具将素材图像拖曳至背景图像编辑窗口中的合适位置处，运用魔棒工具在白色背景上创建选区，如图14-19所示。

图14-18 调整素材图像大小

图14-19 添加商品素材图像

05 按【Delete】键删除选区内的图像，取消选区，将商品图片调整至合适大小和位置处，如图14-20所示。

06 运用横排文字工具输入相应文字，设置“字体系列”为“方正大黑简体”、“字体大小”为30点、“颜色”为黑色，如图14-21所示。

图14-20 抠图

图14-21 输入文字

07 为文字图层添加“渐变叠加”图层样式，并设置“渐变”为“橙、黄、橙渐变”，效果如图14-22所示。

08 复制文字图层，垂直翻转图像并调整其位置，效果如图14-23所示。

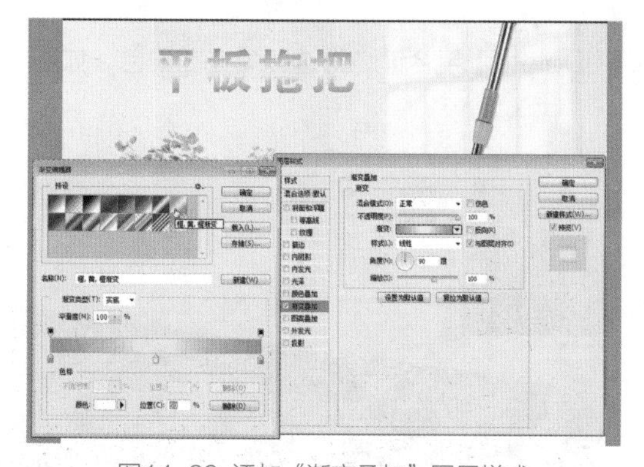

图14-22 添加“渐变叠加”图层样式

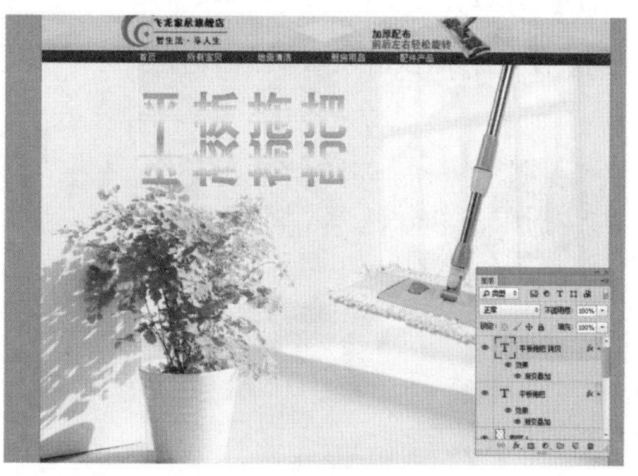

图14-23 垂直翻转图像

09 为复制的文字图层添加图层蒙版，并运用黑白渐变色填充蒙版，制作文字倒影效果，如图14-24所示。

10 打开“文字1.psd”素材图像，运用移动工具将素材图像拖曳至背景图像编辑窗口中的合适位置处，效果如图14-25所示。

图14-24 制作倒影效果

图14-25 添加文字素材

14.2.3 制作单品简介区

操作步骤

01 新建“图层6”图层，创建一个矩形选区，如图14-26所示。

02 单击“选择”|“变换选区”命令，调出变换控制框，如图14-27所示。

图14-26 创建矩形选区

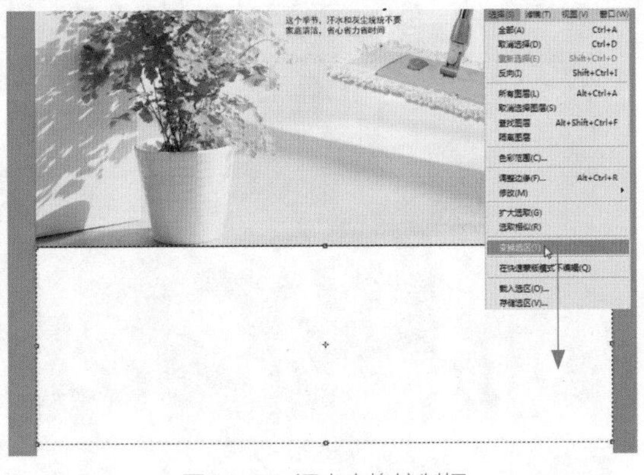

图14-27 调出变换控制框

03 在变换控制框中单击鼠标右键，在弹出的快捷菜单中选择“斜切”选项，适当调整选区的形状，如图14-28所示，确认变换操作。

04 设置前景色为深灰色（RGB参数值均为49），按【Alt+Delete】组合键，为选区填充前景色，如图14-29所示。

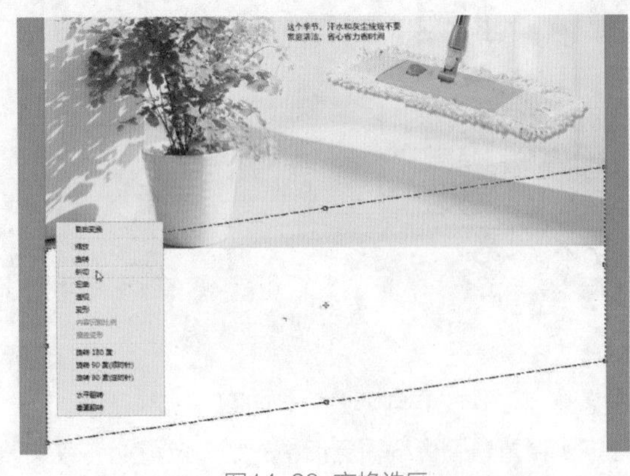

图14-28 变换选区

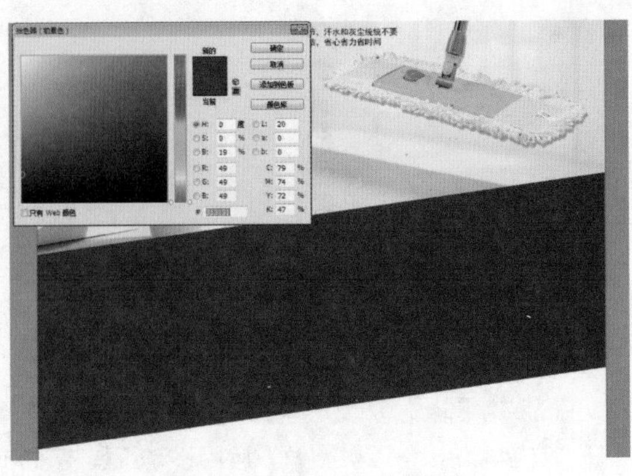

图14-29 为选区填充前景色

05 打开“商品图片3.psd”素材图像，运用移动工具将素材图像拖曳至背景图像编辑窗口中的合适位置处，效果如图14-30所示。

06 运用横排文字工具在图像上输入相应的文字，设置“字体系列”为“方正大黑简体”、“字体大小”为20点、“颜色”为蓝色（RGB参数值分别为133、192、226），如图14-31所示。

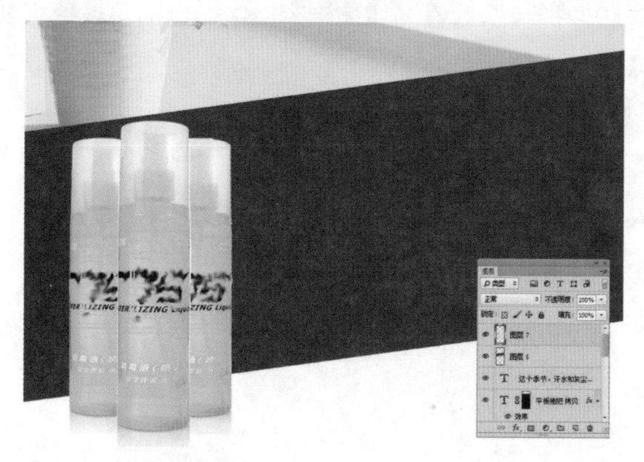

图14-30 添加商品图片

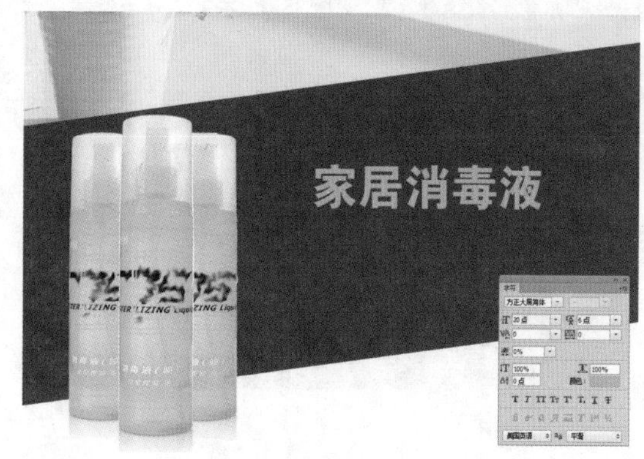

图14-31 输入文字

07 运用圆角矩形工具，在图像上绘制一个“半径”为10像素、“填充”为灰色（RGB参数值分别为133、136、145）的圆角矩形形状，如图14-32所示。

08 运用横排文字工具在圆角矩形图像上输入相应的文字，设置“字体系列”为“黑体”、“字体大小”为5点、“颜色”为白色，如图14-33所示。

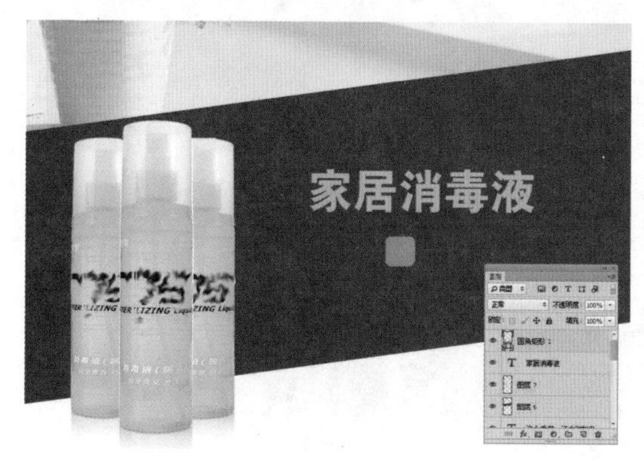

图14-32 绘制圆角矩形

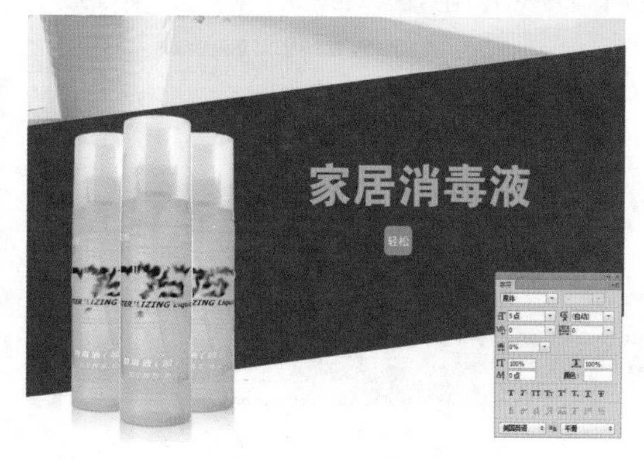

图14-33 输入文字

09 复制圆角矩形形状和文字，调整至合适位置，并修改其中的文字内容，效果如图14-34所示。

10 打开“文字2.psd”素材图像，运用移动工具将素材图像拖曳至背景图像编辑窗口中的合适位置处，效果如图14-35所示。

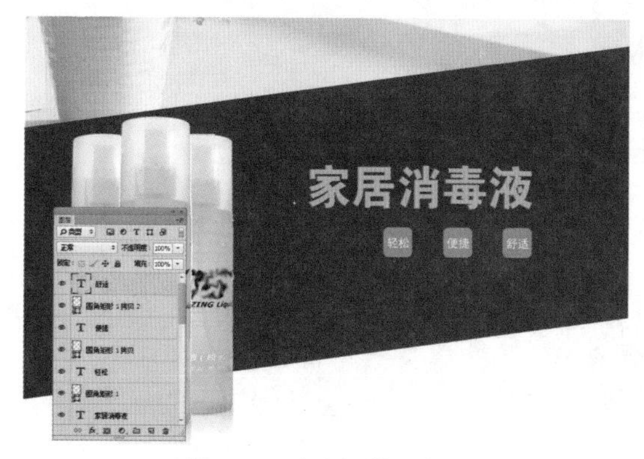

图14-34 复制形状和文字

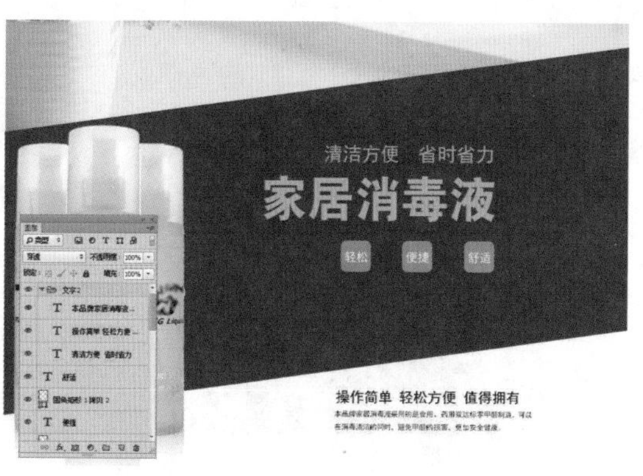

图14-35 添加文字素材

14.2.4 制作广告海报

操作步骤

01 打开“优惠券.psd”素材图像，运用移动工具将素材图像拖曳至背景图像编辑窗口中的合适位置处，如图14-36所示。

02 新建“图层9”图层，运用矩形选框工具创建一个矩形选区，如图14-37所示。

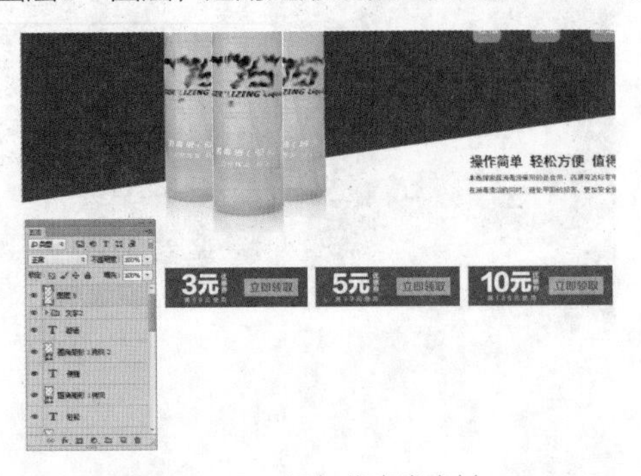
图14-36 添加优惠券素材

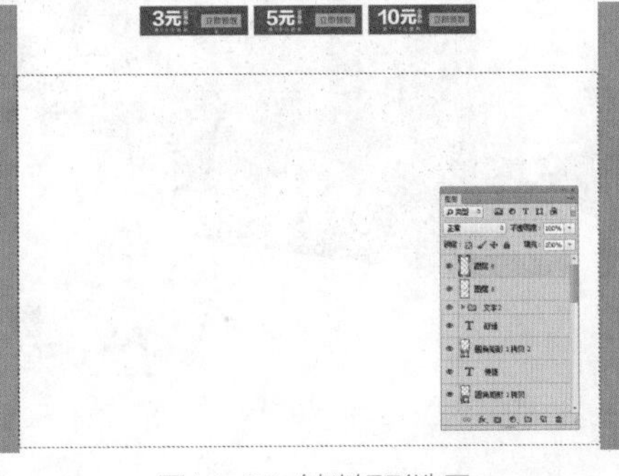
图14-37 创建矩形选区

03 运用渐变工具为选区填充白色到棕色（RGB参数值分别为170、153、137）的径向渐变，效果如图14-38所示。

04 按【Ctrl+D】组合键，取消选区，如图14-39所示。

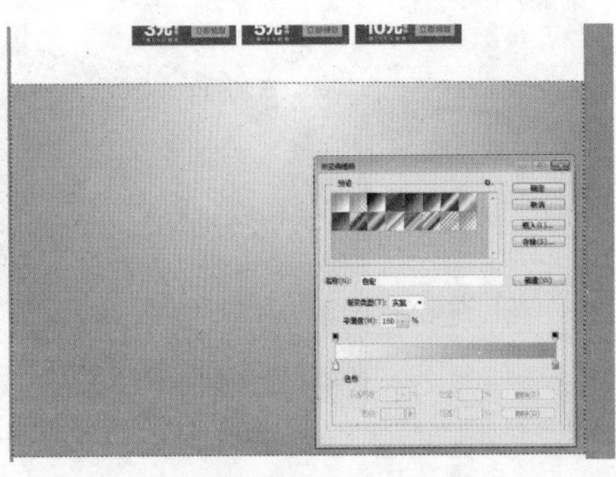
图14-38 填充径向渐变

图14-39 取消选区

05 打开“商品图片4.psd”素材图像，运用移动工具将素材图像拖曳至背景图像编辑窗口中的合适位置处，如图14-40所示。

06 双击相应图层，弹出“图层样式”对话框，选中“投影”复选框，设置“不透明度”为30%、“角度”为80度、“距离”为30像素、“扩展”为5%、“大小”为5像素，如图14-41所示。

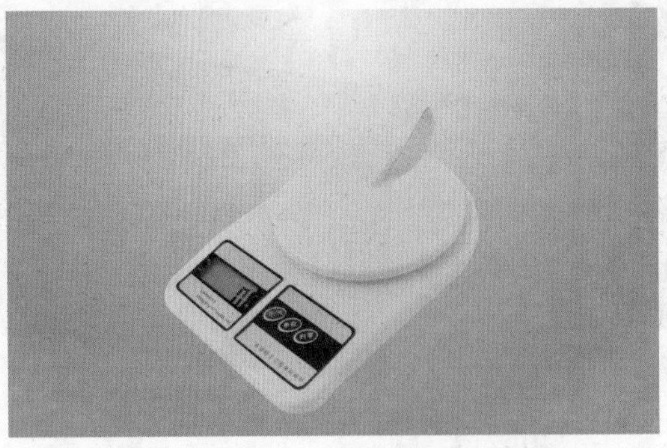
图14-40 添加商品图像

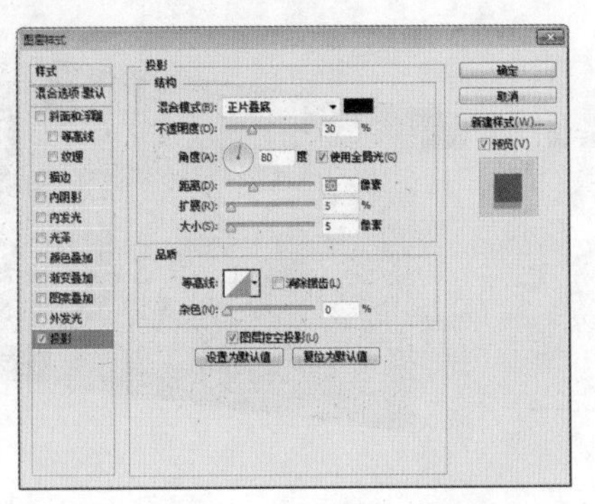
图14-41 设置选项

07 单击“确定”按钮，即可添加“投影”图层样式，效果如图14-42所示。

08 打开“商品图片5.jpg”素材图像，运用移动工具将素材图像拖曳至背景图像编辑窗口中的合适位置处，并适当调整其大小，如图14-43所示。

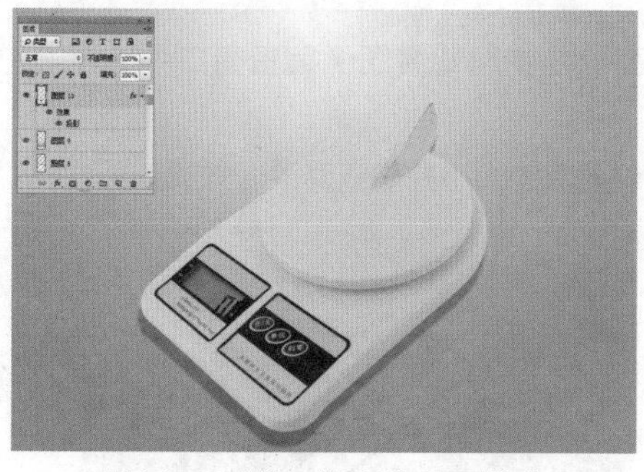

图14-42 添加“投影”图层样式

图14-43 添加商品图片

09 为“图层11”图层添加图层蒙版，并运用黑色的画笔工具涂抹图像，隐藏部分图像效果，如图14-44所示。

10 打开“文字3.psd”素材图像，运用移动工具将素材图像拖曳至背景图像编辑窗口中的合适位置处，如图14-45所示。

图14-44 隐藏部分图像效果

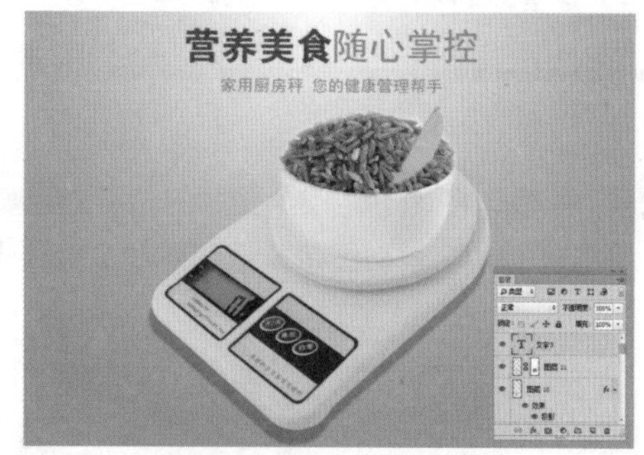

图14-45 添加文字素材

提示

状态栏位于图像编辑窗口的底部，主要用于显示当前所编辑图像的显示参数值及当前文档图像的相关信息。主要由显示比例、文件信息和提示信息 3 部分组成。

状态栏左侧的数值框用于设置图像编辑窗口的显示比例，在该数值框中输入图像显示比例的数值后，按【Enter】键，当前图像即可按照设置的比例显示。状态栏的右侧显示的是图像文件信息，单击文件信息右侧的三角形按钮，即可弹出菜单，用户可以根据需要选择相应选项。

- Adobe Drive：显示文档的 VersionCue 工作组状态。Adobe Drive 可以帮助用户链接到 VersionCue CC 服务器，链接成功后，可以在 Windows 资源管理器或 Mac OS Finder 中查看服务器的项目文件。
- 文档大小：显示有关图像中的数据量的信息。选择该选项后，状态栏中会出现两组数字，左边的数字显示了拼合图层并存储文件后的大小，右边的数字显示了包图层和通道的近似大小。
- 文档配置文件：显示图像所有使用的颜色配置文件的名称。
- 文档尺寸：查看图像的尺寸。
- 测量比例：查看文档的比例。
- 暂存盘大小：查看关于处理图像的内存和 photoshop 暂存盘的信息，选择该选项后，状态栏中会出现两组数字，左边的数字表达程序用来显示所有打开图像的内存量，右边的数字表达用于处理图像的总内存量。
- 效率：查看执行操作实际花费的时间百分比。当效率为 100 时，表示当前处理的图像在内存中生成；如果低于 100，则表示 Photoshop 正在使用暂存盘，操作速度也会变慢。
- 计时：查看完成上一次操作所用的时间。
- 当前工具：查看当前使用的工具名称。
- 32 位曝光：调整预览图像，以便在计算机显示器上查看 32 位 / 通道高动态范围图像的选项。只有文档窗口显示 HDR 图像时，该选项才可以用。
- 存储进度：读取当前文档的保存进度。

14.2.5 制作服务信息区

操作步骤

01 打开“底纹.psd”素材图像，运用移动工具将素材图像拖曳至背景图像编辑窗口中的合适位置处，如图14-46所示。

02 按【Ctrl+T】组合键，调出变换控制框，适当调整底纹图像的大小并确认修改，效果如图14-47所示。

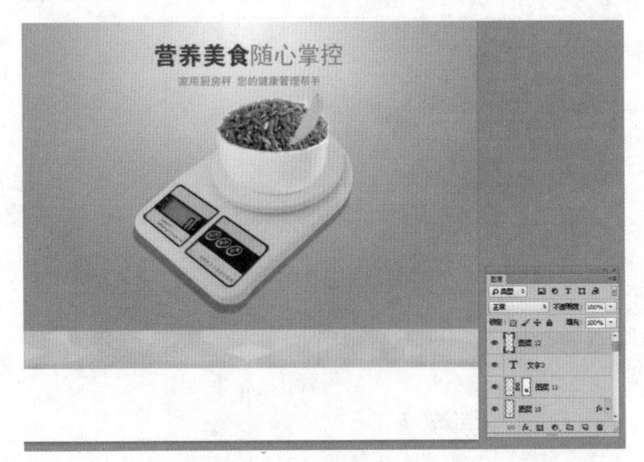

图14-46 点击底纹素材

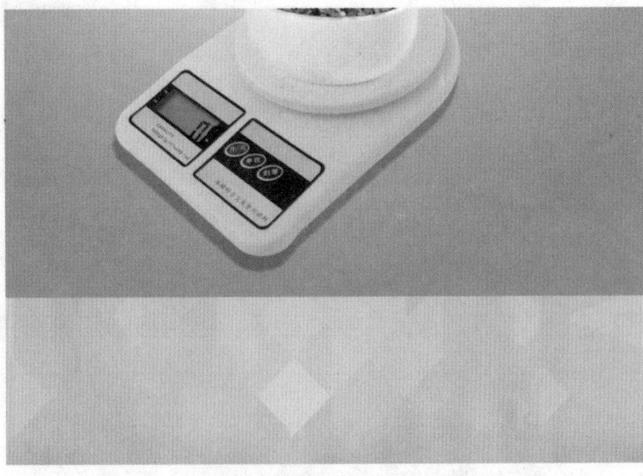

图14-47 调整图像大小

03 展开“图层”面板，将“图层12”图层的“不透明度”设置为60%，效果如图14-48所示。

04 打开“服务信息.psd”素材图像，运用移动工具将素材图像拖曳至背景图像编辑窗口中的合适位置处，如图14-49所示。

图14-48 调整不透明度效果

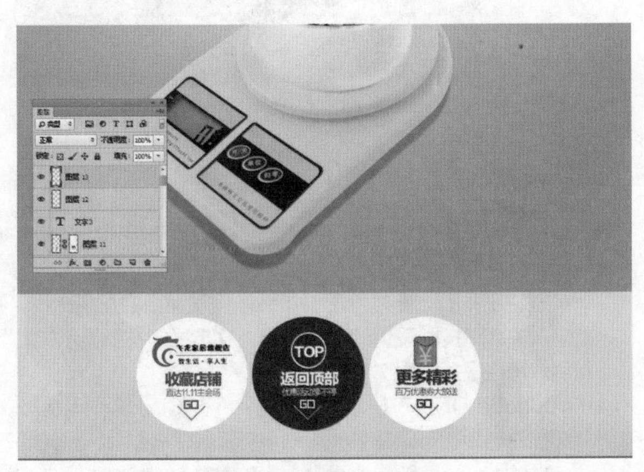

图14-49 添加素材图像

第15章

家具店铺装修实战

本章知识提要

家具店铺装修设计与详解

家具店铺装修实战步骤详解

15.1 家具店铺装修设计与详解

本实例是为某品牌的家具店铺设计的首页装修图片，画面中使用矩形进行布局和分割，体现出简约的风格特点，具体的制作和分析如下。

15.1.1 布局策划解析

本实例的布局如图15-1所示。

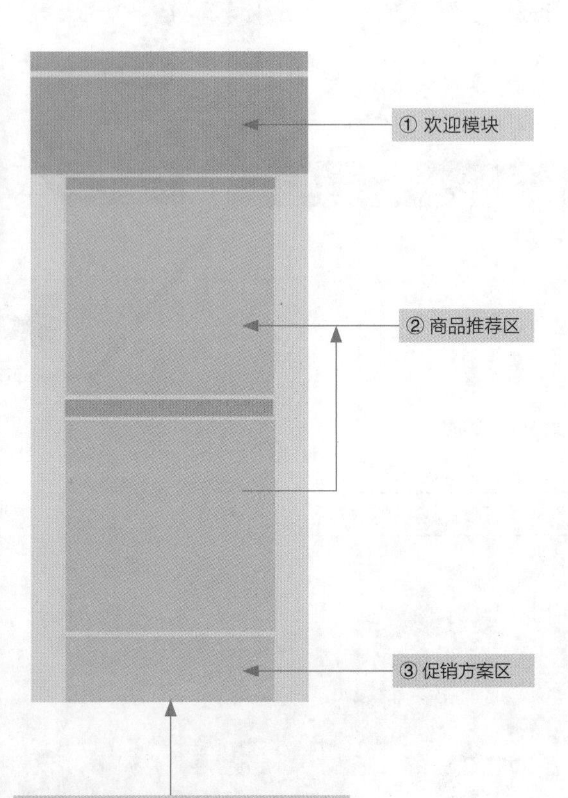

① 欢迎模块：欢迎模块中使用家具装修图片进行展示，通过两端渐隐的效果来让画面中心位置更加集中，凸显出主要部分。
② 商品推荐区：商品推荐区主要由标题栏、大图和小图组成，从上到下逐渐拓展，让版式布局更加牢固，将主要的内容通过大图突出表现出来。
③ 促销方案区：使用商品图片作为该区域的主要背景，搭配上色调和外形和谐的标题文字，并加入相应的链接按钮，让顾客能够随时进入其页面了解详情。

图15-1 家居店铺布局

15.1.2 主色调：怀旧色调

本案例在配色的过程中参考家具装修图片的色彩，使用淡淡的棕色和肤色来修饰画面，带来了一股怀旧的韵味，高明度的暖色让整个画面显得通透而明亮，能够给人一种阳光、轻松的感觉，有助于提升家具商品的用途，符合商品修饰和点缀室内装修的形象。从整体画面的色调倾向来讲，本案例的色调偏暖，第一印象能够传递出温暖、舒适的感觉。

1. 设计元素配色：低纯度的色彩

R58、G43、B38	R137、G126、B122	R156、G156、B156	R253、G239、B210	R204、G136、B3
C72、M77、Y78、K52	C54、M51、Y49、K0	C45、M36、Y34、K0	C2、M9、Y21、K0	C26、M53、Y100、K0

2. 商品图像配色：暖色调

R210、G197、B188	R228、G225、B208	R255、G246、B76	R219、G160、B192	R216、G191、B186
C21、M23、Y24、K0	C13、M11、Y20、K0	C7、M0、Y74、K0	C17、M46、Y8、K0	C18、M28、Y23、K0

15.1.3 案例配色扩展

1. 辅助配色：深棕色系（如图15-2所示）

R36、G23、B0	R48、G42、B32	R156、G156、B156	R128、G71、B59	R121、G83、B65
C77、M80、Y98、K68	C76、M74、Y84、K56	C45、M36、Y34、K0	C53、M78、Y77、K19	C56、M70、Y75、K18

2. 辅助配色：粉红色系（如图15-3所示）

R202、G12、B3	R158、G81、B115	R246、G181、B231	R253、G212、B210	R235、G219、B220
C27、M100、Y100、K0	C48、M79、Y40、K0	C9、M39、Y0、K0	C0、M25、Y13、K0	C9、M17、Y10、K0

左图所示为使用深棕色作为画面背景配色后的设计效果，深棕色的明度较低，与明亮的家具装修图片形成了明度上的差异，强烈的对比能够营造出空间感。

图15 2 深棕色系

左图所示为使用粉红色作为画面背景颜色的设计效果，由于粉红色与部分商品的颜色相同，而且可以给人带来一种可爱、娇嫩的感觉，符合画面中的家具商品的材质以及特性，让画面更显柔和。

图15 3 粉红色系

15.1.4 案例设计流程

本案例的设计流程如图15-4所示。

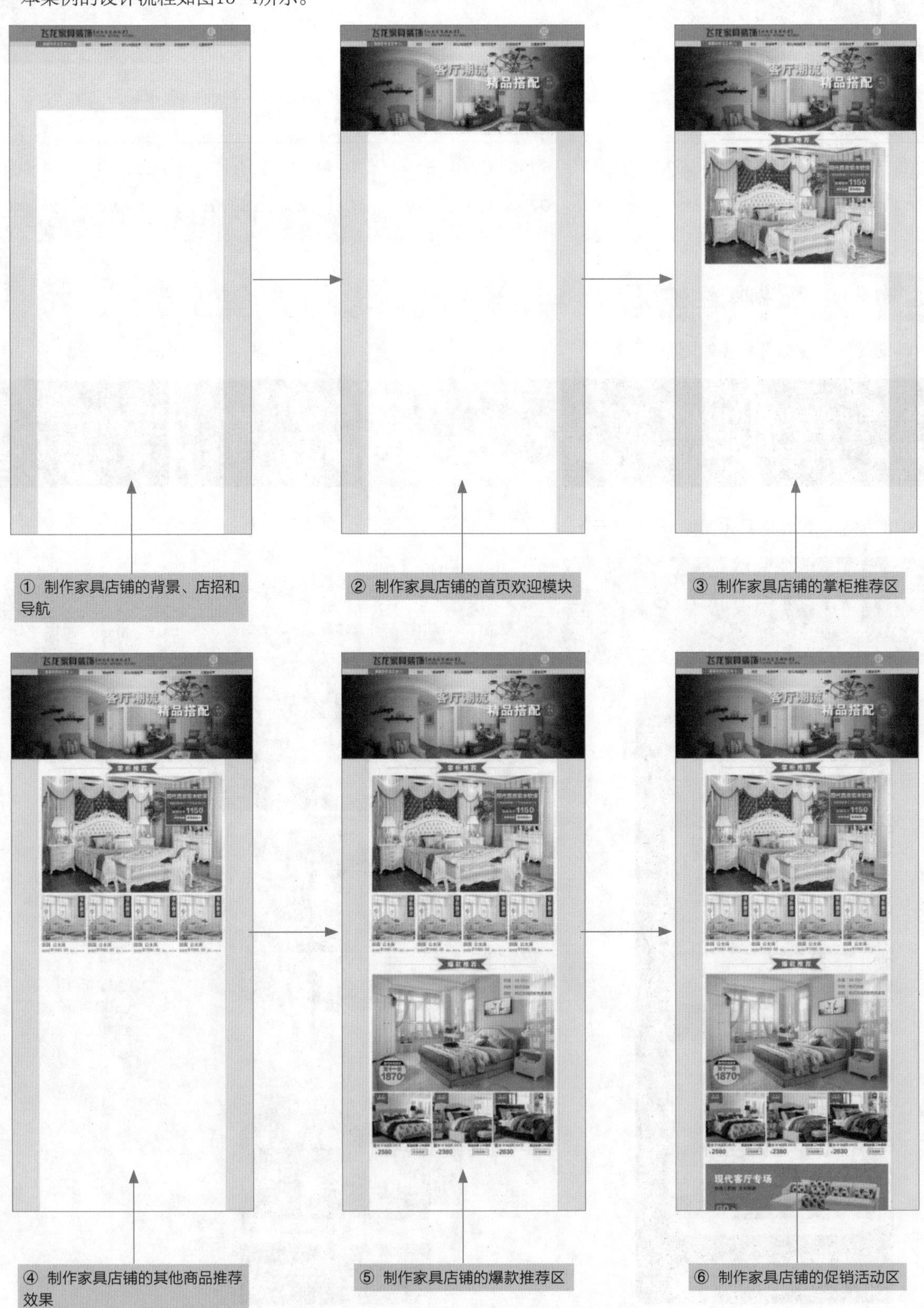

图15-4 案例设计流程

15.2 家具店铺装修实战步骤详解

本节介绍家具店铺装修的实战操作过程，主要可以分为制作店铺导航和店招、首页欢迎模块、商品推荐区、促销活动区等几部分。

- **素材文件** | 素材\第15章\促销方案.psd、商品图片1.jpg ~ 商品图片6.jpg、价格.psd、文字1.psd、文字2.psd等
- **效果文件** | 效果\第15章\家具店铺装修设计.psd
- **视频文件** | 视频\第15章\15.2 家具店铺装修实战步骤详解.mp4

15.2.1 制作店铺店招和导航

操作步骤

01 单击“文件”|“新建”命令，弹出“新建”对话框，设置“名称”为“家具店铺装修设计”、“宽度”为1440像素、“高度”为3200像素、“分辨率”为300像素/英寸、“颜色模式”为“RGB颜色”、“背景内容”为“白色”，单击“确定”按钮，新建一幅空白图像，如图15-5所示。

02 设置前景色为淡黄色（RGB参数值分别为253、239、210），按【Alt+Delete】组合键，为“背景”图层填充前景色，如图15-6所示。

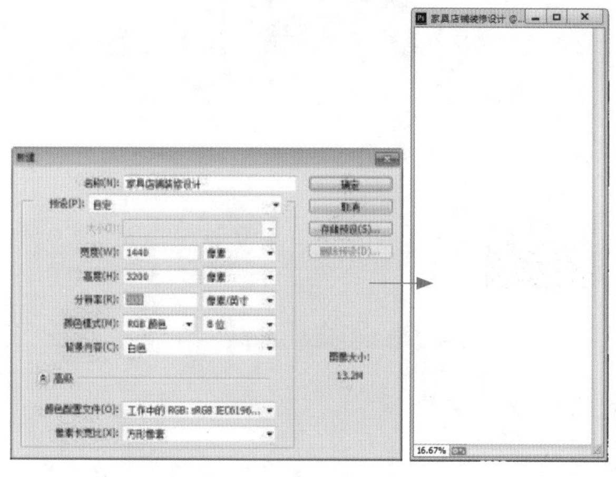

图15-5 新建图像文件

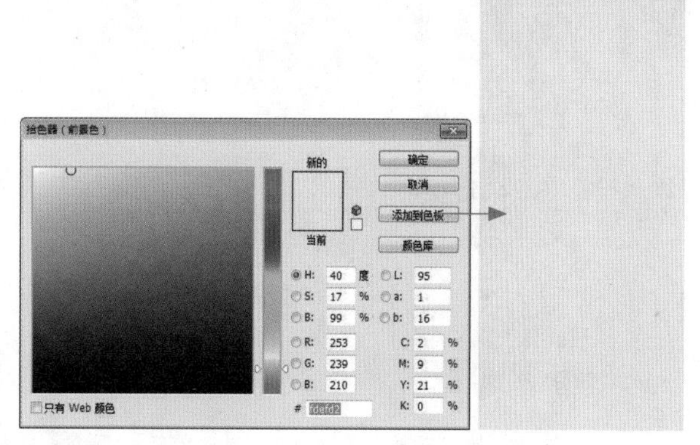

图15-6 填充“背景”图层

03 新建“图层1”图层，运用矩形选框工具创建一个矩形选区，如图15-7所示。

04 为选区填充白色，并取消选区，如图15-8所示。

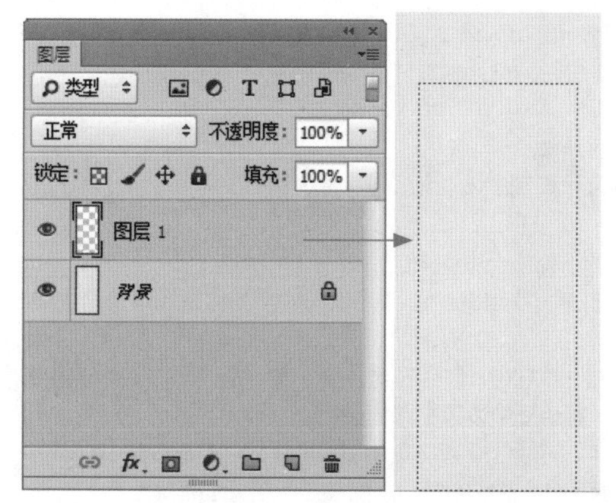

图15-7 创建矩形选区

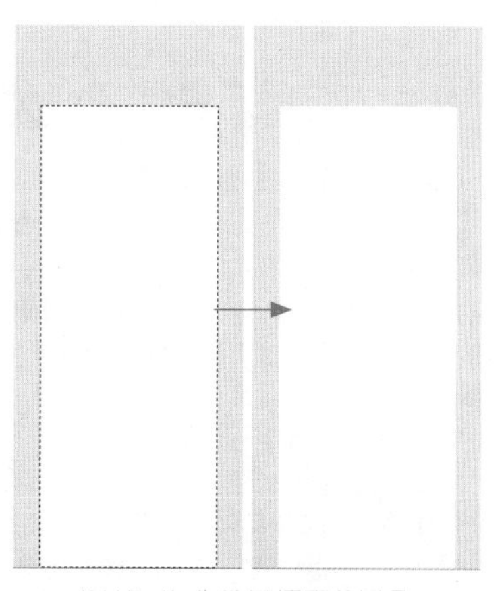

图15-8 为选区填充前景色

05 运用矩形工具在图像顶部绘制一个矩形形状，设置填充颜色为灰色（RGB参数值均为156），如图15-9所示。

06 运用横排文字工具输入相应文字，设置“字体系列”为“汉仪菱心体简”、“字体大小”为12点、“颜色”为深灰色（RGB参数值分别为58、43、38），如图15-10所示。

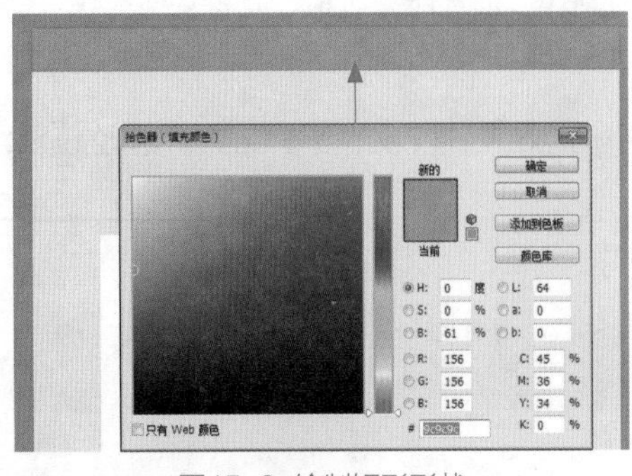

图15-9 绘制矩形形状

图15-10 输入相应文字

07 打开“文字1.psd”素材图像，运用移动工具将素材图像拖曳至背景图像编辑窗口中的合适位置处，如图15-11所示。

08 新建“图层2”图层，使用椭圆选框工具创建圆形的选区，设置前景色为淡黄色（RGB参数值分别为233、225、212），对选区进行填色并取消选区，效果如图15-12所示。

图15-11 添加文字素材

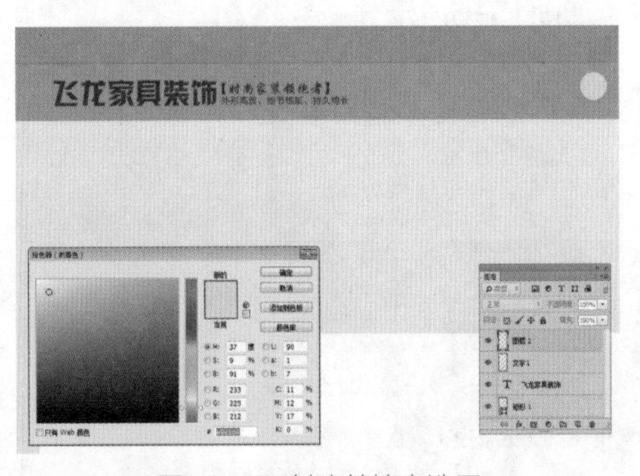

图15-12 创建并填充选区

提示

在输入文字之前，需要在工具属性栏或“字符”面板中设置字符的属性，包括字体、大小和文字颜色等，文字工具属性栏如图 15-13 所示。

图15-13 文字工具属性栏

- 更改文本方向：如果当前文字是横排文字，单击该按钮，可以将其转换为直排文字；如果是直排文字，可以将其转换为横排文字。
- 设置字体 SimSun：在该选项列表框中可以选择字体。
- 字体样式 Regular：为字符设置样式，包括 Regular（规则的）、Italic（斜体）、Bold（粗体）和 Bold Ltalic（粗斜体），该选项只对部分英文字体有效。
- 字体大小：可以选择字体的大小，或者直接输入数值来进行调整。
- 消除锯齿的方法：可以为文字消除锯齿选择一种方法，Photoshop 会通过部分填充边缘像素来产生边缘平滑的文字，使文字的边缘混合到背景中而看不出锯齿。
- 文本对齐：根据输入文字时光标的位置来设置文本的对齐方式，包括左对齐文本、居中对齐文本和右对齐文本。
- 文本颜色：单击颜色块，可以在打开的“拾色器”对话框中设置文字的颜色。
- 文本变形：单击该按钮，可以在打开的“变形文字”对话框中为文本添加变形样式，创建变形文字。
- 显示 / 隐藏字符和段落面板：单击该按钮，可以显示或隐藏“字符”面板和“段落”面板。

09 运用横排文字工具输入相应文字，设置“字体系列”为“微软雅黑”、“字体大小”为9点、“颜色”为灰色（RGB参数值均为156），如图15-14所示。

10 运用横排文字工具输入相应文字，设置“字体系列”为“微软雅黑”、“字体大小”为3点、“颜色”为淡黄色（RGB参数值分别为233、225、212），如图15-15所示。

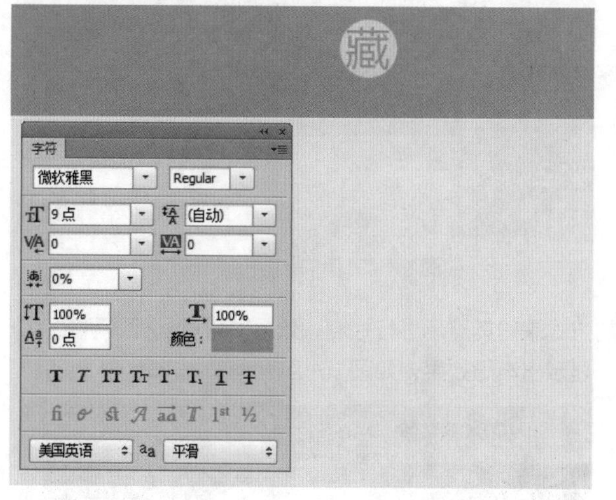

图15-14 输入相应文字

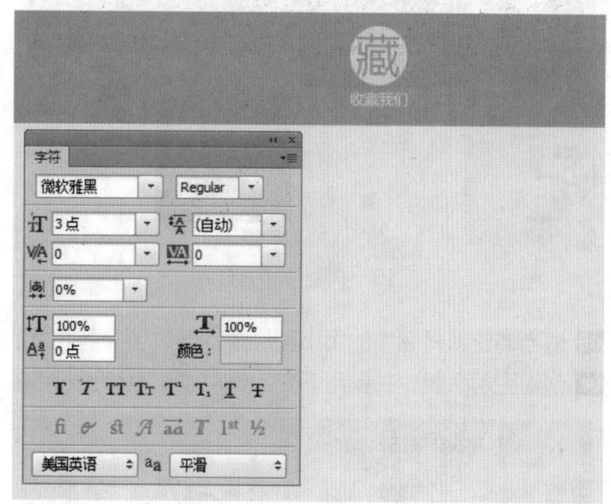

图15-15 输入相应文字

11 运用矩形工具在图像上绘制一个矩形形状，设置填充颜色为浅黄色（RGB参数值分别为233、225、212），作为导航的背景，如图15-16所示。

12 打开“文字2.psd”素材图像，运用移动工具将素材图像拖曳至背景图像编辑窗口中的合适位置处，如图15-17所示。

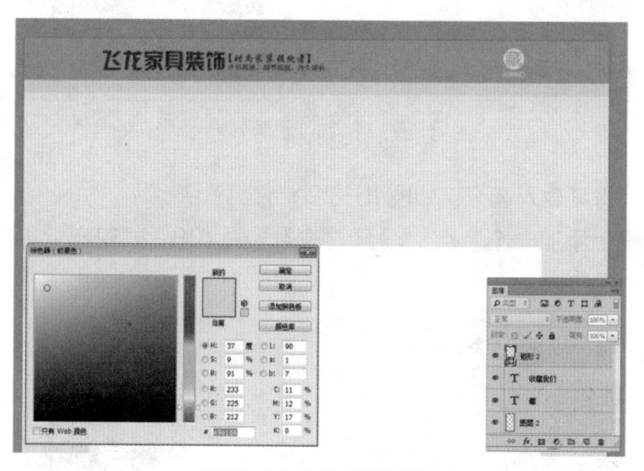

图15-16 制作导航背景

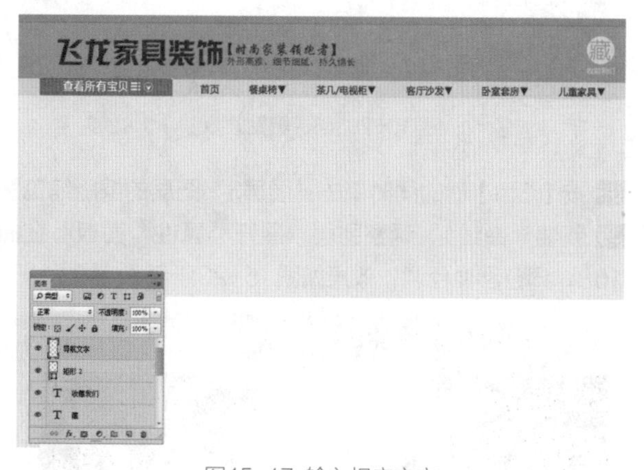

图15-17 输入相应文字

15.2.2 制作首页欢迎模块

01 运用矩形工具在图像上绘制一个矩形形状，设置填充颜色的RGB参数值分别为39、17、20，作为欢迎模块的背景，如图15-18所示。

02 打开“商品图片1.jpg”素材图像，运用移动工具将素材图像拖曳至背景图像编辑窗口中的合适位置处，如图15-19所示。

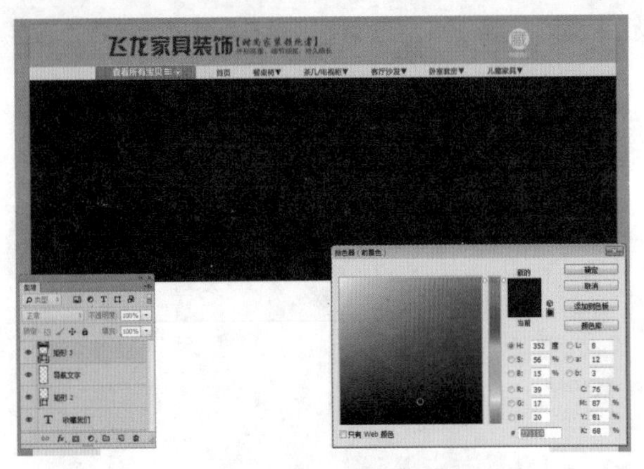

图15-18 绘制矩形形状

图15-19 添加背景素材图像

03 适当调整素材图像的大小和位置，通过创建剪贴蒙版的方式来对其显示进行控制，效果如图15-20所示。

04 创建图层蒙版，并使用渐变工具对图层蒙版进行编辑，显示出渐隐效果，如图15-21所示。

图15-20 创建剪贴蒙版

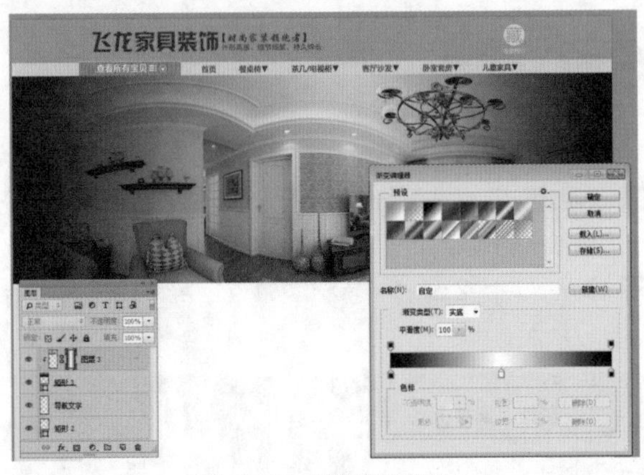

图15-21 制作渐隐效果

05 按【Ctrl】键的同时单击“图层3”图层的蒙版缩览图，将其载入选区，如图15-22所示。

06 新建“曲线1”调整图层，展开“属性”面板，在曲线上添加一个节点，设置“输入”为108、“输出”为168，调整图像色调，效果如图15-23所示。

图15-22 载入选区

图15-23 调整图像色调

07 单击“图层”|“创建剪贴蒙版”命令，将“曲线1”调整图层创建为剪贴蒙版，效果如图15-24所示。

08 打开“文字3.psd”素材图像，运用移动工具将素材图像拖曳至背景图像编辑窗口中的合适位置处，效果如图15-25所示。

图15-24 创建剪贴蒙版

图15-25 添加文字

15.2.3 制作掌柜推荐区

01 打开“修饰元素.psd”素材图像，运用移动工具将素材图像拖曳至背景图像编辑窗口中的合适位置处，如图15-26所示。

02 运用横排文字工具在图像上输入相应文字，设置“字体系列”为“方正大黑简体”、“字体大小”为9点、“颜色”为白色、“所选字符的字距调整”为200，如图15-27所示。

图15-26 添加修饰元素

图15-27 输入相应文字

03 打开“商品图片2.jpg”素材图像，运用移动工具将素材图像拖曳至背景图像编辑窗口中的合适位置处，如图15-28所示。

04 单击“图像”|“调整”|“亮度/对比度”命令，弹出“亮度/对比度”对话框，设置“亮度”为36、“对比度”为52，单击“确定”按钮，效果如图15-29所示。

图15-28 添加商品素材

图15-29 调整亮度/对比度

05 打开“促销方案.psd”素材图像，运用移动工具将素材图像拖曳至背景图像编辑窗口中的合适位置处，如图15-30所示。

06 打开“商品图片3.jpg”素材图像，运用移动工具将素材图像拖曳至背景图像编辑窗口中的合适位置处，如图15-31所示。

图15-30 添加促销方案

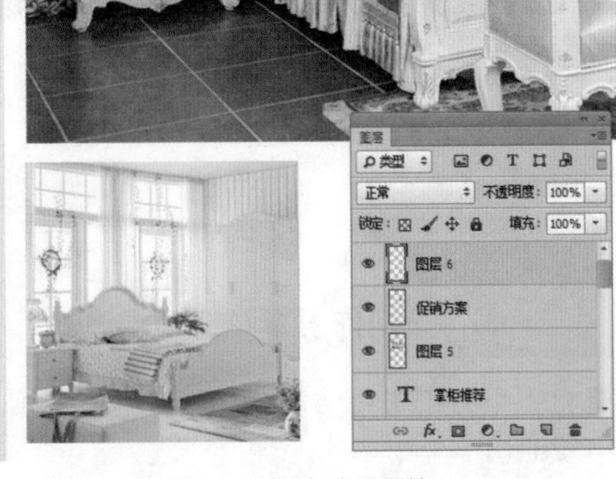

图15-31 添加商品图片

07 使用矩形工具绘制矩形形状，并设置填充颜色为暗红色（RGB参数值分别为130、40、40），如图15-32所示。

08 运用直排文字工具在矩形形状图像上输入相应文字，设置“字体系列”为“方正粗宋简体”、“字体大小”为6点、“所选字符的字距调整”为100、“颜色”为白色，如图15-33所示。

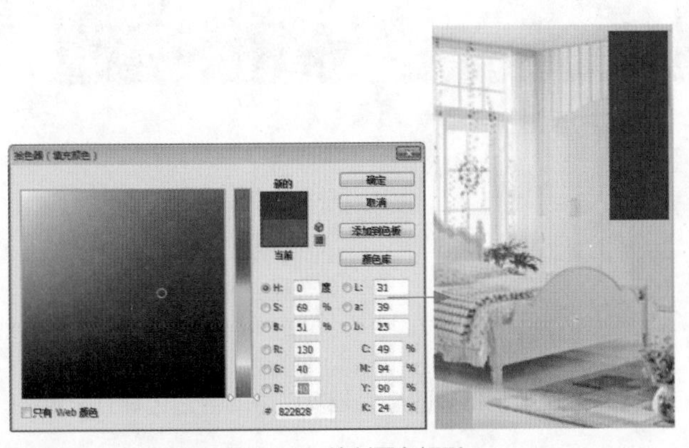

图15-32 绘制圆角矩形

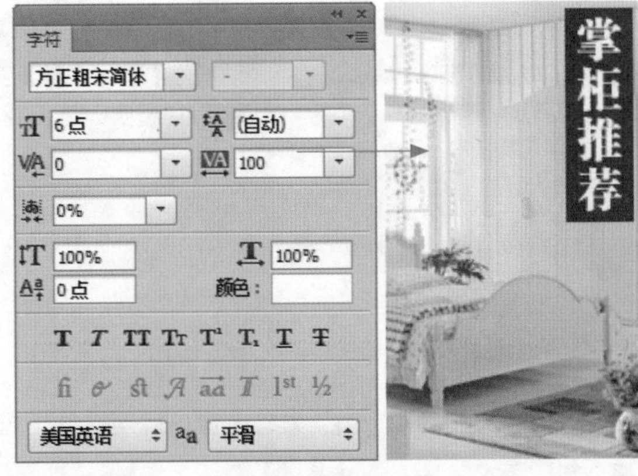

图15-33 输入文字

09 运用横排文字工具在图像上输入相应文字，打开“字符”面板对文字的属性进行设置，效果如图15-34所示。

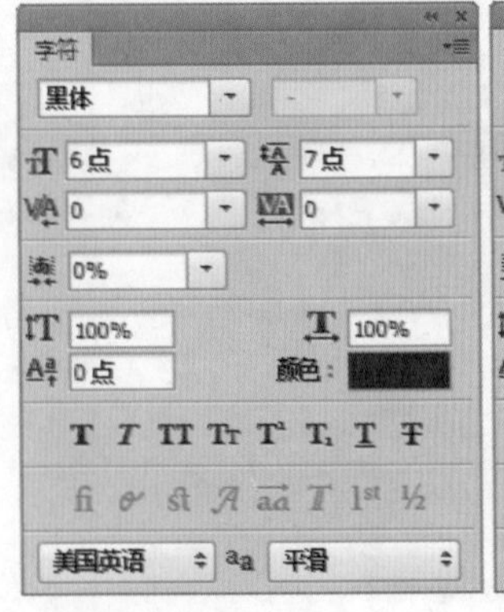

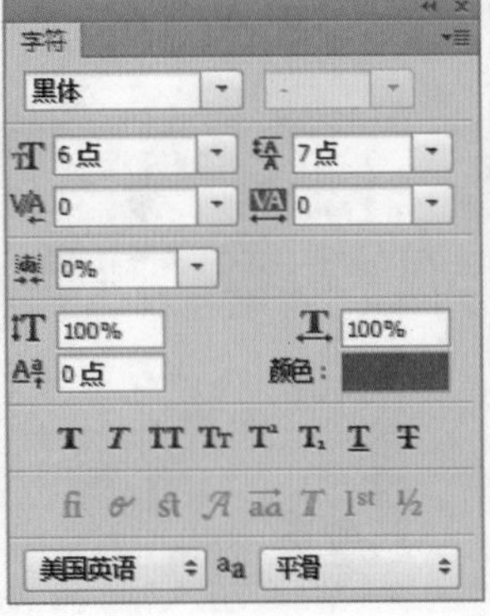

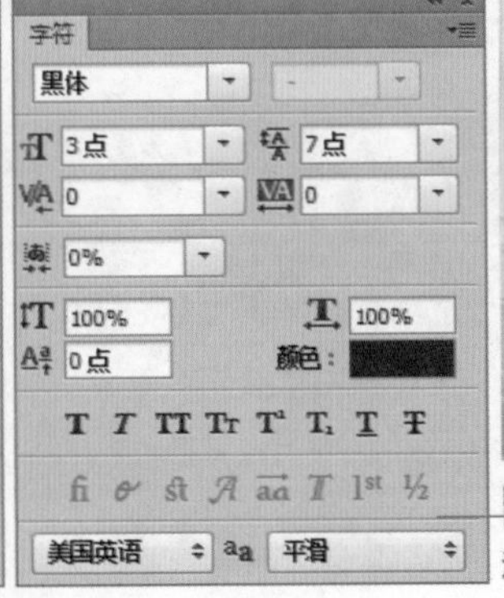

田园 公主床

活动价¥1980.00 原价：3976.00

图15-34 输入文字

10 运用直线工具绘制所需的线条形状，填充适合的颜色，放在商品图片与商品名称之间，并创建图层组对图层进行管理，如图15-35所示。

11 对图层组进行复制，按照所需的位置进行排列，效果如图15-36所示。

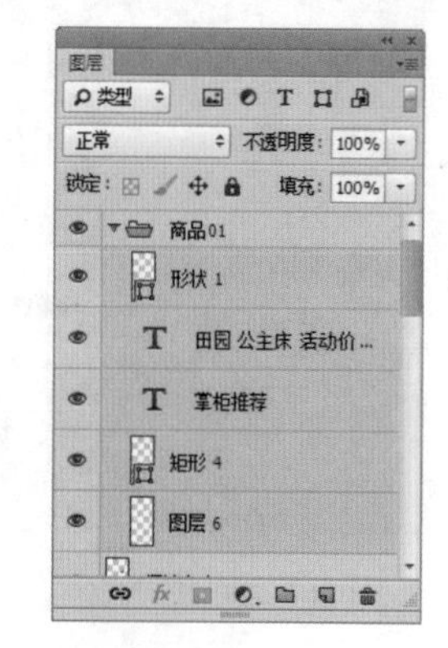

图15-35 绘制直线并创建图层组

图15-36 复制图像

15.2.4 制作爆款推荐区

01 对前面制作的标题栏进行复制，放在适当的位置，将其中的标题文字更改为“爆款推荐”，如图15-37所示。

02 打开“商品图片4.jpg”素材图像，运用移动工具将素材图像拖曳至背景图像编辑窗口中的合适位置处，如图15-38所示。

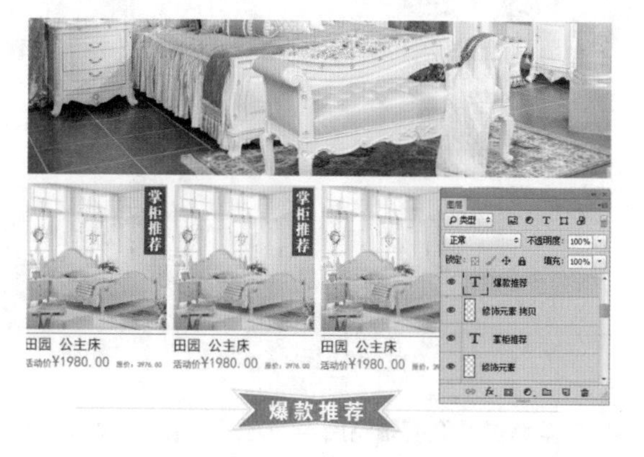

图15-37 更改标题文字

图15-38 添加商品图片

提示

在 Photoshop CC 中建立选区的方法非常广泛，用户可以根据不同形状选择对象的形状、颜色等特征决定采用的工具和方法。

- 创建规则形状选区：规则选区中包括矩形、圆形等规则形态的图像，运用选框工具可以框选出选择的区域范围，这是 Photoshop CC 创建选区最基本的方法。
- 创建不规则选区：当图片的背景颜色比较单一，且与选择对象的颜色存在较大的反差时，就可以运用快速选择工具、魔棒工具、多边形套索工具等。用户在使用过程中，只需要注意在拐角及边缘不明显处手动添加一些节点，即可快速将图像选中。
- 通过通道或蒙版创建选区：运用通道和蒙版创建选区是所有选择方法中功能最为强大的一个，因为它表现选区不是用虚线选框，而是用灰阶图像，这样就可以像编辑图像一样来编辑选区，画笔、橡皮擦工具、色调调整工具、滤镜都可以自由使用。
- 通过图层或路径创建选区：图层和路径都可以转换为选区。只需按住【Ctrl】键的同时单击图层左侧的缩览图，即可得到该图层非透明区域的选区。

03 新建“图层8”图层，运用矩形选框工具在右上角创建矩形选区，如图15-39所示。

04 为选区填充白色并取消选区，设置图层的“不透明度”为60%，效果如图15-40所示。

图15-39 创建矩形选区

图15-40 设置图层不透明度效果

05 运用横排文字工具输入相应文字，设置“字体系列”为“微软雅黑”、“字体大小”为5点、“颜色”为黑色，如图15-41所示。

06 双击相应图层，弹出“图层样式”对话框，选中“外发光”复选框，保持默认设置，单击“确定”按钮添加图层样式，效果如图15-42所示。

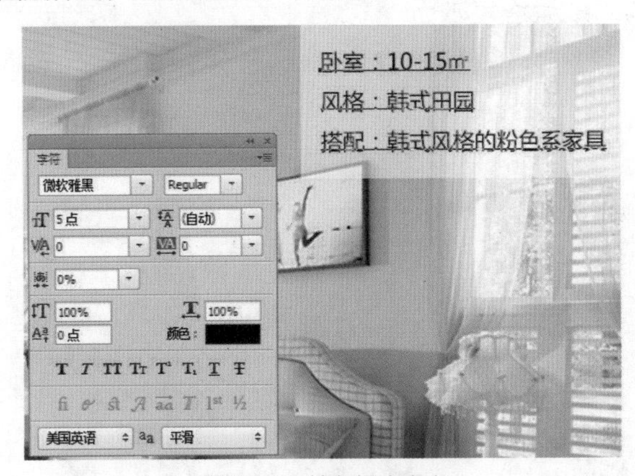

图15-41 输入相应文字

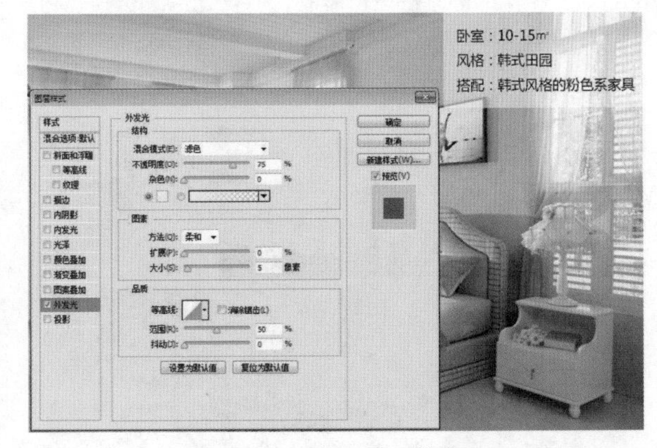

图15-42 添加图层样式

07 打开“价格.psd”素材图像，运用移动工具将素材图像拖曳至背景图像编辑窗口中的合适位置处，如图15-43所示。

08 打开“商品图片5.psd”素材图像，运用移动工具将素材图像拖曳至背景图像编辑窗口中的合适位置处，效果如图15-44所示。

图15-43 添加装饰素材

图15-44 添加商品图片

15.2.5 制作促销活动区

操作步骤

01 新建“图层11”图层，运用矩形选框工具创建矩形选区，如图15-45所示。

02 设置前景色为土黄色（RGB参数值分别为204、136、3），按【Alt+Delete】组合键，为选区填充前景色并取消选区，如图15-46所示。

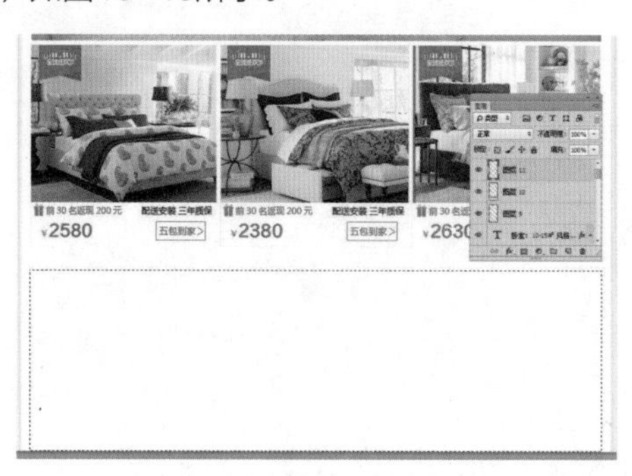

图15-45 创建矩形选区

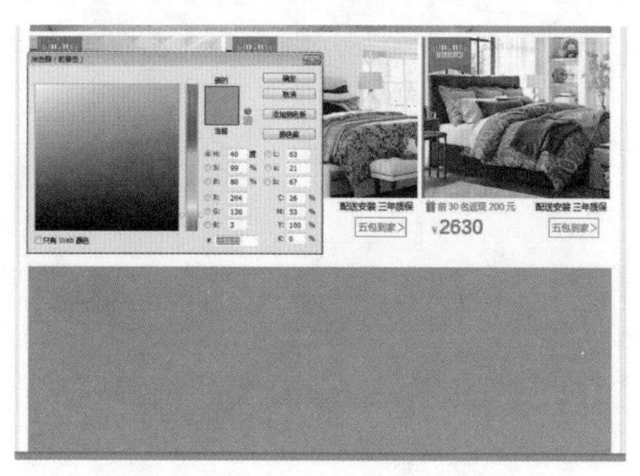

图15-46 填充前景色

03 打开“商品图片6.jpg”素材图像，运用移动工具将素材图像拖曳至背景图像编辑窗口中的合适位置处，如图15-47所示。

04 运用魔棒工具在白色的背景上单击创建选区，并按【Delete】键删除选区内的图像，效果如图15-48所示。

图15-47 添加素材图像

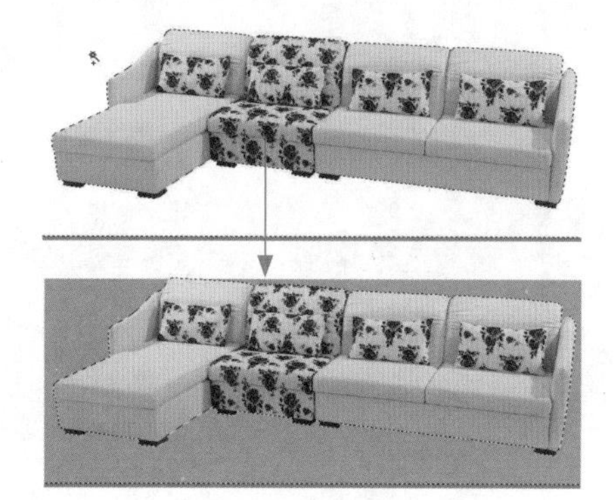

图15-48 抠图

05 取消选区，适当调整沙发图像的大小和位置，如图15-49所示。

06 打开“文字4.psd”素材图像，运用移动工具将素材图像拖曳至背景图像编辑窗口中的合适位置处，效果如图15-50所示。

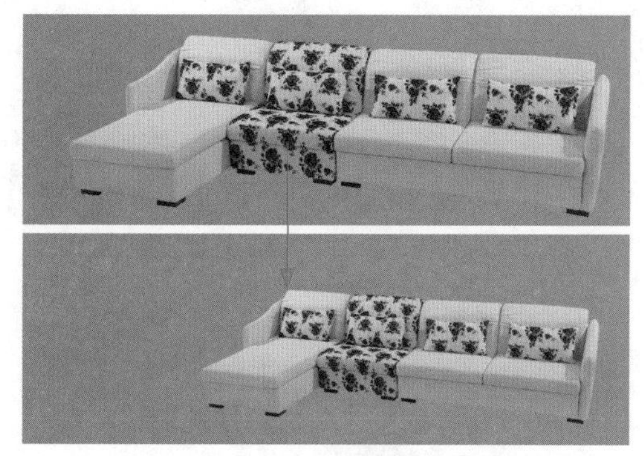

图15-49 调整图像

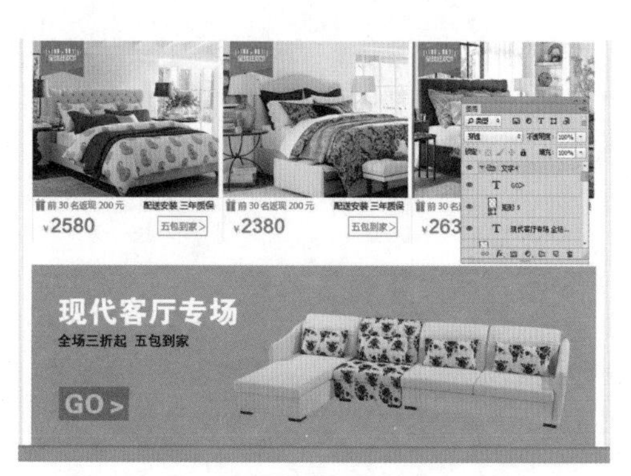

图15-50 添加文字素材

第16章

饰品店铺装修实战

本章知识提要

饰品店铺装修设计与详解

饰品店铺装修实战步骤详解

16.1 饰品店铺装修设计与详解

本实例是为饰品店铺所设计的店铺首页，在创作的过程中根据饰品所表现的材质来选择素材，并根据确定的素材来调整画面的配色，创作出清新自然风格的效果，具体的制作和分析如下。

16.1.1 布局策划解析

本实例的布局如图16-1所示。

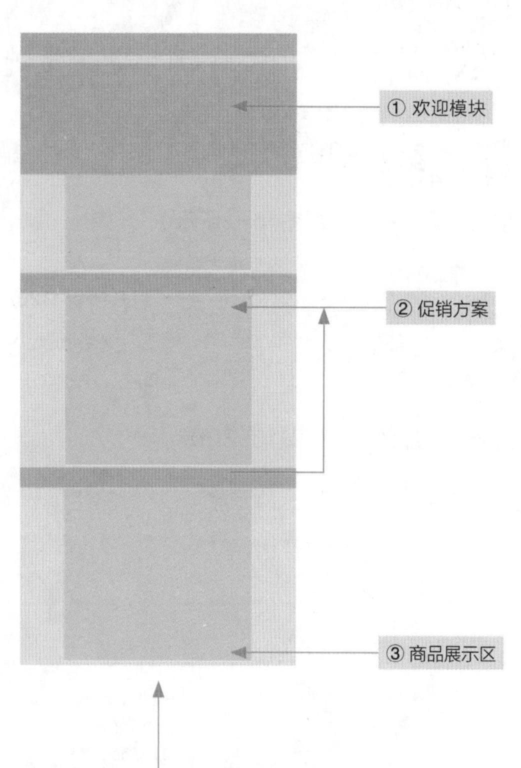

① 欢迎模块：欢迎模块中使用了明度较高的红色调图案作为背景，将模特图像融入其中，把文字放在画面的左侧，制作出饱满、丰富的画面效果，让顾客感受到商品的整体风格和形象。
② 促销方案：促销方案中使用携带商品的模特写真图片作为整体背景，将文字与模特叠加在一起，自然的组合让文字与商品显得更加亲切、大气。
③ 商品展示区：该区域都是通过一个标题栏搭配6张小图来完成布局的，让顾客先找到该类别商品的具体位置，利用6张小图来逐一呈现其他商品的内容，提升顾客的阅读体验。

图16-1 饰品店铺布局

16.1.2 主色调：高明度暖色调

本案例在对设计元素进行配色中，主要使用了不同明度的肤色和桃红暖色调，由于暖色调能够给人带来热情、温暖的意象，大面积高明度的暖色调则可以让画面表现得更加明亮和阳光，与饰品店铺中商品的形象和饰品的功能相一致。此外，观察画面中商品的配色，可以发现其色彩也大部分为暖色，与设计元素的配色基本一致，因此，能够自然地表达出浓浓的温暖之情。

1. 设计元素配色：高明度的色彩

R236、G25、B104	R207、G6、B14	R255、G111、B111	R253、G58、B126	R238、G231、B225
C7、M94、Y37、K0	C24、M100、Y100、K0	C0、M71、Y45、K0	C0、M87、Y24、K0	C8、M10、Y12、K0

2. 商品图像配色：类似色调

R160、G128、B115	R152、G116、B102	R168、G111、B98	R255、G83、B199	R232、G207、B202
C45、M53、Y52、K0	C49、M58、Y58、K1	C42、M64、Y59、K1	C15、M74、Y0、K0	C11、M23、Y17、K0

16.1.3 案例配色扩展

1. 辅助配色：蓝紫色系（如图16-2所示）

R133、G79、B255	R93、G140、B254	R141、G207、B255	R162、G189、B255	R240、G223、B255
C69、M65、Y0、K0	C68、M44、Y0、K0	C46、M9、Y0、K0	C41、M23、Y0、K0	C9、M16、Y0、K0

2. 辅助配色：粉红色系（如图16-3所示）

R255、G207、B219	R254、G112、B108	R255、G22、B117	R254、G17、B149	R237、G9、B255
C0、M28、Y6、K0	C0、M70、Y47、K0	C0、M93、Y26、K0	C0、M91、Y0、K0	C44、M77、Y0、K0

左图所示为使用淡紫色调为背景画面主要颜色后的设计效果，因为紫色具有高贵典雅的气质，淡紫色能够给人一种雅致的特点，同时在画面中使用适量的蓝色标题栏进行分割，让标题和重要信息更加醒目、清晰。

图16-2 蓝紫色系

左图所示为使用粉红色作为背景画面主色调的设计效果，可以看到使用粉红色之后，整个画面呈现出娇嫩、妩媚的感觉，与女性的特质相同，也非常迎合女性的喜好，与饰品商品的柔嫩、温和的特点吻合。

图16-3 粉红色系

16.1.4 案例设计流程

本案例的设计流程如图16-4所示。

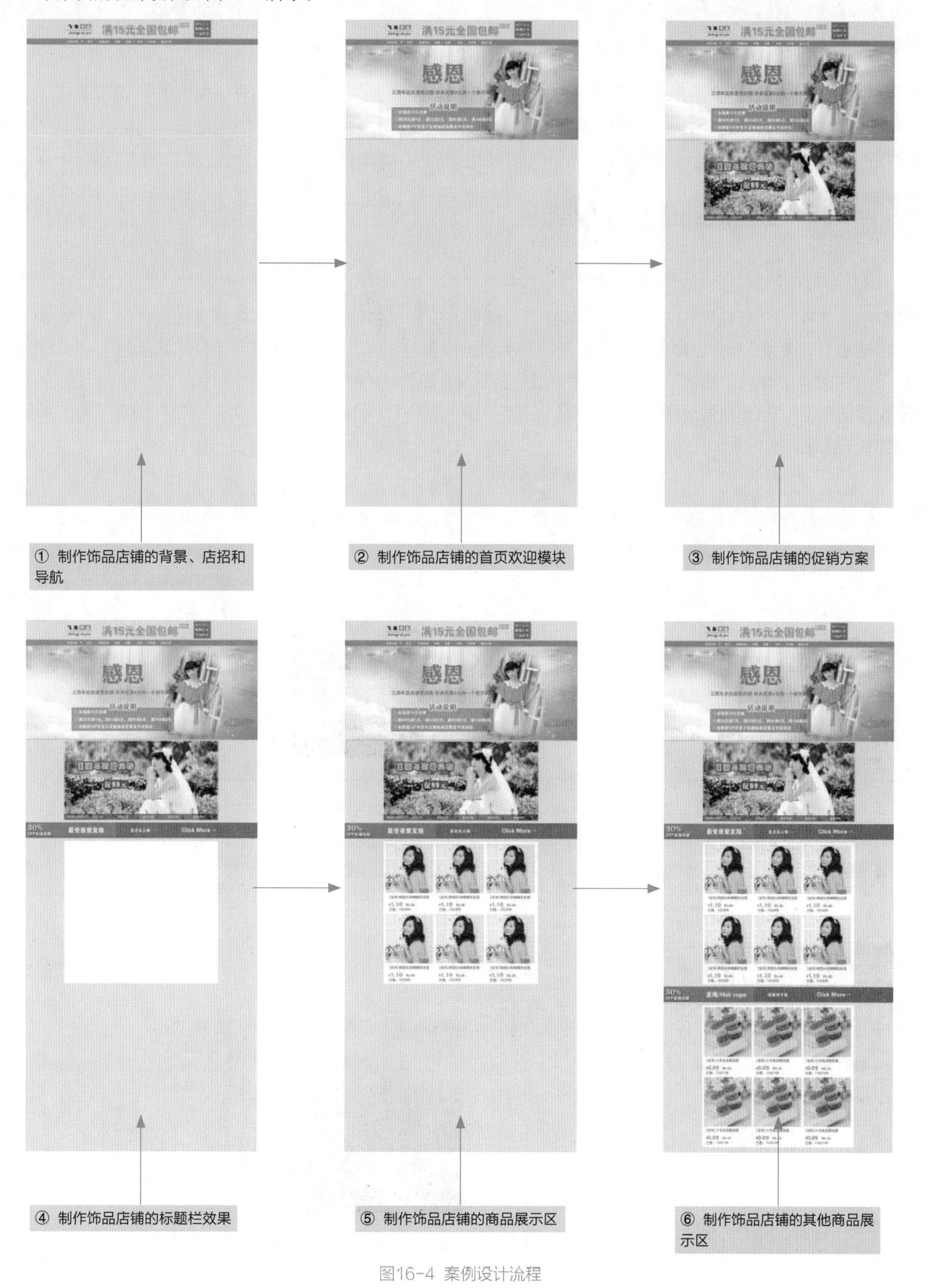

图16-4 案例设计流程

16.2 饰品店铺装修实战步骤详解

本节介绍饰品店铺装修的实战操作过程，主要可以分为制作店铺导航和店招、首页欢迎模块、促销方案、商品展示区等几部分。

- **素材文件** | 素材\第16章\Logo.psd、人物1.jpg ~ 人物3.jpg、背景.jpg、商品图片.jpg、文字1.psd ~ 文字4.psd等
- **效果文件** | 效果\第16章\饰品店铺装修设计.psd
- **视频文件** | 视频\第16章\16.2 饰品店铺装修实战步骤详解.mp4

16.2.1 制作店铺店招和导航

操作步骤

01 单击“文件”|“新建”命令，弹出“新建”对话框，设置“名称”为“饰品店铺装修设计”、“宽度”为1440像素、“高度”为3200像素、“分辨率”为300像素/英寸、“颜色模式”为“RGB颜色”、“背景内容”为“白色”，单击“确定”按钮，新建一幅空白图像，如图16-5所示。

02 设置前景色RGB参数值分别为238、231、225，按【Alt+Delete】组合键，为“背景”图层填充前景色，如图16-6所示。

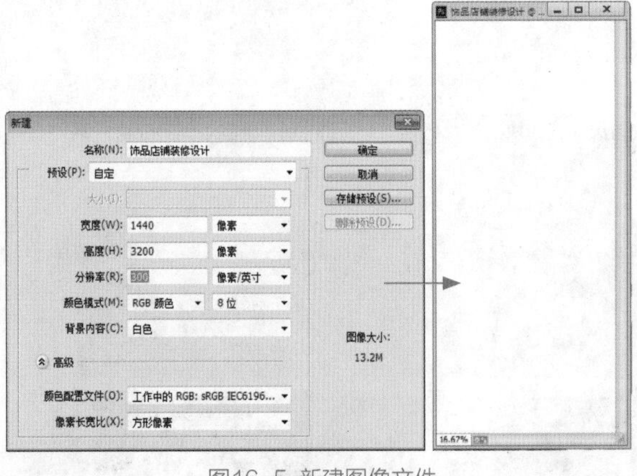

图16-5 新建图像文件

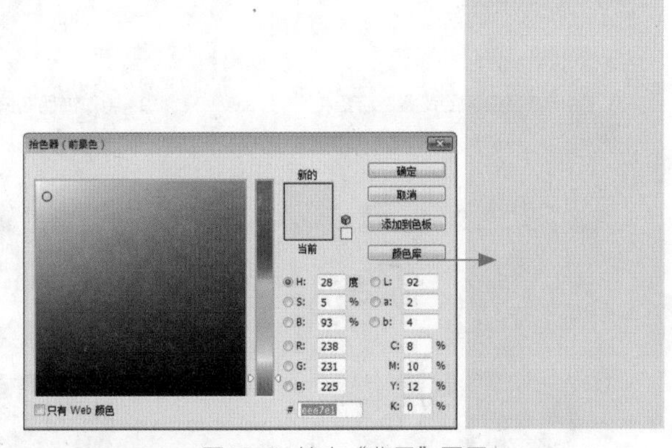

图16-6 填充“背景”图层

03 新建“图层1”图层，运用矩形选框工具创建一个矩形选区，如图16-7所示。

04 设置前景色RGB参数值分别为238、231、225，为选区填充前景色，如图16-8所示，并取消选区。

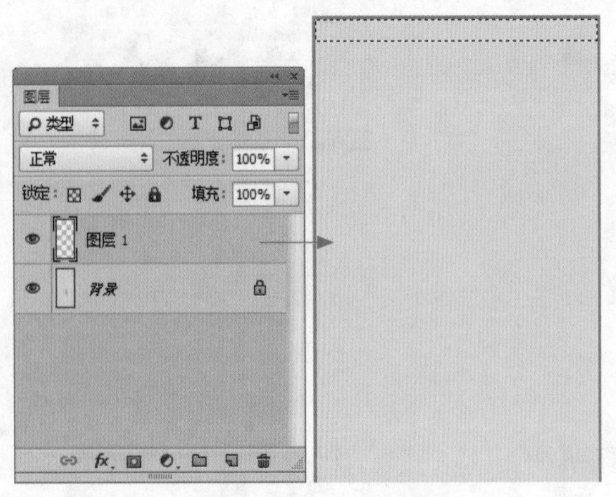

图16-7 创建矩形选区

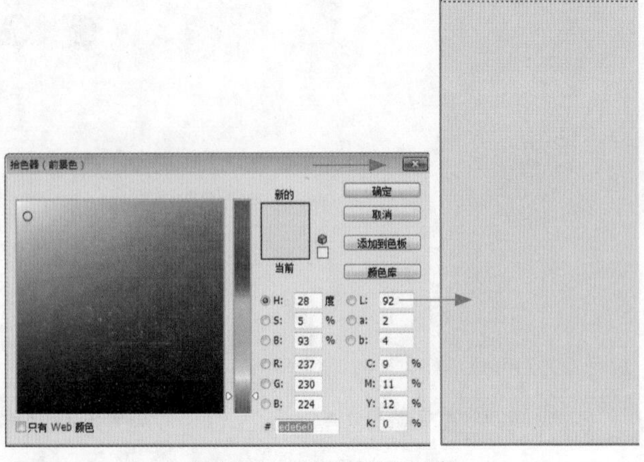

图16-8 为选区填充前景色

05 打开“Logo.psd”素材图像，运用移动工具将素材图像拖曳至背景图像编辑窗口中的合适位置处，如图16-9所示。

06 运用横排文字工具输入相应文字，设置“字体系列”为“方正大黑简体”、“字体大小”为18点、“颜色”为红色（RGB参数值分别为255、111、111），如图16-10所示。

图16-9　添加Logo素材

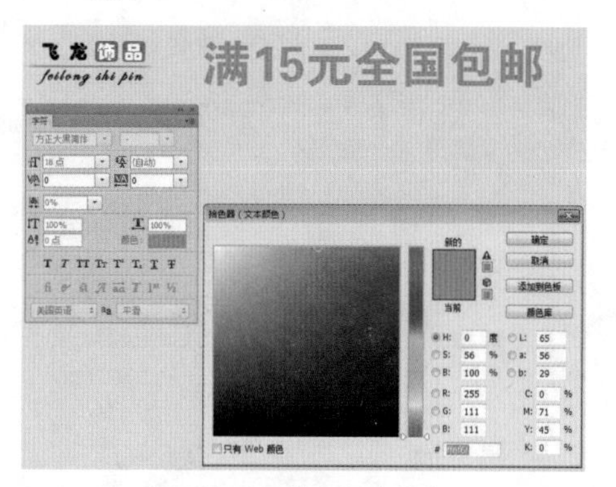

图16-10　输入相应文字

07 双击文字图层，弹出“图层样式”对话框，选中“描边”复选框，设置“大小”为3像素、“颜色”为白色，如图16-11所示。

08 选中“投影”复选框，保持默认设置，单击“确定”按钮，添加相应的图层样式，如图16-12所示。

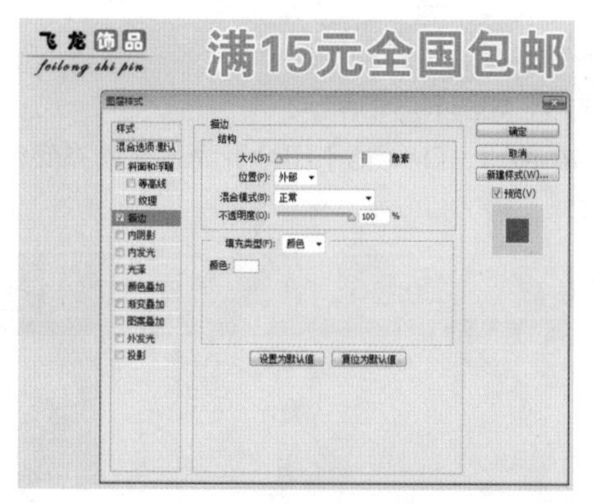

图16-11　添加“描边”图层样式

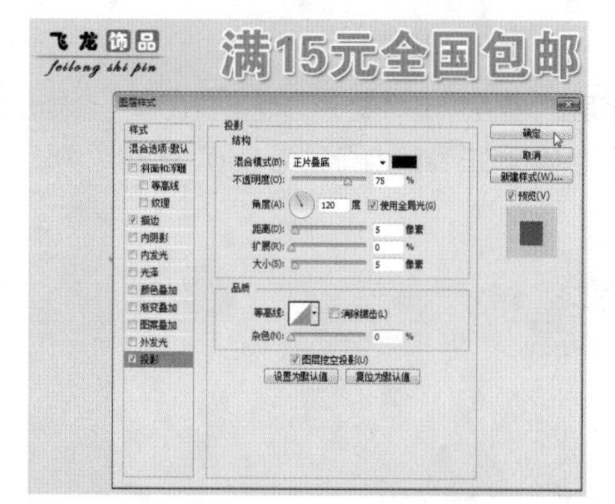

图16-12　添加“投影”图层样式

提示

应用“投影”图层样式会为图层中的对象下方制造一种阴影效果，阴影的透明度、边缘羽化和投影角度等都可以在“图层样式”对话框中进行设置。

- 混合模式：用来设置投影与下面图层的混合方式，默认为“正片叠底”模式。
- 投影颜色：在“混合模式”右侧的颜色框中，可以设定阴影的颜色。
- 不透明度：设置图层效果的不透明度，不透明度值越大，图像效果就越明显。可以直接在后面的数值框中输入数值进行精确调节，或拖动滑块进行调节。
- 角度：设置光照角度，可以确定投下阴影的方向与角度。当选中后面的“使用全局光”复选框时，可以将所有图层对象的阴影角度都统一。
- 距离：设置阴影偏移的幅度，距离越大，层次感越强；距离越小，层次感越弱。
- 扩展：设置模糊的边界，“扩展”值越大，模糊的部分越少。
- 大小：设置模糊的边界，“大小”值越大，模糊的部分就越大。
- 等高线：设置阴影的明暗部分，单击右侧的下拉按钮，可以选择预设效果，也可以单击预设效果，弹出“等高线编辑器”对话框重新进行编辑。
- 消除锯齿：混合等高线边缘的像素，使投影更加平滑。
- 杂色：为阴影增加杂点效果，“杂色”值越大，杂点越明显。
- 图层挖空阴影：该复选框用来控制半透明图层中投影的可见性。

09 运用横排文字工具输入相应文字，设置“字体系列”为“方正大黑简体”、“字体大小”为4点、“颜色”为红色（RGB参数值分别为255、111、111），如图16-13所示。

10 打开“文字1.psd”素材图像，运用移动工具将素材图像拖曳至背景图像编辑窗口中的合适位置处，如图16-14所示。

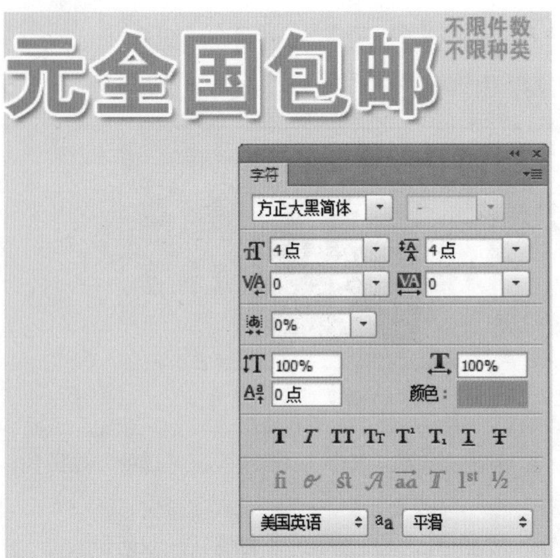

图16-13 输入相应文字

图16-14 添加文字装饰素材

11 新建“图层2”图层，运用矩形选框工具创建一个矩形选区，如图16-15所示。

12 设置前景色的RGB参数值分别为160、128、115，按【Alt+Delete】组合键为选区填充颜色，并取消选区，如图16-16所示。

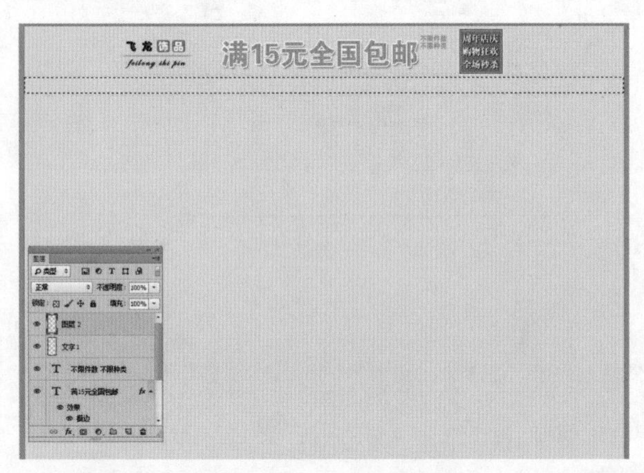

图16-15 创建矩形选区

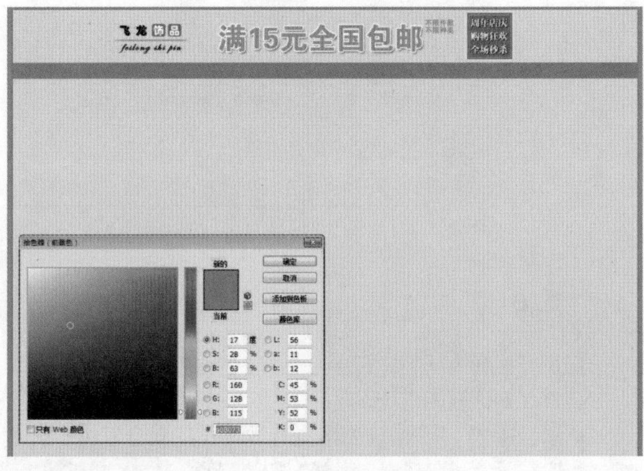

图16-16 填充颜色

提示

Photoshop CC 工具箱底部有一组前景色和背景色设置图标，在 Photoshop CC 中，所有被用到的图像中的颜色都会在前景色或背景色中表现出来。可以使用前景色来绘画、填充和描边，使用背景色来生产渐变填充和在空白区域中填充。此外，在应用一些具有特殊效果的滤镜时，也会用到前景色和背景色。

13 运用横排文字工具输入相应文字，设置“字体系列”为“黑体”、“字体大小”为3.8点、“颜色”为白色，激活“仿粗体”图标，如图16-17所示。

图16-17 输入导航文字

16.2.2 制作首页欢迎模块

操作步骤

01 打开“背景.jpg”素材图像，运用移动工具将素材图像拖曳至背景图像编辑窗口中的合适位置处，如图16-18所示。

02 单击“图像”|“调整”|“亮度/对比度”命令，弹出“亮度/对比度”对话框，设置“亮度”为15、“对比度”为19，单击“确定”按钮，效果如图16-19所示。

图16-18 添加背景素材图像

图16-19 调整亮度/对比度

03 单击“图像”|“调整”|“自然饱和度”命令，弹出“自然饱和度”对话框，设置“自然饱和度”为100、“饱和度”为28，单击“确定”按钮，效果如图16-20所示。

04 打开“人物1.jpg”素材图像，运用移动工具将素材图像拖曳至背景图像编辑窗口中的合适位置处，如图16-21所示。

图16-20 调整图像饱和度

图16-21 添加人物素材

05 适当调整人物素材图像的大小和位置，如图16-22所示。

06 为人物图层添加图层蒙版，并运用黑色的画笔工具适当涂抹图像，隐藏部分图像，效果如图16-23所示。

图16-22 调整图像大小

图16-23 隐藏部分图像

07 用圆角矩形工具绘制一个圆角矩形形状，设置填充颜色为洋红色（RGB参数值分别为253、58、126），并设置该图层的“不透明度”为65%，效果如图16-24所示。

08 运用横排文字工具输入相应文字，设置“字体系列”为“方正粗宋简体”、“字体大小”为10点、“颜色”为洋红色（RGB参数值分别为253、58、126），激活“仿粗体”图标，如图16-25所示。

图16-24 绘制圆角矩形形状

图16-25 输入相应文字

09 双击文字图层，弹出“图层样式”对话框，选中“描边”复选框，设置“大小”为5像素、“颜色”为白色，单击“确定”按钮，效果如图16-26所示。

10 打开“文字2.psd”素材图像，运用移动工具将素材图像拖曳至背景图像编辑窗口中的合适位置处，如图16-27所示。

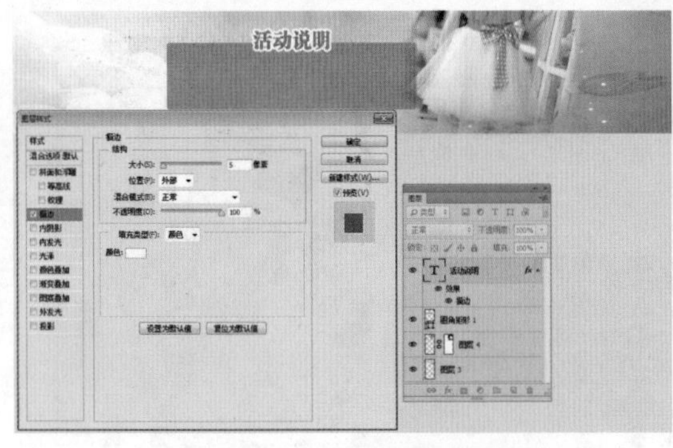

图16-26 添加图层样式

图16-27 添加文字素材

16.2.3 制作促销方案

操作步骤

01 打开“人物2.jpg”素材图像，运用移动工具将素材图像拖曳至背景图像编辑窗口中的合适位置处，如图16-28所示。

02 单击“图像”|“调整”|“亮度/对比度”命令，弹出“亮度/对比度”对话框，设置“亮度”为25、“对比度”为18，单击“确定”按钮，效果如图16-29所示。

图16-28 添加人物素材

图16-29 调整亮度/对比度

03 运用横排文字工具输入相应文字，设置“字体系列”为“华康娃娃体”、“字体大小”为12点、“颜色”为深红色（RGB参数值分别为207、6、14），激活“仿粗体”图标，如图16-30所示。

04 复制文字图层，按住【Ctrl】键的同时单击文字图层的缩览图，将其载入选区，如图16-31所示。

图16-30 输入相应文字

图16-31 载入选区

05 在文字图层中间新建“图层7”图层，单击“选择”|“修改”|“扩展”命令，弹出“扩展选区”对话框，设置“扩展量”为5像素，单击“确定”按钮，如图16-32所示。

06 设置前景色为深红色（RGB参数值分别为207、6、14），为“图层7”图层填充前景色，如图16-33所示。

> **提示**
>
> 设置前景色和背景色时利用的是工具箱下方的两个色块，默认情况下，前景色为黑色，背景色为白色，可以直接在键盘上按【D】键快速将前景色和背景色调整到默认状态；按【X】键，可以快速切换前景色和背景色的颜色。

图16-32 扩展选区

图16-33 填充前景色

07 取消选区，并为所复制的图层添加“描边”图层样式，并设置“大小”为5像素、“颜色”为白色，效果如图16-34所示。

08 打开“文字3.psd”素材图像，运用移动工具将素材图像拖曳至背景图像编辑窗口中的合适位置处，如图16-35所示。

图16-34 添加“描边”图层样式

图16-35 添加文字素材

09 运用矩形工具绘制一个黑色的矩形形状，并设置图层的“不透明度”为50%，效果如图16-36所示。

10 运用横排文字工具输入相应文字，设置“字体系列”为“黑体”、“字体大小”为4点、“颜色”为白色和黄色，并对部分文字激活“仿粗体”图标，效果如图16-37所示。

图16-36 绘制矩形形状

图16-37 输入相应文字

16.2.4 制作商品展示区1

操作步骤

01 运用矩形工具绘制一个长条矩形形状，并设置填充颜色为栗色（RGB参数值分别为168、111、98），如图16-38所示。

02 为矩形形状图层添加默认参数的“投影”图层样式，效果如图16-39所示。

图16-38 绘制长条矩形形状

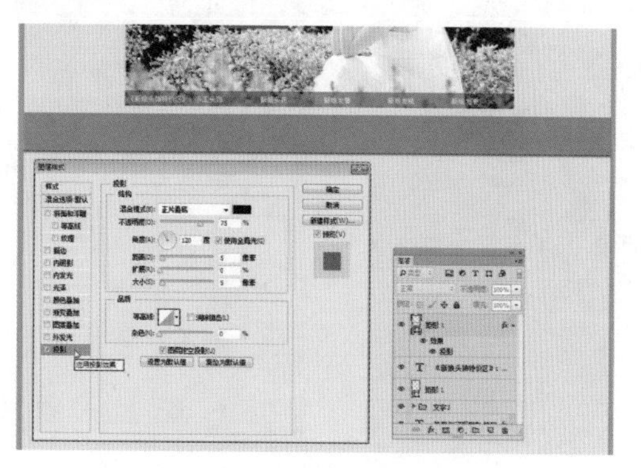

图16-39 添加“投影”图层样式

03 运用矩形工具绘制一个长条矩形形状，并设置填充颜色为枚红色（RGB参数值分别为236、25、104），如图16-40所示。

04 打开“文字4.psd”素材图像，运用移动工具将素材图像拖曳至背景图像编辑窗口中的合适位置处，如图16-41所示。

图16-40 绘制矩形形状

图16-41 添加文字素材

05 新建“图层8”图层，运用矩形选框工具创建一个矩形选区，如图16-42所示。

06 设置前景色为白色，为选区填充前景色，如图16-43所示，并取消选区。

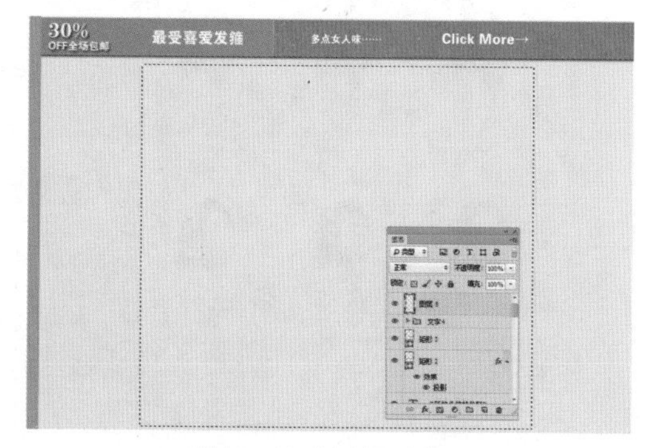

图16-42 创建矩形选区

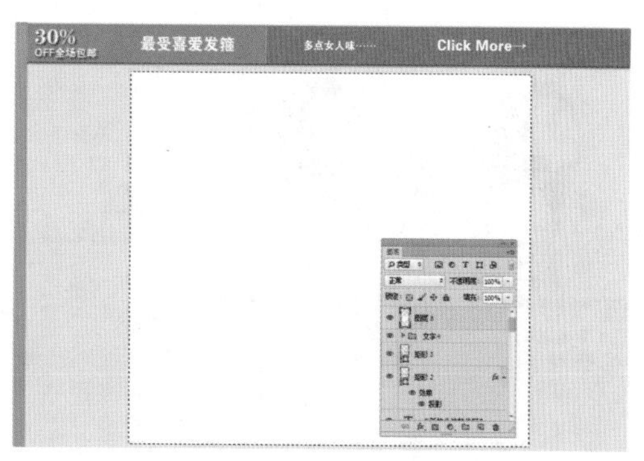

图16-43 填充前景色

07 打开“人物3.jpg”素材图像，运用移动工具将素材图像拖曳至背景图像编辑窗口中的合适位置处，如图16-44所示。

08 运用横排文字工具输入相应文字，设置“字体系列”为“黑体”、“字体大小”为5点、“颜色”为黑色、“行距”为9点，如图16-45所示。

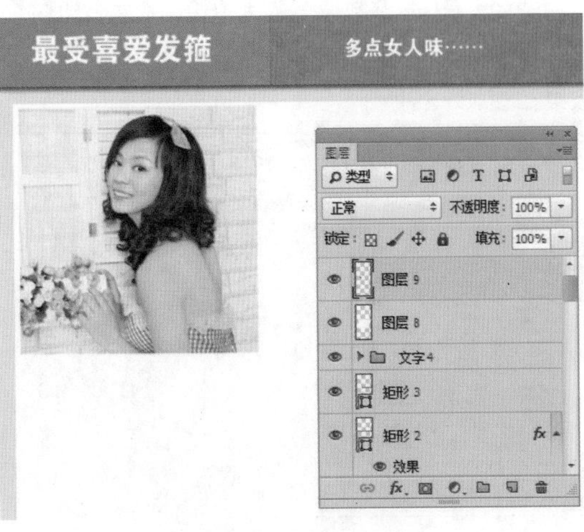

图16-44 添加素材图像

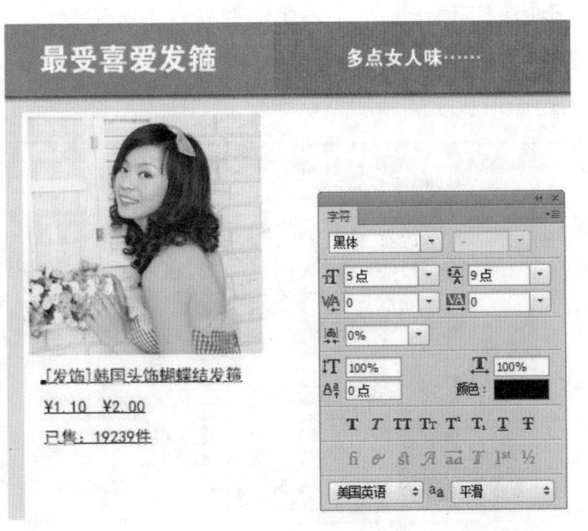

图16-45 输入相应文字

09 选中价格文字，在“字符”面板中设置“字体系列”为“Algerian”、“字体大小”为8点、“颜色”为棕色（RGB参数值分别为152、116、102），并激活“仿粗体”图标，如图16-46所示。

10 选中原价文字，添加“删除线”字符样式，如图16-47所示。

图16-46 设置字符属性

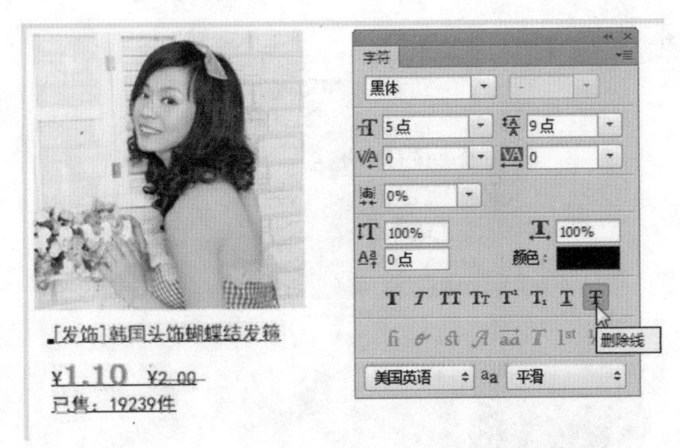

图16-47 添加“删除线”字符样式

11 新建“商品01”图层组，将人物素材图片与价格文字图层添加到图层组中，并复制图层组，调整其位置，如图16-48所示。

12 继续复制多个图层组，适当调整其位置，效果如图16-49所示。

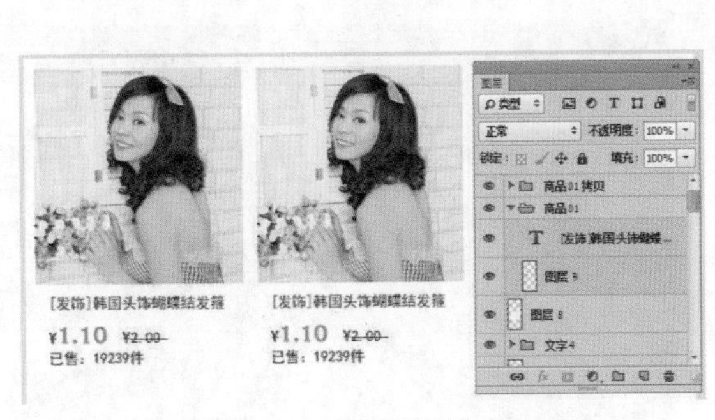

图16-48 管理并复制图层

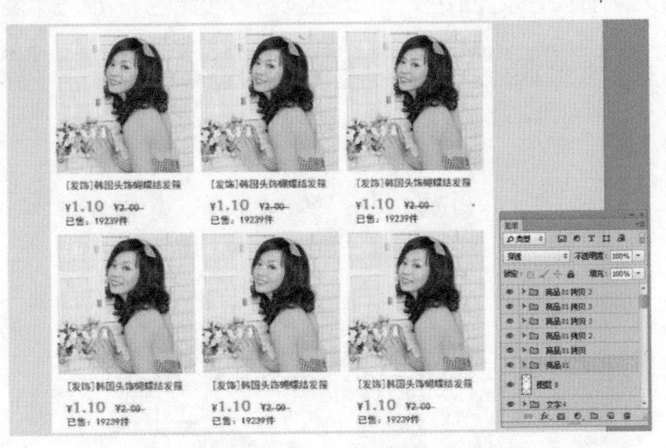

图16-49 复制多个图像

16.2.5 制作商品展示区2

操作步骤

01 对前面制作的标题栏进行复制，放在适当的位置，更改其中的标题文字，如图16-50所示。

02 复制“图层8”图层，得到“图层8拷贝”图层，并将其拖曳至合适位置处，如图16-51所示。

图16-50 复制并修改标题栏

图16-51 复制图像

03 打开“商品图片.jpg”素材图像，运用移动工具将素材图像拖曳至背景图像编辑窗口中的合适位置处，如图16-52所示。

04 按【Ctrl+T】组合键调出变换控制框，适当调整商品图片的大小和位置，并按【Enter】键确认变换操作，如图16-53所示。

图16-52 添加素材图像

图16-53 适当调整商品图片

05 复制前面输入的商品价格等文字，调整图层顺序，并将文字调整至合适位置处，效果如图16-54所示。

06 运用横排文字工具修改文字内容，效果如图16-55所示。

图16-54 复制文字图层

图16-55 修改文字内容

提示

用户使用工具箱中的文字工具，在图像编辑窗口中确认插入点时，系统将会自动生成一个新的文字图层，如图 16-56 所示。

图16-56 文字图层

07 新建“商品02”图层组，将商品素材图片与价格文字图层添加到图层组中，并复制图层组，调整其位置，如图16-57所示。

08 继续复制多个图层组，适当调整其位置，效果如图16-58所示。

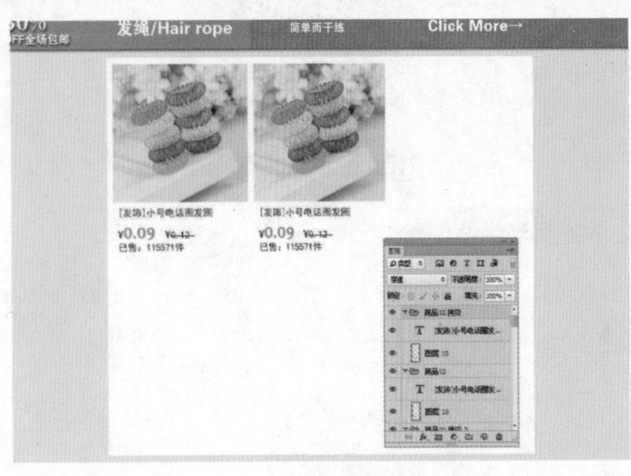

图16-57 管理并复制图层

图16-58 复制多个图像

第17章

美食店铺装修实战

本章知识提要

美食店铺装修设计与详解

美食店铺装修实战步骤详解

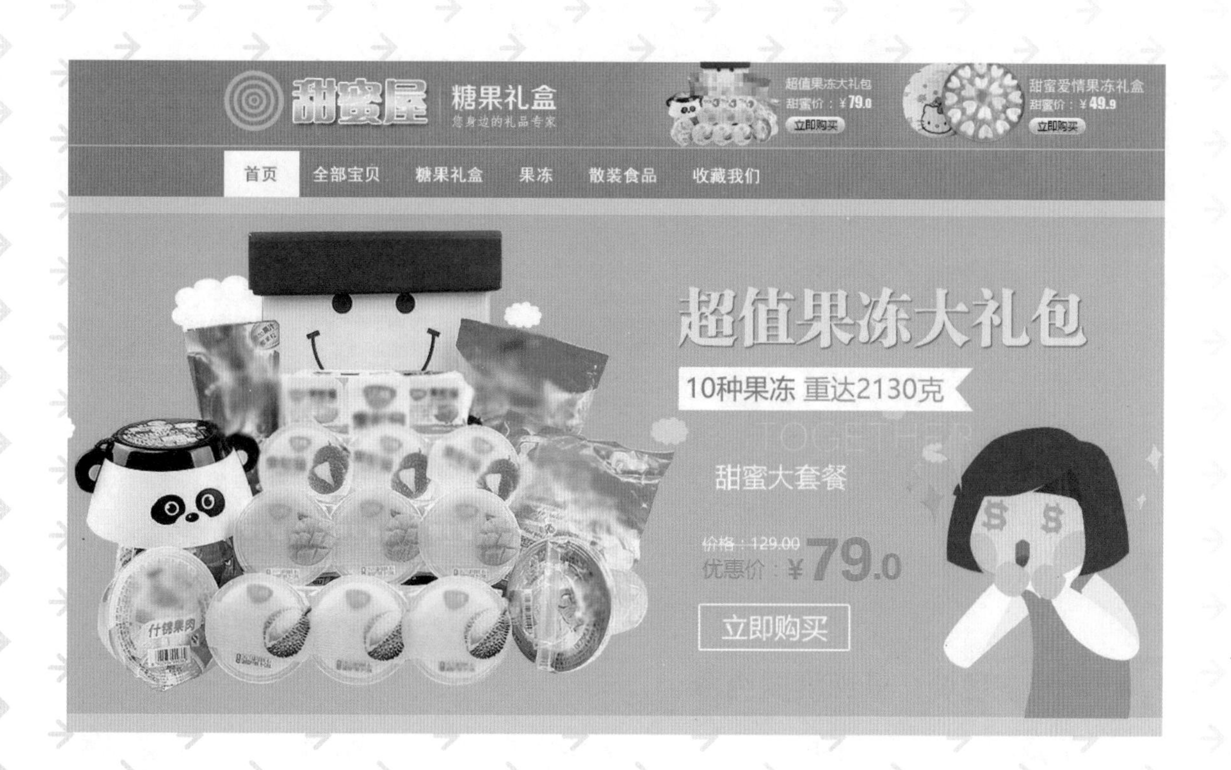

17.1 美食店铺装修设计与详解

本实例是为零食产品设计的店铺首页装修效果，在设计中使用了淡黄色作为背景色调，搭配蓝色欢迎模块和色彩绚丽的商品，让色彩的风格形成碰撞的感觉，具体的制作和分析如下。

17.1.1 布局策划解析

本实例的布局如图17-1所示。

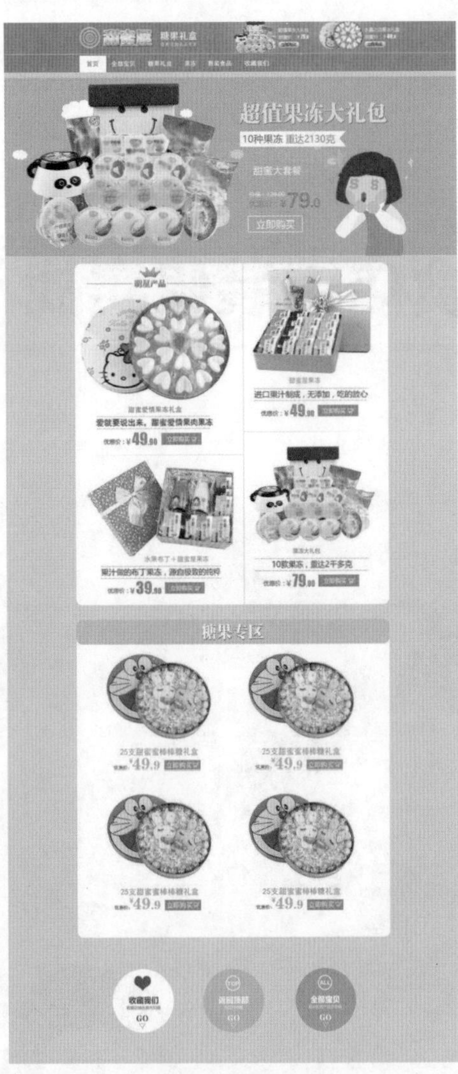

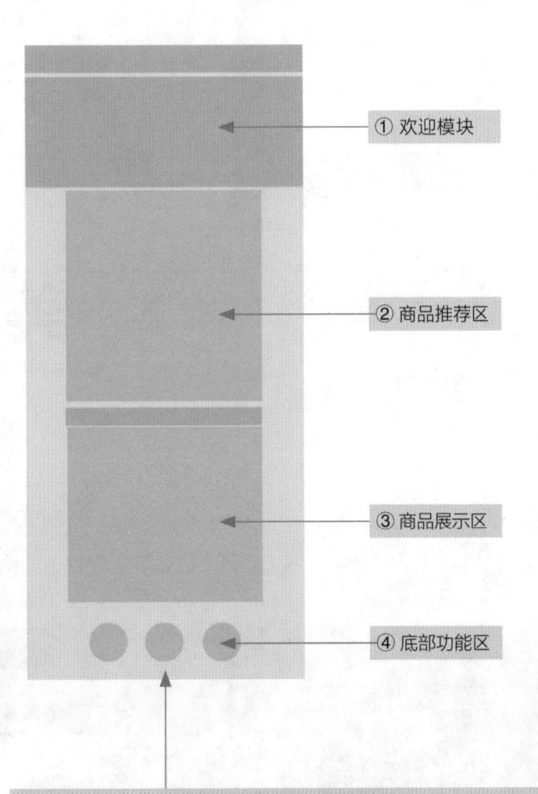

① 欢迎模块：欢迎模块中使用天蓝色加商品图片作为背景，搭配多组文字信息，错落有致的文字让编排更显灵活，同时适当的留白增加了版式的艺术感，也为顾客留下想象的空间。
② 商品推荐区：该区域中包含了多个线条，线条将画面进行了分割，通过这些线条的运用，让顾客的视线能够随着线条进行移动，在线条的间隙中放置的商品和标题文字，给人一种节奏感和韵律感。
③ 商品展示区：该区域分别包含了4种不同的商品，虽然都是以正方形作为展示的外形，但使用色彩和谐的标签对商品的名称和价格进行填充，使得版式布局活泼、可爱，不至于呈现呆板的效果，能够与商品精致俏皮的形象一致。
④ 底部功能区：该区域使用圆形对画面进行分割和布局，让画面充满设计感，且让顾客对各功能按钮一目了然。

图17-1 美食店铺布局

17.1.2 主色调：低纯度黄色系

本案例在色彩设计的过程中，使用了低纯度的黄色系作为网页的背景色，用高明度的色彩作为商品的颜色，两者之间的色彩存在很大的差异，这样的差异使得商品的表现更为突出，让商品显得琳琅满目，对商品的推广有着推动作用。此外，商品价格标签中使用的红色系与商品颜色相近，顾客可以对商品的价格进行一一对应，避免颜色过多而造成内容杂乱。

1. 页面背景及设计元素配色：低纯度黄色系

R240、G216、B168	R251、G196、B18	R249、G158、B79	R210、G175、B57	R214、G130、B40
C9、M18、Y38、K0	C6、M29、Y89、K0	C2、M50、Y70、K0	C25、M34、Y84、K0	C21、M58、Y90、K0

2. 商品及商品背景配色：高明度色彩

R115、G197、B255	R254、G165、B187	R250、G75、B118	R198、G28、B55	R253、G241、B69
C53、M12、Y0、K0	C0、M49、Y12、K0	C0、M83、Y33、K0	C28、M98、Y79、K0	C8、M3、Y77、K0

17.1.3 案例配色扩展

1. 辅助配色：紫红色系（如图17-2所示）

R234、G153、B255	R193、G132、B209	R226、G14、B255	R255、G72、B220	R252、G48、B121
C25、M45、Y0、K0	C34、M55、Y50、K0	C48、M78、Y0、K0	C24、M73、Y0、K0	C0、M89、Y26、K0

2. 辅助配色：蓝色系（如图17-3所示）

R154、G187、B255	R115、G197、B255	R96、G182、B239	R99、G182、B190	R17、G70、B255
C44、M23、Y0、K0	C53、M12、Y0、K0	C61、M17、Y0、K0	C62、M14、Y29、K0	C88、M68、Y0、K0

左图所示为使用紫红色作为网页主色调的制作效果，由于紫红色可以给人一种明亮、活泼的感觉，因此这样设计的页面能够营造出灿烂、开朗、爽口的感觉，常用于水果、零食、体育用品类店铺的装修设计中。

图17-2 紫红色系

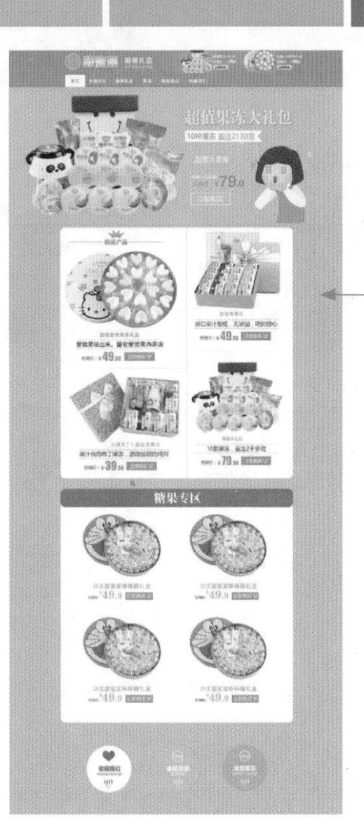

左图所示为使用蓝色作为主色调所设计出来的首页效果，可以看到画面变得更加清爽，这样的配色可以表现出商品的生动感，可以让商品的分离更加清晰，使得商品的表现更为准确、突出，从而更加容易刺激顾客购买欲。

图17-3 蓝色系

17.1.4 案例设计流程

本案例的设计流程如图17-4所示。

图17-4 案例设计流程

17.2 美食店铺装修实战步骤详解

本节介绍美食店铺装修的实战操作过程，主要可以分为制作店招和店铺导航、首页欢迎模块、商品推荐区、商品展示区、底部功能区等几部分。

- **素材文件** | 素材\第17章\Logo.psd、分割线.psd、商品图片1.jpg ~ 商品图片5.jpg、购物车.psd、文字.psd等
- **效果文件** | 效果\第17章\美食店铺装修设计.psd
- **视频文件** | 视频\第17章\17.2 美食店铺装修实战步骤详解.mp4

17.2.1 制作店铺店招和导航

操作步骤

01 单击“文件” | “新建”命令，弹出“新建”对话框，设置“名称”为“美食店铺装修设计”、“宽度”为1440像素、“高度”为3200像素、“分辨率”为300像素/英寸、“颜色模式”为“RGB颜色”、“背景内容”为“白色”，单击“确定”按钮，新建一幅空白图像，如图17-5所示。

02 设置前景色为淡黄色（RGB参数值分别为240、216、168），按【Alt+Delete】组合键，为“背景”图层填充前景色，如图17-6所示。

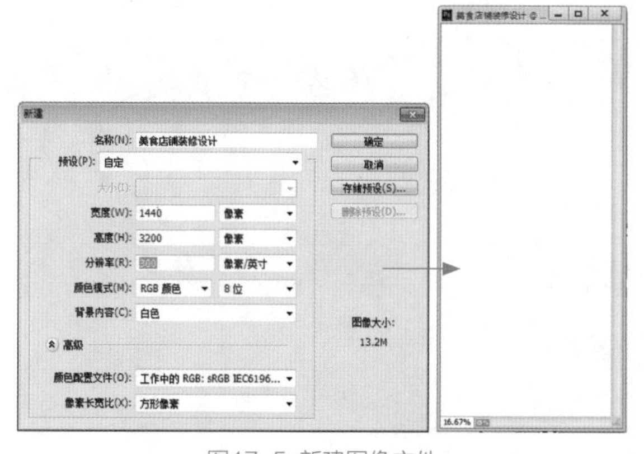

图17-5 新建图像文件

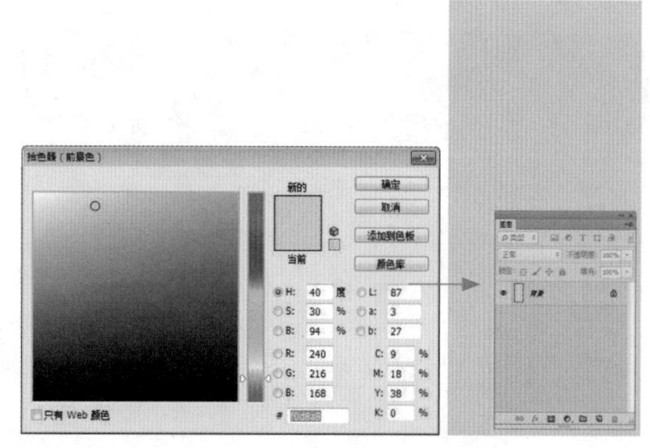

图17-6 填充“背景”图层

03 新建“图层1”图层，运用矩形选框工具创建一个矩形选区，如图17-7所示。

04 设置前景色为红色（RGB参数值分别为250、75、118），为选区填充颜色，并取消选区，如图17-8所示。

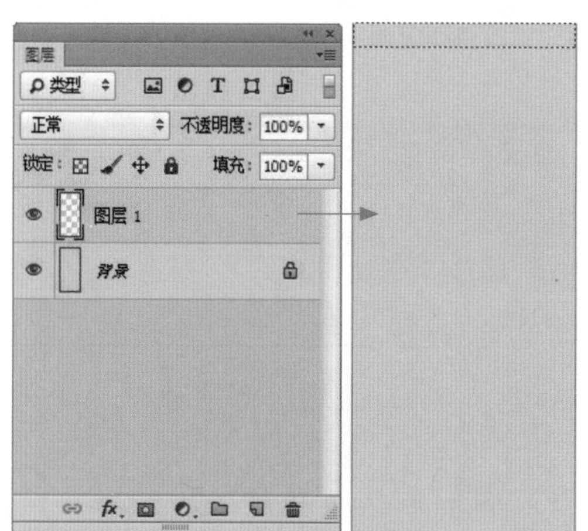

图17-7 创建矩形选区

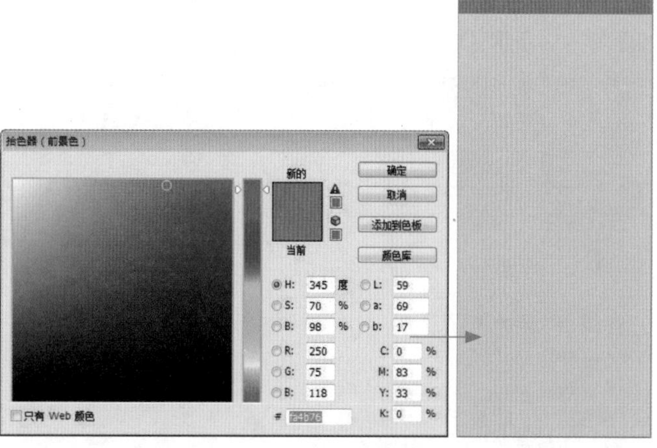

图17-8 填充选区

05 打开“Logo.psd”素材图像，运用移动工具将素材图像拖曳至背景图像编辑窗口中的合适位置处，如图17-9所示。

06 选取工具箱中的直线工具，设置前景色为粉红色（RGB参数值分别为254、165、187）、“粗细”为2像素，在图像中绘制一条直线形状，效果如图17-10所示。

图17-9 添加Logo素材

图17-10 绘制直线

07 运用横排文字工具输入相应文字，设置“字体系列”为“黑体”、“字体大小”为4.5点、“颜色”为白色，激活“仿粗体”图标，效果如图17-11所示。

08 选取工具箱中的矩形工具，设置前景色为白色，在图像中绘制一个矩形形状，效果如图17-12所示。

图17-11 输入相应文字

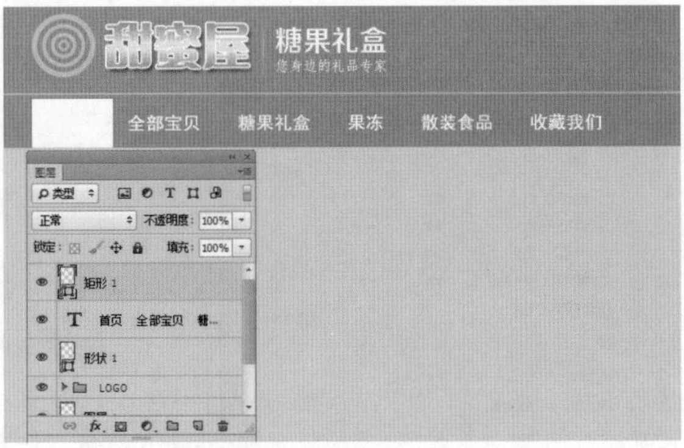

图17-12 绘制矩形形状

09 将矩形形状图层下移一层，并在“字符”面板中将“首页”文字的“颜色”设置为红色（RGB参数值分别为250、75、118），效果如图17-13所示。

10 打开“商品图片1.jpg”素材图像，运用移动工具将素材图像拖曳至背景图像编辑窗口中的合适位置处，效果如图17-14所示。

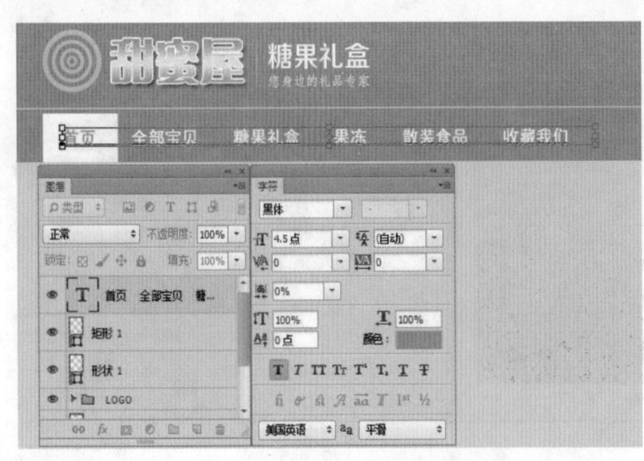

图17-13 修改文字颜色

图17-14 添加商品素材

17.2.2 制作首页欢迎模块

操作步骤

01 新建“图层3”图层，运用矩形选框工具创建一个矩形选区，如图17-15所示。

02 设置前景色为蓝色（RGB参数值分别为115、197、255），为选区填充颜色，并取消选区，如图17-16所示。

图17-15 创建矩形选区

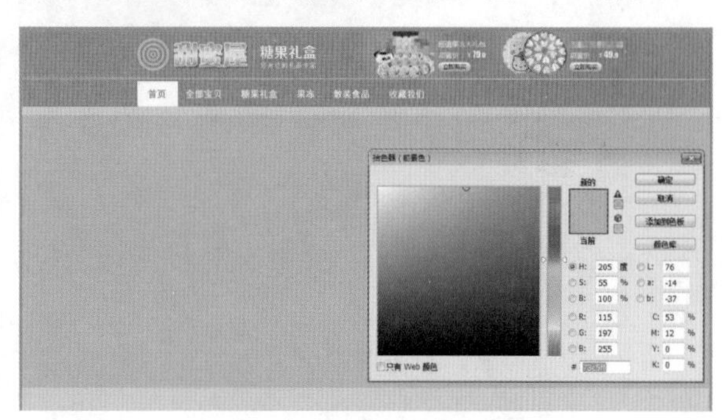

图17-16 填充并取消选区

03 设置前景色为白色，选取工具箱中的自定形状工具，设置“形状”为“云彩1”，在蓝色背景上绘制多个云彩形状，效果如图17-17所示。

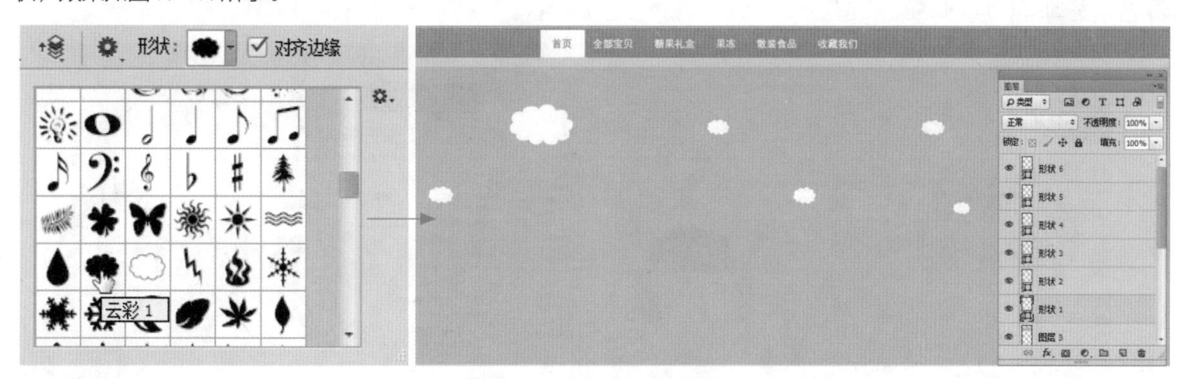

图17-17 绘制多个云彩形状

04 创建“云彩”图层组，将所绘制的云彩形状图层拖曳到其中，并修改相应图层的不透明度，效果如图17-18所示。

05 打开“商品图片2.jpg”素材图像，运用移动工具将素材图像拖曳至背景图像编辑窗口中的合适位置处，如图17-19所示。

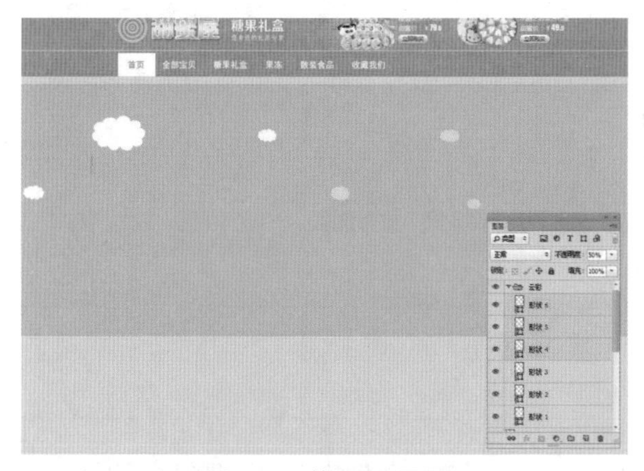

图17-18 管理云彩图层

图17-19 添加商品素材

06 运用魔棒工具在商品图像的绿色背景上创建选区，按【Delete】键删除选区内的图像，并取消选区，效果如图17-20所示。

07 打开“首页装饰.psd”素材图像，运用移动工具将素材图像拖曳至背景图像编辑窗口中的合适位置处，如图17-21所示。

图17-20 抠图

图17-21 添加装饰素材

08 运用横排文字工具在图像上输入相应文字，设置“字体系列”为“方正粗宋简体”、“字体大小”为16点、“颜色”为黄色（RGB参数值分别为253、241、69），如图17-22所示。

09 为文字图层添加“投影”图层样式，设置“距离”为1像素、“大小”为1像素，效果如图17-23所示。

图17-22 输入相应文字

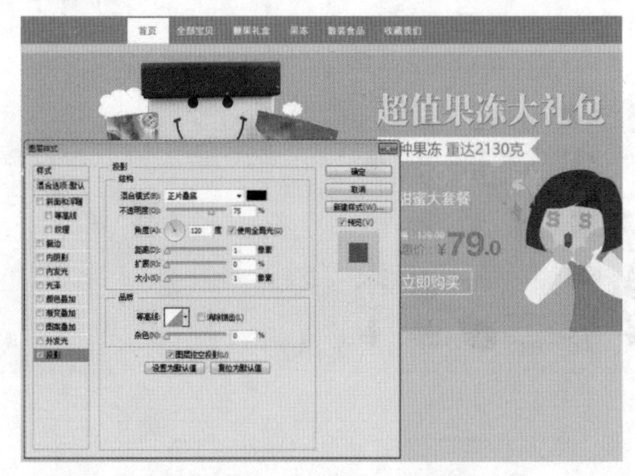

图17-23 添加“投影”图层样式

提示

对齐图层是将图像文件中包含的图层按照指定的方式（沿水平或垂直方向）对齐；分布图层是将图像文件中的几个图层中的内容按照指定的方式（沿水平或垂直方向）平均分布，将当前选择的多个图层或链接图层进行等距排列。

在“图层”面板中每个图层都有默认的名称，用户可以根据需要，自定义图层的名称，以利于过程中操作的方便，对于多余的图层，应该及时将其从图像中删除，以减小图像文件的大小。

删除图层的方法有两种，分别如下。

- 命令：单击“图层”|“删除”|“图层”命令。
- 快捷键：在选取移动工具并且当前图像中不存在选区的情况下，按【Delete】键，删除图层。

17.2.3 制作商品推荐区

操作步骤

01 设置前景色为白色，运用圆角矩形工具绘制一个白色的圆角矩形形状，设置相应的属性选项，如图17-24所示。

02 打开“分隔线.psd”素材图像，运用移动工具将素材图像拖曳至背景图像编辑窗口中的合适位置处，如图17-25所示。

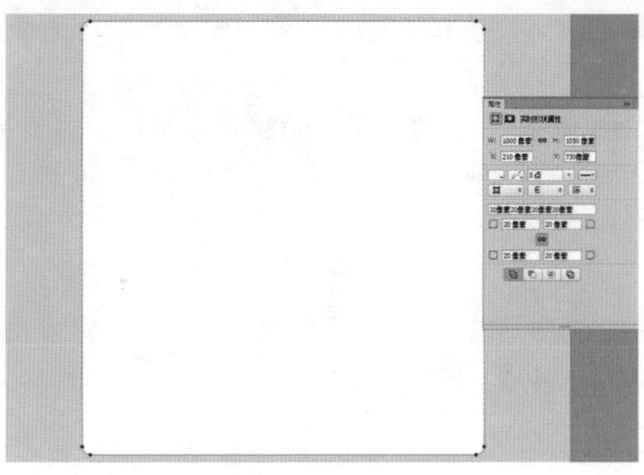
图17-24　绘制圆角矩形形状

图17-25　添加分隔线素材

03 选取工具箱中的渐变工具，打开“渐变编辑器”对话框，设置渐变色为黑色到白色（50%位置），再到黑色的线性渐变，如图17-26所示。

04 为“分隔线”图层组添加图层蒙版，并运用渐变工具从左至右填充图层蒙版，隐藏部分图像效果，并设置图层组的“不透明度”为60%，如图17-27所示。

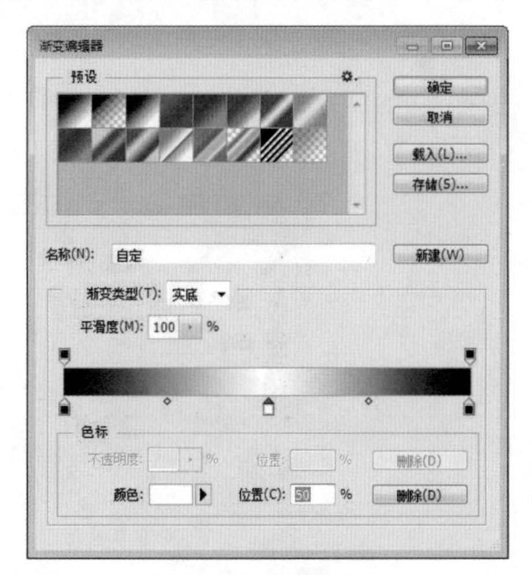

图17-26　设置渐变色

图17-27　设置图层组效果

05 设置前景色为黄色（RGB参数值分别为210、175、57），运用直线工具绘制一条“粗细”为2像素的直线形状，效果如图17-28所示。

06 复制直线形状，将其拖曳至合适位置处，效果如图17-29所示。

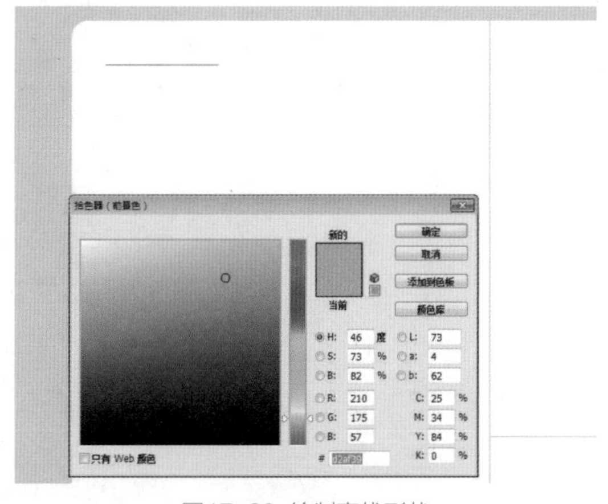
图17-28　绘制直线形状

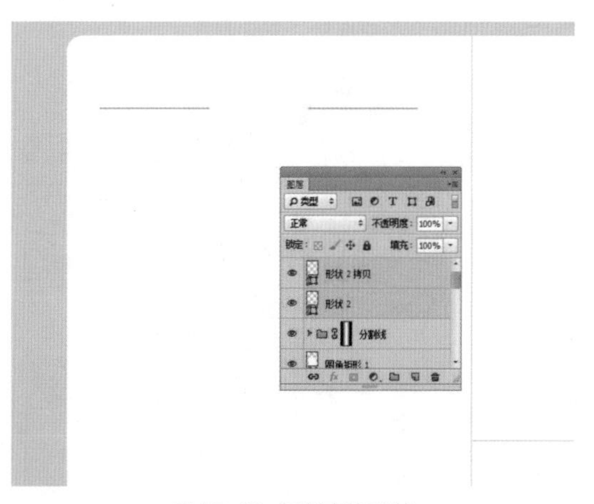
图17-29　复制直线形状

07 运用横排文字工具在图像上输入相应文字，设置“字体系列”为“方正粗宋简体”、“字体大小”为6点，如图17-30所示。

08 为文字图层添加“渐变叠加”图层样式，设置渐变色为浅黄色（RGB参数值分别为255、191、6）到金黄色（RGB参数值分别为214、130、40），并选中“反向”复选框，如图17-31所示。

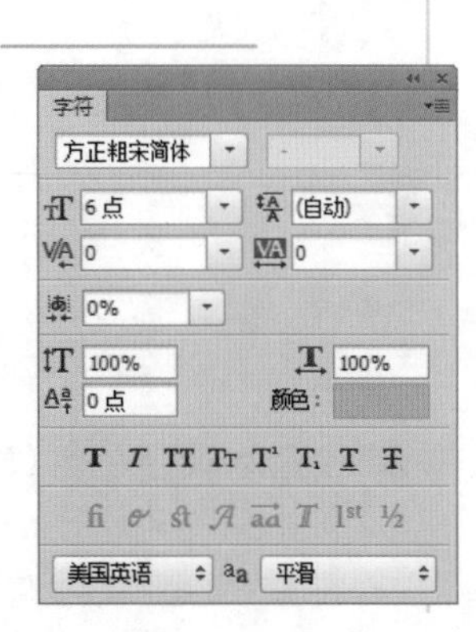

图17-30 输入相应文字

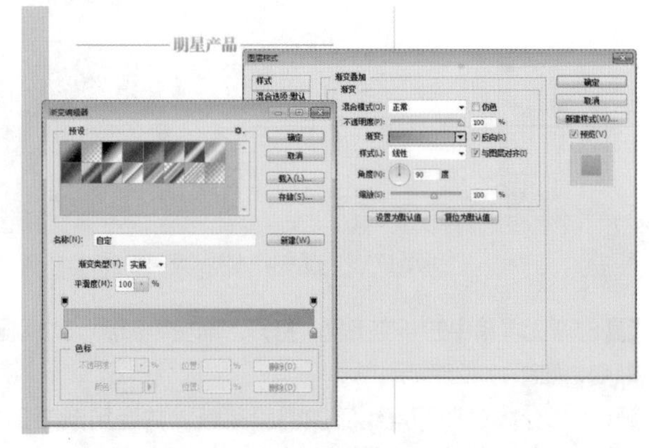

图17-31 添加“渐变叠加”图层样式

09 为文字图层添加“投影”图层样式，设置“距离”为1像素、“大小”为1像素，效果如图17-32所示。

10 选取工具箱中的自定形状工具，设置“形状”为“皇冠1”，在文字上绘制“皇冠1”形状，效果如图17-33所示。

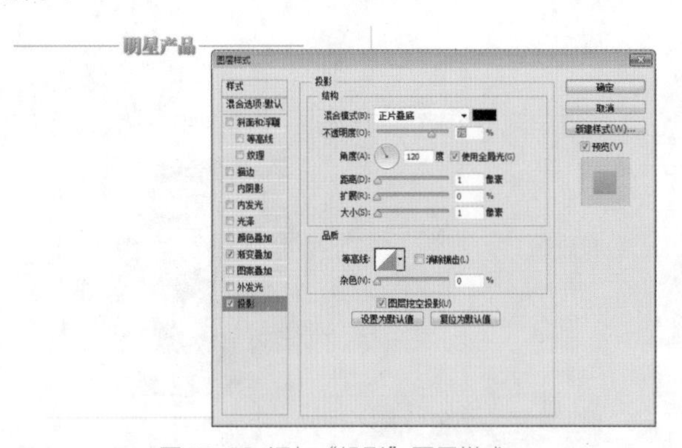

图17-32 添加“投影”图层样式

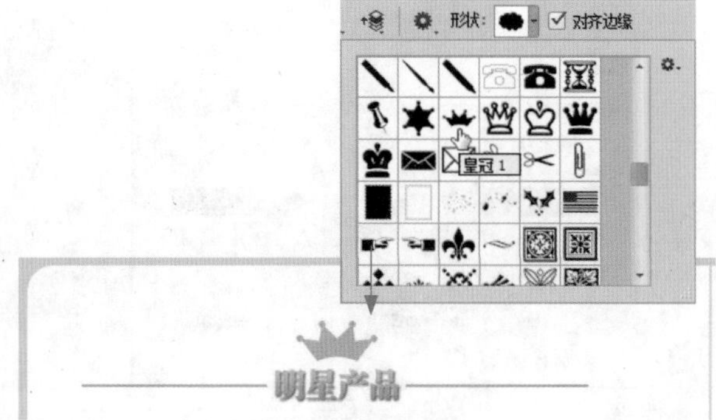

图17-33 绘制皇冠图像

11 复制文字图层的图层样式，并将其粘贴到皇冠形状图层上，效果如图17-34所示。

12 创建“标题栏”图层组，将相应图层拖曳至其中，如图17-35所示。

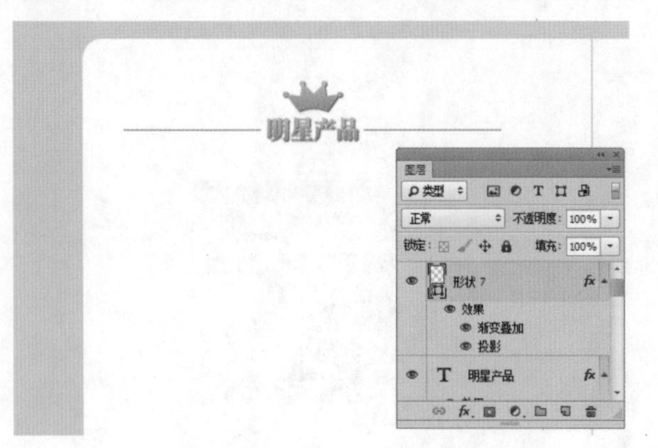

图17-34 复制并粘贴图层样式

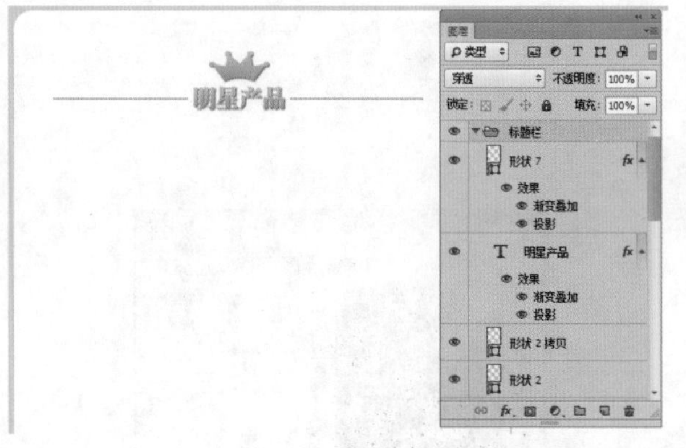

图17-35 管理图层

13 打开“商品图片3.jpg”素材图像，运用移动工具将素材图像拖曳至背景图像编辑窗口中的合适位置处，如图17-36所示。

14 用同样的方法，添加其他的商品素材图像，效果如图17-37所示。

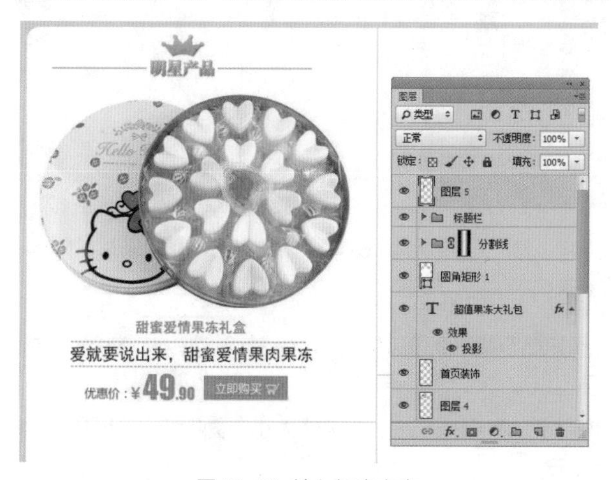

图17-36 输入相应文字

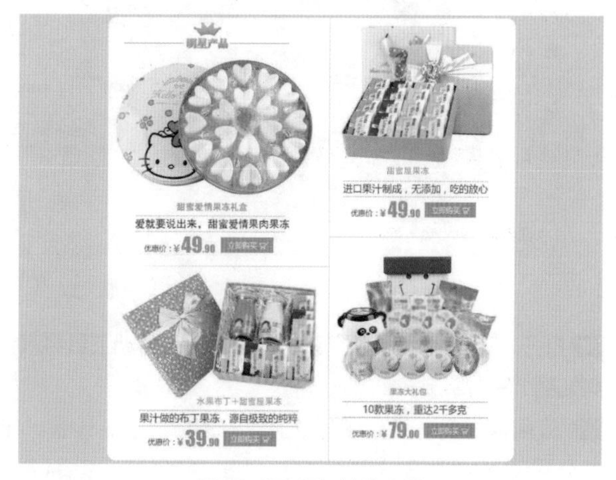

图17-37 添加其他商品

17.2.4 制作商品展示区

操作步骤

01 复制前面绘制的白色圆角矩形形状，并适当调整其位置和大小，效果如图17-38所示。

02 设置前景色为黄色（RGB参数值分别为251、196、18），运用圆角矩形工具绘制一个圆角矩形形状，如图17-39所示。

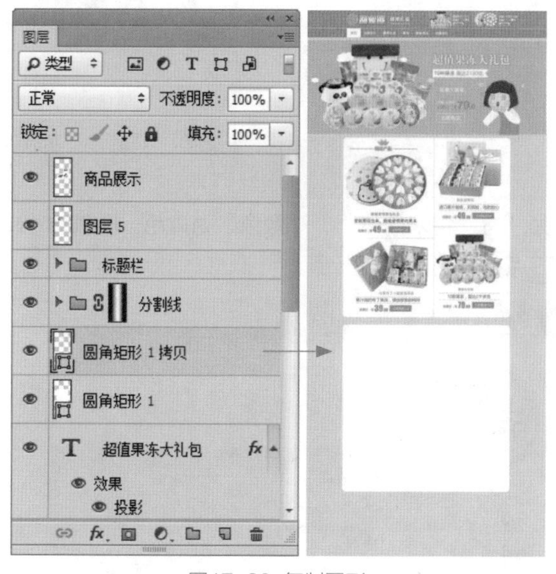

图17-38 复制图形

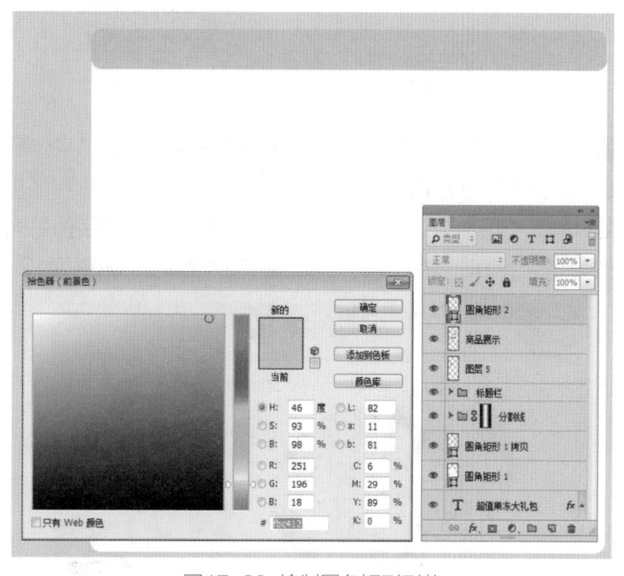

图17-39 绘制圆角矩形形状

03 运用横排文字工具在图像上输入相应文字，设置“字体系列”为“方正粗宋简体”、“字体大小”为12点、“颜色”为白色，并为文字图层添加“投影”图层样式，设置“距离”与“大小”均为2像素，效果如图17-40所示。

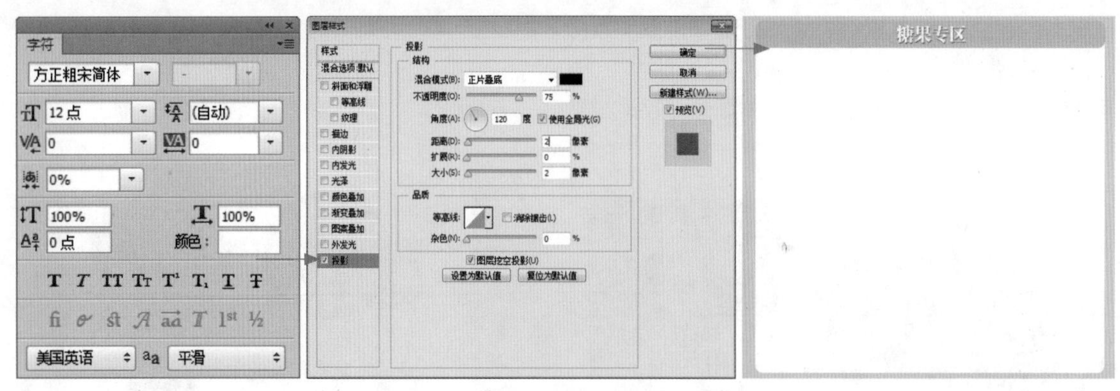

图17-40 输入并设置文字效果

04 打开"商品图片5.psd"素材图像，运用移动工具将素材图像拖曳至背景图像编辑窗口中，并调整其大小和位置，效果如图17-41所示。

05 运用横排文字工具在图像上输入相应文字，设置"字体系列"为"黑体"、"字体大小"为6点、"颜色"为红色（RGB参数值分别为255、75、116），如图17-42所示。

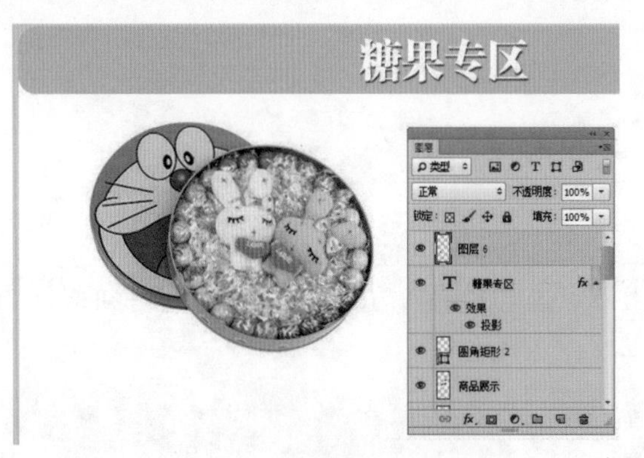

图17-41 添加商品素材

图17-42 输入相应文字

06 运用横排文字工具在图像上输入相应文字，设置"字体系列"为"黑体"、"字体大小"为3.5点、"颜色"为黑色，如图17-43所示。

07 选择"49.9"文字，在"字符"面板中设置"字体系列"为"方正粗宋简体"、"颜色"为黄色（RGB参数值分别为249、158、79），设置"字体大小"分别为12点和9点，如图17-44所示。

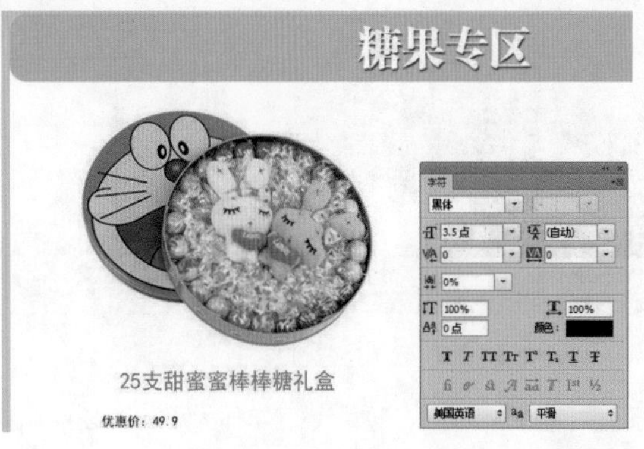

图17-43 输入相应文字

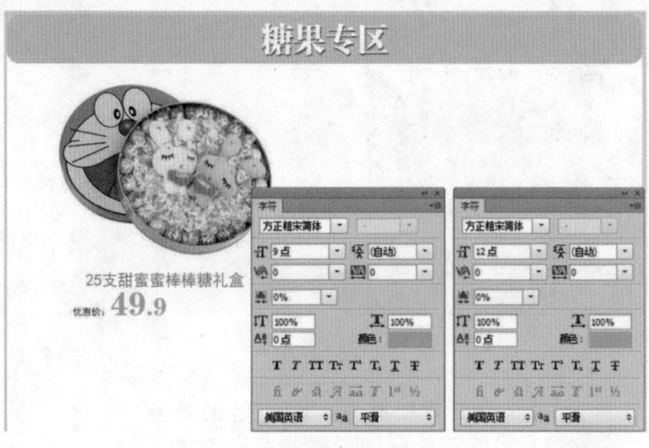

图17-44 修改文字属性

08 打开"钱币符号.psd"素材图像，运用移动工具将素材图像拖曳至背景图像编辑窗口中的合适位置处，如图17-45所示。

09 设置前景色为红色（RGB参数值分别为250、75、110），运用矩形工具绘制一个矩形形状，如图17-46所示。

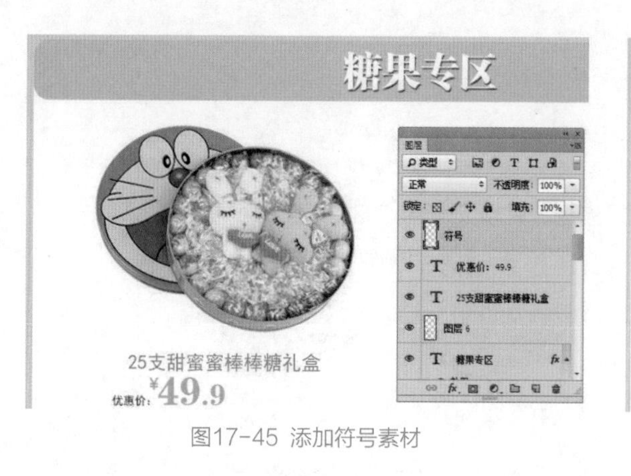

图17-45 添加符号素材

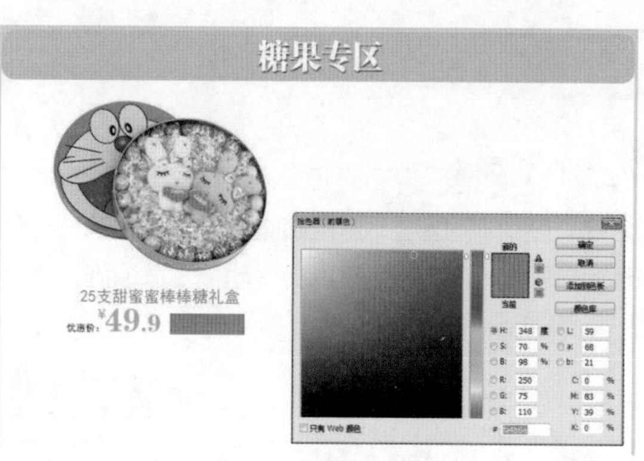

图17-46 绘制矩形形状

10 运用横排文字工具在图像上输入相应文字，设置“字体系列”为“黑体”、“字体大小”为5点、“颜色”为白色，如图17-47所示。

11 打开“购物车.psd”素材图像，运用移动工具将素材图像拖曳至背景图像编辑窗口中的合适位置处，如图17-48所示。

图17-47 输入相应文字

图17-48 添加购物车素材

12 创建“商品”图层组，将前面制作的商品展示相关图层移动到其中，并复制该图层组，将复制后的图像移动至合适位置处，如图17-49所示。

13 用同样的方法复制图层组，并调整图像位置，效果如图17-50所示。

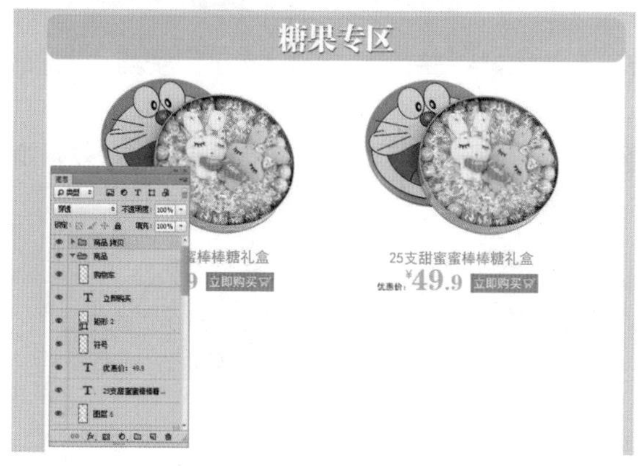

图17-49 管理并复制图层组

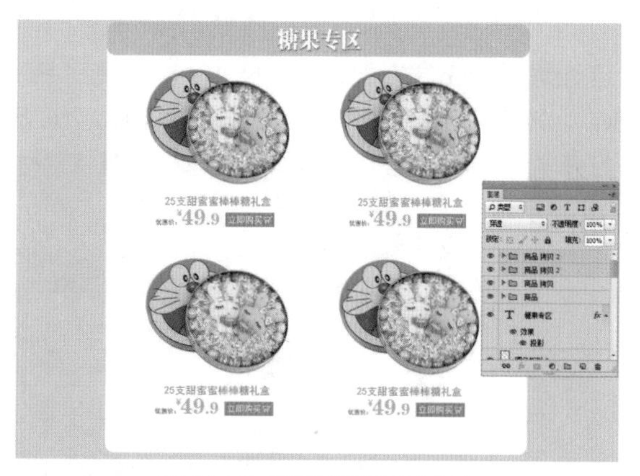

图17-50 复制并调整图像位置

17.2.5 制作底部功能区

操作步骤

01 新建“图层7”图层，运用椭圆选框工具创建一个圆形选区，并填充白色，如图17-51所示。

02 运用椭圆选框工具将选区向右移动至合适位置，并为选区填充黄色（RGB参数值分别为247、186、17），效果如图17-52所示。

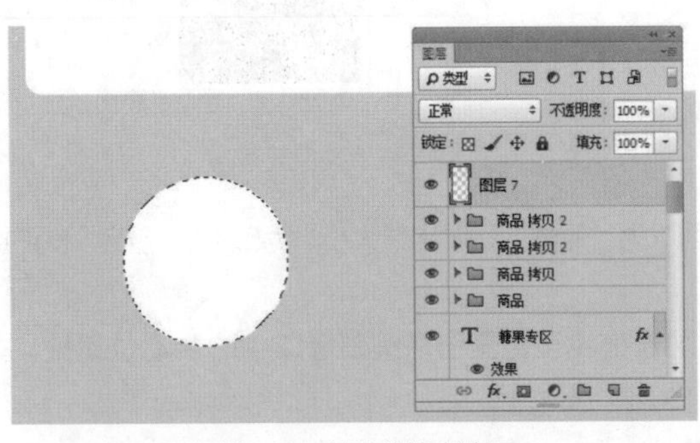

图17-51 创建并填充选区

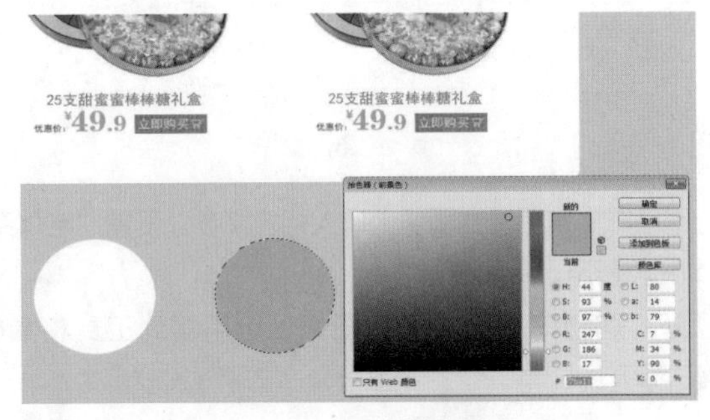

图17-52 复制并填充选区

03 运用椭圆选框工具将选区继续向右移动至合适位置，为选区填充绿色（RGB参数值分别为99、182、190），并取消选区，效果如图17-53所示。

04 设置前景色为红色（RGB参数值分别为198、28、55），运用自定形状工具绘制一个“红心形卡”形状，效果如图17-54所示。

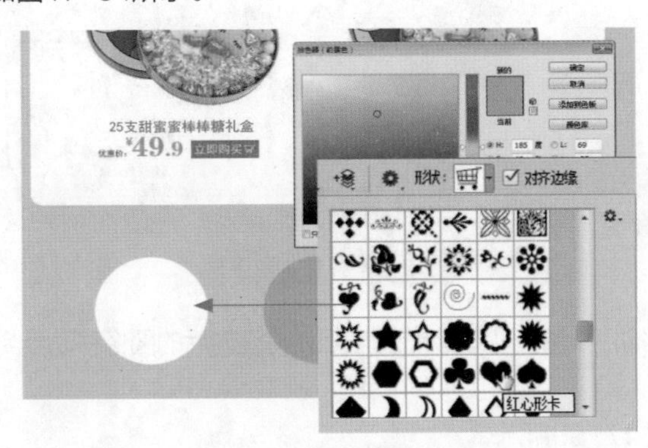

图17-53 复制并填充选区

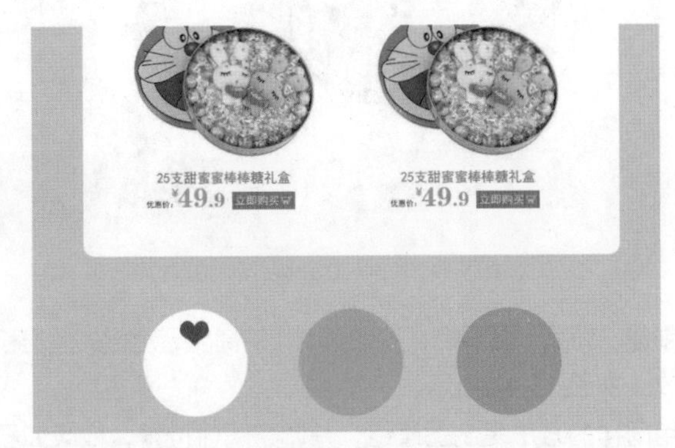

图17-54 绘制“红心形卡”形状

05 运用横排文字工具在图像上输入相应文字，设置“字体系列”为“方正粗宋简体”、“字体大小”为6点、“行距”为6点、“颜色”为红色（RGB参数值分别为198、28、55），如图17-55所示。

06 打开“文字.psd”素材图像，运用移动工具将素材图像拖曳至背景图像编辑窗口中的合适位置处，效果如图17-56所示。

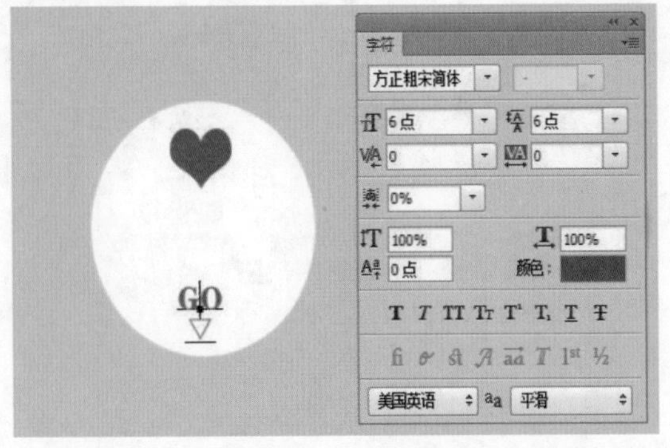

图17-55 输入相应文字

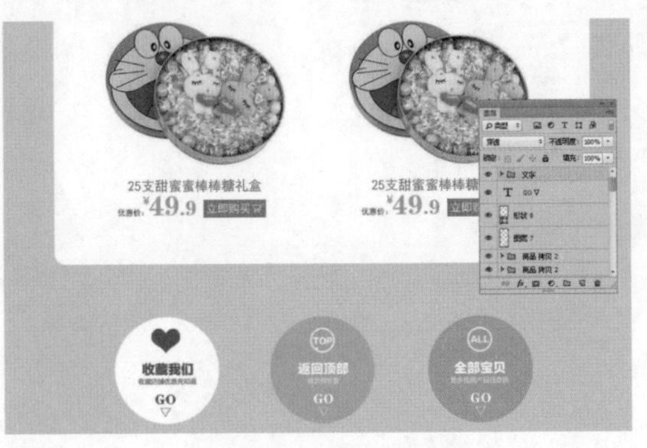

图17-56 添加文字素材

第18章

母婴店铺装修实战

本章知识提要

母婴店铺装修设计与详解

母婴店铺装修实战步骤详解

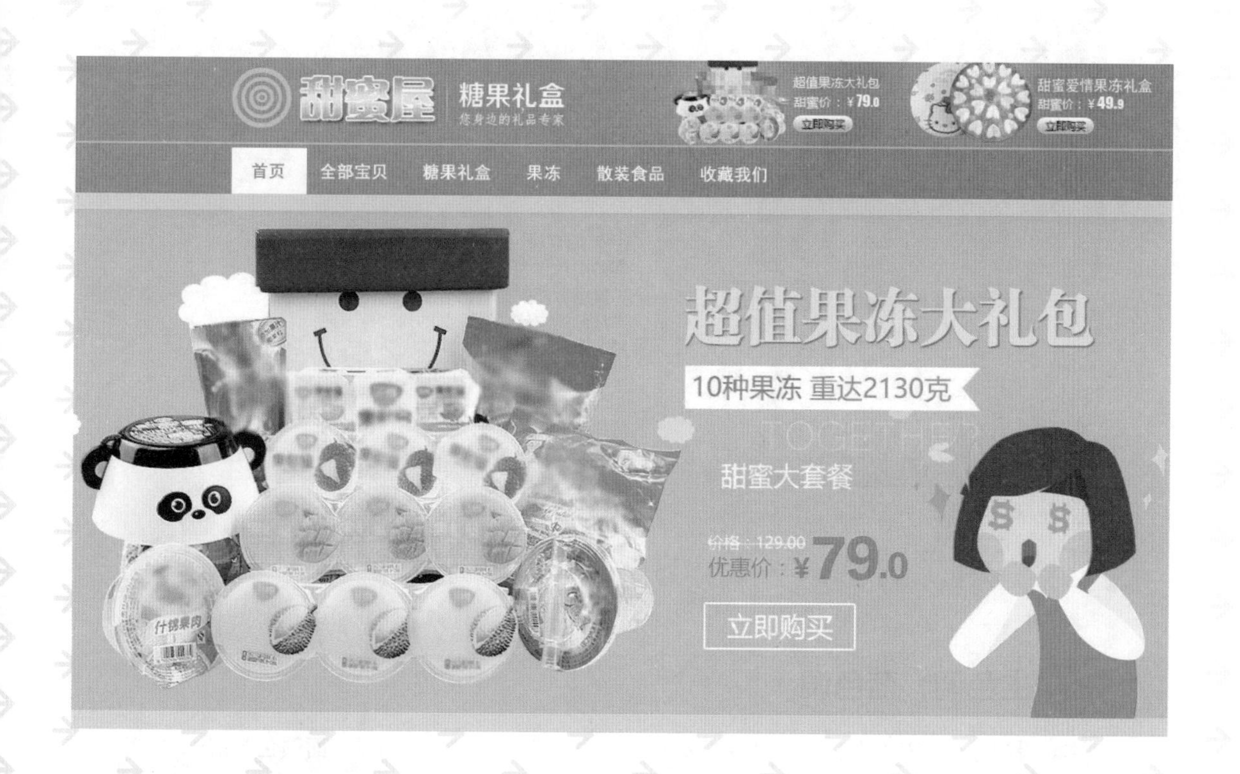

18.1 母婴店铺装修设计与详解

本实例是为母婴店铺所设计和制作的店铺首页，制作中通过使用鲜明的高纯度色彩来对页面色调进行修饰，展现出可爱、天真、活泼的效果，具体的制作和分析如下。

18.1.1 布局策划解析

本实例的布局如图18-1所示。

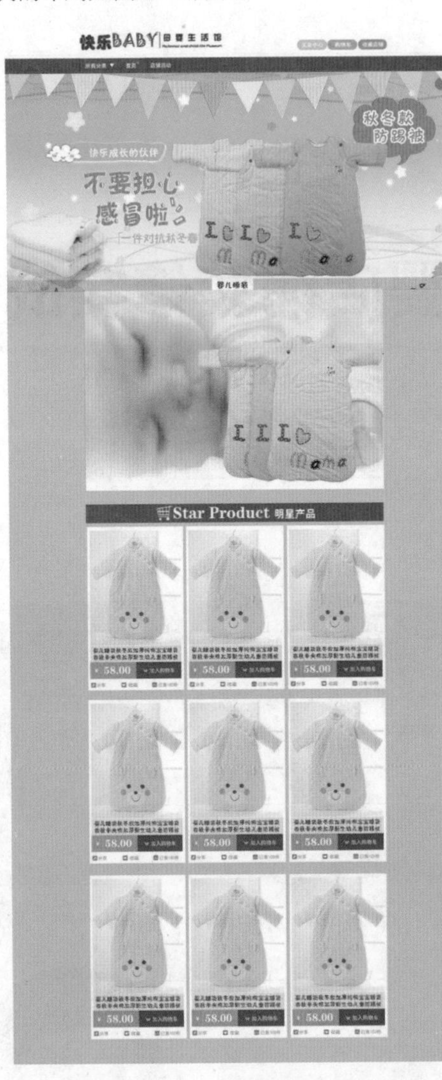

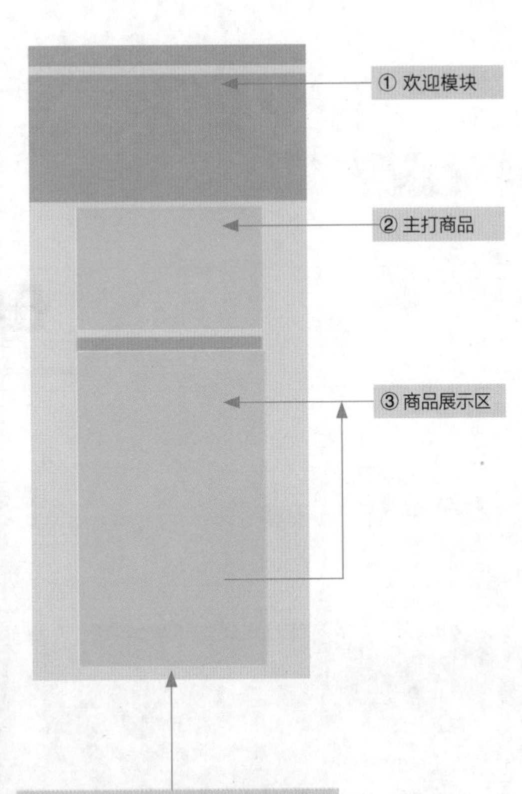

① 欢迎模块：欢迎模块中使用了蓝色调的图片作为背景，宽幅的画面可以扩展顾客的视野，同时添加上白色和洋红色的文字，让画面的内容信息更加丰富。

② 主打商品：主打商品区域使用了婴儿照片作为背景，列出了当前店铺中最热销的产品，并将商品与模特叠加在一起，让顾客的视线集中在右侧的商品上，突出了主要的信息。

③ 商品展示区：该区域中通过放置3行3列大小相同的商品，整齐地排列让商品的信息更加丰富，画面也更饱满。

图18-1 母婴店铺布局

18.1.2 主色调：蓝色调

本案例在对设计元素进行配色中，主要使用不同明度的蓝色调来完成店铺主页面的色彩搭配。在设计中使用明度不同的蓝色来制作出层次感，通过洋红色的点缀来让画面变得更加具有生气，而由于商品为孕婴产品，大部分的颜色均为单色，因此，单色商品与蓝色调的搭配不会形成眼花缭乱的感觉，反而让整个画面的颜色更加和谐，蓝色调背景上的商品表现更为突出。

1. 页面背景及商品配色：蓝色系

R71、G80、B111	R137、G125、B175	R177、G147、B221	R131、G207、B241	R20、G230、B255
C81、M73、Y45、K6	C55、M54、Y13、K0	C39、M46、Y0、K0	C50、M6、Y6、K0	C59、M0、Y13、K0

2. 设计元素与辅助配色：对比强烈的色彩

R206、G0、B21	R231、G0、B18	R254、G120、B153	R255、G162、B222	R239、G147、B2
C24、M100、Y100、K0	C10、M99、Y100、K0	C0、M67、Y20、K0	C7、M47、Y0、K0	C8、M53、Y94、K0

18.1.3 案例配色扩展

1. 辅助配色：枚红色系（如图18-2所示）

R250、G0、B188	R255、G20、B227	R241、G130、B206	R231、G167、B217	R255、G232、B245
C20、M85、Y0、K0	C31、M79、Y0、K0	C14、M59、Y0、K0	C14、M44、Y0、K0	C1、M15、Y0、K0

2. 辅助配色：高明度暖色系（如图18-3所示）

R243、G173、B62	R255、G217、B86	R253、G223、B63	R248、G247、B164	R255、G255、B243
C7、M41、Y79、K0	C4、M19、Y71、K0	C6、M14、Y78、K0	C8、M1、Y45、K0	C7、M0、Y7、K0

左图所示为使用色彩明度和纯度都较低的枚红色作为画面的背景颜色，与欢迎模块中的部分色彩相似，大面积的暖色可以传递出浓浓的温暖亲情，符合母婴店铺的设计主题，可以给顾客带来幸福的感觉。

图18-2 枚红色系

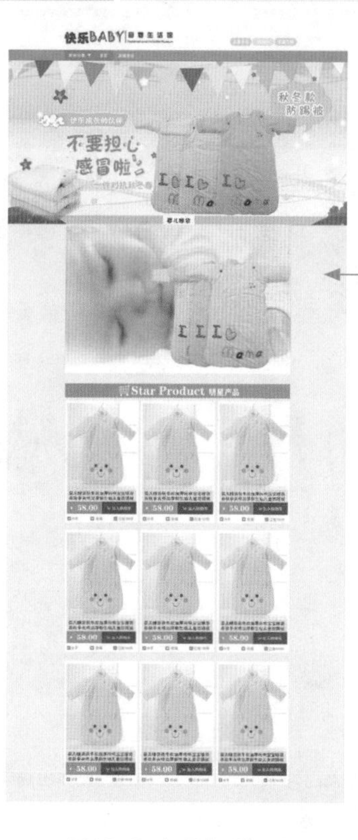

左图所示为使用不同明度的肤色和橘黄暖色调，由于暖色调能够给人带来热情、温暖的意象，大面积高明度的暖色调则可以让画面表现得更加明亮和阳光，与母婴店铺中商品的形象和功能相一致。

图18-3 高明度暖色系

18.1.4 案例设计流程

本案例的设计流程如图18-4所示。

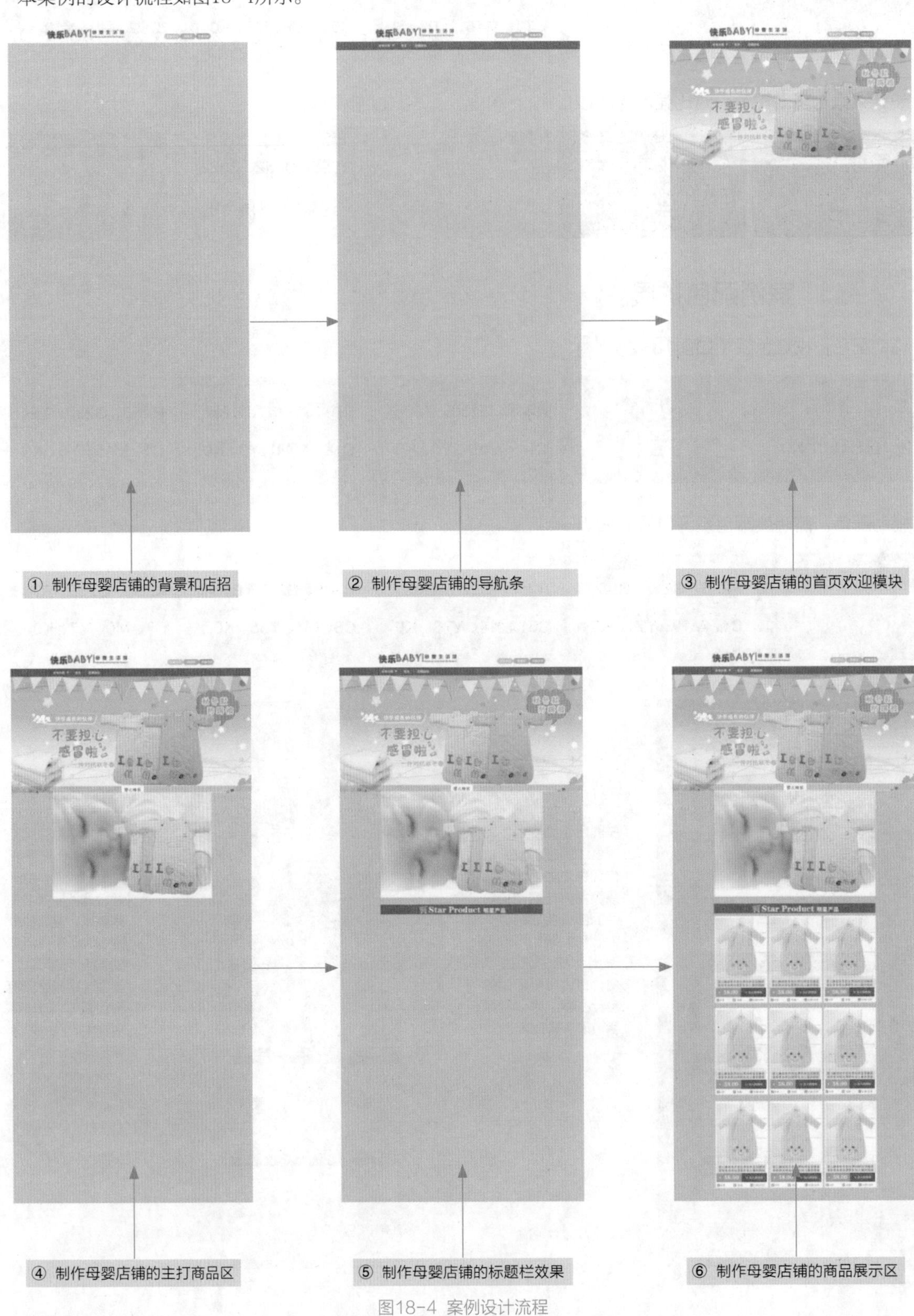

图18-4 案例设计流程

18.2 母婴店铺装修实战步骤详解

本节介绍母婴用品店铺装修的实战操作过程，主要可以分为制作店铺导航和店招、首页欢迎模块、主打商品区、商品展示区等几部分。

- **素材文件** | 素材\第18章\Logo.psd、背景.jpg、首页装饰.psd、商品图片1.jpg ~ 商品图片3.jpg、图标.psd
- **效果文件** | 效果\第18章\母婴店铺装修设计.psd
- **视频文件** | 视频\第18章\18.2 母婴店铺装修实战步骤详解.mp4

18.2.1 制作店铺店招和导航

操作步骤

01 单击“文件”|“新建”命令，弹出“新建”对话框，设置“名称”为“母婴店铺装修设计”、“宽度”为1440像素、“高度”为3200像素、“分辨率”为300像素/英寸、“颜色模式”为“RGB颜色”、“背景内容”为“白色”，单击“确定”按钮，新建一幅空白图像，如图18-5所示。

02 设置前景色为蓝色（RGB参数值分别为131、207、241），按【Alt + Delete】组合键，为“背景”图层填充前景色，如图18-6所示。

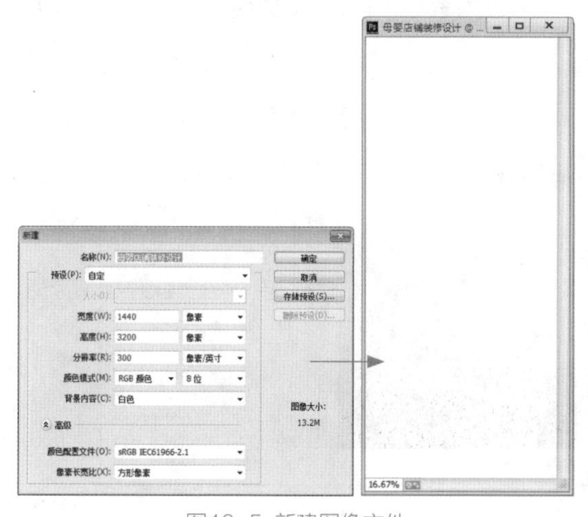

图18-5 新建图像文件

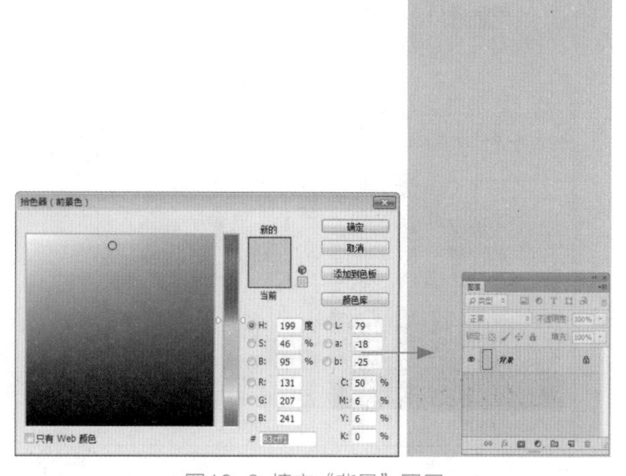

图18-6 填充“背景”图层

03 新建“图层1”图层，运用矩形选框工具创建一个矩形选区，如图18-7所示。

04 设置前景色为白色，为选区填充前景色，并取消选区，如图18-8所示。

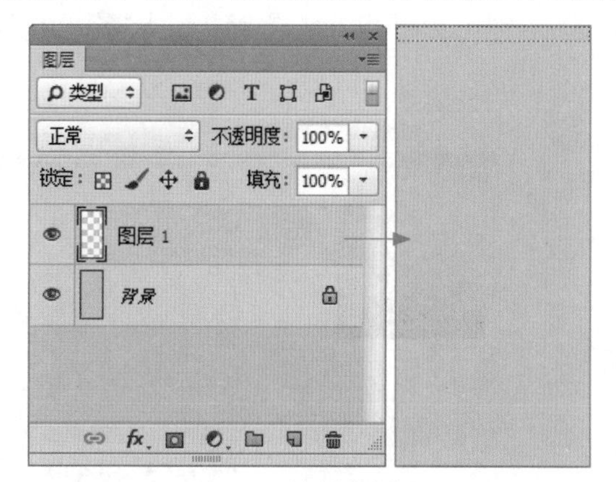

图18-7 创建矩形选区

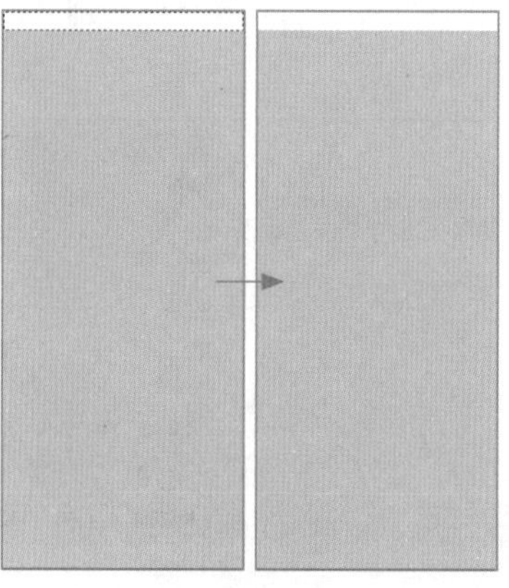

图18-8 为选区填充前景色

05 打开“Logo.psd”素材图像，运用移动工具将素材图像拖曳至背景图像编辑窗口中的合适位置处，如图18-9所示。

06 设置前景色为淡蓝色（RGB参数值分别为20、230、255），选取工具箱中的圆角矩形工具，设置“半径”为20像素，在Logo图像右侧绘制一个圆角矩形，如图18-10所示。

图18-9 添加Logo素材

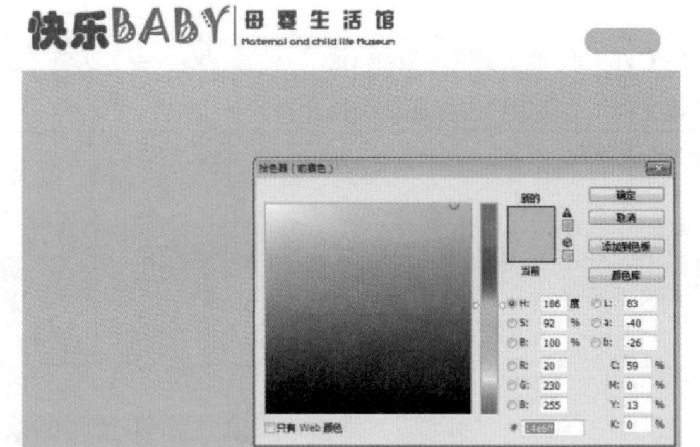

图18-10 绘制圆角矩形

07 复制圆角矩形形状，调整至合适位置，并设置其填充颜色为粉红色（RGB参数值分别为255、162、222），如图18-11所示。

08 继续复制圆角矩形形状，调整至合适位置，并设置其填充颜色为紫色（RGB参数值分别为177、147、221），效果如图18-12所示。

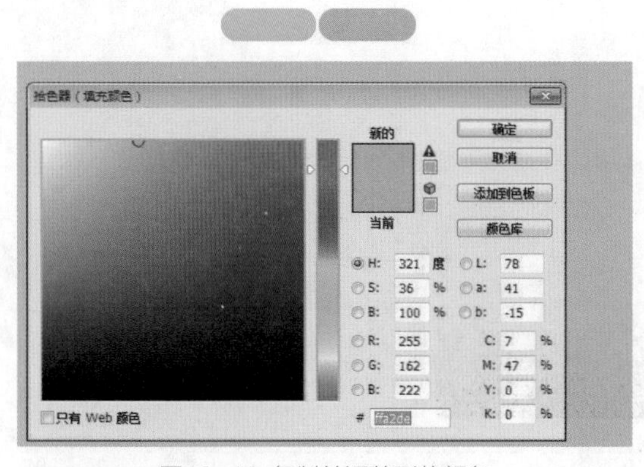

图18-11 复制并调整形状颜色

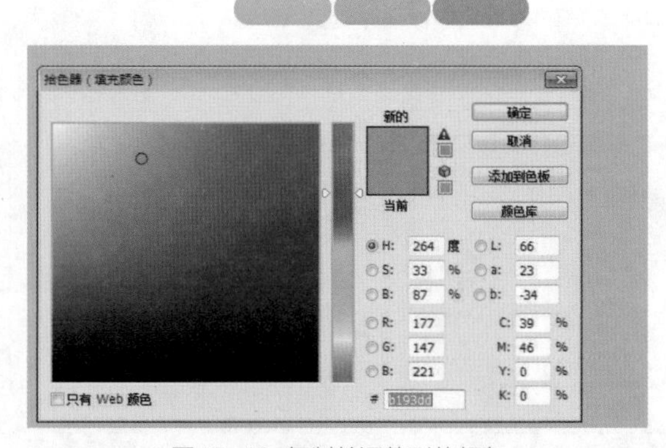

图18-12 复制并调整形状颜色

09 运用横排文字工具输入相应文字，设置“字体系列”为“黑体”、“字体大小”为4点、“颜色”为白色，激活“仿粗体”图标，效果如图18-13所示。

10 设置前景色为深蓝色（RGB参数值分别为71、80、111），运用矩形工具绘制一个长条矩形形状，效果如图18-14所示。

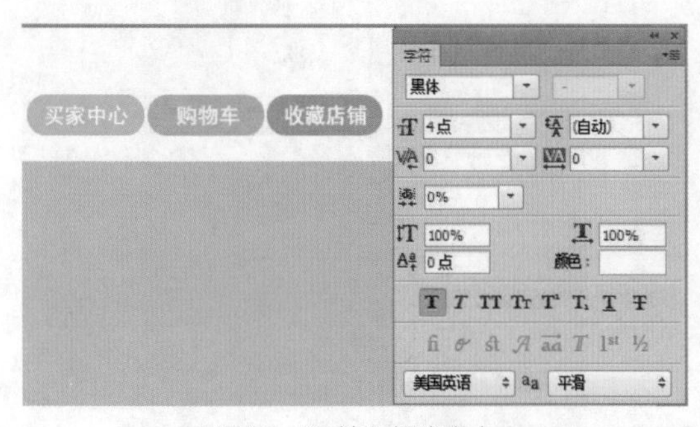

图18-13 输入相应文字

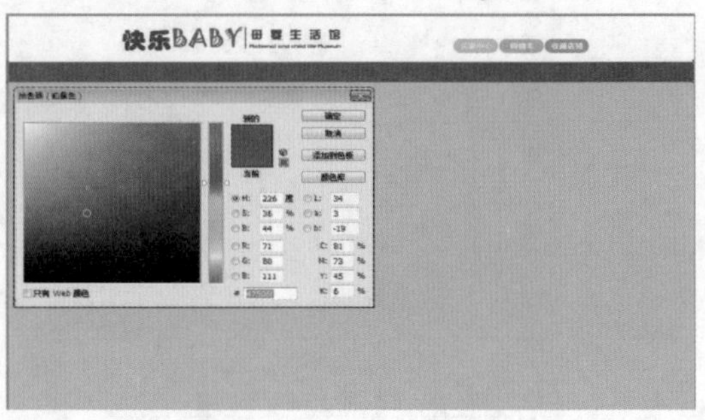

图18-14 绘制长条矩形形状

11 设置前景色为红色（RGB参数值分别为231、0、18），运用矩形工具绘制一个矩形形状，效果如图18-15所示。

12 继续运用矩形工具在导航条下方绘制一个红色的长条矩形，效果如图18-16所示。

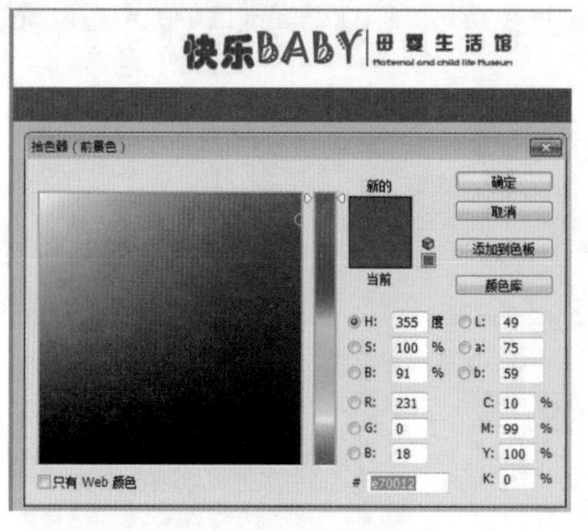

图18-15 绘制矩形形状

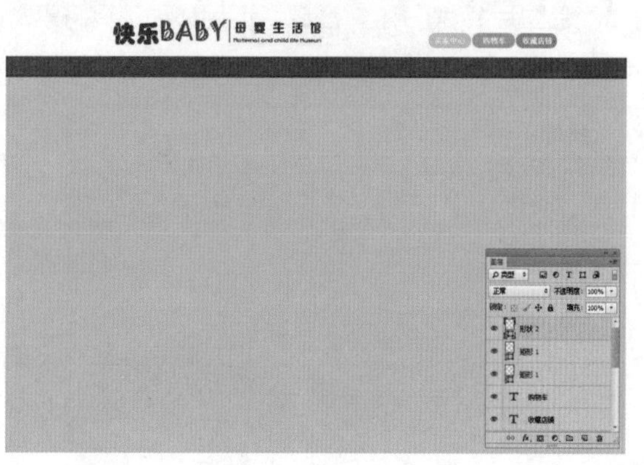

图18-16 绘制长条矩形

13 运用横排文字工具输入相应文字，设置“字体系列”为“黑体”、“字体大小”为4点、“颜色”为白色，激活“仿粗体”图标，如图18-17所示。

图18-17 输入导航文字

18.2.2 制作首页欢迎模块

操作步骤

01 打开“背景.jpg”素材图像，运用移动工具将素材图像拖曳至背景图像编辑窗口中，并适当调整其大小和位置，效果如图18-18所示。

02 单击“图像”|“调整”|“亮度/对比度”命令，弹出“亮度/对比度”对话框，设置“亮度”为18、“对比度”为35，单击“确定”按钮，效果如图18-19所示。

图18-18 添加背景素材图像

图18-19 调整亮度/对比度

03 单击“图像”|“调整”|“自然饱和度”命令，弹出“自然饱和度”对话框，设置“自然饱和度”为100、“饱和度”为25，单击“确定”按钮，效果如图18-20所示。

04 打开“商品图片1.jpg”素材图像，运用移动工具将素材图像拖曳至背景图像编辑窗口中的合适位置处，如图18-21所示。

图18-20 调整图像饱和度

图18-21 添加商品素材

05 选取工具箱中的磁性套索工具，设置“频率”为100，在商品边缘拖曳鼠标，如图18-22所示。

06 至起始位置后单击鼠标左键，即可创建不规则选区，如图18-23所示。

图18-22 拖曳鼠标

图18-23 创建不规则选区

07 反选选区，并按【Delete】键删除选区内的图像，取消选区，效果如图18-24所示。

08 选取工具箱中自定形状工具，在“形状”下拉列表框中选择“会话3”形状，并设置填充颜色为红色（RGB参数值分别为254、120、153），如图18-25所示。

图18-24 抠图效果

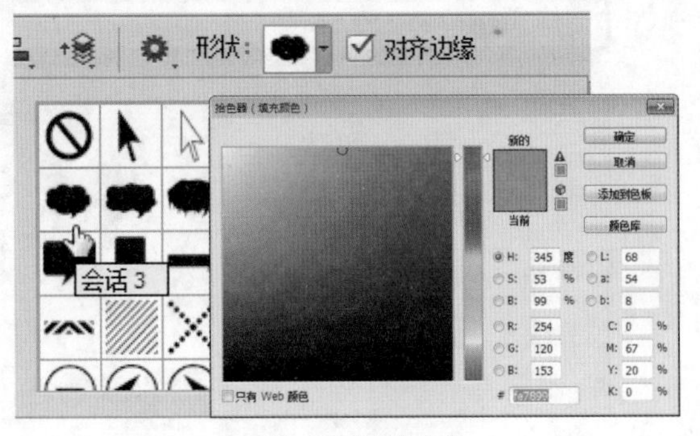

图18-25 设置选项

09 绘制一个“会话3”形状，并将该图层下移一层，效果如图18-26所示。

10 运用横排文字工具在图像上输入相应文字，设置“字体系列”为“方正卡通简体”、“字体大小”为12点、“颜色”为红色（RGB参数值分别为254、120、153）、“行距”为13，并激活“仿粗体”图标，如图18-27所示（隐藏下方形状图层的效果）。

图18-26 绘制自定形状

图18-27 输入相应文字

11 双击文字图层，弹出“图层样式”对话框，选中“描边”复选框，设置“大小”为5像素、“颜色”为白色，单击“确定”按钮，应用图层样式，效果如图18-28所示。

12 打开“首页装饰.psd”素材图像，运用移动工具将素材图像拖曳至背景图像编辑窗口中的合适位置处，效果如图18-29所示。

图18-28 应用图层样式

图18-29 添加素材图像

提示

单击“图层”面板中的一个图层即可选择该图层，它会成为当前图层。该方法是最基本的选择方法，还有以下 5 种选择方法。

- 选择多个图层：如果要选择多个相邻的图层，可以单击第一个图层，按住【Shift】键的同时单击最后一个图层；如果要选择多个不相邻的图层，可以在按【Ctrl】键同时单击相应图层。
- 选择所有图层：单击“选择”|“所有图层”命令，即可选择“图层”面板中的所有图层。
- 选择相似图层：单击“选择”|“选择相似图层”命令，即可选择类型相似的所有图层。
- 选择链接图层：选择一个链接图层，单击“图层”|“选择链接图层”命令，可以选择与之链接的所有图层。
- 取消选择图层：如果不想选择任何图层，可以在面板中最下面一个图层下方的空白处单击。也可以单击“选择”|“取消选择图层”命令。

18.2.3 制作主打商品区

操作步骤

01 运用矩形工具在欢迎模块下方绘制黑色的矩形形状，设置该图层的“不透明度”为20%，效果如图18-30所示。

02 用同样的方法绘制一个白色的矩形形状，运用横排文字工具在图像上输入相应文字，设置“字体系列”为“方正卡通简体”、“字体大小”为6点、“颜色”为黑色，如图18-31所示。

图18-30 绘制矩形形状

图18-31 绘制矩形并输入文字

03 打开“商品图片2.jpg”素材图像，运用移动工具将素材图像拖曳至背景图像编辑窗口中的合适位置处，如图18-32所示。

04 单击“图像”|“调整”|“照片滤镜”命令，弹出“照片滤镜”对话框，设置“滤镜”为“加温滤镜（LBA）”，单击“确定”按钮，效果如图18-33所示。

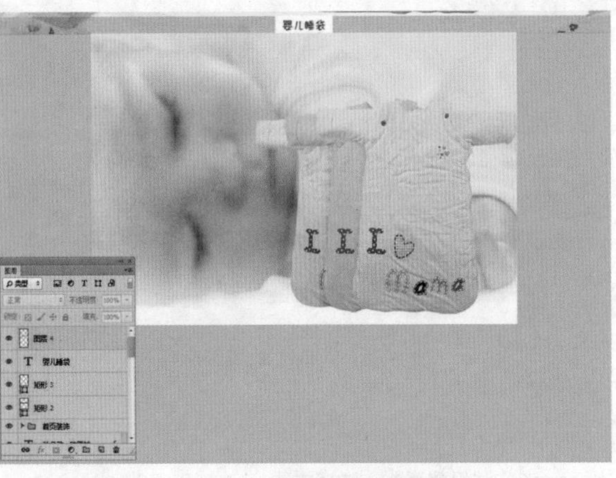

图18-32 添加商品素材图片

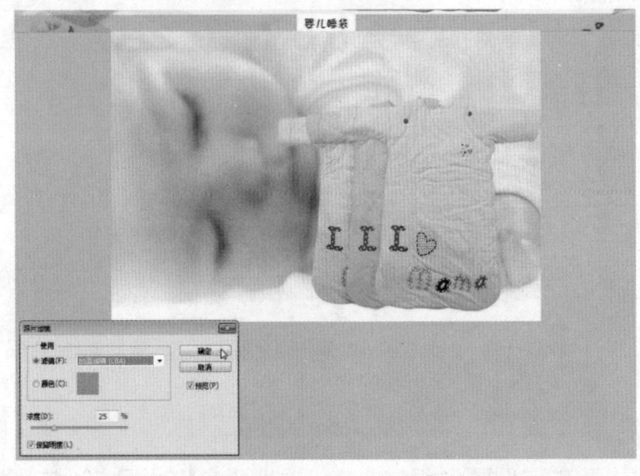

图18-33 添加“照片滤镜”效果

18.2.4 制作标题栏

操作步骤

01 设置前景色为深蓝色（RGB参数值分别为71、80、111），运用矩形工具在主打商品区下方绘制一个矩形形状，效果如图18-34所示。

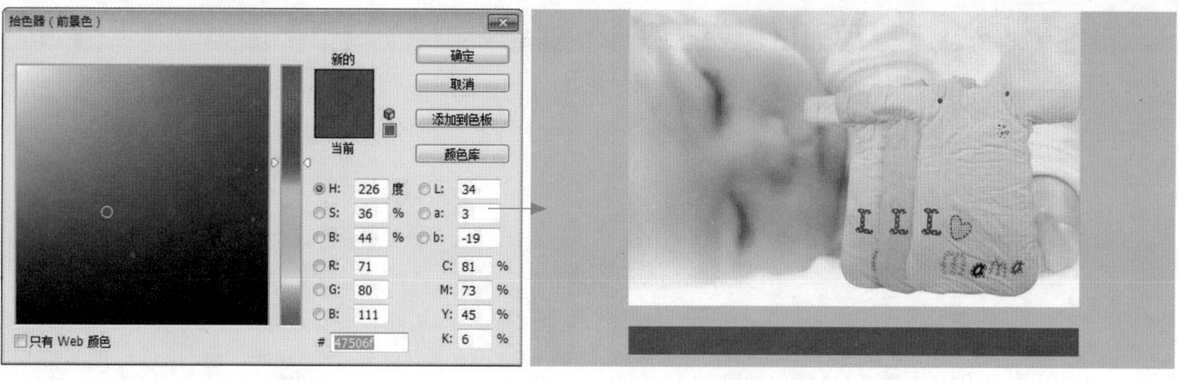

图18-34 绘制矩形形状

02 选取工具箱中的自定形状工具，在工具属性栏中的“形状”下拉列表框中选择“购物车”形状，如图18-35所示。

03 设置前景色为白色，在标题栏上绘制一个“购物车”形状，效果如图18-36所示。

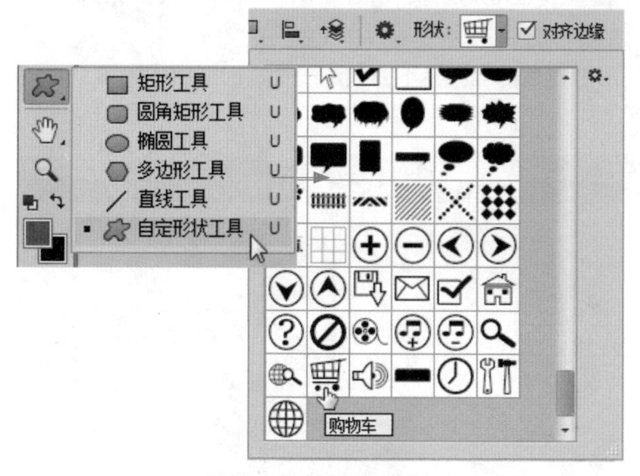

图18-35 设置工具属性

图18-36 绘制“购物车”形状

04 运用横排文字工具在图像上输入相应文字，设置“字体系列”为“方正粗宋简体”、“字体大小”为12点、“颜色”为白色，如图18-37所示。

05 运用横排文字工具输入相应文字，设置“字体系列”为“方正大黑简体”、“字体大小”为8点、“颜色”为白色，并适当调整文字和形状的位置，效果如图18-38所示。

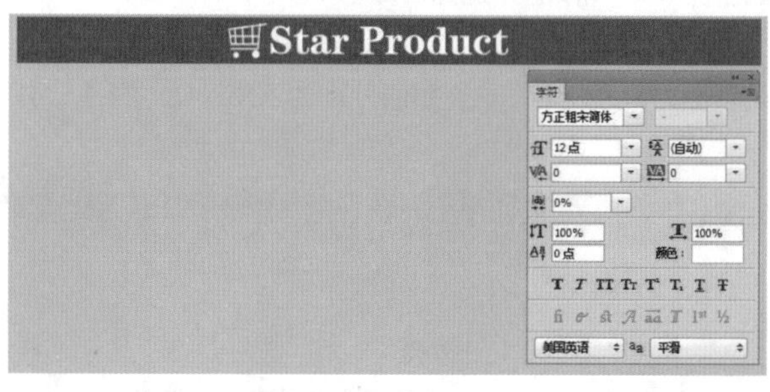

图18-37 输入文字

图18-38 输入相应文字

18.2.5 制作商品展示区

操作步骤

01 新建“图层5”图层，运用矩形选框工具创建一个矩形选区，如图18-39所示。

02 设置前景色为白色，为选区填充前景色，如图18-40所示，并取消选区。

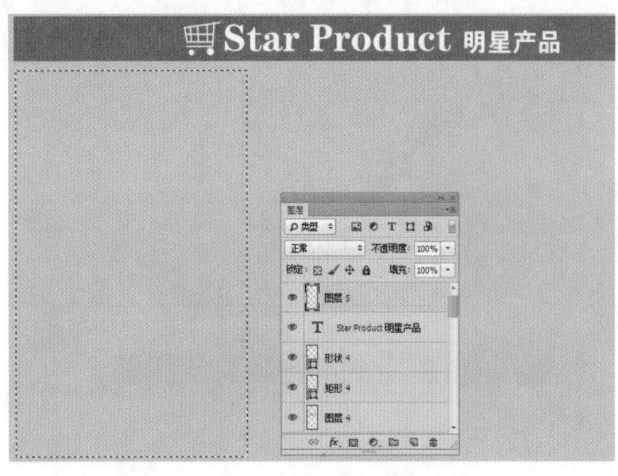

图18-39 创建矩形选区

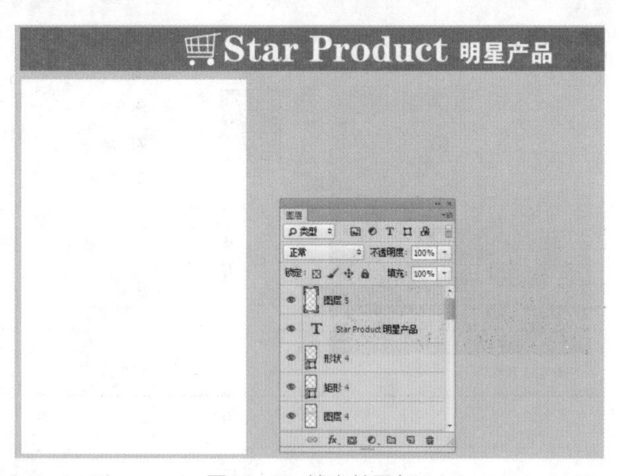

图18-40 填充前景色

03 打开“商品图片3.jpg”素材图像，运用移动工具将素材图像拖曳至背景图像编辑窗口中，并调整其大小和位置，效果如图18-41所示。

04 设置前景色为灰色（RGB参数值均为229），运用矩形工具在商品图片下方绘制一个矩形形状，如图18-42所示。

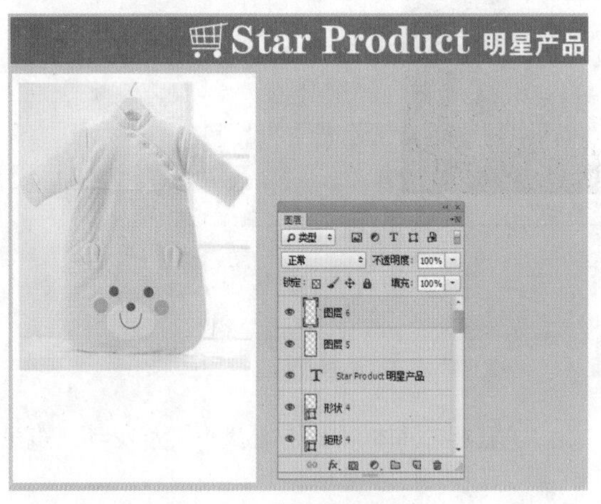

图18-41 添加素材图像

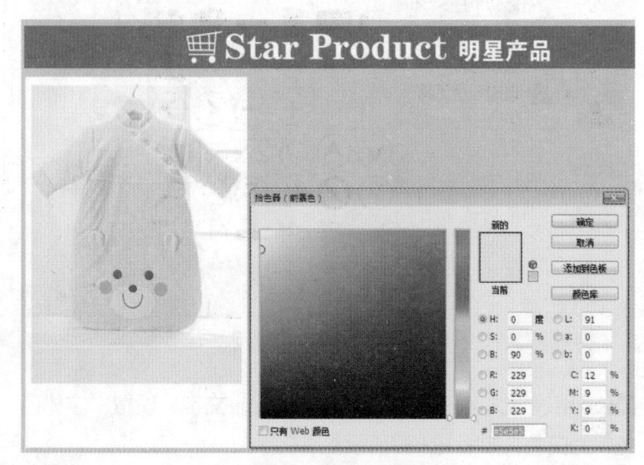

图18-42 绘制矩形形状

05 运用矩形工具绘制一个矩形形状，设置填充颜色为橘黄色（RGB参数值分别为239、147、2），如图18-43所示。

06 复制相应的矩形形状，调整其位置和大小，并设置填充颜色为红色（RGB参数值分别为206、0、21），如图18-44所示。

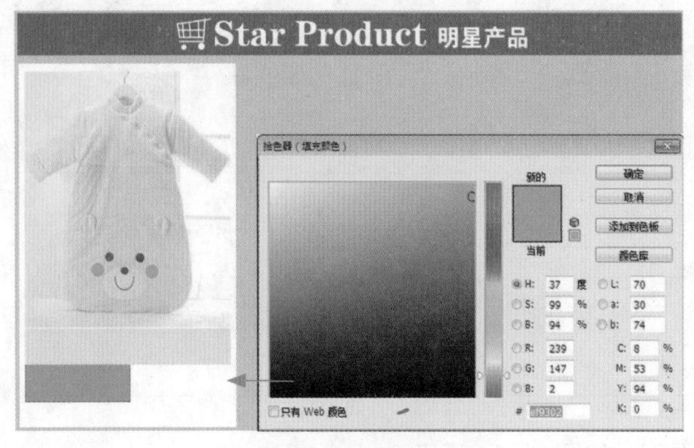

图18-43 绘制矩形形状

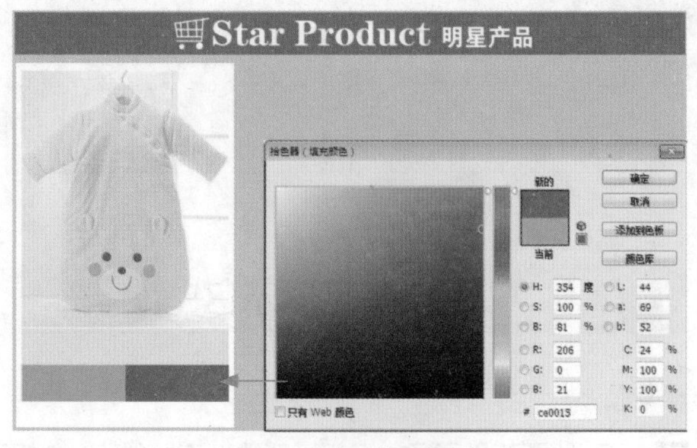

图18-44 复制矩形形状

07 打开“图标.psd”素材图像，运用移动工具将素材图像拖曳至背景图像编辑窗口中，并调整其大小和位置，效果如图18-45所示。

08 运用直线工具绘制一个直线形状，设置填充颜色为浅黄色（RGB参数值分别为243、173、62），如图18-46所示。

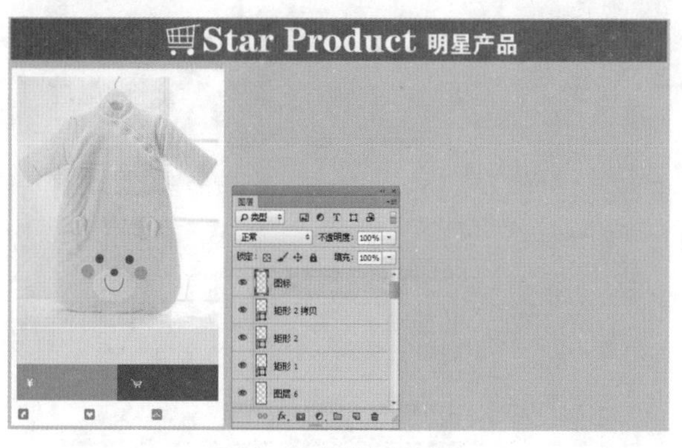

图18-45 添加图标素材

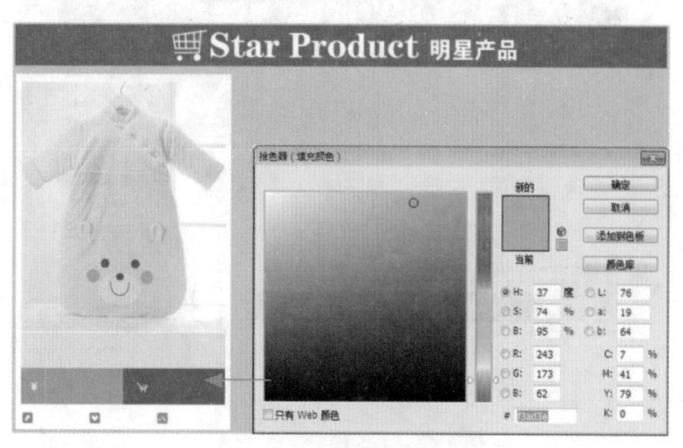

图18-46 绘制直线形状

09 运用横排文字工具在图像上输入相应文字，设置“字体系列”为“黑体”、“字体大小”为4点、“间距”为5点、“所选字符的字距调整”为100、“颜色”为黑色，如图18-47所示。

10 运用横排文字工具在图像上输入相应文字，设置“字体系列”为“方正粗宋简体”、“字体大小”为8点、“颜色”为白色，如图18-48所示。

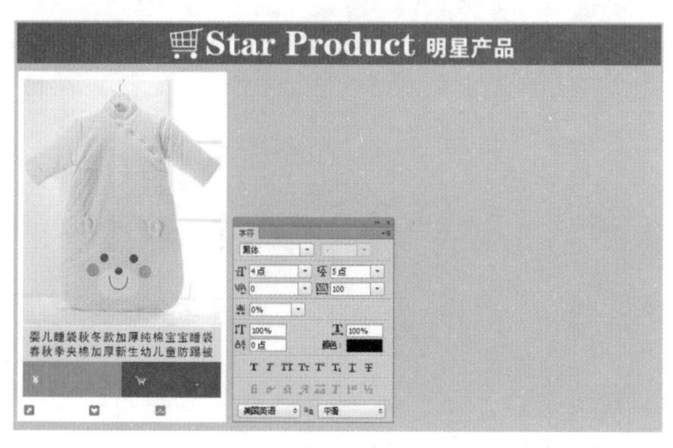

图18-47 输入文字

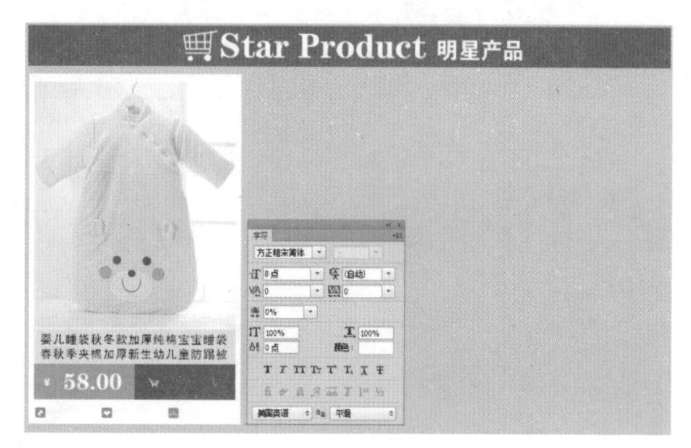

图18-48 输入文字

11 运用横排文字工具在图像上输入相应文字，设置“字体系列”为“黑体”、“字体大小”为4点、“颜色”为白色，如图18-49所示。

12 运用横排文字工具在图像上输入相应文字，设置“字体系列”为“黑体”、“字体大小”为3.5点、“颜色”为淡蓝色（RGB参数值分别为137、125、175），如图18-50所示。

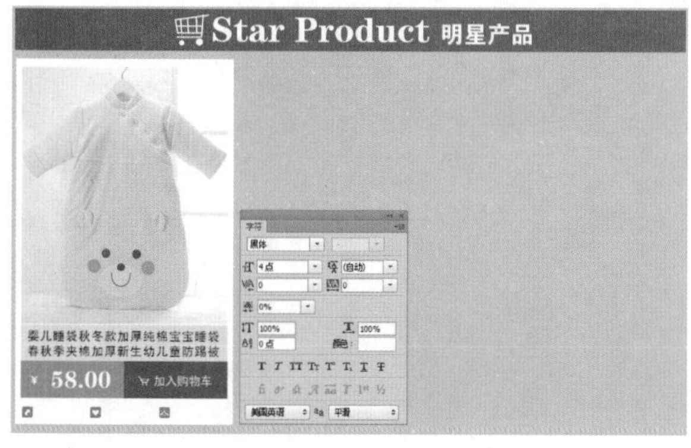

图18-49 输入文字

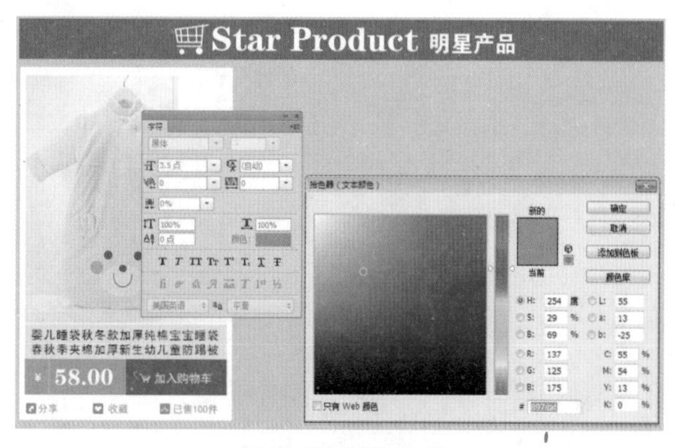

图18-50 输入文字

13 新建“商品01”图层组，将商品素材图片与相关的文字图层添加到图层组中，并复制图层组，调整其位置，如图18-51所示。

14 继续复制多个图层组，适当调整其位置，效果如图18-52所示。

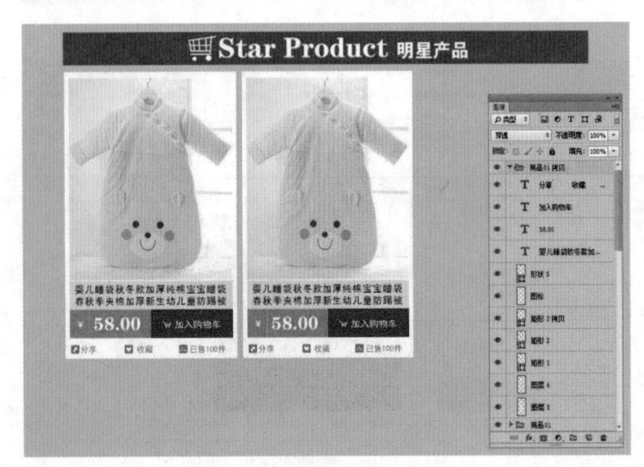

图18-51 管理并复制图层

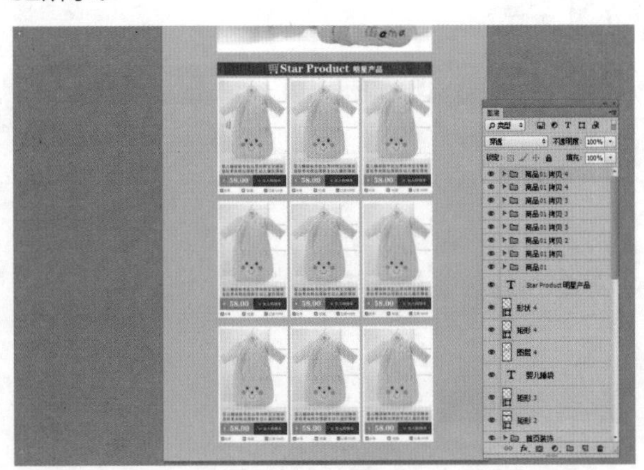

图18-52 复制多个图像